工业和信息产业科技与教育专著出版资金项目

C 语言程序设计
——基于计算思维培养

杨俊生　谭志芳　王兆华　编著

电子工业出版社
Publishing House of Electronics Industry
北京 · BEIJING

内 容 简 介

本书是以培养计算思维为导向的"C 语言程序设计课程改革"项目规划教材，由多年从事 C 语言程序设计教学的一线教师编写。本书分为 11 章，主要内容包括程序设计基础、C 语言概述、数据类型与表达式、顺序结构程序设计、选择结构程序设计、循环结构程序设计、数组、函数、指针、结构体与共用体、文件。

本书内容全面，由浅入深，循序渐进，在注重语言知识讲解的同时，更注重逻辑思维能力、程序设计能力、初步的算法设计能力、自主学习能力的培养。本书免费提供电子课件，可登录华信教育资源网（www.hxedu.com.cn）注册后下载。

本书可作为高等学校程序设计课程的入门教学用书，也可作为专科及成人教育的培训教材和教学参考书。

图书在版编目（CIP）数据

C 语言程序设计：基于计算思维培养 / 杨俊生，谭志芳，王兆华编著. —北京：电子工业出版社，2015.3

ISBN 978-7-121-25092-7

Ⅰ. ①C⋯ Ⅱ. ①杨⋯ ②谭⋯ ③王⋯ Ⅲ. ①C 语言—程序设计 Ⅳ. ①TP312

中国版本图书馆 CIP 数据核字（2014）第 290652 号

策划编辑：袁　玺
责任编辑：郝黎明
印　　刷：北京京师印务有限公司
装　　订：北京京师印务有限公司
出版发行：电子工业出版社
　　　　　北京市海淀区万寿路 173 信箱　邮编　100036
开　　本：787×1092　1/16　印张：19.75　字数：505.6 千字
版　　次：2015 年 3 月第 1 版
印　　次：2016 年 12 月第 2 次印刷
定　　价：42.00 元

凡所购买电子工业出版社图书有缺损问题，请向购买书店调换。若书店售缺，请与本社发行部联系，联系及邮购电话：(010)88254888。

质量投诉请发邮件至 zlts@phei.com.cn，盗版侵权举报请发邮件至 dbqq@phei.com.cn。

服务热线：(010)88258888。

前　言

本书符合教育部高等学校计算机基础课程教学指导委员会 2011 版《高等学校计算机基础核心课程教学实施方案》的基本要求，符合学生学习的认知规律，是工业和信息产业科技与教育专著出版资金项目的规划教材。

本书突出"厚基础、重思维、提倡自主学习、注重能力培养"教学理念和指导思想，主要表现在以下几个方面。

（1）突出科学思维意识和能力的培养。教材加入了算法设计方法、常见经典算法、程序设计方法等与科学思维相关的内容；每章后的小结除了对本章语法要点、常见错误总结外，还着重对本章所涉及的能力点、典型算法、思维或算法设计方法进行了总结，并以思维导图的形式给出。

（2）重视拓展和探究性教学，培养学生自主学习能力。教材每章后都有一个探究性题目，用来引导学生通过查阅相关资料，综合运用所学知识完成一个难度稍大的题目，从而培养学生自主学习的能力；教师可根据不同的教学对象和教学要求对探究性题目进行取舍，便于开展因材施教；书中提供了大量的思考或自主学习题目，鼓励学生独立动手动脑，通过自己的努力拓展教材中所学知识。

（3）提升学生综合运用所学知识编写程序的能力。通过引入一个贯穿整本书的综合案例，使学生对使用计算机来解决实际问题的过程有一个切实的、整体的认识。

（4）注重编程逻辑的培养。通过引入 Microsoft Visio 2010、RAPTOR 等可视化算法设计工具，突出学生思维逻辑的培养，使学生的注意力集中在算法的设计上。

（5）从程序设计者的角度而不是从阅读者的角度来设计本书的例子，采用"提出问题→分析问题→设计算法→程序实现→测试→总结、优化或扩展深化（以讨论或思考题的方式）"形式来描述例子，从而达到启发读者编程思路，培养逻辑思维能力的目的。

（6）为了学生能更好、更快地适应市场的需求，本书在"函数"一章中增加了工程化开发程序的方法，从工程组织的角度介绍了规模稍大的多文件程序的科学合理的组织形式。

（7）为了拓宽并启发学生设计算法和程序时从多角度考虑问题，对同一任务采用了多种设计方式。如第 1 章中的猴子吃桃采用了递推算法，而在"函数"一章中采用了递归算法实现。

（8）将学生容易犯错的地方，以特殊格式突出显示了注意事项，避免学生在细节上浪费时间。

（9）为了满足课堂教学和教师备课的需要，教材配有电子课件，登录华信教育资源网（www.hxedu.com.cn）注册后免费下载。

本书内容全面，由浅入深，循序渐进，在打好"基础知识、基本技能"的基础上，注重培养学生的逻辑思维能力、程序设计能力、初步的算法设计能力、自主学习能力。

本书由杨俊生、谭志芳和王兆华编著。第 1、7、9、11 章由杨俊生编写，第 2、4、5、8 章由谭志芳编写，第 3、6、10 章由王兆华编写。

由于编者水平有限，书中难免有不妥之处，敬请读者批评指正。

编著者

目　录

第1章 程序设计基础

1.1 引例

从普通的办公自动化、上网冲浪到基因测序、嫦娥三号发射，都能看到计算机的影子；从智能手机中的单片机到"天河 2 号"超级计算机，各种计算机层出不穷。可以这么说，当今世界的各行各业都离不开计算机。那么人类是怎样"命令"计算机完成特定任务的呢？

通常情况下，人类是通过程序去"命令"计算机按照自己的意图工作的，这里大致存在两种情况：一是程序已经存在，如 Microsoft Word，专业人员使用该程序操作计算机完成相应的工作；二是程序不存在，需要组织一个团队去编写具有所需功能的程序。本书讨论的是第二种情况。

1.1.1 软硬件基础

"工欲善其事，必先利其器"。无论是编写程序还是运行程序，都需要一定的软硬件基础。

1. 开发环境

开发环境就是编写程序所需的工具以及该工具运行的环境，主要包括：

（1）满足性能要求的计算机系统，包括计算机硬件和操作系统；

（2）开发工具，包括编译器、函数库、数据库等；

（3）数据库管理系统；

（4）必要的网络支持。

2. 运行环境

运行环境是编写完成的应用程序运行的环境，主要包括：

（1）满足性能要求的计算机系统，包括计算机硬件和操作系统；

（2）程序运行必需的函数库、数据库系统等；

（3）必要的网络支持。

1.1.2 编写程序

具备必要的开发环境后，就要编写相应的程序来"命令"计算机完成特定的任务。下面就以模拟控制"玉兔号"月球车移动为例，来简要说明编写程序的大致过程。

【例 1.1】编写程序来控制"玉兔号"月球车的移动。

通过仔细分析这个问题，将月球表面抽象为一个平面直角坐标系（图 1.1.1），月球车处于某点（x，y）处，每一点的横、纵坐标均为整数。月球车可以实现 4 种运动方式，即向前、向后、向左、向右方每次走一个单位。

设定 x、y、direction 三个变量，其中（x，y）来表示"玉兔号"月球车当前坐标，direction 来表示月球车接收到的移动命令。假设向前移动纵坐标值增大，向后

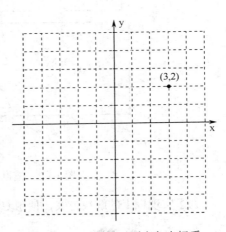

图 1.1.1　抽象的平面直角坐标系

移动纵坐标值减小，向左移动横坐标值减小，向右移动横坐标值增大，那么 x、y、direction 三个变量之间的关系如表 1.1.1 所示。

表 1.1.1　控制"玉兔号"月球车移动命令说明

direction	direction 含义	目标点横（纵）坐标值变化
1	向前	$y = y + 1$
2	向后	$y = y - 1$
3	向左	$x = x - 1$
4	向右	$x = x + 1$

接下来，列出解决该问题的主要步骤，即所谓的算法。

（1）输入月球车初始坐标值（x，y）。

（2）输入移动命令给 direction。

（3）如果 direction<1 或 direction>4，转步骤（5）；否则，按表 1.1.1 所示规则，分情况求得移动后目标点的坐标值。

（4）输出求得的目标点的坐标值（x，y），转步骤（2）

（5）算法结束。

在设计好算法后，应该使用流程图作为工具来描述算法，如图 1.1.2 所示。

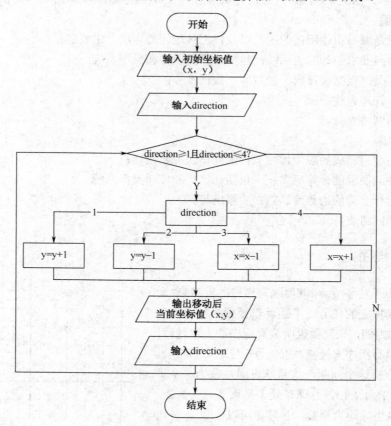

图 1.1.2　模拟控制"玉兔号"月球车移动流程图

为了实现以上的解决方案，使用 C 语言编写程序来实现该算法：

```
//该程序用来模拟控制"玉兔号"月球车的移动
#include<stdio.h>
int main()
{
    int x,y,direction;
    printf("请输入月球车的初始坐标（x，y）\n");
    scanf("%d,%d",&x,&y);
    printf("请输入移动方向（1-前  2-后   3-左   4-右）：");
    scanf("%d",&direction);
    while(direction>=1&&direction<=4)
    {
        switch(direction)
        {
        case  1:y=y+1;break;            //前
        case  2:y=y-1;break;            //后
        case  3:x=x-1;break;            //左
        case  4:x=x+1;break;            //右
        }
        printf("月球车当前坐标为（%d，%d）\n",x,y);
        printf("请输入移动方向（1-前  2-后   3-左   4-右）：");
        scanf("%d",&direction);
    }
    return 0;
}
```

在编写好程序后，应该仔细检查程序是否能够解决问题。

1.2 算法

由上面的介绍可知，设计算法是人们编写程序去"命令"计算机解决问题过程中非常重要的一环，算法是计算机科学最基本的概念，是计算机科学研究的核心之一。因此，了解算法及其表示和设计方法是程序设计的基础和精髓，也是读者学习程序设计过程中最重要的一环。

1.2.1 算法及其特性

1. 什么是算法

算法（Algorithm）就是一组有穷的规则，它规定了解决某一特定问题的一系列运算。通俗地说，为解决问题而采用的方法和步骤就是算法。本书中讨论的算法主要是指计算机算法。

2. 算法的特性

（1）确定性（Definiteness）。算法的每个步骤必须要有确切的含义，每个操作都应当是清晰的、无二义性的。例如，算法中不允许出现诸如"将 3 或 5 与 y 相加"等含混不清、具有歧义的描述。

（2）有穷性（Finiteness）。一个算法应包含有限的操作步骤且在有限的时间内能够执行完毕。例如，在计算下列近似圆周率的公式时：

$$\frac{\pi}{4} \approx 1 - \frac{1}{3} + \frac{1}{5} - \frac{1}{7} + \frac{1}{9} - \frac{1}{11} + \cdots \tag{1.2.1}$$

当某项的绝对值小于 10^{-6} 时算法执行完毕。

> ☞注意：如何正确理解算法的有穷性？
> 一个实用的算法，不仅要求步骤有限，同时要求运行这些步骤所花费的时间是人们可以接受的。例如，使用暴力破解密码的算法可能要耗费成百上千年。显而易见，这个算法是可以在有限的时间内完成，但是对于人类来说是无法接受的。

（3）有效性（Effectiveness）。算法中的每个步骤都应当能有效地执行，并得到确定的结果。例如，算法中包含一个 m 除以 n 的操作，若除数 n 为 0，则操作无法有效地执行。因此，算法中应该增加判断 n 是否为 0 的步骤。

（4）有零个或多个输入（Input）。在算法执行的过程中需要从外界取得必要的信息，并以此为基础解决某个特定问题。例如，在求两个整数 m 和 n 的最大公约数的算法中，需要输入 m 和 n

的值。另外，一个算法也可以没有输入，例如，在计算式（1.2.1）时，不需要输入任何信息，就能够计算出近似的 π 值。

（5）有一个或多个输出（Output）。设计算法的目的就是要解决问题，算法的计算结果就是输出。没有输出的算法是没有意义的。输出与输入有着特定的关系，通常，输入不同，会产生不同的输出结果。

☞注意：如何正确理解算法的输出形式？

　　算法的输出就是算法的计算结果，其输出形式多种多样：打印数值、字符、字符串，显示一幅图片，播放一首歌曲或音乐，播放一部电影……

3. 算法的分类

根据待解决问题的形式模型和求解要求，算法分为数值和非数值两大类。

（1）数值运算算法。数值运算算法是以数学方式表示的问题求数值解的方法。例如，代数方程计算、线性方程组求解、矩阵计算、数值积分、微分方程求解等。通常，数值运算有现成的模型，这方面的现有算法比较成熟。

（2）非数值运算算法。非数值运算算法通常为求非数值解的方法。例如，排序、查找、表格处理、文字处理、人事管理、车辆调度等。非数值运算算法种类繁多，要求各自不同，难以规范化。本节主要讲述的是一些典型的非数值运算算法。

1.2.2 算法的表示方法

设计出一个算法后，为了存档，以便将来算法的维护或优化，或者为了与他人交流，让他人能够看懂、理解算法，需要使用一定的方法来描述、表示算法。算法的表示方法很多，常用的有自然语言、流程图、伪代码和程序设计语言等。

1. 自然语言（Natural Language）

用人们日常生活中使用的语言，如中文、英文、法文等来描述算法。

【例 1.2】使用中文来描述计算 5! 的算法，其中假设变量 t 为被乘数，变量 i 为乘数。

（1）初始化 t=1。

（2）初始化 i=2。

（3）计算 t×i，乘积仍放在 t 中。

（4）将 i 的值加 1 再放回到 i 中。

（5）如果 i 不大于 5，则返回步骤（3）执行；否则，进入步骤（6）。

（6）输出 t 中存放的 5!值。

使用自然语言描述算法的优点是通俗易懂，没有学过算法相关知识的人也能够看懂算法的执行过程。但是，自然语言本身所固有的不严密性使得这种描述方法存在以下缺陷：

① 文字冗长，容易产生歧义性，往往需要根据上下文才能判别其含义；

② 难以描述算法中的分支和循环等结构，不够方便、直观。

2. 流程图（Flow Chart）

流程图是最常见的算法图形化表达，它使用美国国家标准化学会（American National Standards Institute，ANSI）规定的一些图框、线条来形象、直观地描述算法处理过程。常见的流程图符号如表 1.2.1 所示。

表 1.2.1　常见流程图符号

符 号 名 称	图　　形	功　　能
起止框	⬭	表示算法的开始或结束
处理框	▭	表示一般的处理操作，如计算、赋值等

符号名称	图　形	功　　能
判断框	◇	表示对一个给定的条件进行判断
流程线	→	用流程线连接各种符号，表示算法的执行顺序
输入/输出框	▱	表示算法的输入/输出操作
连接点	○	成对出现，同一对连接点内标注相同的数字或文字，用于将不同位置的流程线连接起来，避免流程线的交叉或过长

【例 1.3】使用流程图来描述计算 5!的算法，其中假设变量 *t* 为被乘数，变量 *i* 为乘数。流程图如图 1.2.1 所示。

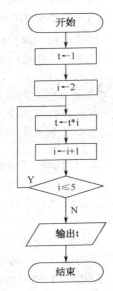

图 1.2.1　计算 5!的流程图

从本例可以看出，使用流程图描述算法简单、直观，能够比较清楚地显示出各个符号之间的逻辑关系，因此流程图是一种表示算法的好工具。流程图使用流程线指出各个符号的执行顺序，对流程线的使用没有严格限制，使用者可以毫无限制地使流程随意地转来转去。但是，当算法规模较大，操作比较复杂时，人们难以理解算法的逻辑。

为了提高算法的质量，便于阅读理解，应限制流程的随意转向。为了达到这个目的，人们规定了 3 种基本结构，由这些基本结构按一定规律组成一个算法结构。

（1）顺序结构。顺序结构是最简单、最常用的一种结构，如图 1.2.2 所示。图中操作 A 和操作 B 按照出现的先后顺序依次执行。

（2）选择结构。选择结构又称为分支结构。这种结构在处理问题时根据条件进行判断和选择。图 1.2.3（a）是一个"双分支"选择结构，如果条件 p 成立则执行处理框 A，否则执行处理框 B。图 1.2.3（b）是一个"单分支"选择结构，如果条件 p 成立则执行处理框 A。

（3）循环结构。循环结构又称为重复结构，在处理问题时根据给定条件重复执行某一部分的操作。循环结构有当型和直到型两种类型。

当型循环结构如图 1.2.4 所示。功能是：当条件 p 成立时，执行处理框 A，执行完处理框 A 后，再判断条件 p 是否成立，若条件 p 仍然成立，则再次执行处理框 A，如此反复，直至条件 p 不成立才结束循环。

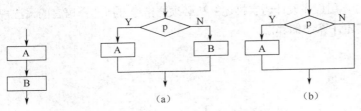

图 1.2.2　顺序结构　　　　图 1.2.3　选择结构　　　　图 1.2.4　当型循环结构

直到型循环结构如图 1.2.5 所示。功能是：先执行处理框 A，再判断条件 p 是否成立，如果条件不成立，则再次执行处理框 A，如此反复，直至条件 p 成立才结束循环。

当型循环结构与直到型循环结构的区别如表 1.2.2 所示。

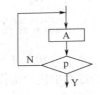

图 1.2.5　直到型循环结构

表 1.2.2　当型循环结构与直到型循环结构的比较

比 较 项 目	当型循环结构	直到型循环结构
何时判断条件是否成立	先判断，后执行	先执行，后判断
何时执行循环	条件成立	条件不成立
循环至少执行次数	0 次	1 次

以上 3 种基本结构具有以下的特点：

（1）只有一个入口，只有一个出口；

（2）结构中的每一部分都有机会被执行到；

（3）结构内不存在"死循环"。

计算机科学家已经证明，使用以上 3 种基本结构顺序组合而成的算法结构，可以解决任意复杂的问题。由基本结构所构成的算法就是所谓的"结构化"的算法。

3．伪代码（Pseudocode）

虽然使用流程图来描述算法简单、直观，易于理解，但是画起来费事，修改起来麻烦。因此流程图比较适合于算法最终定稿后存档时使用，而在设计算法的过程中常用一种称为"伪代码"的工具。

伪代码是一种介于自然语言和程序设计语言之间描述算法的工具。程序设计语言中与算法关联度小的部分往往被伪代码省略，如变量的定义等。

【例 1.4】使用伪代码来描述计算 5!的算法，其中假设变量 t 为被乘数，变量 i 为乘数。

```
begin
    t←1
    i←2
    while(i≤5)
    {
        t←t*i
        i←i+1
    }
    print t
end
```

4．程序设计语言（Programming Language）

计算机无法识别自然语言、流程图、伪代码，因此算法最终要用程序设计语言实现，再被翻译成可执行程序后在计算机中执行。用程序设计语言描述算法必须严格遵守所选择语言的语法规则。

【例 1.5】使用 C 语言来描述计算 5!的算法。

```
#include<stdio.h>
int main()
{
    int i,t;
    t=1;
    i=2;
    while(i<=5)
    {
        t=t*i;
        i=i+1;
    }
    printf("5!=%d\n",t);
    return 0;
}
```

本节介绍了 4 种算法描述方法，读者可根据自己的喜好和习惯，选择其中一种。建议在设计算法过程中使用伪代码，交流算法思想或存档算法时使用流程图。

1.2.3 算法设计的基本方法

算法设计的任务是对各类问题设计良好的算法及研究设计算法的规律和方法。常用的数值算法设计方法包括迭代法、插值法、差分法等；非数值算法设计方法包括分治法、贪心法、回溯法等；还有些方法既适用于数值算法的设计也适用于非数值算法的设计。本书主要介绍后两种情况下算法设计的基本方法，数值算法的设计方法请读者参考《计算方法》、《数值分析》等课程的教材。

针对一个给定的实际问题，要找出确实行之有效的算法，就需要掌握算法设计的策略和基本方法。算法设计是一个难度较大的工作，初学者在短时间内很难掌握。但所幸的是，前人通过长期的实践和研究，已经总结出了一些算法设计的基本策略和方法，如穷举法、递推法、递归法、分治法、回溯法、贪心法、模拟法和动态规划法等。

1. 穷举法（Exhaustive Algorithm）

穷举法（Exhaustive Algorithm）也称为枚举法、蛮力法，是一种简单、直接解决问题的方法。

使用穷举法解决问题的基本思路：依次穷举问题所有可能的解，按照问题给定的约束条件进行筛选，如果满足约束条件，则得到一组解，否则不是问题的解。将这个过程不断地进行下去，最终得到问题的所有解。

要使用穷举法解决实际问题，应当满足以下两个条件：

（1）能够预先确定解的范围并能以合适的方法列举；

（2）能够对问题的约束条件进行精确描述。

穷举法的优点是：比较直观，易于理解，算法的正确性比较容易证明；缺点是：需要列举许多种状态，效率比较低。

【例1.6】使用流程图描述判断一个正整数 m（m≥2）是否为素数的算法。

素数也称为质数，其特点是，除了 1 和它自身之外没有其他的约数。例如，19 除了 1 和 19 之外没有其他约数，因此它就是一个素数。

通过观察和分析，该问题的求解符合穷举法解决问题的条件。

① 给定正整数 m 所有可能的约数（除了 1 和它自身）在[2,m−1]区间内，而且每两个可能的约数之间差 1。

② 约束条件非常容易描述：m mod n = 0，其中 n 表示正整数 m 的所有可能的约数，mod 的含义是求 m 除以 n 的余数，即求余运算，高级程序设计语言中基本都有该运算符。

判别素数算法的基本思路是，从区间[2,m−1]中取出一个数，看它是否满足约束条件 m mod n=0，如果满足，那么根据素数的定义可知，m 不是素数，算法结束；否则继续判别下一个可能的约数 n+1。重复上述过程，直到区间[2,m−1]中每个数都被判断过，并且都不是 m 的约数为止，这说明 m 是素数。流程图如图 1.2.6 所示。

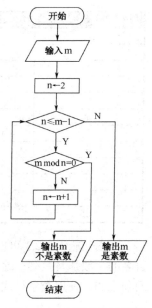

图 1.2.6 判别素数流程图

☞ 思考：如何优化判断素数算法，使其比较次数大幅减少？

2. 递推法（Recurrence）

递推法是一种重要的算法设计思想。一般是从已知的初始条件出发，依据某种递推关系，逐次推出所要求的各中间结果及最后结果。其中初始条件可能由问题本身给定，也可能是通过对问题的分析与化简后确定。在实际应用中，题目很少会直接给出递推关系式，而是需要通过分析各种状态，找出递推关系式，这也是应用递推法解决问题的难点所在。

在日常应用中，递推算法可分为顺推法和逆推法两种。

（1）顺推法。从已知条件出发，逐步推算出要解决问题的方法。例如，斐波那契数列就可以通过顺推法不断推算出新的数据。

（2）逆推法。逆推法也称为倒推法，是顺推法的逆过程。该方法从已知的结果出发，用迭代表达式逐步推算出问题开始的条件。

【例 1.7】 使用顺推法解决斐波那契数列问题。

1202 年，意大利数学家斐波那契在他的著作《算盘书》中提出了一个有趣的问题：有一对兔子，从出生后第 3 个月起每个月都生 1 对小兔子。小兔子长到第 3 个月后每个月又生 1 对小兔子。假定在不发生死亡的情况下，由 1 对刚出生的兔子开始，1 年能繁殖出多少对兔子？

解题思路：

（1）首先，将兔子按照出生的月数分为 3 种：满 2 个月以上的兔子为老兔子；满 1 个月但是不满 2 个月的兔子为中兔子；不满 1 个月的兔子为小兔子。其中，只有老兔子具有繁殖能力。

（2）第 1 个月时，只有 1 对小兔子，总数为 1 对；

（3）第 2 个月时，1 对小兔子长成了 1 对中兔子，总数仍为 1 对；

（4）第 3 个月时，1 对中兔子长成了老兔子，并繁殖了 1 对小兔子，总数是 2 对；

（5）第 4 个月时，1 对小兔子长成了中兔子，原来的 1 对老兔子又繁殖了 1 对小兔子，总数是 3 对；

（6）以此类推，兔子的繁殖过程如表 1.2.3 所示。

表 1.2.3　兔子繁殖过程

月份	小兔子对数	中兔子对数	老兔子对数	兔子总数
1	1	0	0	1
2	0	1	0	1
3	1	0	1	2
4	1	1	1	3
5	2	1	2	5
6	3	2	3	8
7	5	3	5	13
8	8	5	8	21
9	13	8	13	34
10	21	13	21	55
11	34	21	34	89
12	55	34	55	144

解答： 从表 1.2.3 可以看到每个月的兔子总数依次是 1,1,2,3,5,8,13,21,34,55,89,144,…，这就是著名的斐波那契数列。这个数列有着非常明显的特点，即从第 3 项开始，每一项都是其前面相邻两项之和。使用数学公式来表示：

$$\begin{cases} F_1 = 1 & (n = 1) \\ F_2 = 1 & (n = 2) \\ F_n = F_{n-1} + F_{n-2} & (n \geqslant 3) \end{cases} \qquad (1.2.2)$$

从以上的分析可知，斐波那契数列可使用递推算法来计算求得，式（1.2.2）就是递推关系式。图 1.2.7 就是使用顺推法解决斐波那契数列问题的流程图（流程图中略去了输出斐波那契数列的部分）。

【例 1.8】 使用逆推法解决猴子吃桃问题。

问题描述： 猴子第一天摘下若干个桃子，当即吃了一半，还不过瘾，又多吃了一个。第二天早上又将剩下的桃子吃掉一半，又多吃了一个。以后每天早上都吃了前一天剩下的一半多一个。到第 10 天早上想再吃时，只剩一个桃子了。问第一天共摘了多少桃子？

解题思路： 通过分析可知，该题是一个逆推问题：已知结果（第 10 天只剩 1 个桃子），规律是每天早上都吃了前一天剩下桃子的一半多一个，要求逐步推算出开始的条件（第 1 天总共摘了多少桃子）。

解答： 假设第 i 天的桃子数为 p_i（$1 \leq i \leq 9$），由题意可知：

$$p_{i+1} = (p_i / 2 - 1) \tag{1.2.3}$$

从而推导出式（1.2.4）

$$p_i = \begin{cases} 1, & (i = 10) \\ 2(p_{i+1} + 1) & (1 \leq i \leq 9) \end{cases} \tag{1.2.4}$$

在此基础上，以第 10 天的桃子数 1 为基数，用上面的递推公式，可以推出第 1 天的桃子数。推导过程如表 1.2.4 所示，具体算法的流程图如图 1.2.8 所示。

表 1.2.4　猴子吃桃问题推导过程

天	计算过程	桃子数
10	$p_{10}=1$	1
9	$p_9=2\times(p_{10}+1)=2\times(1+1)=4$	4
8	$p_8=2\times(p_9+1)=2\times(4+1)=10$	10
7	$p_7=2\times(p_8+1)=2\times(10+1)=22$	22
6	$p_6=2\times(p_7+1)=2\times(22+1)=46$	46
5	$p_5=2\times(p_6+1)=2\times(46+1)=94$	94
4	$p_4=2\times(p_5+1)=2\times(94+1)=190$	190
3	$p_3=2\times(p_4+1)=2\times(190+1)=382$	382
2	$p_2=2\times(p_3+1)=2\times(382+1)=766$	766
1	$p_1=2\times(p_2+1)=2\times(766+1)=1534$	1534

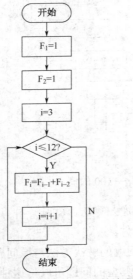

图 1.2.7　求解斐波那契数列的流程图

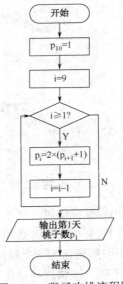

图 1.2.8　猴子吃桃流程图

3. 递归法（Recursive）

递归法是算法设计基本方法中比较难的部分。为了搞清楚递归算法的基本思想，先研究一下下面的例子。

【例 1.9】分别使用递推法和递归法求解 1+2+3+…+100。

（1）递推法。使用递推法计算 1+2+3+…+100 的基本思路如下：

① 设置一个放置和的变量 sum，设置该变量的初值为 0；

② 设置一个放置加数的变量 i，设置其初值为 1；

③ 如果加数 i≤100，那么将加数 i 加到放置和的变量 sum 中，即 sum=sum+i；否则转⑤；

④ 计算新的加数 i，即 i=i+1，转③；

⑤ 输出 1+2+3+…+100 的和 sum；

⑥ 算法结束。

最终得到如图 1.2.9 所示的流程图。

（2）递归法。对于这道题，还可以从另外一个角度考虑问题。首先，将求解式子 1+2+3+…+n 的值的过程定义为一个数学函数 $f(n)$，这里 n 是正整数。通过分析，得到以下公式：

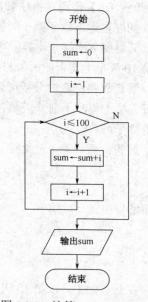

图 1.2.9　计算 1+2+3+…+100 的流程图

$$\begin{cases} f(1)=1 & n=1 & (1) \\ f(n)=f(n-1)+n & n>1 & (2) \end{cases} \qquad (1.2.5)$$

那么求解式子 1+2+3+…+100 的值的过程可以表示为 $f(100)$。由式（1.2.5）可得到如图 1.2.10 所示的基本思路。

通过以上的分析可以看出，要解决一个较大规模的问题（$f(100)$），可以归结为求解一个较小规模的问题（$f(99)$），而解决较小规模问题的方法和解决原问题的方法相同，但是规模不断缩小，当问题的规模缩小到一定程度时（n=1），当前问题得到确定的解（$f(1)=1$）。将 $f(1)=1$ 代入求解 $f(2)$ 的公式，则求得 $f(2)$ 的解，同理，$f(3)$、…、$f(99)$、$f(100)$ 也就得到解。

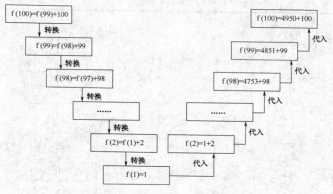

图 1.2.10　递归法求 1+2+3+…+100 的值

以上求解 $f(100)$ 的过程使用的就是递归方法。所谓递归算法，就是一种直接或间接地调用自身的算法。使用递归法解决问题时必须符合下面三个条件。

① 可以把一个问题转化为一个新问题，而这个新问题的解决方法与原问题的解决方法相同，只是所处理的对象不同。通常这种转化有一定的规律，典型的问题可以将这种规律归纳为一个公式（如上例中式（1.2.5）中的（2）），称为"递归关系"或"递归形式"。

② 可以通过转化过程使问题最终得到解决。

③ 必定要有一个明确的递归结束条件，否则递归将会无休止地进行下去。如上例中式（1.2.5）中的（1）。

对于问题的描述或定义本身就是递归形式的问题，用递归方法可以编写出非常简单、直观的程序，但是这种程序在执行时需要开辟空间和不断地进行调用和返回操作，因此时空效率较低。

前面只是简单地讲述了递归法的基本思想，至于如何彻底理解该种设计计算法的思想、步骤，进而编制出相应的程序，请读者参考函数一章。

☞ 举一反三：请大家仿照例 1.9 的方法使用递归法求解 5！。

4．分治法（Divide-and-Conquer）

使用计算机解决实际问题时，影响时间效率的主要因素是问题的规模。问题的规模越小，越容易直接求解，所需的计算时间也越少。若想直接解决一个规模较大的问题，有时是相当困难的。这时，可以试着将该问题分割成一些规模较小的相同问题，以便各个击破，分而治之。

【例 1.10】有 16 只相同大小和颜色的球，其中有一只是假球，假球比真球略轻。现在要求利用一台无砝码的天平，如何用最少的次数称出这只假球。

解题思路：大家常用的方法是先将这些球分成两只一组，共 8 组。每一次只称一组，最好情况是只称一次，最坏情况要称 8 次才可以找出那只假球。这种直接寻找的方法存在着相当大的偶然性。

试着改变一下策略：将全部球分成两组，每次比较两组球。会发现通过一次比较后，基于假球比真球略轻这一特点，完全可以舍弃全部是真球的一组球，选取与原有问题一致的另一半进行下一次比较，这样问题的规模就明显缩小，而且每一次比较的规模也成倍减少。

解答：具体比较过程如图 1.2.11 所示。

根据图 1.2.11 所示的求解过程，可以得到如下的结论：

① 问题的规模越大，也就是球的只数越多，使用以上的方法效果越显著；

② 解决此类问题的关键在于将规模较大的问题分割成了若干规模较小的问题；

③ 规模较小的问题与原问题的解决方法完全类似。

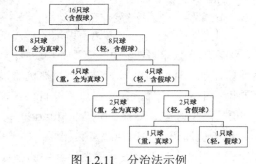

图 1.2.11　分治法示例

通常这种将一个难以直接解决的、规模较大的问题分割为一些解决方法与原问题相同，规模较小的问题，以便各个击破，分而治之的算法设计策略称为分治法。

一般来说，分治法比较适合求解具有如下 4 个特征的问题。

① 问题可以分解为若干个规模较小的相同问题。

② 当问题的规模缩小到一定的程度就能够很容易地解决问题。

③ 合并子问题的解可以得到求解问题的解。

④ 由求解问题所分解出的各个子问题是相互独立的。

一般可按如下步骤使用分治法设计算法：

① 分解：将要求解的问题划分为若干规模较小的同类问题。

② 求解：当子问题划分得足够小时，用较简单的方法求得子问题的解。

③ 合并：按照求解问题的要求，将子问题的解逐层合并，即可构成最终的解。

除了前面介绍的 4 种常用的算法设计的基本方法外，算法设计的策略还包括回溯法、贪心法、模拟法、动态规划等。

1.3 程序与程序设计

1.3.1 程序与程序设计语言

解决实际问题的算法设计完成后，接下来就该使用某种高级程序设计语言来实现这一算法。算法的实现就是编写解决问题的程序，并运行程序得到结果。

人与人之间互相交流，应能够听懂彼此的语言；人与计算机交流，计算机应能够"听懂"人的语言。非常不幸的是，计算机"听不懂"人类的自然语言，因此，人类发明了各种称为"程序设计语言"的工具，以便与计算机交流。按照程序设计语言发展的过程，程序设计语言大致分为机器语言、汇编语言和高级语言。

1. 机器语言（Machine Language）

每种计算机被设计、制造出来后，都能够执行一定数量的基本操作，如加、减、移位等，即机器指令（Instruction）。一种计算机所有指令的集合称为该计算机的"机器语言"。为了解决某一实际问题，从指令集合中选择适当的指令组成的指令序列，称为"机器语言程序"。

由于机器语言是由"与生俱来"的机器指令组成的，因此它是唯一能够被计算机直接识别和执行的程序设计语言。

【例1.11】用 Intel 8086/8088CPU 的指令系统编写 3+8 的机器语言程序段如下：

10110000 00000011	表示将数3送到累加器AL中
00000100 00001000	表示把AL中的数3与8相加的结果保留在AL中

由上例可以看出，机器语言编写的程序晦涩难懂，就像"天书"一样，可阅读性、可维护性差，编写起来效率低下；由于不同种类的计算机指令系统不同，因此其机器语言也各自不同，移植性差，是一种面向机器的语言。虽然机器语言缺点明显，但是其优点也十分明显：机器语言编写的程序不需要翻译，计算机就能够直接识别、执行，所占内存少，执行效率高。

2. 汇编语言（Assembly Language）

鉴于机器语言的种种缺点，计算机科学家用人们容易记忆的符号（如英文单词或其缩写），即所谓的"助记符"来表示机器语言中的指令，如用 ADD 表示加、SUB 表示减、MOV 表示数据传递等。这种用助记符表示指令的程序设计语言就是汇编语言，用汇编语言编写的程序称为汇编语言源程序。

【例1.12】用 Intel 8086/8088 的汇编语言编写 3+8 的汇编语言源程序段如下：

MOV AL , 3	表示将数3送到累加器AL中
ADD AL , 8	表示把AL中的数3与8相加的结果保留在AL中

由上例可以看出，与机器语言相比，汇编语言在可阅读性、可维护性方面有一定的改善，同时保持了占用内存少，执行效率高的特点，比较适合实时性要求较高的场合，如系统软件的编写。但是汇编语言依然是一种面向机器的语言，其移植性、可维护性还是很差，而且汇编语言源程序必须翻译成机器语言后才能够被计算机执行。

3. 高级语言（High-level Language）

为了进一步提高程序设计生产率和程序的可阅读性，使程序设计语言更接近于自然语言或数学公式，并力图使其脱离具体机器的指令系统，提高可移植性，在 20 世纪 50 年代出现了高级语言。高级语言是一类语言的统称，而不是特指某种具体的语言。C、C++、Java、Visual Basic 是目前比较流行的高级语言。

【例 1.13】用 C 语言编写 3+8 的 C 语言源程序段如下：

```
int  a ;                 /* 定义整型变量a */
a = 3 + 8 ;              /* 将3+8的和赋值给变量a */
```

使用高级语言进行程序设计，程序员不用直接与计算机的硬件打交道，不必掌握机器的指令系统，学习门槛较低，可使程序员将主要精力集中在算法的设计和程序设计上，可大大提高编写程序的效率。由于高级语言更接近于自然语言或数学公式，不依赖于具体的计算机硬件，因此与机器语言和汇编语言相比，在可阅读性、可维护性、可移植性方面均有了极大的提高。用高级语言编写的程序必须翻译成机器语言后才能够被计算机执行。为了保持程序的通用性，在翻译过程中可能会衍生出一些完成常规性功能的代码，如引用数组元素时要判别下标是否越界，因此，用高级语言编写的程序其执行效率比用机器语言或汇编语言编写的、用于完成相同功能的程序要低。大部分高级语言用于编写对实时性要求不高的场合，如应用软件的编写。

1.3.2　程序设计语言处理过程

计算机只能直接识别和执行用机器语言编制的程序，为使计算机能识别用汇编语言和高级语言编制的程序，要有一套预先编制好的起翻译作用的翻译程序，把它们翻译成机器语言程序，这个翻译程序被称为语言处理程序。被翻译的原始程序（用汇编语言或高级语言编制而成）称为源程序，翻译后生成的程序称为目标程序。

1. 汇编程序
语言处理程序翻译汇编语言源程序及可执行程序执行的过程如图 1.3.1 所示。

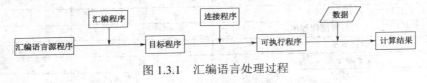

图 1.3.1　汇编语言处理过程

在图 1.3.1 中，汇编语言处理过程包括汇编、连接和执行 3 个阶段。

（1）汇编（Assembly）。将汇编语言源程序翻译成目标程序的过程称为汇编，而完成汇编任务的语言处理程序称为汇编程序或汇编器（Assembler）。

（2）连接（Link）。虽然图中的目标程序已经是机器语言程序了，但是它还不能被直接执行，还需要把目标程序与库文件（提供一些基本功能，如基本输入/输出、字符串处理等）或其他目标程序（由自己或他人编写，完成实际问题的部分功能）组装在一起，才能形成计算机可以执行的程序，即可执行程序，这一过程称为连接，完成连接任务的工具称为连接程序或连接器（Linker）。

（3）执行（Execute，Run）。操作系统将连接后生成的可执行程序装入内存后开始执行，在这期间一般需要输入其要处理的数据，执行完成后得到计算的结果。

可执行程序可以脱离汇编程序、连接程序和源程序独立存在并反复执行，只有源程序修改后，才需要重新汇编和连接。

2. 高级语言翻译程序
将高级语言源程序翻译成目标程序的工具称为高级语言翻译程序，其翻译的方式有两种，即编译（Compilation）和解释（Interpretation）。完成编译功能的程序称为编译程序或编译器（Compiler），完成解释任务的程序称为解释程序或解释器（Interpreter）。

（1）编译程序。编译方式的高级语言处理过程与汇编语言处理过程基本相同，如图 1.3.2 所示，其具体过程不再赘述。

图 1.3.2　高级语言编译处理过程

高级语言的编译过程类似于"笔译"，翻译过程会产生目标程序，连接后会生成可执行程序，可执行程序可以脱离编译程序、连接程序和源程序独立存在并反复执行，只有源程序修改后，才需要重新编译和连接。

（2）解释程序。如图 1.3.3 所示，使用解释方式翻译高级语言源程序时，解释程序对源程序进行逐句解释、分析，计算机逐句执行，并不产生目标程序和可执行程序，整个过程类似于"同声传译"。

解释方式处理高级语言源程序时，不生成目标程序和可执行程序，程序的执行不能脱离解释程序和源程序。

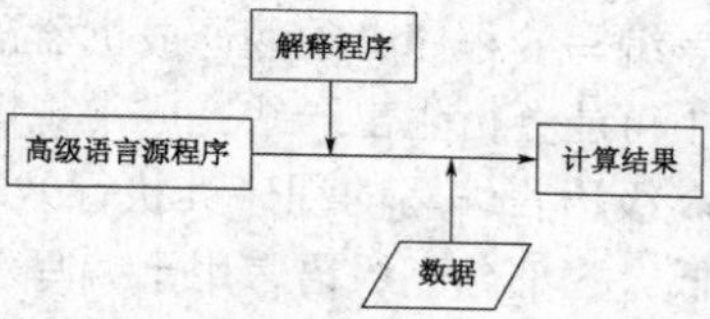

图 1.3.3　高级语言解释处理过程

（3）解释方式与编译方式的区别。在处理高级语言时，有些高级语言使用解释方式，如 Basic、Python 语言等；而另外一些语言使用编译方式，如 C、C++、Pascal、FORTRAN 语言等。不同的语言，其编译或解释程序不同，彼此不能替代。两种翻译方式的比较如表 1.3.1 所示。

表 1.3.1　解释方式与编译方式的比较

比 较 项 目	解 释 方 式	编 译 方 式
类比	同声传译	笔译
是否生成目标程序	否	是
是否生成可执行程序	否	是
执行过程是否可脱离翻译程序	否	是
执行过程是否可脱离源程序	否	是
执行效率	较低	较高
便于跨平台	是	否
其他	适合于初学者	—

（4）其他处理方式。除了传统的编译和解释两种高级程序设计语言处理方式外，为了实现跨平台、跨语言等特点，还出现了既不是纯粹的编译型，也不是纯粹解释型的翻译方式，其中 Java 和.NET 技术是比较典型的代表。

① Java 语言的处理机制。谈到 Java，大家可能马上想起有关它的一句名言：Write once, run anywhere（一次编写，到处运行）。这句话非常贴切地描述了 Java 语言最重要的一个的特点，即跨平台的特性。那么，Java 是如何实现跨平台的呢？

Java 虚拟机（Java Virtual Machine，JVM）是 Java 语言跨平台的关键所在。为了说明 JVM 的工作原理，先来看一下如图 1.3.4 所示的 Java 程序运行的一般过程。

程序员使用 Java 语言编写 Java 源程序文件（扩展名为.java），然后由 Java 编译器将 Java 源程序编译为与平台无关的、可在 Java 虚拟机上解释执行的 Java 字节码文件（扩展名为.class）。一台 Java 虚拟机就是一个 Java 解释器，它负责解释执行字节码文件。不同平台上的 JVM 向编译器

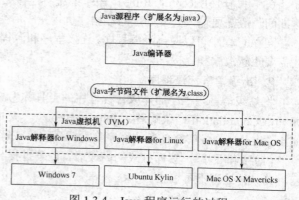

图 1.3.4　Java 程序运行的过程

提供相同的编程接口，而编译器只需要面向虚拟机，生成虚拟机能理解的代码，然后由虚拟机来解释执行。这就是 Java 能够"一次编译，到处运行"的原因，只要为不同平台实现了相应的虚拟机，编译后的 Java 字节码就可以在该平台上运行。

综上所述，Java 程序的处理、运行的过程兼顾了解释型与编译型语言的特点。Java 源程序文件翻译为 Java 字节码文件是编译方式的，Java 字节码文件的运行过程是解释方式的，JVM 充当了解释器的作用。另外，读者应该注意的是，在一些虚拟机的实现中，还会将字节码转换成特定系统的本地代码执行，从而达到提高执行效率的目的。

② .NET 下各种语言的处理机制。随着 Java 在互联网上的成功，作为竞争对手的微软于 2000 年 6 月发布了.NET，一种在软件开发、工程和使用方面广泛地支持因特网和 Web 的全新版本。

.NET 下的编程语言主要包括 Visual Basic、C#、JavaScript、J#、托管 C++等。设计.NET 框架的目的之一，就是实现跨语言的兼容性。简单地说，无论.NET 组件最初是用哪种语言编写的，它们都可以彼此交互。例如，一个用 Visual Basic.NET 编写的应用程序可以引用一个用 C#编写的 DLL 文件。.NET 中代码执行流程如图 1.3.5 所示。

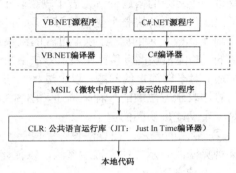

图 1.3.5　.NET 中代码执行流程

.NET 平台下的应用程序，包括各种高级语言编写的.NET 源代码，通过各自的编译器编译，形成 MSIL（Microsoft Intermediate Language，微软中间语言）中间代码。MSIL 是一种抽象语言，由一组特定的指令组成，这些指令指明如何执行代码。它独立于任何一种高级编程语言，也独立于任何一种硬件平台和操作系统。正因为如此，使用不同语言编写的.NET 应用程序可以自由地相互操作。编译后的应用程序的执行过程就是 CLR（Common Language Runtime，公共语言运行库，也称为通用语言运行时）解释执行 MSIL 代码的过程。这个过程由 JIT（Just-In-Time，即时编译）编译器完成，它负责将 MSIL 指令动态编译成本地 CPU 可执行的代码（Native Code），然后直接执行这一本地代码。CLR 同时将这些本地代码缓存起来，下次再要执行这些代码时就不再需要编译了。

1.3.3　计算机解题过程

1．什么是程序（Program）

在计算机领域中，程序是为解决特定问题而使用计算机语言编写的命令序列。通过前面章节的介绍可知，应该在不同的语言层面理解程序这一概念。源程序、目标程序和可执行程序的比较如表 1.3.2 所示。

表 1.3.2　源程序、目标程序和可执行程序的比较

名　称	编写语言	说　明
源程序	汇编语言或高级语言	计算机不能直接识别或执行
目标程序	机器语言	源程序翻译的结果，不能执行
可执行程序	机器语言	可直接执行

2．程序设计的一般过程

编写程序解决问题的过程一般包括：确定问题→分析问题→设计算法→程序实现→测试→维护。

（1）确定问题。在拿到一个具体问题后，首先要充分理解用户的需求，确定解决目标和问题的可行性。在此阶段要去除不重要的方面，找到最根本的问题所在。

（2）分析问题。在确定问题后，首先，要仔细地分析问题的细节，从而清晰地获得问题的概念；其次，要确定输入和输出。在这一阶段中，应该列出问题的变量及其相互关系，这些关系可以用公式的形式来表达。另外，还应该确定计算结果显示的格式。

（3）设计算法。

① 自顶向下，逐步细化。设计算法是问题解决过程中最难的部分。在一开始的时候，不要试图解决问题的每个细节，而应该使用"自顶向下、逐步细化"的设计方法。在这种设计中，首先要将一个复杂的问题分解为若干规模较小的子问题，然后通过"逐步细化"的方法逐一解决每个子问题，最终解决整个复杂的问题。

对于比较复杂的问题，以上过程的结果使用所谓的"功能模块图"和算法表示方法中的一种来描述。对于较简单的问题，以上过程的结果只使用算法表示方法中的一种来描述。图 1.3.6 所示是一个功能模块图的例子。

图 1.3.6　学生成绩管理系统功能模块图

② 算法的表示。在算法设计完成后，要使用某种算法的表示方法来描述算法，以便存档、交流和维护之用。

（4）程序实现。算法设计完成后，需要采取一种程序设计语言编写程序实现所设计算法的功能，从而达到使用计算机解决实际问题的目的。

（5）测试。程序测试是程序开发的一个重要阶段。程序的测试与检查就是测试所完成的程序是否按照预期方式工作。在实践中，人们已经总结出一些测试方法，归纳起来主要是结构测试和功能测试。

（6）维护。程序的维护与更新就是通过修改程序来移除以前未发现的错误，使程序与用户需求的变更保持一致。

【例 1.14】用 C 语言编写一个程序，计算圆面积。

（1）确定问题。编写程序计算圆的面积，具体要求：

① 使用符号常量来表示圆周率；

② 用 scanf 输入数据；

③ 输出圆面积时要有文字说明，取小数点后两位数字。

（2）分析问题。

① 问题输入：radius——圆的半径；

② 问题输出：area——圆的面积；

③ 相关公式：

圆面积$= \pi r^2$

圆周率$=3.1415926$

（3）设计算法。一级算法：

S1　读取圆的半径。

S2　计算圆的面积。

S3　显示圆的面积。

S2 的细化：

S2.1　圆面积$= \pi r^2$。

（4）程序实现。

① 写出程序的框架：

```
#include<stdio.h>
int main()
{
    声明部分;
    执行部分;
    return 0;
}
```

② 数据描述：包括常量和变量的声明。声明部分代码为：

```
#define PI 3.1415926
double radius;        /*圆半径*/
double area;          /*圆面积*/
```

③ 实现算法的各个步骤，如表 1.3.3 所示。

表 1.3.3　计算圆面积算法步骤的实现过程

算　　法	程　　序
S1　读取圆的半径	printf（"请输入圆的半径:"）； scanf（"%lf",&radius）；
S2　计算圆的面积 S2.1　圆面积= πr²	area = PI*radius*radius;
S3　显示圆的面积	printf（"半径为%.2lf的圆的面积为%.2lf\n",radius,area）；

④ 最后的程序如下：

```
#include<stdio.h>
int main()
{
  #define PI  3.1415926
  double  radius;              /*圆半径*/
  double  area;                /*圆面积*/
  printf("请输入圆的半径:");
  scanf("%lf",&radius);
  area = PI*radius*radius;
  printf("半径为%.2lf的圆的面积为%.2lf\n",radius,area);
  return  0;
}
```

（5）测试。在编译、连接没有错误的基础上运行程序，输入测试数据，看是否得到预期的结果。当输入 radius 为 10 时，程序运行结果如图 1.3.7 所示。

```
请输入圆的半径:10
半径为10.00的圆的面积为314.16
Press any key to continue
```

图 1.3.7　计算圆面积程序运行结果

1.3.4　程序设计方法

要编写出能够有效解决实际问题的程序，除了要仔细分析数据并精心设计算法外，采用何种程序设计方法进行程序设计也相当重要。结构化程序设计方法和面向对象的程序设计方法是目前最常用的两种程序设计方法。

1. 结构化程序设计（Structured Programming，SP）

结构化程序设计的概念最早由荷兰科学家 E.W.Dijkstra 提出。其根本思想是"分而治之"，即以模块化设计为中心，将待开发的软件系统划分为若干独立的模块，这样使完成每个模块的工作变得单纯而明确，为设计较大的软件打下了良好的基础。

结构化程序设计方法的主要原则如下。

（1）自顶向下。程序设计时，应先考虑总体，后考虑细节；先考虑全局目标，后考虑局部目标。不要一开始就追求过多的细节，先从最上层总目标开始设计，逐步使问题具体化。

（2）逐步求精。所谓"逐步求精"的方法，就是在编写一个程序时，首先考虑程序的整体结构而忽视一些细节问题，然后逐步地、一层一层地细化程序，直至用所选的语言完全描述每个细节，即得到所期望的程序。在编写过程中，一些算法可以采用编程者所能共同接受的语言来描述，甚至是自然语言来描述。

（3）模块化设计。通常，一个复杂问题是由若干较简单的问题构成的。要解决该复杂问题，可以把整个程序按照功能分解为不同的功能模块，也就是把程序要解决的总体目标分解为多个子目标，子目标再进一步分解为具体的小目标，把每个小目标称为一个模块。通过模块化设计，降低了程序设计的复杂度，使程序设计、调试和维护等操作简单化。如图 1.3.8 所示的树状结构就是一个模块化设计的例子。

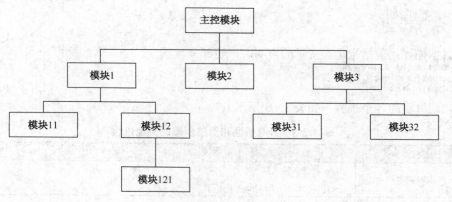

图 1.3.8　模块划分示例

（4）结构化编码。任何程序都可由顺序结构、选择结构和循环结构 3 种基本结构组成。3 种基本结构流程图参见 1.2.2 节中的"流程图"部分内容。

（5）限制使用 goto 语句。由于 goto 语句容易破坏程序的结构，使程序难于理解和维护，因此在结构化程序设计中要尽量避免使用 goto 语句。

2．面向对象程序设计（Object Oriented Programming，OOP）

虽然结构化程序设计方法具有很多的优点，但还是存在程序可重用性差、不适合开发大型软件的不足。为了克服以上的缺点，一种全新的软件开发技术应运而生，这就是面向对象的程序设计方法。

面向对象程序设计方法将数据及对数据的操作方法放在一起，作为一个相互依存、不可分离的整体——对象。对同类型对象抽象出其共性，形成"类"。类通过一个简单的外部接口与外界发生关系，对象与对象之间通过发送消息进行通信。这样，程序模块间的关系更为简单，程序模块的独立性、数据的安全性有了良好的保障。另外，通过类的继承与多态可以很方便地实现代码的重用，大大缩短了软件开发的周期，使得软件的维护更加方便。

面向对象的程序设计并不是要摒弃掉结构化程序设计，这两种方法各有用途、互为补充。在面向对象程序设计中仍然要用到结构化程序设计的知识。例如，在类中定义一个函数就需要用结构化程序设计方法来实现。

面向对象程序设计的基本概念有对象、类、封装、继承、多态性等。

（1）对象（Object）。对象是系统中用来描述客观事物的一个实体，是构成系统的一个基本单位。对象由一组属性和一组行为或操作构成。

（2）类（Class）。类是具有相同属性和操作方法，并遵守相同规则的对象的集合。它为属于该类的全部对象提供了抽象的描述。一个对象是类的一个实例。

（3）封装（Encapsulation）。封装就是把对象的属性和操作方法结合成一个独立的系统单位，并尽可能隐藏对象的内部细节。

例如，在图 1.3.9 中，有一个名为 Person 的类，它是将某个教学管理系统中所有人都具有的相同属性（name、age，人的姓名、年龄）和操作方法（display，输出人的 name 和 age）封装在一起，在类外不能直接访问 name 和 age 属性（隐藏了内部的细节），只能通过公共操作方法 display 访问这两个属性。

（4）继承（Inheritance）。继承是面向对象程序设计能够提高软件开发效率的重要原因之一。在面向对象程序设

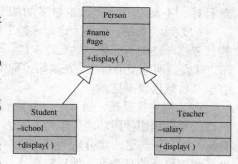

图 1.3.9　封装、继承、多态性示例

计中，允许从一个类（父类）生成另一个类（子类或派生类）。派生类不仅继承了其父类的属性和操作方法，而且增加了新的属性和新的操作，是对父类的一种改良。

通过引入继承机制，避免了代码的重复开发，减少了数据冗余度，增强了数据的一致性。

例如，在图 1.3.9 中，Student 类和 Teacher 类继承 Person 类，这两个类被称为子类或派生类，它们都继承了父类 Person 的属性 name 和 age，并分别增加了 school 和 salary 属性。

（5）多态性（Polymorphism）。多态性是指在父类中定义的行为，被子类继承后，可以表现出不同的行为。例如，在图 1.3.9 中，子类 Student 和 Teacher 都重写了父类 Person 中的 display 方法（如果使用 C++语言，则将 display 方法实现为"虚函数"），现有一个 Person 类型的指针 p，当 p 指向一个由 Student 类实例化的对象时，通过指针 p 调用 display 方法将输出学生的信息（姓名、年龄和所在学院）；当 p 指向一个由 Teacher 类实例化的对象时，通过指针 p 调用 display 方法将输出教师的信息（姓名、年龄和工资）。可见，同为 display 方法，被不同的子类继承后，可以表现出不同的行为。

1.4　案例——"学生成绩管理系统"需求分析与模块图的绘制

1. 需求分析

教师在实际教学中，经常会对学生的考试成绩进行编辑、排序、统计等管理工作，由于学生人数众多，学生成绩管理的工作量较大且烦琐。因此，为了方便教师管理、维护学生成绩，减少工作量，提高工作效率，编写一个"学生成绩管理系统"程序，实现使用计算机进行学生成绩管理工作非常必要。

学生的属性主要包括学号、姓名、数学成绩、语文成绩、英语成绩、平均成绩。

学生成绩管理的主要功能包括以下几个。

① 创建成绩单。教师可以一次批量输入若干个学生的成绩，从而建立一个学生成绩单。

② 添加学生。教师可以一次添加一个学生的所有信息。

③ 编辑学生。如果教师在输入学生信息时有错误，可以编辑、修改学生的信息。

④ 删除学生。教师可以将某一学生从成绩单中删除。

⑤ 查找学生。教师可以按照学号在成绩单中定位并显示该学生的所有信息。

⑥ 浏览成绩单。教师可浏览学生成绩单中所有学生，即将学生成绩单中所有学生的信息显示在屏幕上。

⑦ 排序成绩单。教师可以按照某门课的成绩对学生进行排序。

⑧ 统计成绩。教师可以按照科目统计每门课程各个分数段的人数。

2. 使用 Microsoft Visio 2010 绘制"学生成绩管理系统"功能模块图

Microsoft Visio 2010 是微软公司出品的一款软件，是最流行的图表、流程图与结构图绘制软件之一，它将强大的功能与简单的操作完美结合，可广泛应用于众多领域，主要包括软件开发、项目策划、企业管理、建筑规划、机械制图、电路设计、系统集成、生产工艺等。

绘制如图 1.3.6 所示的功能模块图的基本步骤如下：

（1）启动 Microsoft Visio 2010。选择"开始"→"所有程序"→"Microsoft Office"→"Microsoft Visio 2010"命令，启动 Microsoft Visio 2010。

（2）创建空白功能模块图。

① 单击"文件"选项卡中的"新建"，在"选择模板"窗格中选择"模板类别"→"常规"→"基本框图"模板，如图 1.4.1 所示。

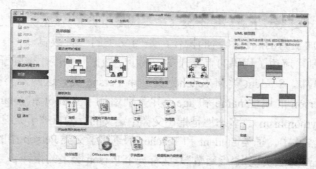

图 1.4.1　选择"常规"模板类别

② 单击最右侧窗格中的"创建"按钮，如图 1.4.2 所示。

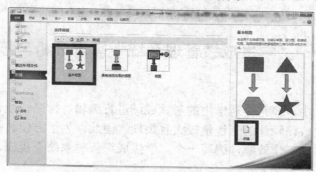

图 1.4.2　使用"基本框图"模板创建 Visio 文档

（3）设置纸张方向（可选）。

① 选择"设计"选项卡的"页面设置"组中的"纸张方向"下拉按钮。

② 在弹出的下拉列表中选择"横向"命令。

（4）绘制顶层模块。

① 选择"形状窗格"中的"矩形"形状，将之拖曳到"绘图窗格"中。

② 选中所绘矩形，输入文本"学生成绩管理系统"；设置文本的大小为"24pt"，字体为"楷体"。

③ 适当调整所绘矩形的大小，使之能够容纳下所有文字。

④ 适当调整所绘矩形的位置，使之页面居中。

（5）绘制第二层模块。

① 选择"形状窗格"中的"矩形"形状，将之拖曳到"绘图窗格"中。

② 选中所绘矩形，输入文本"创建成绩单"；设置文本的大小为"24pt"，字体为"楷体"，文字方向为"垂直"。

③ 适当调整所绘矩形的大小，使之仅能够容纳下一列文字。

④ 选择所绘矩形，按住 Ctrl 不放，通过拖曳鼠标复制 7 个矩形，这 7 个矩形形状中的文字分别为"添加学生"、"编辑学生"、"删除学生"、"查找学生"、"浏览成绩单"、"排序成绩单"、"统计成绩"。

⑤ 将"创建成绩单"矩形形状移动到页面的最左侧，将"统计成绩"矩形形状移动到页面的最右侧；框选第二层矩形形状，共 8 个；选择"开始"选项卡的"排列"组中的"位置"下拉按钮，在弹出的菜单中选择"顶端对齐"选项；选择"开始"选项卡的"排列"组中的"位置"下拉按钮，在弹出的菜单中选择"空间形状"→"横向分布"选项。

⑥ 选择"开始"选项卡的"工具"组中的"连接线"工具，参考图 1.3.6 连接顶层模块和第二层模块。

⑦ 以"学生成绩管理系统功能模块图.vsd"为文件名保存功能模块图。

本 章 小 结

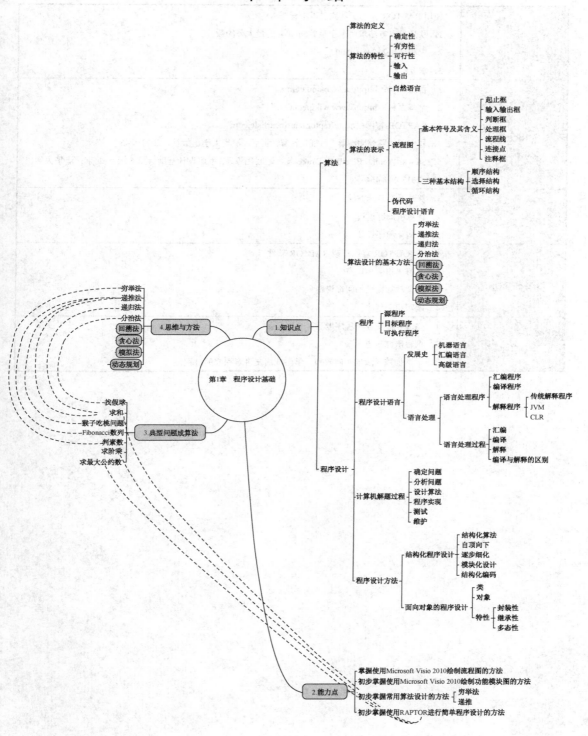

算法的定义

算法的特性
- 确定性
- 有穷性
- 可行性
- 输入
- 输出

算法的表示
- 自然语言
- 流程图
  - 基本符号及其含义
    - 起止框
    - 输入输出框
    - 判断框
    - 处理框
    - 流程线
    - 连接点
    - 注释框
  - 三种基本结构
    - 顺序结构
    - 选择结构
    - 循环结构
- 伪代码
- 程序设计语言

算法设计的基本方法
- 穷举法
- 递推法
- 递归法
- 分治法
- 回溯法
- 贪心法
- 模拟法
- 动态规划

算法

4.思维与方法
- 穷举法
- 递推法
- 递归法
- 分治法
- 回溯法
- 贪心法
- 模拟法
- 动态规划

3.典型问题成算法
- 找假球
- 求和
- 猴子吃桃问题
- Fibonacci数列
- 判素数
- 求阶乘
- 求最大公约数

第1章　程序设计基础

1.知识点

程序设计

程序
- 源程序
- 目标程序
- 可执行程序

程序设计语言
- 发展史
  - 机器语言
  - 汇编语言
  - 高级语言
- 语言处理
  - 语言处理程序
    - 汇编程序
    - 编译程序
    - 解释程序
      - 传统解释程序
      - JVM
      - CLR
  - 语言处理过程
    - 汇编
    - 编译
    - 解释
    - 编译与解释的区别

计算机解题过程
- 确定问题
- 分析问题
- 设计算法
- 程序实现
- 测试
- 维护

程序设计方法
- 结构化程序设计
  - 结构化算法
  - 自顶向下
  - 逐步细化
  - 模块化设计
  - 结构化编码
- 面向对象的程序设计
  - 类
  - 对象
  - 特性
    - 封装性
    - 继承性
    - 多态性

2.能力点
- 掌握使用Microsoft Visio 2010绘制流程图的方法
- 初步掌握使用Microsoft Visio 2010绘制功能模块图的方法
- 初步掌握常用算法设计的方法
  - 穷举法
  - 递推
- 初步掌握使用RAPTOR进行简单程序设计的方法

探究性题目：使用 RAPTOR 进行程序设计

题目	使用 RAPTOR 作为工具完成以下程序： 1. 欧几里得方法求两个正整数 m 和 n 的最大公约数 2. 求和（1+2+3+⋯+100） 3. 求 $n!$
阅读资料	1. 百度百科：http://baike.baidu.com/ 2. 维基百科：http://www.wikipedia.org/ 3. RAPTOR 官网：http://raptor.martincarlisle.com/ 4. 程向前，陈建明编著. 可视化计算. 北京：清华大学出版社，2013:1-45. 5. Stewart Venit，Elizabeth Drake 著，远红亮等译. 程序设计基础（第 5 版）.北京：清华大学出版社，2013:444-464
相关知识点	1. 算法及其表示方法 2. 计算机解题过程 3. 结构化程序设计
参考研究步骤	1. 从 RAPTOR 官网下载 RAPTOR 软件 2. 复习"相关知识点" 3. 阅读教师提供的阅读资料 4. 编写相应程序
具体要求	1. 完成并提交 3 个程序题目 2. 撰写研究报告 3. 录制视频（录屏）向教师、学生或朋友讲解探究的过程

第 2 章　C 语言概述

C 语言是近乎完美的语言，尤其在系统编程和嵌入式编程领域。C 语言诞生 40 余年来，很多同时期诞生的语言都已经无人问津，但 C 语言的市场地位却从未被撼动。很多现在流行的编程语言，如 Java、PHP、C#等，都借鉴了大量 C 语言的语法，被称为类 C 的语言。

C 语言是一种小型语言。在编程中，小即是美。C 的关键字很少，但它却是一种功能更为强大的语言。C 语言的威力来自于它包含了正确的控制结构和数据类型，并近乎不设限制地允许程序员做他们想做的事情。

2.1　引例

C 语言是人为设计的一种形式语言，用于和计算机交流，让计算机帮助人们来解决问题，如管理计算机的所有资源，对大量数据排序等。形式语言的作用与自然语言非常类似，都是用于对象之间的交流，只是两者交流的对象不同。自然语言是用于人与人之间的交流，而形式语言是用于人和计算机之间的"交流"。例如，可以用自然语言写一部小说，讲一个故事，向其他人传递一个道理；类似的，可以用形式语言编写一个程序，实现一个功能，让计算机解决一个问题。

形式语言和自然语言的组成结构也很相似，用自然语言编写一本书时，通常其组成结构如图 2.1.1 所示。整部书由多个章节构成，每个章节由多个段落构成，每个段落又由多个语句构成，每个语句由多个词构成；而每个词由字来构成。类似的，用形式语言编写一个程序时，通常其组成结构如图 2.1.2 所示。整个程序由多个文件构成，每个文件由一个或多个函数构成，每个函数由多条语句构成，每条语句由表达式构成，表达式包含对对象的操作。

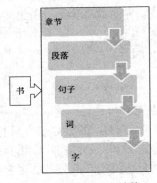

图 2.1.1　书的组成结构

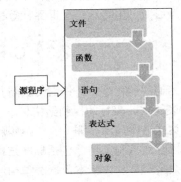

图 2.1.2　源程序的组成结构

既然形式语言和自然语言都是用于对象之间的交流，那么显然两者都要求交流的内容应该逻辑结构清晰，尽可能通俗易懂或者简洁、朴素、可读性强等。由于自然语言所面向的对象是人，而形式语言最终面向的对象是计算机，而机器没有人的智能，不具备模糊处理的能力，因此，形式语言的约定比自然语言更为严格，一个字符的错误，就有可能导致严重的后果。因此，对形式语言的学习和应用，必须严谨。

2.2　C 语言出现的历史背景

早期的软件主要采用汇编语言缩写，由于汇编语言依赖于计算机硬件，程序的可读性和可移植性都比较差。因此，为了提高软件的可读性和可移植性，人们开发设计了高级语言。此外，由于一般的高级语言难以实现汇编语言的某些功能，执行效率较低，于是结合汇编语言和高级语言二者优点的 C 语言应运而生，并在实际软件工程开发中得到了广泛的应用。

C 语言是一种通用的程序设计语言，它主要用来进行系统程序设计。具有高效、灵活、功能丰富、表达力强和移植性好等的特点，在程序员中备受青睐。

C 语言诞生于贝尔实验室，最早是由丹尼斯·里奇（Dennis Ritchie）于 1973 年设计完成的，是在 B 语言的基础上发展和完善起来的。B 语言是由 UNIX 的研制者肯·汤普逊（Ken Thompson）于 1970 年设计完成的。设计 C 语言的最初目的是为了完善 UNIX 操作系统的功能。由 C 语言改写和完善的 UNIX 操作系统在市场上迅速风靡，UNIX 的流行也促进了 C 语言的发展。

1983 年，美国国家标准协会（ANSI）成立了一个委员会以制定一个现代的、全面的 C 语言定义，并于同年颁布了第一个 C 语言标准草案。1987 年，美国国家标准协会对 C 语言的标准做了进一步的完善，并颁布了一个影响更为深远的 C 语言标准，即 "ANSI C"。 该标准保持了 C 语言的表达能力、效率、小规模以及对机器的强大控制能力，同时还保证符合标准的程序可以从一种计算机与操作系统移植到另一种计算机与操作系统而无须改变。这个标准同时也被国际标准化组织（ISO）接受为国际标准，使世界各地的用户团体都受益于这一标准。该标准的大部分特性已被当前的编译器所支持。

最新的 C 语言标准是在 1999 年颁布并在 2000 年 3 月被 ANSI 采用的 C99 ，但由于未得到主流编译器厂家的支持，直到现在 C99 并未被广泛使用。

C 语言是一种面向过程的语言，同时具有高级语言和汇编语言的优点。在 C 语言的基础上发展起来的有支持多种程序设计方法的 C++语言，以及网络应用中广泛使用的 Java、JavaScript、微软的 C#等。

C 语言得到世界计算机界的广泛赞许。一方面，C 语言在程序语言设计的研究领域具有很高的价值，不少现代语言都借鉴了它的很多语法，被称为类 C 的语言。另一方面，C 语言对计算机工业和应用的发展也起了很重要的推动作用，很多系统软件都用 C 语言实现。正是由于这些原因，C 语言的设计者丹尼斯·里奇获得了世界计算机科学技术界的最高奖——图灵奖。

2.3 C 语言的特点

C 语言是一种通用的程序设计语言，其特点如下。

（1）简洁的表达式、流行的控制结构、丰富的数据类型和运算符等。

C 语言的表达式非常简洁，可以有效节约源程序的输入时间。虽然 C 语言只有 9 种控制语句，但是它支持所有流行的控制结构，包括顺序结构、选择结构和循环结构。C 语言有很丰富的数据类型，包括基本数据类型和由基本数据类型构造而成的复合类型。此外，C 语言支持的运算符多达 34 个，正因为支持的运算符太多，也导致了一些学习上的问题，同一个运算符会表示不同的含义，这给初学者带来了一定的困扰。例如：

①星号 "*"：既是乘法运算符，又是指针的指向运算符。

②百分号 "%"：既是求余运算符，又是格式控制符的引导符，但却不是百分号。

③逗号 ","：既是运算符，又是分隔符。

④与 "&"：既是取地址运算符，又是位运算中的逻辑与运算符。

（2）不专用于某一个特定的应用领域，通用性强。

基于 C 语言实现的程序，并不受限于任何一种操作系统或机器。C 语言既可以实现系统软件，又可以实现应用软件。系统软件可以在任何一种机器上运行，而应用软件可以在任何一种操作系统上运行。由于它支持一些底层操作，如指针运算、位运算等，因此，它更适合用来编写编译器和操作系统等系统软件，因此又被称为"系统编程语言"。例如，UNIX 操作系统、C 编译器和几乎所有的 UNIX 应用程序都是用 C 语言编写的。

（3）公认的表示能力强大且非常高效的语言。

C 语言支持极丰富的数据类型和运算符，因此，它可以以很自然的形式表示很多复杂的运算。此外，C 语言支持诸如复合赋值、自增自减和指针等很多高效的运算符。基于 C 语言生成的目标代码执行效率非常高，是一般高级语言所不及的，只比汇编语言低 20%左右。

尽管 C 语言具有众多的优良特性，被称为编程语言中的常青树，但是，我们也不能忽视其存在的缺点。由于 C 语言的设计宗旨是允许程序员做他们想做的事情，因此其语法十分自由，导致编写程序时非常容易掉入语法的陷阱，从国际 C 语言混乱代码大赛的作品可见一斑。

通常，C 语言不会对数组的范围进行检查，也就是说即使数组下标越界，C 语言也不会做出错误提示，而对于初学者，似乎没有人没犯过下标越界的错误！C 语言支持通过指针对内存进行直接、有效的管理，这使得程序员可以编写出更快捷、更有效的程序，这一点，对于设备驱动程序来说尤为重要。但是，这也使得程序容易产生令人讨厌的"bug"，如缓冲区的溢出错误。

C 语言中还有很多典型的陷阱，比如学了一学期的 C 语言课程，依然有很多同学把判断变量 a 是否等于零的表达式，写成"a=0"，而正确的写法应该是"a==0"。让人头疼的是这种错误的写法，编译却可以通过，因为它是合法的，只是语义并非人们所想的那样。像这样合法而不合理的陷阱有很多，对初学者而言一定要注意规避。

C 语言的不足可以由从 C 语言发展而来的更新的编程语言改进，如 Cyclone 语言增加了防止内存访问错误的特性；C++和 Objective C 提供了用于面向对象的编程特性；Java 和 C#不仅增加了面向对象的特性，对内存的管理也完全自动化了。所有这些改进都可以让编程者更自由的表达，却犯更少的错误。

2.4 C 程序结构和代码书写规则

编写程序的最终目的是命令计算机完成某些功能。但是，在计算机理解程序之前，首先编写者自己要能清楚的理解其含义。一个好的程序，必须结构清晰，且代码是朴素易懂的。而如何写出好的程序，首先要知道程序的组成结构和代码的书写规则。

2.4.1 C 程序结构

简单 C 程序的基本组成结构和其他面向过程的高级语言程序的组成结构很类似，可总结为如图 2.4.1 所示的结构。

从图 2.4.1 中可见，简单 C 程序是由函数和全局变量构成的，其中全局变量并非必须。函数是 C 程序的基本单位，它由语句构成，即语句是组成函数的基本单位。语句是由表达式构成的，而表达式包含了对对象的操作。

图 2.4.1 程序语言的基本组成结构

可以通过如下几个简单的例子，来逐步熟悉 C 程序的组成结构。

【例 2.1】编写程序，在显示器上输出"Hello World!"。程序如下：

```
#include <stdio.h>              //包含printf()函数对应的头文件:stdio.h
int main(void)                  //主函数
{                               //函数体开始
    printf("Hello, world!\n");  //输出字符串"Hello, world!"
    return 0;                   //返回操作系统一个整数0
}                               //函数体结束
```

程序运行结果如下:

```
Hello, world!
Press any key to continue
```

虽然这个程序的规模很小，只有几行代码，且其功能很简单，但这的确是一个完整的 C 程序。执行该程序后，系统会在显示器上输出"Hello, world!"。在这个程序中，有唯一的函数，称为 main() 函数，其结构是:

```
int main ( void )
{
    … …
    return 0;
}
```

C99 标准要求 main() 函数结束后，返回操作系统一个 0 值，因此，在 main() 的结尾处有一个 "return 0；"语句。main() 函数中有两条语句：一条是 printf() 对应的语句；另外一条是 return 语句，语句的末尾都是以 "；"结束。对于这个程序，真正产生输出结果的只有 printf 对应的这一行代码，即 printf 的功能是将数据输出到显示器上。printf() 函数是开发系统提供的标准函数之一，系统提供的标准函数是系统程序员开发好的子程序。这些标准函数可以帮助编程者节约开发程序的时间，简化程序的设计。

C 语言本身没有输入输出语句，数据的输入和输出都是依靠开发系统包含的标准库函数来完成的。输入输出函数被放在标准输入输出函数库中，标准输入输出函数库中的一些公用信息放在头文件 stdio.h（Standard Input and Output）中。只要在程序开头用命令 "#include <stdio.h>" 把输入输出函数要使用的信息包含到用户程序中，就可以使用这些标准的输入输出函数。

【例 2.2】编写程序，实现一个简单的加法器。程序如下：

```
#include <stdio.h>              //包含printf()函数对应的头文件:stdio.h
int main(void)                  //主函数
{                               //函数体开始
    int  a, b, sum ;            //定义变量a、b、sum
    a = 2;                      //把2赋值给变量a
    b = 3;                      //把3赋值给变量b
    sum = a + b;                //把a+b的值赋给变量sum
    printf("sum is %d. \n",sum);//输出变量sum的值
    return 0;                   //返回操作系统一个整数0
}                               //函数体结束
```

程序运行结果如下：

```
sum is 5.
Press any key to continue
```

这个程序实现的功能是输出两数之和。在这个例子中，程序处理了三个对象 a、b 和 sum，其中 a、b 是两个加数，sum 存放两数之和。忽略程序中一些具体的细节，如 "int" 或者 "%d" 代表什么，从程序的整个结构来说，这个较简单的程序依然是由函数构成的，该函数还是 main() 函数。main() 函数内部由语句构成，每个语句以分号结束。语句通常由表达式构成，如 "a = 2" 或 "sum = a + b"，表达式加上分号就形成了典型的表达式语句。表达式中包含对对象的操作，操作包括 "加" 和 "赋值" 等。

【例 2.3】将例 2.2 的程序进行重构，以了解更多的 C 程序结构。

```
#include <stdio.h>              //包含printf()函数对应的头文件:stdio.h
int main(void)                  //主函数
{                               //函数体开始
    int  a, b, sum;             //定义变量a、b、sum
    int add(int a1, int b1);    //声明被调函数add()
    printf("Please input a,b: ");//输出提示信息：Please input a,b；
    scanf("%d%d", &a, &b);      //接收用户从键盘输入的两个值，分别赋给a、b
    sum = add(a, b);            //调用add()函数，实现a、b相加，并将相加的结果赋给sum
```

```
    sum = add(a, b);                    //调用add()函数，实现a、b相加，并将相加的结果赋给sum
    printf("sum is %d.\n" ,sum);        //输出sum的值
    return 0;                           //返回操作系统一个整数0
}                                       //函数体结束

//实现两数之和的函数add()
int  add(int a1, int  b1)
{                                       //函数体开始
    int  sum1;                          //变量定义
    sum1 = a1 + b1;                     //将变量a1+b1的和赋给sum1
    return sum1;                        //将sum1的值返回给调用add()的函数，即main()函数
}                                       //函数体结束
```

程序运行结果如下：

```
Please input a,b: 10 20
sum is 30.
Press any key to continue
```

这个重构的程序是由两个函数组成的，一个是 main()函数，另一个是名为 add 的函数。每个函数都由语句构成。其中 main()函数利用系统提供的 scanf()函数从键盘上取两个值，分别赋给 a、b 两个对象。然后，调用了 add()函数，通过 add()函数求得了 a、b 两个对象的和，最后，用 printf()函数输出计算的结果。add()函数的功能就是完成具体的两数之和的计算。这段程序执行过程中，系统会把 main()函数中 a、b 的值，分别顺序地传递给 add()函数的 a1、b1，然后 add()函数计算出a1、b1 的和，放在 sum1 中，并最终将 sum1 的值返回给 main()函数，main()函数用 sum 对象接收了 add()函数的返回值，并将其输出。

这个例子表面上看，将简单任务复杂化了，但以此可以说明一个 C 程序可以由多个函数实现。多个函数实现一个程序有很多好处，例如，可将任务分解成多个模块来达到并行开发的目的，或者将重复出现的功能设计为独立函数，以实现代码重用等。对于初学者，刚开始学程序设计时，可能难以理解这种简单任务却复杂化了的设计带来的好处，但随着任务的复杂度提高，以及程序规模增大后，自然能够理解这样设计的好处。

通过以上三个从简单到复杂的例子，关于 C 程序的结构，可以总结出如下几点：

（1）C 程序是由一个或多个函数组成的。函数是 C 程序的基本单位。每个程序必须有唯一的main()函数，main()函数在 C 程序的众多函数中拥有特殊的地位，其结构为：

```
    int main ( void )
    {
        … …
        return 0;
    }
```

main 的名称是固定的，不能改成其他名称，但它也不是关键字，因此可以将其作为变量名用，但是为了可读性，通常不这么做。main 也不是一个库函数，不需要包含头文件，它是用户程序的启动函数，程序总是从这个函数开始执行，不论该函数书写在什么位置。第一行应理解为"main()是个函数；它的参数为 void 类型，限定了它不接收任何参数；且返回一个 int 类型的值"。main后面的括号()表示编译器将把 main 当做函数对待。关键字 void 告诉编译器这个函数不接收任何参数。关键字 int 表示整数类型。C 语言支持 32 个关键字，关键字指在程序中有固定含义，不可用做他用的词，读者可以参见附录，其中就包括了 int 和 void。

一组花括号表示函数体的界定符，花括号中的内容为函数体的具体组成部分，包括了具体函数的功能代码。"return 0;"语句是 main()函数结束前的最后一条语句。C99 标准约定，必须在程序结束前返回一个 0 值给操作系统。

（2）函数由两部分组成：函数说明部分和函数体。其中，函数说明部分包括的信息极其丰富，是函数之间协调一致，完成一个共同程序的重要接口。函数说明部分包括函数类型、函数名、函

数的参数和参数的类型。函数名后必须跟一对圆括号作为函数的标志。例如：

```
int  add ( int  a1,  int  b1)
```

这是 add()函数的函数首部，也就是函数定义的第一行。

函数体是由一对花括号"{ }"括起来。函数体又分为两部分：变量定义部分和执行部分。变量定义是说明程序要处理的对象有哪些。执行部分是将各对象进行操作，以完成程序要实现的功能，如赋值、计算、输入输出等。

（3）C 编译器内置了预处理器。当编译器编译一个程序时，它首先对这个程序的代码进行预处理，然后再进行编译。源代码中以"#"开始的行将由预处理器进行处理。程序开始的"#include<stdio.h>"这条指令使预处理器在源代码的这个位置插入头文件 stdio.h 的一份副本。这个头文件是由 C 系统所提供的。在源代码中包含了这个文件的原因是它包含了有关 printf()函数的信息。

（4）C 系统包含了一系列标准函数库，有的用于输入输出，有的用于数学计算等。输入操作是将数据从输入设备复制到内存的指令。输出操作是显示存储在内存中的信息指令。其中 printf()函数就是函数库中一个用于输出信息的标准函数。程序中必须包含 stdio.h，才可使用该函数，因为该头文件向编译器提供了 printf()函数的函数原型，即函数的参数、返回值等信息说明。

printf()函数中双引号括着的字符串，是用于输出的参数信息，其中"\n"是不直接显示在显示器上，而是把屏幕的光标移动到下一行的开始位置，因此"\n"被称为"换行符"。

（5）一条复杂的语句可以写成几行；几个简单语句也可写在一行，都必须用分号";"作为结束标志。

（6）可以用/*……*/对程序任何部分做多行注释，也可以用"//"做单行注释。在本书的示例代码中，这两类注释读者都将经常看到。例如，上面的三个例子中，在代码的右侧，都用"//"做了单行的注释，用于说明该行代码的含义。

2.4.2 代码书写规则

自 1968 年北大西洋公约的一次学术会议上提出"软件工程"一词，并将软件开发视为工程以来，软件结构构件化、开发自动化、表示形式化、接口自然化等逐渐成为研究热点。人们研究软件模型与方法、软件开发环境与工具，探讨软件体系结构，其根本目的是希望从总体上解决软件质量问题。现在，人们已把提高软件质量放在优于提高软件功能和性能的地位。1994 年夏，微软、IBM、苹果等著名 IT 公司邀请了在英国的一些世界著名的计算机科学家，探讨 21 世纪计算机软件的发展方向与战略，与会专家一致认为，21 世纪计算机软件发展的大方向将是质量的提高优于性能和功能的改进。然而，时至今日，软件质量问题依然不容乐观，因软件质量问题造成的人身伤亡和财产损失等重大事故时有发生。1996 年夏天，发生在欧洲的阿里雅娜火箭发射卫星时，因软件故障而爆炸的事件就是一个例子。因此，专家普遍认为，超高质量的软件开发将是打开 21 世纪高技术市场的钥匙。

在大型程序设计中，特别是在控制与生命财产相关事件的程序中，如航空航天、武器、金融、保险等应用软件中，对软件质量往往有更高的要求，这类高风险软件开发不允许程序有任何潜在错误。虽然在很多情况下，尤其大型程序，程序正确性证明很难，而且也无法彻底地测试程序，但是通过精心的设计和专业化的编程是可以避免其中由于程序员的个人失误而造成的错误。例如，导致程序陷入死循环的错误条件、危及相邻代码或数据的数组越界、数据意外地溢出等。很多类似错误其实是由程序员的不良编程习惯引起的，因此养成良好的程序设计风格对保证程序的质量至关重要。

C 语言的语法对编码风格并没有要求，空格、Tab 和换行都可以按自己的习惯随意写。实现同样功能的代码可以写得很可读，也可以写得很难理解。由于编码风格不影响编译器的正确编译，很多初学者不重视代码风格，随意书写代码。例如，所有代码齐刷刷地左对齐，没有任何体现包含关系的缩进，也看不出来哪个"{"和哪个"}"配对。如果是很短的几行代码还能凑合着看，但如果代码行数较多或超过一屏就完全不可读了。

程序编写完成后，需要调试和不断完善，也需要自己或别人来维护。不可读的代码会影响阅读程序的人对程序的理解，进而影响代码的调试和维护。因此，良好的编程风格非常重要，是保证程序质量的重要手段之一。代码风格是一种习惯，一旦养成良好的代码风格，将会使人终生受益。代码风格包括程序的版式、标识符命名、函数接口定义和文档编写等内容。

1．代码行

（1）虽然 C 语言允许一行内写多条语句，但良好的程序设计风格应该是一行内只写一条语句。这样的代码容易阅读，而且方便添加注释和调试程序。

（2）尽可能在定义变量的同时，初始化该变量。如果变量的引用处和其定义处相隔较远，变量的初始化很容易被遗忘，而引用未被初始化的变量，将可能导致程序错误。

（3）if、for、while、do 等各自占一行，内嵌的语句通常不紧跟其后。这样既可以使代码可读，也方便代码的维护。

2．对齐与缩进

（1）对齐和缩进是保证代码层次清晰、可读性强的主要手段。

（2）要用缩进体现出语句块的层次关系，一般使用设置为 4 个空格的 Tab 键缩进。现在许多开发环境的编辑器都支持自动缩进，即根据用户代码的输入，智能地判断缩进还是反缩进，替用户完成调整缩进的工作，非常方便。不要用空格代替 Tab，尤其不要将空格和 Tab 键两者混用。如果混在一起用了，在某些编辑器里把 Tab 的宽度改了就会看起来非常混乱。

（3）程序的分界符"{"和"}"一般独占一行，且位于同一列，同时与引用它们的语句左对齐。也有资料采取将"{"紧跟上一行末尾的，但这样不便于查看"{"和"}"的配对情况。当多组复合语句嵌套时，各层的大括号清晰的对齐就显得很重要了。

（4）凡函数、if、while、for、do-while、switch 等都要使用缩进，具体形式参考书中示例代码。用于 goto 语句的标号比较特殊，不做任何缩进。

3．空行及代码行内的空格

（1）代码中每组逻辑段落之间应该用一个空行分隔开。例如，每个函数定义之间应该插入一个空行；头文件、全局变量定义和函数定义之间也应该插入空行；所有变量定义语句后加一个空行；所有输出语句之前加个一空行；return 语句之前加一个空行。不要出现连续的两个及两个以上的空行。由于篇幅的问题，本书例子中很少用空行。

（2）不在行尾的每个逗号和分号后加一个空格，以增加单行的清晰度；例如，for （i=1; i<10; i++)、function（arg1, arg2）。

（3）关键字之后加空格，以便突出关键字。例如，关键字 int、float、if、 while、 for、switch 与其后的控制表达式的括号之间应插入一个空格分隔，但括号内的表达式应紧贴括号。函数名之后不加空格，紧跟左括号，以便与关键字相区别。

（4）双目运算符的两侧各加一个空格分隔，但单目运算符和操作数之间不加空格。后缀运算符和操作对象之间不加空格，例如，引用结构体成员 s.a 或数组成员 a[i]。

4．长行拆分

代码行长度不宜过长，否则不便阅读。如果代码行实在太长，则要考虑在适当位置进行拆分。拆分出的新行要进行适当的缩进，使排版整齐。例如，将一个较长的字符串可以断成多个字符串然后分行书写：

```
    printf ( "This is such a long sentence that "
        "it cannot be held within a line\n" );
```

C 编译器会自动把相邻的多个字符串接在一起，以上两个字符串相当于一个字符串"This is such a long sentence that it cannot be held within a line\n"。

5．注释

注释是程序的重要组成部分，尽管编译器并不处理注释。注释最重要的作用是传承：其一是给自己看，便于设计思路的连贯，或者设计完成后，经过了较长时间，再次阅读程序时，能快速理解自己最初设计程序时的想法；其二是给后继者看，可以让后续维护代码的用户能尽快理解代码、进而修改代码。好的程序中通常有清晰、恰当的注释。 我们应该在哪些地方写注释呢？

（1）程序头部要有整体性说明信息，包括版本、作者、版权声明等信息的注释，例如：

```
    /*******************************
*版权所有：×××
*文件名：×××
*功能：×××
*当前版本：×××
*作者：×××
*完成日期：×××
*******************************/
```

（2）每个自定义函数都要有注释，说明该函数的功能，及其参数和返回值的意义，例如：

```
    /*******************************
*函数功能：实现×××功能
*函数参数：整型变量x，表示×××
             整型变量y，表示×××
*返回值：无
*******************************/
void Function ( int x, int y )
{
    //×××××××××××
if ( expression1 && expression2 )
    {
        for ( initialization;condition;update )
        {
            … …
        }
    … …
    }
}
```

（3）在一些重要的语句块上方，对代码的功能、原理进行解释说明。

（4）在一些重要的语句块右方，如在定义一些关键变量、函数调用或较长的多重嵌套的语句块结束处，加以注释说明。

注释是与代码距离最近的文档，也是程序员在编写代码时最方便修改的文档。现在，很多软件都支持自动将注释从代码中提取出来，直接生成程序文档。只要按照软件定义的格式编写注释，就可将注释自动提取并生成非常漂亮、完整的文档。本书由于篇幅的问题，只在非常必要的地方，添加了注释。

6．变量名命名规则

（1）凡标识符的命名要尽量能直观反映该标识符的含义或功能（如做到这一点，可免去注释说明）。

（2）变量名和参数名用小写字母开头的英文单词组合而成，切忌用汉语拼音；若用多个单词命名一个变量，则单词间可用下划线，或者第一个单词除外的后续单词的首字母大写，形如"variable_name"或"variableName"的形式，只要在一个项目内统一命名规则即可。

（3）函数名采用首字母大写的英文单词组合而成，切忌用汉语拼音，形如"FunctionName"的形式；函数名常用动宾词组，如 GetMax()。

（4）宏、常量、枚举常量的命名采用"MACRO_NAME"的全部大写的英文单词形式。

（5）以下画线开头的标识符可能会与系统内部所使用的名称冲突。通常，由于系统程序员已经使用了这类标识符，那么，编写应用程序的程序员应该避免使用以下画线开头的标识符。当然，从语法的角度来说，允许标识符以下画线开头。

7．其他

（1）形成复合语句或语句块的花括号，每个花括号应单独占一行，且对应花括号应位于同一列以对齐。

（2）每行最好只写一句代码，且该行代码总长不要超过 80 个字符。

关于本小节内容，读者刚开始可能不能完全理解，但将本部分内容放在本章介绍的目的，是希望读者注意书写规则和编码风格的重要性。程序如同文章，应该用缩进、注释等手段，清晰地体现出程序的逻辑结构，尽可能让代码可读，而不是学了很久的程序设计，编写的代码没有任何缩进，齐刷刷的左对齐，这样的代码让人读得很累，很难修改和调试。因此，一定要注意代码的书写规则，它对程序的阅读和理解影响很大。

2.5　C 程序的实现

程序开发是一个相对复杂的过程，要求开发者必须熟悉某个开发环境，并且掌握开发过程中每一个环节相关的理论和技术。认真学习并总结各种开发技术和经验，才能不断地进步，并最终具备基本的编程能力。

2.5.1　C 程序的实现步骤和调试

1．C 程序的实现步骤

目前常用的 C 语言开发环境都是集成开发环境（Integrated Development Enviroment，IDE），即把编辑器、预处理器、编译器、链接器及调试器等各种工具集成到一个工作空间中的开发环境。例如，VC++的 IDE 不仅提供了默认的编译器（CL.exe）、链接器（LINK.exe），还集成了调试器、跟踪器和剖视器等，并可以设置工程选项、编译器选项和链接器选项等。如果没有集成开发环境，就得手工输入或编辑有关编译、链接的命令和参数，这些工作是很烦琐的。

强有力的集成开发环境对编程而言确实是一个利器，在学习程序设计的过程中，逐步了解和掌握所用工具也非常重要。目前有很多集成开发环境，不同开发环境虽然各有特点，但在对程序开发和调试的支持方面差别不大，掌握一个就可以触类旁通，学习使用其他系统时就不会遇到很大困难。

从我们编写的 C 源程序到可执行程序的生成，整个 C 程序的实现过程，如图 2.5.1 所示。

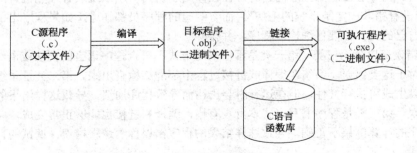

图 2.5.1　C 程序的实现过程

上机运行 C 程序的步骤主要包括编辑、编译、链接、执行和调试。

（1）首先用编辑器编写源程序。C 语言源程序是文本文件，其扩展名是 ".c"。虽然文本格式的源程序和自然语言很相似，对人而言可读\易理解，但是计算机并不理解这种语言。因此，在被用于机器执行之前，必须将其翻译成计算机能够理解的机器语言，这个翻译过程成为编译，执行编译的程序成为编译器。

（2）源程序编写完成后，需要用编译器将其编译为机器语言。编译指令下达后，编译器将扫描源文件，检查程序是否符合语法规则，如果语法正确，编译器将会生成机器语言，并将其存入一个目标文件，其扩展名为 ".obj"。需要注意的是，该文件是二进制格式，这意味着它不能送入打印机打印，不能在显示器上显示，也不能在字处理器中进行处理，因为它会显示毫无意义的乱码。当然，如果源程序包含语法错误，那么编译器会列出错误，而不会生成目标文件。这就需要在编辑器中修改程序，纠正错误，然后再次编译，直到生成目标文件。

（3）虽然编译生成的目标文件中是机器指令，但这些指令并不完整，因此，目标文件不可执行。通常，用户的目标文件中会缺少系统应提供的代码块资源（系统函数），需要称之为链接器的对象将系统预制好的这些代码块资源和编译好的目标文件链接为完整的机器语言程序，才可执行。因此，对于链接器而言，它的作用就是结合所有的目标文件，解决交叉引用，以产生可执行机器语言程序。同样的，当链接过程中没有错误发生时，链接器会生成扩展名为 ".exe" 的可执行文件。如果有链接错误，将不会生成可执行文件，需要纠正程序中的错误，重新编译和链接，直到生成可执行文件。

（4）当扩展名为.exe 的可执行文件生成后，它仅仅是存储在硬盘上，不会做任何事情。只有用户发出执行指令后，一个称为加载器的对象才会将其所有指令复制到内存中，并指示 CPU 从第一条指令开始执行。当程序执行时，它可能会从一个或多个数据源读取数据，并将结果发送到输出设备。

（5）如果程序运行结果有错误，就需要调试程序，排除程序中的逻辑错误，直至产生正确的结果。

2. 程序的调试

不论是初学者还是有经验的程序员，一次性就把整个程序编写得完全正确是很少见的，也就是说，程序中有错误是一种常态，排除错误是程序开发过程中必不可少的重要环节。本书旨在培养设计程序、编写程序的能力，这其中也包括排除程序错误的能力。排除程序错误的英文术语叫 "Debug"，中文资料中常翻译为 "调试"。关于这个术语的来源还流传着一个故事。据说，在美国计算机发展早期，有一天一台计算机出现了故障，不能正常运行了。工程师们找了很久的原因，最后发现是计算机里有一个被电流烧焦的小虫子（Bug）造成了电路短路，从而导致了这次故障。从此以后，程序中的错误就被称为 "Bug"，而找到这些 Bug 并加以纠正的过程就被称为 "Debug"。后来人们也用 "Debug" 来称呼排除程序错误的这类工作。

所谓排除程序错误，也就是排除自己在程序设计过程中所犯的错误，或者说是消除自己写在程序里的错误。初学者在遇到程序问题时，往往倾向于认为所用系统或者计算机有问题，常会说 "我的程序绝没有错，一定是系统的毛病"。而有经验的程序员都知道，如果程序出了错，基本上可以肯定是自己的错，需要仔细检查程序，并排除它们。

程序的错误可以分为三类，第一类是程序书写形式不符合程序语言的词法或语法规则，称为语法错误。对于这类错误，系统在编译或链接过程中都能够检查出来。第二类是系统没有发现语法错误，可以生成可执行文件，但在运行时会出错而导致程序崩溃，导致这样结果的程序错误称为运行时错误。第三类是程序书写形式本身没有错，编译和链接也能够正常完成，并产生可执行程序，但程序的计算结果不正确，导致这样结果的程序错误称为逻辑错误。调试的目的就是要消除这三类错误。

（1）语法错误。程序编写好后，就需要编译和链接，以产生可执行程序。如果在编译或链接程序时显示了出错信息，就意味着程序存在语法错误。语法错误包括编译错误和链接错误。由于程序是先编译后链接，因此需要先排除编译错误，然后排除链接错误。

通常系统每发现一个错误就产生一个错误信息，指明发现错误的位置（通常标识出发现错误的源代码所在的行号）和所确认的错误类型，以及错误的原因，供人们调试程序时参考。不同 C 语言开发系统在检查错误的能力、产生出错信息的形式等方面有所不同。但无论如何，每当系统给出了出错信息，我们都需要仔细阅读，检查错误信息所指定位置的源代码，找到错误原因并予以排除，然后再重新编译和链接，直到没有任何错误提示信息。

需要提醒大家的是，编译器和链接器不是人，不具备人一样的智能，有时给出的错误定位和说明信息是不准确的，这样的错误提示信息不但对排除错误没有帮助，还容易误导我们。即便如此，这些"无用"的错误提示信息，依然能够说明程序中存在语法错误，需要我们仔细检查可能出错的代码，或者有时需要从头到尾检查全部代码。当然，大多数情况下，系统给出的错误定位和错误提示信息是比较准确的。

排除语法错误时，首先需要读懂错误提示信息。大多数开发环境的错误提示都是用英文描述的，刚开始学习编程的前几个星期可能需要依赖词典来理解错误提示信息，但很快大家就能发现，错误提示中常见术语的数量很有限，提示信息其实很容易就可以读懂。几个星期以后，语法错误的排除就可以很快了。读懂错误提示信息后，定位到相应的代码行，就可以尝试排除错误。很多开发环境，双击错误提示信息后，系统会自动在编辑区提示错误代码所在的行，如 VC++中，在代码的左侧用箭头指示出错行。由于，有些错误可能到很远以后才被系统发现，也就是说，实际错误可能出现在系统所指位置前面很远的地方。如果确认系统提示的所在行没有错误，就需要往前检查。

☞注意：排除程序错误的顺序。

> 有时一个实际错误会导致系统产生许多出错信息行。如一个非法的变量名，可能在程序中出现在多行上，导致它产生了一系列的出错信息。经验告诉我们，排除程序错误的基本原则是：从前往后排除错误。每次编译后，集中精力排除系统发现的第一个错误。排除一个错误后，可能会消除掉许多出错信息行。因此，每排除一个错误后，都要重新编译、链接，直到排除了所有错误。

为了尽可能帮助人发现程序中的问题，许多编译器还做了一些超出语言定义的检查。如果发现程序有可疑之处，如变量未赋初值就进行了计算，或隐含的类型转换导致了数据的精度降低等，系统会提供警告信息（warning）。这种信息未必表示程序有错误（如类型转换导致的精度降低），但也很可能是真有错误（如变量未赋初值就引用计算）。经验告诉我们，对警告信息绝不能掉以轻心，警告信息常常预示着隐藏较深的错误，必须认真地弄清其原因。无论警告是否是真正的错误，或者说无论警告能否对程序结果构成不良影响，都应该将其排除，避免留下隐患。

链接程序也可能检查出一些错误，称为链接错误。链接错误都是有关目标模块间，或目标模块与程序库、运行系统之间的问题。例如，若在程序里不慎把 printf 写成 print，或者把 main 写成 mian,编译时不会发现这些问题，链接时会得到错误信息，意思是说：链接中没找到名字为 main 的函数或者 print 未定义。出问题的原因是 C 程序运行系统要用 main 函数去启动程序。而在我们的程序里没有这个函数（因为名字写错了）。链接程序发现的错误通常都与名字有关。因此，这种错误很容易排除。

（2）运行时错误。程序能够正常编译和链接后，就可以生成可执行程序，下一步工作应是试验性地运行程序，检查运行情况，看它是否正确实现了所需功能。程序运行中也可能出错，并导致程序崩溃，这种错误称为"运行时错误"（Run-time error）。

产生运行时错误的情况有多种，比较典型的是程序试图执行某种非法访问操作。这会出现什么后果，完全由程序及其运行所在的操作系统决定。在检查严格的系统里，这种程序通常会因为违规而被强行终止，操作系统可能给出出错信息。在控制不严或者完全没控制的系统（如微机的 DOS 系统）里，程序的这种问题还会导致系统死机，或出现其他不正常现象。这种程序错误往往很隐蔽，需要仔细检查才能发现。在写 C 程序时，如果不注意就容易写出这种程序，这是 C 语言的一个明显缺点。在本书后面的讨论中，也特别注意提醒读者在哪些地方需要小心。此外，出现运行时错误，也可能是程序在执行中出现了不可计算的情况，因而无法继续执行下去。例如，算术运算中把 0 作为除数，这将使程序无法继续执行，只能停止。

由于运行时错误出现在程序执行过程中，因此其确认和纠正都更困难。为了有效排除运行时错误，需要读者知道程序中哪些工作是在编译时完成，哪些工作是在执行时完成。只有严格区分系统在编译时和运行时分别完成的工作，才能更好地确定运行时错误，并最终排除。

在发现运行时错误后，首先应该分析错误的现象，考虑出现错误的可能性，逐步排除疑点。可以通过输出中间结果，或者可以通过注释部分可疑代码，来逐步定位错误。最为彻底的调试程序的手段就是单步执行程序，通过跟踪程序执行每条语句的细节，可以检查出全部运行时错误。

（3）逻辑错误。有时，程序能正常编译、链接，产生可执行文件，并在运行时不产生错误，程序的执行可以正常结束，但是输出的结果却不正确，这种错误称为"逻辑错误"。

产生逻辑错误的原因是你写的程序不是你真正想要的，即程序产生了歧义。对于逻辑错误，系统没有任何出错提示，因此，其排除也相对困难。需要使用各种调试手段，来排除错误。如在有疑问的地方插入一些输出语句，输出一些变量的值，通过检查关键性变量的变化情况，常常可以发现导致程序错误的线索。或者使用单步执行程序或执行程序到断点等手段，来检查相关变量的值，并最终排除错误。

大家很快就能发现在这三类错误中，最好排除的是语法错误，因为这类错误系统会给出错误提示信息。逻辑错误和运行时错误往往都比较隐蔽，尤其是运行时错误。需要更仔细地检查和调试程序，才能排除错误。

调试程序是程序开发中非常重要的环节。初学编程者，调试程序所花的时间常常比编写程序的时间还要长很久，甚至是几倍的时间量。这是很正常的现象，对于有经验的程序员也要花几天时间来排除一个错误的情况。调试程序的过程很有可能会让你感到沮丧，但经验就是在排除错误中逐渐增长的，因此要正确看待调试程序中遇到的困难。调试程序的能力是一个人编程能力的重要组成部分，因此，读者要熟练掌握各种调试程序的方法，并逐步积累经验，随着调试程序能力的提高，编程能力也会有明显的提升。

关于调试，还有一个重要问题。荷兰计算机科学家 Dijkstra （图灵奖获得者）有一句名言：调试可以确认一个程序里有错误，但是不能确认其中没有错误。一个程序是否正确，这是一个非常深刻的很难回答的问题，关于这个问题，既有许多理论研究，也有许多实际的方法研究。在进入程序设计这个世界之前，请大家首先记住这一点。

2.5.2　VC++6.0 的使用

可用于 C 语言的开发环境有很多，诸如 Windows 平台上使用较多的 VC 系列、Linux 和 UNIX 上使用较多的 GCC 和近几年比较流行的 Code::Blocks 等。本文着重介绍一下微软公司发布的专用于 Windows 平台上的 C/C++ 集成开发环境——VC++的使用。由于 VC++2003 及以后的版本与.NET 平台等很多软件硬性结合在一起，规模过于庞大，安装过程缓慢且烦琐，所以不适合初学者。因此，本书将介绍 VC++6.0（以下简称为 VC）下 C 程序的开发和调试。

1. VC 的资源组织

绝大多数较新的开发工具都是利用工程（Project）对软件的开发过程进行管理，VC 也不例外。工程是创建某个应用程序所需的全部文件的集合，包括各种源程序、资源文件和文档等。VC 支持多个应用程序同时开发，因此，整个开发环境的资源组织如图 2.5.2 所示。VC 中资源管理级别最高的对象是工作区（Workspace），工作区中可以包含多个工程，其中只有一个是活动的（或默认的），每个工程都可以独立进行编译、链接和调试，由工作区文件对它们进行统一的协调和管理。

工作区和工程可以由系统默认创建，也可以由用户主动创建。如果是用户主动创建的工作区或工程都会有相应的文件夹生成，而由系统默认创建的工作区和工程，只生成文件，不会生成对应的文件夹。如果用户希

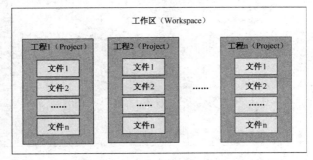

图 2.5.2　工作区、工程、文件的包含关系

望用文件夹分别存放各项目文件，最好自己主动创建工程；如果是在一个工作区中包含多个工程，用户最好主动创建工作区和工程。工作区文件的扩展名是.dsw，工程文件的扩展名是.dsp。

2．VC 工作界面

启动 VC 后，其工作界面如图 2.5.3 所示。

VC 的工作窗口和一般的 Windows 窗口并无太大的区别，其中标题栏、菜单栏、工具栏和状态栏是一般窗口都有的元素。除此之外，还有工作区、程序编辑区、调试信息显示区。

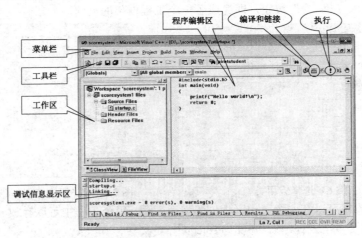

图 2.5.3　VC++6.0 工作界面

3．编辑源程序

如果用户需要在一个工作区中包含多个工程，则应该首先手动创建工作区，然后创建工程，以保证系统生成工作区和工程文件夹。最后再创建文件。如果是一个工作区只包含一个工程，用户可以直接创建工程，由自动系统创建工作区文件（但不会创建工作区文件夹）。当然如果愿意所有工程的文件都存放在一个文件夹里，也可以直接创建文件，由系统默认的创建工作区和工程。下面介绍创建工作区、工程和文件的方法。

（1）创建工作区

① 在如图 2.5.3 所示的窗口中，选择"File（文件）"→"New（新建）"命令，打开 "New（新建）"对话框。然后，选择"Workspaces（工作区）"选项卡，如图 2.5.4 所示。

② 在"Workspace name（工作区名称）"文本框中，输入工作区名称；在"Location（位置）"文本框中，输入或选择工作区存放的位置。然后，单击"OK（确定）"按钮，即可创建一个工作区。

（2）创建工程

① 在如图 2.5.3 所示的窗口中，选择"File（文件）→New（新建）"命令，打开如图 2.5.5 所示的"New （新建）"对话框。

图 2.5.4　"Workspaces"对话框　　　　　　　图 2.5.5　"New"对话框

② 在如图 2.5.5 所示的对话框中，选择"Project（工程）"选项卡。然后，左侧的工程类型选择"Win32 Console Application"选项，在"Project name （工程名称）"文本框中输入工程名称，如"scoresystem1"；在"Location （位置）"文本框中输入或选择工程存放的位置；在"Location（位置）"的下方，选择"Add to current workspace（添加到当前工作区）"单选按钮，单击"OK（确定）"按钮，弹出如图 2.5.6 所示的对话框。

③ 在如图 2.5.6 所示的对话框中，选择"An empty project（一个空工程）"单选按钮，单击"Finish（完成）"按钮。系统弹出如图 2.5.7 所示的"New Project Information（新建工程信息）"对话框，单击"OK（确定）"按钮，即完成了一个工程框架的创建。

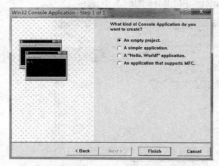

图 2.5.6　选择应用类型　　　　　　　图 2.5.7　"新建工程信息"对话框

重复上面的步骤可以在一个工作区中创建多个工程，每个工程中可以存放一个应用程序的全部资源。如果创建了多个工程，依次单击"Project（工程）"→"Set Active Project（设置活动工程）"，可以将某个工程设置为活动工程，然后，对其进行编辑和调试等操作。

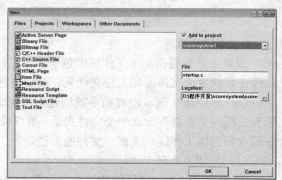

（3）创建工程中的源文件。

①在如图 2.5.3 所示的窗口中，选择"File（文件）"→"New（新建）"命令，弹出如图 2.5.5 所示的"New（新建）"对话框。

②选择"Files（文件）"选项卡，如图 2.5.8 所示。然后，在其左侧的文件类型中选择"C++ Source File"，在"File （文件名）"文本框中

图 2.5.8　文件新建对话框

输入扩展名为".c"的文件名，如 startup.c。注意，如果不加扩展名，系统自动设置默认的扩展名为".cpp"，并启用 C++的语法规则进行编译。选择"Add to Project（添加到项目）"，并在其下拉列表中选择某个工程。最后，单击"OK（确定）"按钮，则系统会在选定的工程中创建一个源程序文件。还需注意的是，可以不建立工作区和工程，直接用此步骤建立文件来编辑源程序。只是在编译时，系统会询问是否建立默认的项目工作区，这里必须回答"Yes"，

然后系统会自动创建工作区和工程。

　　③在主窗口的编辑区可以输入并编辑源程序，如图 2.5.3 所示。

　　在编辑区中，内容编辑的方式和一般的 Windows 平台的文本编辑器的用法一样，如移动、复制、删除等操作方式。除此之外，还有许多专门为编写代码而开发的功能，例如，关键字和预处理命令加亮显示；根据输入的代码，智能判断应该缩进还是反缩进；按快捷键"Ctrl+]"自动寻找匹配的括号。

4. 编译和链接

　　源程序编辑好后，使用如图 2.5.3 所示的"编译和链接（Build）"（快捷键 F7）命令进行编译和链接。系统首先进行编译，如果有语法错误，就会在调试信息显示区显示错误信息，用户可双击错误信息来确定该错误在源程序中的具体位置，并根据错误原因修改程序。修改后再重新编译，直到没有错误信息。错误信息分为两类，一类显示为"error"，是必须修改的错误；另外一类是"warning"，说明程序可能存在潜在错误，如果用户置之不理，也可生成目标文件，但存在运行风险。建议，把"warning"也严格处理。

　　编译没有错误后，系统自动进行链接，如果有错误，同样需要根据错误信息提示修改程序，然后重新编译和链接，直到没有错误提示，系统会在用户目录下生成可执行文件。

☞注意：查看 VC 生成的 debug 文件夹中的目标程序和可执行程序。

　　编译完成后，如果没有错误，在工程文件夹中，VC 会生成一个名为 debug 的文件夹，在该文件夹中可以看到系统会生成一个和源程序主文件名相同，但扩展名为 obj 的目标文件；若链接成功后，则在 debug 文件夹中可以看到系统会生成一个和源程序主文件名或工程名相同，但扩展名为 exe 的可执行文件。

---

5. 执行

　　编译和链接成功后，系统会生成扩展名为 exe 的可执行文件，然后选择如图 2.5.3 所示的"执行（Ctrl+F5）"命令，就可以执行该程序。程序的输入和输出是通过不支持鼠标的控制台窗口完成的。由于用 C 语言编写支持鼠标的 Windows 窗口程序的工作量很大，因此在本书中，所有程序都是基于不支持鼠标的控制台程序。运行结果的窗口如图 2.5.9 所示。

图 2.5.9　运行结果窗口

6. 调试

　　程序中除了一目了然的 Bug 之外，都需要一定的调试手段来分析到底错在哪里。通常，可以根据程序执行时的出错现象假设错误原因，然后在代码的适当位置插入 printf()函数，输出怀疑的变量值，执行程序并分析输出结果，如果结果和预期的一样，基本上证明了自己假设的错误原因，就可以动手修改 Bug 了，如果结果和预期的不一样，就需要根据结果做进一步的假设和分析。除此之外，可以利用调试工具，查看程序中所有的内部状态，如各变量的值、传给函数的参数等，可以更彻底地了解程序的执行情况，更精确的定位错误。调试的基本思想仍然是：分析现象→假设错误原因→产生新的现象去验证假设，这都需要严密的分析和思考。

　　C 语言开发系统通常都为程序动态检查提供了支持。尤其是各种集成开发环境，它们都对程序的动态检查提供了强有力的支持。这方面的功能通常包括跟踪程序、监视变量、设置断点、中断执行等。

　　我们应当注意，仅有好的集成开发环境并不能造就优秀的程序工作者。再好的集成开发环境也只是一个工具，正确熟练地使用它们，能帮助编程者发现程序错误的线索，但确认和改正错误则必须依靠人的动脑动手。现在，程序开发环境的功能越来越强大，但我们却经常能看到许多用高级工具的人编写出的程序质量却很差。因此，编好程序，最重要的还是要有对编程过程中的规律性内容有正确的理解，并积累丰富的程序设计经验。程序并不是代码的堆积，编程中最重要的是程序设计的思想和方法，程序越大，这方面工作的地位和作用就越突出。

本 章 小 结

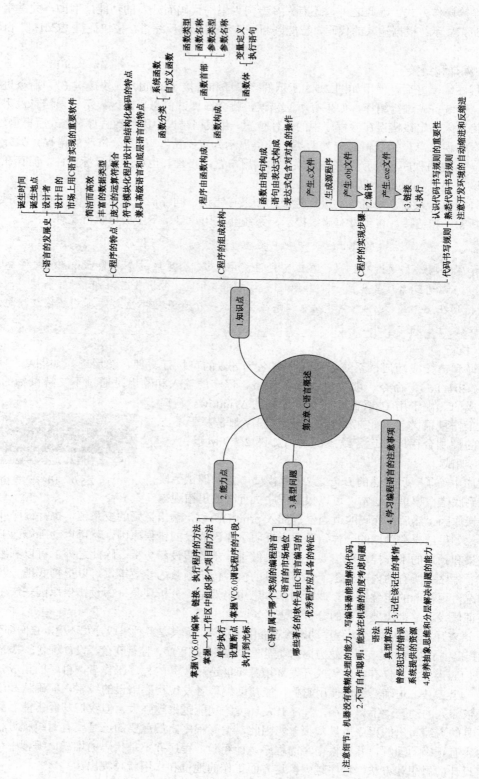

探究性题目：C 语言应用领域及其应用前景的分析

题目	C 语言应用领域及其应用前景的分析
阅读资料	1. 近几年 Tiobe 世界编程语言排行榜 2. 近几年 Tiobe 编程语言走势图 3. 百度百科：http://baike.baidu.com/（C 语言） 4. 维基百科：http://www.wikipedia.org/（C 语言） 5. http://bbs.csdn.net/forums/C 6. http://www.newsmth.net（"计算机技术"讨论区/C 程序设计版）
相关知识点	1. C 语言的发展史 2. C 语言的特点 3. C 语言的组成结构
参考研究步骤	1. 复习"相关知识点" 2. 阅读教师提供的阅读资料 3. 阅读自己搜索到的资料
具体要求	1. 以 PPT 的形式完成研究结果提交到作业空间 2. 如果有代码必须给出说明和主要功能的注释 3. 可以在课堂上展示研究结果（5 分钟以内）

第 3 章 数据类型与表达式

3.1 引例

在计算应用基础课程中，我们已经知道计算机的用途十分广泛，最重要的作用是数值计算即科学计算。数值计算是指应用计算机处理科学研究和工程技术中所遇到的数学计算。使用计算机进行科学计算，如卫星运行轨迹、水坝应力、气象预报、油田布局、潮汐规律等，可为问题求解带来质的进展，往往需要几百名专家几周、几个月甚至几年才能完成的计算，如果使用计算机很快就可得到正确结果。计算机完成计算必须告诉计算机要算什么？怎么算？算什么类型的数？计算机的程序存储原理告诉我们，计算机的基本功能是存储程序和自动执行程序。程序的基本特征之一就是处理数据，所以任何高级语言的程序设计都要规定数据类型，以及数据的运算方式的规范。下面我们一起来学习 C 语言的数据类型和表达式。

3.2 C 语言的数据类型

程序在运行时要做的就是处理数据，程序要解决复杂问题，就要处理不同的数据。程序中用到的所有数据都必须指定其数据类型，所谓类型，就是对数据分配存储单元的安排，包括存储单元的长度（所占字节数）以及数据的存储形式。不同类型分配不同的长度和存储形式。

在高级程序设计语言中引入数据类型的主要目的是便于在程序中对数据按不同方式和要求进行处理。由于不同类型的数据在内存中占用不同大小的存储单元，因此它们能表示的数据的取值范围各不同。不同类型的数据的表示形式和其可以参与的运算类型也有所不同。

C 语言有丰富的数据类型，图 3.2.1 所示是 C 语言的数据类型。

1. 基本类型

基本类型就是 C 语言中的基础类型，其中包括整型、字符型、实型（浮点型）、枚举类型。

2. 构造类型

构造类型就是使用基本类型的数据，或者使用已经构造好的数据类型来构造出用户自己程序中所需要的新的数据类型。构造类型不像基本类型那样简单，而是由多种类型组合而成的新类型。构造类型包括数组类型、结构体类型和共用体类型。

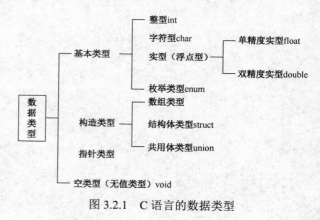

图 3.2.1　C 语言的数据类型

3. 指针类型

指针是 C 语言的精华，指针类型的特殊性在于指针表示的是某个内存单元的地址。

4. 空类型

空类型的关键字是 void，这种类型的主要作用在于对函数返回值的限定或者对函数参数的限定。一般情况下一个函数都具有一个返回值，并且返回值应该是具有特定类型的，如整型 int，但是当函数不必返回一个值时，就可以使用空类型设定函数返回值的类型。

需要注意，有关数据类型的分类，在不同参考书中或许略有不同。本章并不依次介绍所有类型，只介绍基本类型中的整型、字符型和实型。

3.3　常量与变量

在 C 语言程序中，对于数据类型量，按照其值是否可改变分为常量和变量两种形式。

3.3.1　常量

顾名思义，常量就是在程序执行过程中其值不发生改变的量。常量可以和数据类型结合起来分类，如整型常量、字符型常量、实型常量、枚举常量（第 10 章介绍）、字符串常量、符号常量。数值常量就是数学中的常数，下面将对这些基本常量做详细介绍。

1．整型常量

整型常量就是指直接使用的整型常数，包括正整数、负整数和零在内的所有整数，如 100、-5、0 等。

C 语言中的整型常量通常习惯上用大家熟悉的十进制来表示，但实际上它们都是以二进制的形式存储在计算机内存中。鉴于二进制表示不直观、不方便，因此有时也将其表示为八进制或十六进制。编译器会直接将其转换为二进制形式存储。表 3.3.1 是在 C 语言中不同进制的整型常量的表示形式。

表 3.3.1　不同进制的整型常量的表示形式

进制	整数 19	整数-19	表示特点
十进制	19	-19	由 0~9 的数字序列组成，数字前可带正负号
八进制	023	-023	由数字 0 开头，后跟 0~7 的数字序列组成
十六进制	0x13	-0x1F	以 0x 或 0X 开头，后面跟一串十六进制数字（0~9，a~f，A~F）组成

2．实型常量

C 语言中的实型常量有十进制小数和指数两种表示形式，如表 3.3.2 所示。

表 3.3.2　实型常量的表示形式

形式	实例	表示特点
十进制小数	3.14，-1.25，.87	十进制小数形式与人们表示实数的惯用形式相同，由数字、小数点与正负号组成，且必须有小数点
指数形式	1.2e3，3.15e-6 分别等价于 1.2×10^3，3.15×10^{-6}	指数形式用于直观地表示绝对值很大或很小的数。由于在计算机输出时，无法表示上角或下角，故规定以字母 e 或 E 代表以 10 为底的指数。因此指数形式由数字、小数点、字母 e 或 E 及正负号组成，注意：e 或 E 之前必须有数字，可以表示成整数或小数形式，e 或 E 其后指数必须为整数，如不能写成 e6、13e3.5

3．字符型常量

字符常量有两种形式，分别是普通字符和转义字符。

（1）普通字符常量。使用单撇号括起来的一个字符，如'A'，'?'，'7'，'#'，等。有关使用普通字符常量需要注意以下几点。

① 字符常量中只能包括一个字符，不能是多个字符组成的字符串。例如，使用，'AB'或'123abc'

都是错误的。

② 字符常量是区分大小写的，如'A'字符和'a'字符是不一样的。

③ 一对单撇号代表着定界符，不属于字符常量中的一部分。

④ 字符常量存储在计算机存储单元中时，并不存储字符（如 a、b、#等）本身，而是以其代码（一般采用 ASCII 代码）存储的。例如，字符'a'的 ASCII 代码是 97，因此在计算机的存储单元存储的是 97（以二进制形式存储）。

（2）转义字符常量。除了以上形式的字符常量外，在 ASCII 表中的控制字符是不可见字符，不能直接用单引号括起的形式表示。在 C 语言中还允许一种特殊形式的字符常量，就是在某些特定字符前加"\"，表示某种特殊的意义或控制动作，C 语言中称这种形式的字符为转义字符。

常用的以"\"开头的特殊字符如表 3.3.3 所示。

表 3.3.3　转义字符及其含义

转义字符	含义	ASCII 码（十六/十进制）	输出结果
\n	换行符（LF）	0AH/10	将当前位置移到下一行的开头
\r	回车符（CR）	0DH/13	当前位置移到本行的开头
\t	水平制表符（HT）	09H/9	将当前位置移到下一个 tab 位置
\v	垂直制表（VT）	0B/11	将当前位置移到下一个垂直制表对齐点
\a	响铃（BEL）	07/7	产生声音或视觉信号
\b	退格符（BS）	08H/8	将当前位置后退一个字符
\f	换页符（FF）	0CH/12	将当前位置移到下一页的开头
\'	单引号	27H/39	输出此字符
\"	双引号	22H/34	输出此字符
\\	反斜杠	5CH/92	输出此字符
\?	问号字符	3F/63	输出此字符
\o,\o,\ooo,其中 o 代表一个八进制数	任意字符	与该八进制码对应的字符的 ASCII 码值	与该八进制对应的字符
\xh[h…] 其中 h 代表一个十六进数	任意字符	与该十六进制码对应的字符的 ASCII 值	与该十六进制对应的字符

转义字符的意思是将"\"后面的字符转换成另外的意义。如"\n"中的"n"不代表字母"n"，而作为"换行符"。

4．字符串常量

字符串常量是用一组双撇号括起来的若干字符序列。如果在一个字符串中一个字符也没有，将其称为空串。例如，"china"、"hello！"、"2014130789"，都是合法的字符串常量。

关于字符串常量需要注意以下几点。

（1）字符串常量是双撇号中的全部字符，但是不包括双撇号本身。

（2）注意不能错写成单撇号，如'china'，'girl'。单撇号中只能包含一个字符，双撇号才可以包含一个字符串。

5．符号常量

常量中从其字面形式上即可识别的常量称为"字面常量"或"直接常量"。字面常量是没有名字的不变量。上面介绍的 4 种都是"字面常量"或"直接常量"。

下面介绍一种符号常量。符号常量用一个符号名代表的常量。使用#define 指令可以指定常量的符号名。

【例 3.1】使用符号常量来表示单价，根据给出的销售量 num，计算出总销售额，最后输出结果。

```
#include<stdio.h>
#define PRICE 35.5
int main()
{
    int num;
    double total;
    num=10;
    total=num* PRICE;
    printf("total=%.2lf\n",total);
}
```

经过使用#define 指定 PRICE 代表 35.5 之后，本程序中从此行开始所有的 PRICE 都代表 35.5。在对程序进行编译前，预处理器先对 PRICE 进行处理，把所有的 PRICE 全部置换为 35.5。

使用符号常量的优点如下。

（1）符号常量含义清楚，阅读程序时从 PRICE 就可以推测它代表价格，所以在定义符号常量命名的时候应该考虑"见名知意"。通常来讲，在一个规范的程序中不提倡使用太多的字面常量。提倡使用符号常量和后面要介绍的变量。

（2）使用符号常量可以很方便地实现需要改变一个程序中多处用到的同一个常量，能做到"一改全改"，比如上面例子中需要修改单价为 45.8，只需要修改一下#define 行的 PRICE 所代表的常量即可。

☞注意：使用符号常量需要注意以下几点。
（1）定义符号常量的行结尾没有分号。
（2）要区分符号常量和变量。符号常量不占内存，只是一个临时符号，由于编译后这个符号就不存在了，因此不能对符号常量赋新的值。
（3）为与下面要介绍的变量名相区别，习惯上符号常量用大写表示。

3.3.2 变量

变量就是在程序运行过程中，其值可改变的量。变量代表一个有名字的、具有特定属性的一个存储单元。变量用来存放数据，也就是存放变量的值。变量在内存中占据一定的存储单位，一般要占用多个字节。

使用变量的注意事项如下。

（1）使用变量的基本原则。使用变量必须遵循"先定义，后使用"的原则。

（2）变量的定义方法。在定义变量时，需要声明变量的类型和变量名。变量定义的一般形式为：

类型关键字 变量名 ;

例如：

int sum

; 表示定义一个整型变量，变量名是 sum。

（3）变量名和变量值是两个不同的概念。定义变量时，或者定义变量之后，可以给变量赋值（有关变量赋值，后面再详细介绍）。一个变量有三要素，分别是变量类型、变量名和变量值。变量名是一个符号地址，对应一个物理地址。变量类型决定了变量所占用的存储单元的多少。变量的值是存储单元中的值（二进制数）。

例如：

short int sum = 3 ;

变量名：sum

变量类型：短整型,占 2 字节

变量值：3

注意区分变量名和变量值的概念，变量名标识内存中一个具体的存储单元，变量值则是存储单元中存储的数据，如图 3.3.1 所示。

（4）变量值的存取步骤。

① 通过变量名找到相应的内存单元。

② 根据变量的类型确定要存取的字节数。

③ 按要求读或写变量的值。

从变量中取值，实际上是通过变量名找到相应的内存地址，从该存储单元中读取数据。

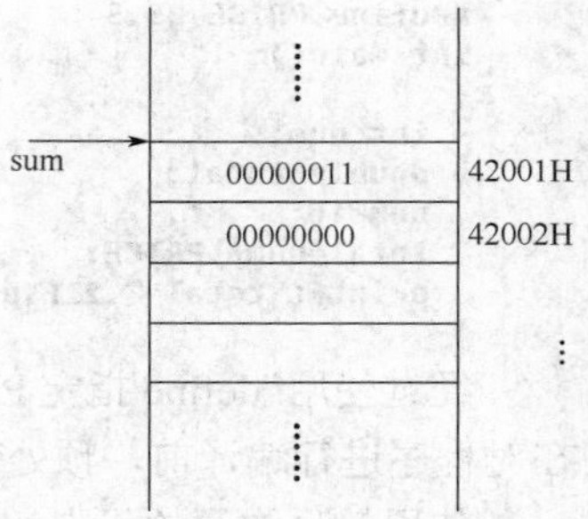

图 3.3.1　变量名和变量值

3.3.3　常变量

除了常量和变量之外，在 C99 种允许使用常变量。常变量的定义需要使用 const 关键字。需要注意的是，const 定义的常变量只能在定义的时候赋初值，不能在程序中改变其值。

其形式如下：

```
const 变量类型 变量名=变量值 ;
```

例如：

```
const float price=35.5;
```

上面的语句表示 price 被定义为一个实型变量，指定其值为 35.5，程序不能修改其内容。

常变量与直接常量的不同之处是：常变量具有变量的基本属性，有类型，占内存单元，只是不允许改变其值。因此说，常变量是有名字的不变量，而直接常量是没有名字的不变量。

那么常变量与符号常量又有什么不同呢？

例如：

```
#define PRICE 35.5              //定义符号常量
const float price = 35.5;       //定义常变量
```

上面的符号常量 PRICE 和常变量 price 都代表 35.5，在程序中都能使用。二者的区别是：定义符号常量用#define 指令，它是预编译指令，它只是用符号常量代表一个字符串，在预编译时仅是进行字符替换，在预编译后，符号常量就不存在了，全部置换为 35.5。符号常量的名字是不分配存储单元的，而常变量属于变量，需要占用存储单元，有变量值，只是该值不改变。

与用#define 定义的符号常量相比较，const 定义的常变量的优点如下：

（1）const 常量有数据类型，而#define 的符号常量没有数据类型，编译器对 const 常量进行类型检查，但对符号常量只进行字符串替换，不进行类型检查，字符串替换时极易产生意想不到的错误。

（2）有些集成化的调试工具可对 const 常量进行调试，而不能对符号常量进行调试。

（3）从使用的角度看，常变量具有符号常量的优点，而且使用更方便，因此有了常变量以后，可以不必多用符号常量。

上面介绍了使用符号常量的优点与使用常变量的优点，无论是使用符号常量还是常变量，都可以为程序编写带来很多方便。具体原因如下。

（1）如果程序中使用过多的数字或字符串，会降低程序的可读性，时间长了之后，程序员很难记住数字或字符串的意思。

（2）在一个程序的多个地方输入相同的数字或字符串，很难避免不发生书写错误。

（3）如果要修改程序中的数字或字符串，需要在很多地方进行修改，这样既麻烦，效率又低，又容易出错。

因此，使用符号常量或常变量，对提高程序的可读性和可维护性都有好处。

3.3.4　标识符

日常生活中，人和物都有名字。在数学中也常常用到变量名或函数名。同样，在编程语言中，对于变量、常量、函数、类型等也有名字，这些名字在程序设计语言中统称为标识符。

在 C 语言中，标识符的命名规则如下。

（1）标识符由字母（A～Z,a～z）、数字（0～9）、下画线"_"组成，并且首字符不能是数字，只能是字母或者下画线。例如，正确的标识符：SUM、count_1、average_score。

（2）不能把 C 语言关键字作为用户标识符，如 if、for、while 等。关键字是事先定义的，有特别意义的标识符，有时称为保留字。ANSI C 定义了 32 个关键字。在附录 A 中有关键字列表，可以查阅。

（3）标识符长度是由机器上的编译系统决定的，一般的限制为 8 字符（注：8 字符长度限制是 C89 标准，C99 标准已经扩充长度，其实大部分工业标准都更长）。

（4）标识符对大小写敏感，即严格区分大小写。一般对变量名用小写，符号常量命名用大写。例如，sum、SUM、Sum 是三个不同的标识符。为避免混淆，程序中最好不要出现仅靠大小写区分的相似的标识符。

（5）标识符命名应做到"见名知意"，如长度（length）、求和（sum）、圆周率（pi）等。

在 C 语言中把标识符分为三类：关键字，预定义标识符，用户自定义标识符。

以上规则是针对用户自定义标识符的规则。

预定义标识符是 C 语言中系统预先定义的标识符，如系统类库名、系统常量名、系统函数名。预定义标识符也具有"见名知意"的特点，如函数"格式输出"（英语全称加缩写：printf）、"格式输入"（英语全称加缩写：scanf）、sin、strcpy 等。预定义标识符可以作为用户标识符使用，只是这样会失去系统规定的原意，使用不当还会使程序出错。

3.4　基本数据类型

在 3.3.1 节介绍了常量中的整型常量、浮点型常量和字符常量。本节介绍 C 语言的基本数据类型中的整型数据、浮点型数据、字符型数据。

3.4.1　整型数据

整型数据是 C 语言的基本数据类型之一。

根据整型数据分配的字节数的不同，整型数据可以分为基本整型、短整型、长整型、双长整型，如表 3.4.1 所示。

表 3.4.1　整型数据分类

类 型 名 称	关 键 字	字 节 数
基本整型	int	Turbo C 2.0 中占 2 个，VC++6.0 中占 4 个
短整型	short int	VC++6.0 中占 2 个字节
长整型	long int	VC++6.0 中占 4 个字节
双长整型	long long int	8 个字节，C99 新增的类型

下面对以上各种数据类型从多方面进行详细介绍。

1. **基本整型**（int）

根据编译系统的不同，给 int 型数据分配的字节数为 2 个字节或 4 个字节。例如，在 TC2.0 中为每个整型数据分配 2 个字节（16 位），而在 VC++6.0 中为每个基本整型数据分配 4 个字节（32 位）。

基本整型在存储单元中的存储方式是：用整型的补码形式存储。有关补码的知识在计算机基础应用中已经学到，现在再简单介绍一下。

正整数的补码与原码相同。求负整数的补码，符号位不变，数值位各位取反（即绝对值按位求反），最后整个数加 1。下面以整数+9 和-9 为例，如果用 2 个字节存放一个整数，则+9 和−9 在存储单元中的数据形式如图 3.4.1 所示。

+9的补码

0	0	0	0	0	0	0	0	0	0	0	0	1	0	0	1

−9的原码：

1	0	0	0	0	0	0	0	0	0	0	0	1	0	0	1

数值位按位取反：

1	1	1	1	1	1	1	1	1	1	1	1	0	1	1	0

再加1得，−9的补码：

1	1	1	1	1	1	1	1	1	1	1	1	0	1	1	1

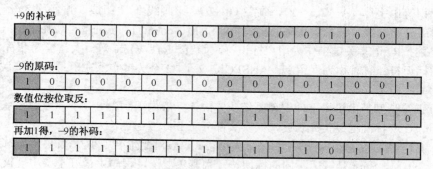

图 3.4.1　基本整型的存储

在存放整型数据的存储单元中，左侧最高位用来表示符号位，如果最高位为 0，则表示数值为正数；如果最高位为 1，则表示数值为负数。

如果编译系统给整型数据分配 2 个字节 ，则存储单元能存放的最大数如图 3.4.2 所示，转换为十进制数为 32767（2^{15}−1）。存储单元能存放的最小数如图 3.4.3 所示，转换为十进制数是−32768（-2^{15}）。

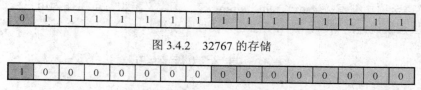

0	1	1	1	1	1	1	1	1	1	1	1	1	1	1	1

图 3.4.2　32767 的存储

1	0	0	0	0	0	0	0	0	0	0	0	0	0	0	0

图 3.4.3　−32768 的存储

由上分析可知，如果编译系统给整型数据分配 2 个字节，一个基本整型变量值的取值范围为−32768～32767，因此对整型变量赋值的时候，如果是用十进制整数，则不能超过这个范围，如果超过此范围，就会出现数据的“溢出”，程序的输出结果就是不正确的。同样的道理，如果给整型变量分配 4 个字节，其取值范围为−2 147 483 648~2 147 483 647，即（-2^{31}～2^{31}−1）。

注意：关于整型变量的溢出，可以这样理解：当往一个杯子中不停地注水，会发生什么情况呢？答案是水会“溢出”。同样的道理，如果给某个整型变量一个超出其表示范围的值，将发生“溢出”。发生溢出时，大多数情况下，系统不会报错，所以用户要特别小心。

【例 3.2】下面举一个整型变量溢出的例子。

```
#include<stdio.h>
int main( )
{
    int a,b;                    /*定义a, b两个整型变量*/
    a=2147483647;               /*为变量a赋初值*/
    b=a+1;                      /*把变量a的值加1的结果赋值给变量b*/
    printf("a=%d\nb=%d\n",a,b);     /*输出a, b的值*/
    return 0;
}
```

运行结果：

```
a=2147483647
b=-2147483648
Press any key to continue
```

总结、上面程序，如果按照数学的知识推理，a=2147483647，b=a+1 的结果应该是 2147483648，但是程序的实际输出结果是−2147483648。

分析程序的结果：输出结果与数学计算结果不同的原因是 2147483647 的补码加 1 以后的结果正好是−2147483648 的补码，读者可以参考图 3.4.2 和图 3.4.3 进行验证。

2．短整型（short int）

短整型使用的关键字是 short int 或 short。如果使用 Visual C++ 6.0，编译系统分配给 int 数据 4 个字节，分配短整型 2 个字节。短整型在内存中的存储方式与 int 型相同。因此可以计算出一个短整型变量的值的十进制取值范围为-32768～32767。

3．长整型（long int）

长整型使用的关键字 long int 或 long。如果使用 Visual C++ 6.0，编译系统分配给 long 数据 4 个字节。长整型在内存中的存储方式与 int 类型也相同，因此可以计算出一个长整型变量的值的十进制取值范围是-2 147 483 648～2 147 483 647。

4．双长整型（long long int）

双长整型使用关键字 long long int 或 long long，一般为双长整型分配 8 个字节，该类型是 C99 新增的数据类型，但许多 C 编译系统尚未实现。

5．使用 sizeof 运算符获取数据类型或变量所占字节数

ANSI C 标准没有具体规定各种数据类型所占用存储单元的长度（所占字节数），具体的占用的存储单元个数由编译系统自行决定。我们可以使用 sizeof 运算符可以计算数据类型所占的字节数。

【例 3.3】使用下面一个简单的程序，可以查看在 Visual C++ 6.0 中，不同的整型数据所占用内存的字节数。

```
#include<stdio.h>
int main( )
{
    printf("short类型占用的字节数是:%d\n",sizeof(short));
    printf("int类型占用的字节数是:%d\n",sizeof(int));
    printf("long类型占用的字节数是:%d\n",sizeof(long));
    return 0;
}
```

测试

```
short类型占用的字节数是:2
int类型占用的字节数是:4
long类型占用的字节数是:4
Press any key to continue
```

虽然各种整型数据占用的存储单元个数由编译系统自行决定，但是 ANSI C 要求 long 型数据长度不短于 int 型，short 型不长于 int 型。即 sizeof（short）≤ sizeof（int）≤ sizeof（long）≤ sizeof（long long）。

因此在不同的编译系统中，不同种类的整型数据分配的字节数不同。通常的做法是：把 long 类型设置为 4 字节，把 short 类型设置为 2 字节，而 int 类型可以是 2 字节，也可是 4 字节。因此程序员需要了解所需要的编译系统的规定。当将一个程序从一个系统移植到另外一个系统时，需要注意这个区别，避免出现数据"溢出"的问题。

6．扩展的整型数据

通过上面的讲解，我们知道整型数据的变量值在内存单元中都是以补码的形式存储的，存储单元中的最高位代表符号位。整型变量的值的范围包括负数和正数。

在实际应用中，需要处理的数据范围有时只有正值，如学号、年龄、序号、出生年等。因此为了充分利用变量的值的范围，可以将变量定义为"无符号"类型，可以在类型符号前面加上关键字"unsigned"，表示该变量是"无符号整型"类型。如果在类型符前面加上关键字"signed"，则是"有符号整型"类型。于是，在以上 4 种基本整型数据的基础上，可以把整型扩展为以下 8 种整型数据，如表 3.4.2 所示。

表 3.4.2　扩展的整型数据

类型名称	关键字	字节数	取值范围
有符号基本整型	[signed] int	2	-32768~32767，即-2^{15}~2^{15}-1
		4	-2147483648~2147483647，即-2^{31}~2^{31}-1
无符号基本整型	unsigned [int]	2	0~65535，即 2^{16}-1
有符号短整型	[signed]short [int]	2	-32768~32767，即-2^{15}~2^{15}-1
无符号短整型	unsigned short [int]	2	0~65535，即 2^{16}-1
有符号长整型	[signed]long [int]	4	-2147483648~2147483647，即-2^{31}~2^{31}-1
无符号长整型	unsigned long [int]	4	0~4294967295，即 0~2^{32}-1
有符号双长整型	[signed]long long [int]	8	-9223372036854775808~9223372036854775807　即 -2^{63}~2^{63}-1
无符号双长整型	unsigned long long [int]	8	0~18446744073709551615，即 0~2^{64}-1

有关扩展的整型数据，需注意以下几方面。

（1）整型数据用到的关键字中的方括号表示其中的内容是可选的，即可以有，也可以没有。

（2）如果一个变量即未指定为 signed 也未指定为 unsigned 的，默认为"有符号类型"。如 signed int max 和 int sum 等价。

（3）有符号整型数据存储单元中最高位代表符号位（0 代表正，1 代表负）。如果指定 unsigned（无符号）类型，存储单元中全部二进制都用作存放数值，而没有符号。无符号型变量只能存放不带符号的整数，而不能存放负数。由于最高位不再用来表示符号，而用来表示数值，因此无符号整型变量中可以存放的非负数的范围比有符号整型变量中非负数的范围扩大一倍多。

如果程序定义 a 和 b 两个整型变量，其中 a 为有符号整型，b 为无符号整型。

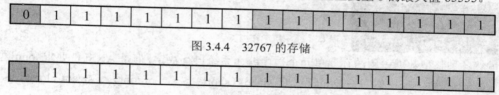

```
short a ;                            //定义a为有符号短整型变量
unsigned short b ;                   //定义b为无符号短整型变量
```

程序中变量 a 的数值范围为-32768~32767，变量 b 的数值范围为 0~65535。图 3.4.4 所示是有符号短整型变量 a 的最大值 32767，图 3.4.5 所示是无符号短整型变量 b 的最大值 65535。

| 0 | 1 | 1 | 1 | 1 | 1 | 1 | 1 | 1 | 1 | 1 | 1 | 1 | 1 | 1 | 1 |

图 3.4.4　32767 的存储

| 1 | 1 | 1 | 1 | 1 | 1 | 1 | 1 | 1 | 1 | 1 | 1 | 1 | 1 | 1 | 1 |

图 3.4.5　65535 的存储

（4）只有整型（包括字符型）数据可以使用 signed 或 unsigned 关键字，实型数据不能使用。

（5）将一个变量定义为无符号整型后，不能给该变量赋值负数，否则会出现错误的结果。

3.4.2 浮点型数据

浮点型数据也称为实型数据，用来表示具有小数点的实数，在计算机中用以近似表示任意某个实数。

在计算机中数的表示方法有定点数和浮点数。参与运算的数的小数点位置固定不变，就是定点数。定点数有定点整数和定点小数，定点整数的小数点固定在最后一位之后，定点小数的小数点固定在最高位之后。浮点数就是小数点在逻辑上是不固定的。

C 语言中为什么把实数称为浮点数？

在 C 语言中，实数是以指数形式存放在存储单元中的。一个实数表示为指数可以有多种形式，以实数 3.14159 为例，可以有以下多种表示形式：

$$3.14159 \times 10^0 \qquad 0.31459 \times 10^1 \qquad 0.0314159 \times 10^2 \qquad 0.00314159 \times 10^3$$

$$31.4159 \times 10^{-1} \quad 314.159 \times 10^{-2} \quad 3141.59 \times 10^{-3} \quad 31415.9 \times 10^{-4}$$

以上表现形式虽然不同，但是它们代表同一个值。表达式的不同之处在于，小数点的位置在 314159 几个数字之间和之前或之后浮动。只要在小数点位置浮动的同时改变指数的值，就可以保证它的值不会改变。由于小数点可以浮点，因此实数的指数形式称为浮点数。

规范化指数形式：在指数形式的多种表示方法中把小数部分中小数点前的数字为 0，小数点后第 1 位数字不为 0 的表示形式称为规范化的指数形式。例如，上面的形式中 0.31459×指数形式输出一个实数时，必然以规范化的指数形式输出。

一个浮点数分为阶码和尾数两部分：阶码表示小数点在该数中的位置，用二进制定点整数表示；尾数表示数的有效数字，用二进制定点小数表示。为了提高浮点数表示的精度，规定其尾数的最高位必须是非零的有效位，即小数点后第一位是 1。浮点数的表示范围取决于阶码，精度取决于尾数。

浮点数的一般表示形式为：$N=2^E \times D$，其中，D 称为尾数，E 称为阶码。浮点数的一般表示形式如图 3.4.6 所示。

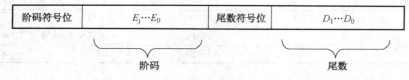

| 阶码符号位 | $E_j \cdots E_0$ | 尾数符号位 | $D_1 \cdots D_0$ |

图 3.4.6　浮点数的一般表示

根据浮点型的精度，浮点型包括单精度浮点型、双精度浮点型和长双精度浮点型，如表 3.4.3 所示。

表 3.4.3　浮点型的分类

类型名称	关键字
单精度浮点型	float
双精度浮点型	double
长双精度浮点型	long double

1．单精度浮点型（float 型）

编译系统为 float 型变量分配 4 个字节，数值以规范化的二进制数指数形式存放在存储单元中。在存储时，系统将 float 型数据分成小数部分和指数部分分别存放。小数部分的小数点前面的数为 0。

需要说明的是以下几点。

① 在 float 型数据的 4 个字节中，究竟用多少位来表示小数部分，多少位来表示指数部分，C 标准并无具体规定，由各编译系统自定。

② 由于用二进制形式表示一个实数所用存储单元的长度是有限的，因此不可能得到完全精确的值，只能存储成有限的精确度。小数部分占的位数越多，数的有效数字越多，精度也就越高。指数部分占的位数越多，则能表示的数值范围越大。

③ 单精度在一些处理器上比双精度更快而且只占用双精度一半的空间，但是当值很大或很小的时候，它将变得不精确。当需要小数部分并且对精度的要求不高时，单精度浮点型的变量是有用的。

在 Visual C++ 6.0 中，float 型数据能得到 6 位有效数字，数值范围为$-3.4 \times 10^{-38} \sim 3.4 \times 10^{38}$。

2．双精度浮点型（double 型）

双精度浮点型使用的关键字是 double，为了扩大能表示的数值范围，在 Visual C++ 6.0 中，编译系统用 8 个字节存储一个 double 型数据，可以得到 15 位有效数字，数值范围为$-1.7 \times 10^{-308} \sim 1.7$

$\times 10^{308}$。

双精度浮点型，正如它的关键字"double"表示的，占用的存储空间是单精度的一倍。实际上在一些现代的被优化用来进行高速数学计算的处理器上双精度型比单精度的快。所有超出人类经验的数学函数，如 sin()、cos()、tan()和 sqrt()均返回双精度的值。当需要保持多次反复迭代的计算的精确性时，或在操作值很大的数字时，双精度型是最好的选择。

在 C 语言中进行浮点数的算术运算时，将 float 数据都自动转换为 double 型，然后进行计算。

3．长双精度浮点型（long double 型）

长双精度浮点型使用的关键字是 long double，不同编译系统对 long double 型的处理方法不同，Turbo C 对 long double 型分配 16 个字节，而 Visual C++ 6.0 对 long double 型分配 8 个字节，与 double 类型相同。

表 3.4.4 列出了浮点型数据的类型、字节数、有效位数、数值范围（绝对值）。

表 3.4.4　浮点型数据

类型	字节数	有效数字	数值范围（绝对值）
float	4	6~7	0 以及 1.2×10^{-38}~3.4×10^{38}
double	8	15~16	0 以及 2.3×10^{-308}~1.7×10^{308}
long double	8	15~16	0 以及 2.3×10^{-308}~1.7×10^{308}
	16	19~20	0 以及 3.4×10^{-4932}~1.1×10^{4932}

关于浮点型的单精度和双精度的有效位数，可以通过下面一个程序来理解。

【例 3.4】将同一个实型数分别赋值给单精度实型和双精度实型变量，然后输出结果。

```
#include<stdio.h>
int main( )
{
    float fa;                                /*定义float型变量*/
    double fb;                               /*定义double型变量*/
    fa=123.45678912345678e6;                 /*为float型变量赋值*/
    fb=123.45678912345678e6;                 /*为double型变量赋值*/
    printf("fa=%f\nfb=%f\n",fa,fb);          /*输出结果*/
    return 0;
}
```

程序运行结果：

```
fa=123456792.000000
fb=123456789.123457
Press any key to continue
```

总结：根据程序的输出结果，可以得知，把同一个实型常量赋值给单精度实型变量和双精度实型变量后，程序的输出结果不同。同时也验证了双精度实型的有效位数比单精度实型的有效位数多。

上面程序在 Visual C++ 6.0 下编译的时候，会有下面的警告信息：

```
warning C4305: '=' : truncation from 'const double ' to 'float '
```

这个警告指出，将 double 型变量赋值给 float 型变量时将发生数据截断错误，从而产生舍入误差。

关于浮点型数据的数值范围需要强调一下，由于用有效的存储单元存储一个实数，不可能完全精确地存储。从表 3.4.4 可知，float 型变量能存储的最小正数为 1.2×10^{-38}，不能存储绝对值小于此值的数。float 型数值可以在 3 个范围内：① -3.4×10^{38}～-1.2×10^{-38}；② 0；③ 1.2×10^{-38}～3.4×10^{38}。

3.4.3　字符型数据

由于字符在计算机中是按其 ASCII 码形式存储的，因此 C99 把字符型数据作为整数类型的一种。但是字符型数据在使用时有自己的特点。

1．程序中的字符与字符代码

在编写程序中，不是任意的字符与字符代码程序都能识别。例如，圆周率 π、≠、≤、≥等符号，在程序中是不能被识别的，因此在编写程序的时候，只能使用系统规定的字符集中的字符。

在 C 语言中，指定 1 个字节存储一个字符（所有编译系统都不例外），当存储字符时，字节的最高位置为 0。例如，小写字母'a'在内存中存储情况如图 3.4.7 所示（'a'的 ASCII 码十进制数是 97，二进制数为 01100001）。

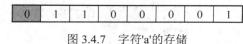

图 3.4.7　字符'a'的存储

2．字符变量

字符变量使用关键字 char 定义。char 是英文 character（字符）的缩写。

例如：定义一个字符变量 cChar，并为字符变量赋值的程序片段如下。

```
char cChar ;           /*定义字符型变量*/
cChar=' ?' ;           /*为字符变量赋值*/
```

定义 cChar 为字符型变量并赋值为'?'，字符'?'的 ASCII 代码是十进制 63，系统把 63 赋值给变量 cChar，而实际存储的是 63 的二进制形式。

从字符变量的存储形式可以看出，cChar 是字符变量，实际上是一个字节的整型变量，因为它常用来存放字符，所以称为字符变量。实际可以把 0~127 之间的整数赋值给一个字符变量。

使用字符变量时，需要注意以下几方面。

（1）用来存放字符常量，只能是一个字符。

例如，程序片段：

```
char c1,c2;
c1='a';
c2='A';
```

（2）字符数据和整型数据之间可以通用，可以按字符形式输出，也可以按整型输出。

例如，程序：

```
#include<stdio.h>
int main()
{
    char c1,c2;
    c1=97;
    c2=98;
    printf("%c %c\n",c1,c2);
    printf("%d %d\n ",c1,c2);
    return 0;
}
```

程序运行结果：

```
a b
97 98
 Press any key to continue
```

（3）字符数据与整数直接进行算术运算。

```
#include<stdio.h>
int main( )
{
    char c1,c2;
    c1='a';
    c2='b';
    c1=c1-32;
    c2=c2-32;
    printf("%c %c\n",c1,c2);
return 0;
}
```

程序运行结果：

```
A B
Press any key to continue
```

（4）字符数据与整型数据可互相赋值。

```c
#include<stdio.h>
int main( )
{
    int i;
    char c;
    i='a';
    c=97;
    printf("%c,%d\n",c,c);
    printf("%c,%d\n",i,i);
    return 0;
}
```

程序运行结果：
```
a,97
a,97
Press any key to continue
```

（5）由于字符型数据在内存中只占用一个字节，因此当大于 255 的整型数据赋给它时要产生溢出（具体内容参考后续章节会详细介绍）。

（6）整型变量可以用 signed 和 unsigned 关键字修饰，字符型也属于整型，也可以使用 signed 和 unsigned 关键字修饰。

因此，字符型的存储空间和值的取值范围有两种情况，如表 3.4.5 所示。

表 3.4.5　字符型的存储空间和值的取值范围

类型	字节数	取值范围
signed char（有符号字符型）	1	$-128\sim127$，即 $-2^7\sim(2^7-1)$
unsigned char（无符号字符型）	1	$0\sim255$，即 $0\sim(2^8-1)$

由 3.4.5 可知，在使用有符号字符型变量时，允许存储为 $-128\sim127$，但是字符的 ASCII 码不可能为负值，所以在存储字符时，实际上只能用 $0\sim127$ 这一部分，最高位为 0。

如果在程序中将一个负数赋值给有符号字符变量是合法的，但是它不能代表一个字符，而是作为一字节整型变量存储负整数。

如果在定义变量时不加 signed 或者 unsigned，C 标准没有规定按照 signed 或 unsigned 处理，具体处理由各编译系统字节决定。

3.4.4　如何确定常量的类型

前面学习了常量和变量。直接常量有整型常量、字符型常量、实型常量。在程序中出现的常量也要存放在计算机中的存储单元中，也要分配一定的字节数，具体如何分配，按照什么方式存储，都需要确定常量的类型。

常量类型的确定方法是什么呢？根据常量的表示形式来确定，如表 3.4.6 所示。

表 3.4.6　常量的数据类型

常量类型	表示形式
字符型	由单撇号界定起来的单个字符或转义字符，如："A"、"D"、"\n"等
整型	1. 用不带小数点的合法数值表示，但是因为各种整型类型有取值范围。例如，在 Visual C++中，凡是在 $-2147483648\sim2147483647$ 之间的不带小数点的数都作为 int 型，分配 4 个字节。超过这个范围之外但是又不超过 long long 型数的范围内的整数，则认定为 long long 型数据。 2. 一个整数末尾如果加大写字母 L 或小写字母 l，表示该数是长整型，如 345l、345L 等。鉴于 Visual C++中 int 和 long int 型数据的取值范围一样，因此也没有必要非要选择 long int 型
浮点型	1. 在浮点型的实型常量的末尾加专用字符，可以强制指定常量的类型。 2. Visual C++编译系统把合法表示的浮点型中的实型常量末尾不加任何字符，都默认按照双精度处理，分配 8 个字节。 3. 在浮点型的实型常量的末尾加字母 F 或 f，则表示是单精度 float 类型。 4. 在浮点型的实型常量的末尾加字母 L 或 l，则表示是 long double 类型

3.5 运算符和表达式

3.5.1 运算符和表达式简介

C 语言提供了 34 种运算符。这些运算符按照操作数的个数分为单目运算符、双目运算符和三目运算符。操作数也称为运算对象，它既可以是常量、变量，也可以是函数调用。

单目运算符只需要一个操作数，双目运算符需要两个操作数，三目运算符则需要三个操作数。

由运算符及操作数组成的式子称为表达式。根据运算符的种类，可以分成不同类别的表达式，比如由算术运算符及操作数组成的式子称为算术表达式，由关系运算符及操作数组成的式子称为关系表达式等。最简单的表达式可以只有一个操作数，而复杂的表达式可以有两个或两个以上的运算符。程序中表达式的主要位置有两种情况：在赋值语句中，在函数的参数中。表达式计算结果值是有类型的，其类型取决于组成表达式的操作数类型和运算符种类。

例如，以下各种表达式：

```
8
-6
A+B
Sum=x+y
a>5
a* ( 3+b ) %5-20
```

下面介绍一下优先级和结合性两个概念。大家都知道，在基本数学运算中有运算符的优先级问题，比如在乘法和加减法的混合运算中，有先计算乘法和除法，后计算加法和减法，有括号则先计算括号里面的。有关数学运算中的结合性，比如当加法和减法同时出现的时候，按照从左到右的顺序，哪个在前先计算哪个，这个就是运算符的结合性问题。

C 语言中的表达式中也有类似数学运算中的运算优先级和结合性的问题。

C 语言中，运算符的运算优先级共分为 15 级。1 级最高，15 级最低。在表达式中，优先级较高的运算符先于优先级较低的运算符进行运算。而在一个操作数两侧的运算符优先级相同时，则按运算符的结合性所规定的结合方向处理。

运算符的结合性表明运算时的结合方向。有两种结合方向：一种是左结合，即从左向右计算；一种是右结合，即从右向左计算。例如，算术运算符的结合性是自左至右，即先左后右。如有表达式 a-b+c 则 b 应先与 "-" 号结合，执行 a-b 运算，然后再执行 +c 的运算。这种自左至右的结合方向就称为 "左结合性"。而自右至左的结合方向称为 "右结合性"。最典型的右结合性运算符是赋值运算符。如 a=b=c，由于 "=" 的右结合性，应先执行 b=c 再执行 a=（b=c）运算。

根据学习安排，本章只介绍算术运算符和算术表达式、赋值运算符和赋值表达式、逗号运算符和逗号表达式、位运算符与位运算表达式，有关其他运算符和表达式将会在后续章节中介绍。

3.5.2 算术运算符和算术表达式

1. 基本算术运算符

算术运算是数据处理中常用的一种运算，表 3.5.1 给出了 C 语言常用算术运算符。

表 3.5.1　C 语言常用算术运算符

符号	含义	类别	优先级	结合性	特殊说明
-	取相反数	单目	2	右结合	
*	乘法	双目	3	左结合	键盘无 "×" 号，用 "*" 号代替
/	除法	双目	3	左结合	键盘无 "÷" 号，用 "/" 号代替。操作数均为整型时，结果也为整型，舍去小数。如果操作数中有一个是实型，则结果为双精度实型

符	含义	类别	优先级	结合性	特殊说明
%	求余	双目	3	左结合	要求操作数均为整型，不能应用于 float 或 double 类型。求余运算的结果等于两数相除后的余数，整除时结果为 0
+	加法	双目	4	左结合	
-	减法	双目	4	左结合	

由算术运算符和操作数组合成的式子称为算术表达式，C 语言中的算术运算的结果与参与运算的操作数类型相关。下面进行一下特殊说明。

（1）除法运算。除法运算的两个操作数都是整数，则除法运算相当于数学中的取整，结果仍为整数。

例如，3/4 与 3.0/4 的结果是不相同的，3/4=0，3.0/4=0.75。所以除法可以分为整数除法和浮点数除法。两个操作数中只要有一个数是浮点数，则可以按照浮点数除法对待。

（2）求余运算。在 C 语言中，求余运算的%运算符，限制求余运算的两个操作数必须为整数，不能对两个实型数进行求余运算。其中求余运算符的左操作数作为被除数，右操作数作为除数，两个数整除后的余数即为求余运算的结果，其中余数的符号与被除数的符号相同。

例如，在 Visual C++6.0 编译环境下，求余的计算结果：

```
13%4=1, 13%-4=1, -13%4=-1, -13%-4=-1。
```

在表 3.5.1 中，可以得出 C 语言常用算术运算符的优先级和结合性。首先优先级最高的是"-"取反运算符（2 等级），其次是*、/、%（3 等级），最后是+和-（4 等级）。相同优先级的运算符进行混合运算时，需要考虑运算符的结合性。

例如，算术表达式：

```
-2*8/4%3+10-6
```

在这个式子中有多种算术运算符，根据运算符的优先级和结合性，这个式子等价于（（（(-2)*8）/4）%3+10-6，式子的结果值是 3，读者可以自行验证。

☞思考：给出一个 3 位数，如 123，如何计算出这个 3 位数的个位、十位、百位？

2. 自增自减运算符

对变量的加 1 和减 1 是一种很常见的运算。因此，C 语言提供了执行自增运算符"++"和自减运算符"--"，如表 3.5.2 所示。

表 3.5.2　自增和自减运算符

优先级	结合性	符号	含义	类别	例子
2	右结合	++	自增运算符	单目运算符	i++
					++i
2	右结合	--	自增运算符	单目运算符	i--
					--i

自增和自减运算符都是单目运算符，只需要一个操作数，且操作数必须是变量，不能是常量或表达式。自增运算符对变量执行加 1 操作，自减运算符对变量执行减 1 操作。

自增运算符++可以写在变量的前面（如++i），也可以写在变量的后面（如 i++），这两种写法在功能上是有差异的，写在变量之前是先在变量使用之前，先对其执行加 1 操作，而写在变量之后时，是先使用变量的当前值，然后对其进行加 1 操作。因此当++运算符在变量之前或之后，对变量而言，运算结果是一样的，但是对加 1 的表达式本身却不同。例如：

```
int i=3;
```

执行"m=++i"，相当于按先后顺序执行两个语句"i=i+1;m=i;"，最后 m 的值是 4，i 的值也是 4。

执行"m=i++"，相当于按先后顺序执行两个语句"m=i;i=i+1;"，最后 m 的值是 3，i 的值是 4。

自减运算符"--"同样也可以写在变量的前面和后面，它的用法与自增运算符"++"是相同的。例如：

```
int i=3;
```

执行"m=--I;"相当于按先后顺序执行两个语句"i=i-1;m=i;"，最后 m 的值是 2，i 的值也是 2。

执行"m=i--;"相当于按先后顺序执行两个语句"m=i;i=i-1;"，最后 m 的值是 3，i 的值是 2。

对于大多数编译器，使用++和--运算符生成的代码比等价的两个赋值语句生成的代码执行效率更高一些。通常良好的编程风格提倡在一行语句中一个变量最多只出现一次自增或自减运算符。因为过多的自增 1 和自减 1 混合运算，会导致程序的可读性变差。同时，C 语言规定表达式中的子表达式以未定顺序求值，从而允许编译程序自由重排表达式的顺序，以便生成最优代码，这样就会导致当相同的表达式用不同的编译器时，可能得到不同的运算结果。

例如，下面的语句尽量少用，可读性差，并且环境不同，计算结果可能不同。

```
M=++a+a++-a--;
```

3.5.3 赋值运算符和赋值表达式

C 程序中，赋值运算符用于给变量赋值，使用赋值运算符可以把表达式的结果赋值给某一个变量。由赋值运算符及操作数组成的表达式称为赋值表达式。赋值运算符有两类，分别是简单赋值运算符和复合赋值运算符。表 3.5.3 给出了常用赋值运算符。

表 3.5.3　常用赋值运算符

优先级	结合性	符号	含义	类别	例子
14	右结合	=	简单赋值运算符	双目	x=a+b
		+=	复合赋值运算符	双目	x+=a ⇔ x=x+a
		-=		双目	x-=a ⇔ x=x-a
		*=		双目	x*=a ⇔ x=x*a
		/=		双目	x/=a ⇔ x=x/a
		%=		双目	x%=a ⇔ x=x%a
		<<=		双目	x<<=a ⇔ x=x<<a
		>>=		双目	x>>=a ⇔ x=x>>a
		&=		双目	x&=a ⇔ x=x&a
		∧=		双目	x∧=a ⇔ x=x∧a
		|=		双目	x|=a ⇔ x=x|a

简单赋值运算符很简单，赋值表达式的一般形式是：

```
变量名=表达式
```

因为赋值运算符是右结合，即将右侧表达式的值赋值给左侧的变量，因此"="号左侧不允许是表达式。例如，在 C 语言中 x+y=z 是错误的，虽然该式子在数学中是正确的。

关于复合赋值运算符，其中与算术运算符相关的有+、-、*、/、%五个，注意+=、-=、*=、/=、%=之间不能有空格。在表 3.5.3 给出的例子中可以看出，相对于它的等价形式，复合赋值运算符的书写更简洁，而且执行效率也更高。由此可以看出在数学中 i=i+1 是无意义的且不成立，而在 C 语言中是有意义的，其意思是取出 i 的值后加 1，然后再赋值给 i（存入 i 所在的存储单元），如图 3.5.1 所示。

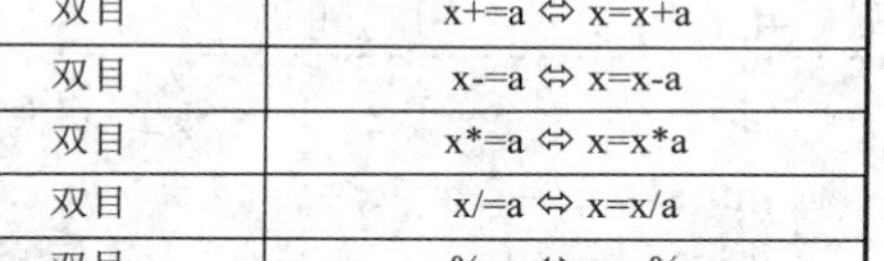

下面进一步认识一下复合赋值运算符。

图 3.5.1　赋值运算符示例

由简单的复合赋值表达式：x+=a 的等价形式为 x=x+a，可以推导出复合赋值表达式的一般等价形式：

```
变量名　其他运算符=　表达式　　　等价于　变量名 ＝ 变量名 其他运算符（表达式）
```

例如，表达式 x*=y+1 等价于 x=x*（y+1）。

3.5.4 逗号运算符和逗号表达式

在 C 语言中，逗号是一个特殊的运算符，它的作用是将两个表达式连接起来，可以用多个逗号将多个表达式分开，被逗号分隔的表达式分别计算，整个表达式的值就是最后一个表达式的值。

逗号表达式的一般形式为：

表达式 1，表达式 2，…，表达式 n

逗号表达式的求解过程是：先求解表达式 1，再求解表达式 2，…，一直求解到表达式 n。整个逗号表达式的值是表达式 n 的值。所以逗号表达式也可以被称为顺序求值运算符。

逗号运算符的优先级是 15，在所有基本运算符中优先级是最低的。逗号运算符通常配合 for 循环使用。逗号运算符的结合性是左结合。

例如，表达式 sum=0，i+=2，sum+=i 的最终结果值是 sum+=i 的值。

逗号运算符保证左边的表达式运算结束后才进行右边的表达式的运算。

对于逗号表达式还要说明以下两点：

（1）程序中使用逗号表达式，通常是要分别求逗号表达式内各表达式的值，并不一定要求整个逗号表达式的值。

（2）并不是在所有出现逗号的地方都组成逗号表达式，如在变量说明中，函数参数表中逗号只是用作各变量之间的间隔符。

3.5.5 位运算符与位运算表达式

位运算是 C 语言中的一个比较有特色的运算。位运算符可以实现位的设置、清零、取反和取补操作。位运算可以实现许多只有在汇编语言才能实现的功能。在许多古老的微处理器上，位运算比加减运算略快，通常位运算比乘除法运算要快很多。在现代架构中情况并非如此，位运算的运算速度通常与加法运算相同，但是仍然快于乘法运算。

位运算符只能用于整型表达式，通常用于对整型变量的二进制数进行位的设置、清零和取反，以及对某些选定的位进行检测。

C 语言中提供了如表 3.5.4 中所列的位运算符。

表 3.5.4　常用位运算符

符号	含义	类别	优先级	结合性
~	取反	单目运算符	2	右结合
<<	左移	双目运算符	5	左结合
>>	右移	双目运算符	5	左结合
&	按位与	双目运算符	8	左结合
^	按位异或	双目运算符	9	左结合
		按位或	双目运算符	10	左结合

从表 3.5.4 可以看出，6 个位运算符的优先级和结合性，下面按照优先级顺序分别简单介绍一下每一个位运算符。

1．取反运算符

取反运算符"～"是单目运算符，具有右结合性。其功能是对参与运算的数的各二进制位按位求反，即将二进制位的 0 变为 1，1 变为 0。例如，~（1001）$_2$=（0110）$_2$。

【例 3.5】使用程序实现把整数 b 赋值为由整数 a 进行取反后的结果。

```
#include<stdio.h>
int main()
{
    int a=15,b;          //定义变量a，b，同时a赋初值15
    b=~a;                //对变量a取反后赋值给变量b
    printf("a=%x\n",a);  //按十六进制数出a
    printf("b=%x\n",b);  //按十六进制数出b
    return 0;
}
```

运行结果：

```
a=f
b=fffffff0
Press any key to continue
```

2．左移运算符

左移运算符"<<"是双目运算符。其功能把"<<"左边的运算数的各二进制位全部左移若干位，由"<<"右边的数指定移动的位数，高位丢弃，低位补 0。

例如，a<<4 指把 a 的各二进制位向左移动 4 位。若 a=00000011（十进制数 3），左移 4 位后为 00110000（十进制数 48）。

左移一位相当于该数乘以 2，左移 2 位相当于该数乘以 2^2=4。上面举的例子 3<<4=48，即乘了 2^4=16。但此结论只适用于该数左移时被溢出舍弃的高位中不包含 1 的情况。

使用下面的程序可以验证上面的结论。

```
#include<stdio.h>
int main()
{
    int a=3,b;
    printf("a=%d\n",a);
    b=a<<4;
    printf("b=%d\n",b);
    return 0;
}
```

程序运行结果：

```
a=3
b=48
Press any key to continue
```

例如，假设以一个字节（8 位）存一个整数，若 a 为无符号整型变量且 a=64，即二进制数 01000000 时，左移一位时溢出的是 0，而左移 2 位时，溢出的高位中包含 1。

由表 3.5.5 可以看出，若 a 的值为 64，在左移一位后相当于乘 2，左移 2 位后，值等于 0。

表 3.5.5　左移运算

a 的值	a 的二进制形式	a<<1	a<<2
64	01000000	10000000	00000000
127	01111111	11111110	11111100

3．右移运算符

右移运算符">>"是双目运算符。其功能是把">>"左边的运算数的各二进制位全部右移若干位，">>"右边的数指定移动的位数。

例如，a>>2 指把 a 的各二进制位向右移动 2 位。若 a=000001111（十进制数 15），左移 2 位后为 00000011（十进制数 3）。

使用下面的程序可以验证上面的结论。

```
#include<stdio.h>
int main()
{
    int a=15,b;
    printf("a=%d\n",a);
    b=a>>2;
    printf("b=%d\n",b);
    return 0;
}
```

运行结果：

```
a=15
b=3
Press any key to continue
```

需要说明的是，对于有符号数，在右移时，符号位将随同移动。当为正数时，最高位补 0，而为负数时，符号位为 1，最高位是补 0 还是补 1 取决于编译系统的规定。

4．按位与运算符

按位与运算符 "&" 是双目运算符。其功能是参与运算的两个数各对应的二进制位相与。只有对应的两个二进制位均为 1 时，结果位才为 1，否则为 0。注意参与运算的数以补码方式出现。

例如，3&4 的计算方法如下（假设以一个字节存储一个整数）。

```
  0000 0011
& 0000 0100
  0000 0000
```

由此得 3&4=0。

按位与运算通常用来对某些位清 0 或保留某些位。例如，把 a 的高 8 位清 0，保留低 8 位，可作 a&255 运算（假如以 2 个字节存储，255 的二进制数为 0000000011111111）。

5．按位异或运算符

按位异或运算符 "^" 是双目运算符。其功能是参与运算的两个数各对应的二进制位相异或。运算法则是当两个数对应的二进制位相异时，结果为 1。参与运算数仍以补码出现。

例如，3^4 的计算方法如下（假设以一个字节存储一个整数）。

```
  0000 0011
^ 0000 0100
  0000 0111
```

由此得 3^4=7。

异或运算符可以用来将一个数据的某些特定位取反，如要将二进制数据 10011011 的第 1、3、5、7 位取反，则可以将该数据与二进制数据 10101010 进行异或运算。

【例 3.6】使用异或运算符交换两个整数的值。

分析问题：充分运用异或运算，一个数与它本身异或结果为 0，一个数与 0 异或结果为它本身，这样就可以设计出巧妙的程序解决两个数的交换问题。

程序实现：

```
#include<stdio.h>
int main()
{
    int a,b;
    printf("请输入两个数:\n");
    scanf("%d%d",&a,&b);
    a=a^b;
    b=a^b;
    a=a^b;
    printf("a=%d b=%d\n",a,b);
    return 0;
}
```

程序运行结果：

```
请输入两个数:
3
4
a=4 b=3
Press any key to continue
```

总结：程序中第一个赋值语句 a=a^b 与第二个赋值语句 b=a^b 合并起来即 b=a^b^b，根据异或运算的法则，b^b=0，所以 a^b=a，这样就实现了将 a 的值赋值给了 b，即 b=a。然后第三个赋值语句 a=a^b 中的 a 是第一个赋值语句 a=a^b 的结果，而 b 是前两个赋值语句得到的 b=a 合并起来即得 a=a^b^a，即 a=b。这样就实现了两个数的交换。

6．按位或运算符

按位或运算符"|"是双目运算符。其功能是参与运算的两个数各对应的二进制位相或。运算法则是只要对应的两个二进制位有一个为 1 时，结果位就为 1。参与运算的两个数均以补码出现。

例如，3|4 的计算方法如下（假设以一个字节存储一个整数）。

```
    0000 0011
|   0000 0100
    0000 0111
```

由此得 3|4=7。

按位或运算可以将一个数的某些制定的位设置为 1，如果要将二进制数 11001100 中的第 1、3、5、7 位设为 1，则可以将该数据与 10101010 进行按位或运算。

3.6　类型转换

在对不同类型的数据进行运算时，为了能够使用统一的运算规则，会把一些数据的类型进行变换，这样的变换就是类型转换。

对计算机而言，类型转换带来的好处就是可以使用同样一种运算规则来实现不同类型数据的运算，使运算更方便。另外，当不是很确定使用什么数据类型来表示数据的时候，可以使用比较通用的数据类型，具体运算的时候只要进行类型转换就可以了。例如，要计算圆的面积，如果不知道该用整型还是该用浮点型，可以先选择浮点型，因为运算的时候可以进行类型转换。

类型转换在计算机运算的时候，也存在一些弊端，主要是会损失精度。例如，要把浮点型的数据转换为整型数据，可能损失精度，因为浮点型转换为整型时，浮点型表示的小数部分会被丢弃。了解了类型转换的利弊，可以在使用类型转换的时候加以注意，就可以在程序设计中很好地使用这一技术。

在 C 语言中，类型转换有隐含类型转换和强制类型转换之分。隐含类型转换就是在运算中不知不觉就进行类型转换了，是由计算机自己完成转换的，所以也被称为自动类型转换。

3.6.1　隐含类型转换

隐含类型转换发生在不同数据类型的量混合运算时，由编译系统自动完成。自动转换遵循以下规则。

（1）类型级别从高到低的顺序是 long double、double、float、unsigned long long、long long、unsigned long、long、unsigned int 和 int。转换按数据长度增加的方向进行，以保证精度不降低。如 int 型和 long 型运算时，先把 int 型转成 long 型后再进行运算（存储长度较短的类型转换为存储长度较长的类型）。一个可能的例外是当 long 和 int 具有相同大小时，此时 unsigned int 比 long 的级别更高。short 和 char 类型没有出现在此清单里，是因为它们已经被提升到 int 或也可能被提升到 unsigned int。

（2）在包含两种类型的任何运算里，两个值都转换成两种类型里较高级别。

（3）有符号和无符号的 char 和 short 类型都将自动转换为 int。在需要的情况下，将自动被转换为 unsigned int（如果 short 与 int 的大小相同，那么 unsigned short 比 int 大，这种情况下，将把 unsigned short 转换为 unsigned int）。在 K&RC 下，float 将被自动转换为 double。因为所有的浮点运算都是以双精度进行的，即使仅含 float 单精度型运算的表达式，也要先转换成 double 型，再作运算。

（4）在赋值语句中，计算的最后结果被转换成将要被赋值的那个变量的类型。这个过程可能导致提升，也可能导致降级，降级是将一个值转换成一个更低级的类型。

（5）当作为函数的参数被传递时，char 和 short 会被转换为 int，float 会被转换为 double。

提升通常是一个平滑的无损害的过程，但是降级可能导致真正的问题。原因很简单，一个较低级别的类型可能不够大，不能存放一个完整的数。一个 8 字节的 char 变量可以存放整型数 101，但是不能存放整型数 1234。当把浮点类型降级为整数类型时，它们被趋零截尾或舍入。这意味着 43.12 和 43.89 都被截尾成 43。

隐含类型转换，如图 3.6.1 所示。

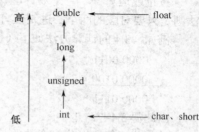

图 3.6.1　隐含类型转换

3.6.2　强制类型转换

当隐含类型转换不能满足程序设计的要求时，或者程序中的某些地方需要人为转换数据类型时，则需要进行强制类型转换。

例如，%运算符要求两个操作数都为整型，其中一个为非整型，则求余运算不合法，而编译系统又不能进行自动类型转换，这个时候就需要对参加运算的操作数进行强制类型转换。

强制类型转换需要用到类型转换运算符"( )"，这个是一个单目运算符，优先级是 2，结合方向为自右至左。

强制类型转换的格式为：

（数据类型）（表达式）

例如：

```
int 3.14              （把浮点型3.14转换为整型）
float sum             （把变量sum的值转换为float，sum本身存储的内容不变）
double（x+y）          （把表达式x+y的值转换为double）
```

需要说明的是，表达式可以是单变量或者常量，这个时候可以省略表达式两侧的括号。类型转换过程中只是用到了原来变量的值，原来变量的值和类型均没有发生变化。

例如：

```
float x=2.34;
int y=（int）x;
```

对 y 的赋值过程使用了强制类型转换（将 float 类型的 x 的值强制转换为 int），y 的值等于 x 的整数部分，x 的值和类型都没有发生变化。

强制类型转换还用在函数调用时，为了实现实参和形参类型的一致，可以用强制类型转换把实参转换为与形参一样的类型。

3.6.3　赋值过程中的类型转换

在对变量赋值的过程中，当赋值运算符左侧变量的类型和右侧表达式的类型不一致时将发生自动类型转换。类型转换的规则是：将右侧表达式的值转换成左侧变量的类型。

在 C 语言中，常见的类型转换有 4 种：浮点类型赋值给整型、整型赋值给浮点型、字符型赋值给整型、整型赋值给字符型。

1．浮点型赋值给整型

浮点型赋值给整型的规则是：丢弃小数部分，然后将浮点型的整数部分赋值给整型变量。按照这个规则，浮点型赋值给整型的时候，会出现精度损失，因为小数部分都被舍弃了。

2．整型赋值给浮点型

整型赋值给浮点型的规则是：整型数值不变，但以浮点型数据形式存储到变量中。按照这个规则，整型赋值给浮点型，实际上就是把整型增加小数部分，并且把小数部分补零，因此不会出现精度损失的问题。

3．字符型赋值给整型

字符型赋值给整型使用的规则是：将字符型的 ASCII 码值直接赋值给整型变量。因此只要查看 ASCII 表，找到对应字符的 ASCII 值，就能知道类型转换的结果。

4．整型赋值给字符型

整型赋值给字符型的规则是：将整型在 ASCII 码表中对应的字符赋值给字符型变量。按照这个规则赋值时要注意，整型可以表示的范围很大，但是字符型的 ASCII 码值的范围是 0～255。如果将 ASCII 码表中没有的 ASCII 值对应的整型赋值给字符型，就会出现乱码。

以上只介绍了 4 种最常用的类型转换，其实只要类型不一样的赋值，都会出现赋值类型转换的。例如，浮点型赋值给字符型，字符型赋值给浮点型；double 浮点型赋值给 float 浮点型，float 浮点型赋值给 double 浮点型；int 整型赋值给 short 整型，short 整型赋值给 int 整型；long 整型赋值给 short 整型，short 整型赋值给 long 整型等。

赋值过程中出现如此之多的类型不一致，如何正确掌握类型转换的规则呢？需要把握以下两点。

（1）赋值类型转换，都是把赋值表达式中等号右边表达式的类型转换成等号左边的变量类型，然后再进行赋值。

（2）转换之前一定要清楚数据的存储形式和取值范围。例如，整型是以补码形式存储，不同类的整型取值范围也不同。如果把长整型数据赋值给短整型变量就要考虑长整型数据的值是否超过了短整型的取值范围。因此在赋值过程中如果不小心，就会出现"数据溢出"问题。

关于"溢出"理解在本章 3.4.1 已经介绍，"数据溢出"对程序设计来说是很危险的事情，一个小的溢出可能导致很严重的问题。如果发生"数据溢出"，只能从大的数据中截取部分内容，存入有限存储空间的变量中。下面举例来进一步理解。

【例 3.7】为什么程序中 32767+1=-32768 呢？

程序实现：

```
#include<stdio.h>
int main()
{
    int a=32767;
    short b;
    b=a+1;                //32767+1赋值给b
    printf("b=%d\n",b);   //输出b的值
    return 0;
}
```

程序运行结果：

```
b=-32768
Press any key to continue
```

总结：变量 a 的类型是 int 类型，a 的值是 32767，依据前面的知识，在 Visual C++6.0 编译环境下，int 型变量 a 以 4 字节并按照补码形式存储。而变量 b 的类型是 short int，以 2 字节并按照补码形式存储，所以只能截取 a+1 的结果低 16 位，赋值给变量 b，其值正好是-32768 的补码形式，如图 3.6.2 所示。

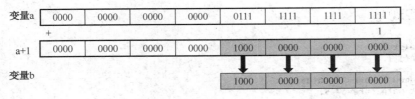

图 3.6.2 数据溢出示例

从上面例子不难看出，C 语言赋值过程中会发生自动类型转换，虽然这样能给程序员带来方便，但是更多的情况可能是给程序带来错误的隐患，在某些情况下有可能会发生数据信息丢失、

数据溢出等错误。一般而言，将取值小的类型转换为取值范围大的类型是安全的，反之则是不安全的。因此程序员要恰当地选取数据类型以保证数值运算的正确性，如果确实需要在不同类型数据之间运算时，应避免使用隐含类型转换。

3.7　案例——"学生成绩管理系统"中学生属性数据的描述

任务描述

在第 1 章已经完成了"学生成绩管理系统"需求分析与模块图的绘制，本章来分析一下"学生成绩管理系统"中的学生属性，使用 C 语言基本数据类型描述学生的属性。

数据描述

表 3.7.1 是一个实际的学生成绩单。

表 3.7.1　学生成绩单

学号	姓名	数学	语文	英语	平均
201301001	张燕	67.5	81	73.5	74.00
201301002	王大山	80	96.5	79	85.17
201301003	李锐	88	75.5	100	87.83
201301004	陈一帆	83.5	77	81	80.50
201301005	胡志明	97	60	91.5	82.83

通过观察，学生的属性主要包括：学号、姓名、数学成绩、语文成绩、英语成绩、平均成绩。从成绩单中可以看出学号 9 位整数，并且学号不可能为负数，根据本章所讲数据类型，学号的数据类型可使用 unsigned 类型。数学、语文、英语、平均分均可选择为 float 类型。而姓名是字符串，本章所讲数据类型中没有字符串变量。所以有关姓名变量可以在学习了"数组"一章以后再做定义。

算法描述

以一个学生的成绩记录描述为例：
（1）定义学号变量并赋初值；
（2）定义数学成绩变量并赋初值；
（3）定义语文成绩变量并赋初值；
（4）定义平均成绩变量；
（5）求解平均成绩；

程序实现

```
#include<stdio.h>
int main()
{
    unsigned number=201301001;
    float mathScore=67.5;
    float chineseScore=81;
    float englishScore=73.5;
    float averageScore;
    averageScore=(mathScore+chineseScore+englishScore)/3;
    return 0;
}
```

本 章 小 结

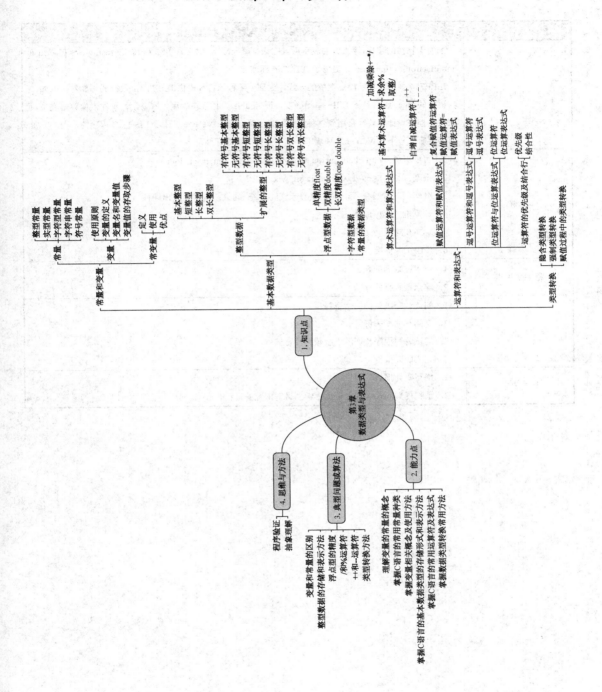

探究性题目：VC++6.0 中浮点型数据存储形式

题目	VC6.0 中浮点型数据存储形式
引导	为便于软件的移植，浮点数的表示形式应该有统一标准（定义）。1985 年 IEEE（Institute of Electrical and Electronics Engineers）提出了 IEEE754 标准。 IEEE754 规定了表示浮点数值的方式，大部分编程语言都提供 IEEE 浮点数格式与算术。例如，C 语言的 float 通常是指 IEEE 单精确度，而 double 是指双精确度。本章学习了浮点型数据类型，在以后程序设计中要经常用到这种类型。鉴于我们是在 VC++6.0 环境下编写 C 程序的，因此非常有必要研究一下在 VC++6.0 环境下浮点型数据的内存存储形式
阅读资料	1．百度百科：http://baike.baidu.com/view/1352525.htm?fr=aladdin 2．维基百科：http://de.wikipedia.org/wiki/IEEE_754 3．龚奕利，雷迎春 译．深入理解计算机系统．北京：机械工业出版社，2010. 4．计算机的存储原理 5．VC6.0 的帮助文档 6．IEEE754 标准
相关知识点	1．浮点型数据的表示 2．浮点型数据的存储
参考研究步骤	1．阅读教师提供的阅读资料 2．查阅其他相关资料 3．尝试编写程序验证浮点型数据的存储 4．完成研究报告
具体要求	1．撰写研究报告 2．录制视频（录屏）向教师、学生讲解探究的过程

第4章　顺序结构程序设计

程序的控制结构是程序的框架，体现了程序的数据流向，对于程序设计的学习，其中一个重点就是程序控制结构的学习。一个程序没有好的控制结构，就如同一栋楼房没有好的基础和结构，随时都有可能崩溃。

早期的程序控制都是通过 goto 或者类似的语句完成的，但是后来的事实表明，毫无节制的控制权转移不仅会加大软件的开发和维护难度，而且极有可能导致程序的失控。结构化程序设计概念的出现改变了这种状况，研究证明任何程序只用三种控制结构就可以实现，它们是顺序结构、选择结构和循环结构。

顺序结构是程序设计中使用最多，也是最简单的控制结构。顺序结构的执行特点是所有语句自上而下逐条执行，且每条语句都被执行一次，既不存在被跳过的语句，也不存在被反复执行多次的语句，无论是在 C 语言中还是其他高级语言中都是如此。实际上，计算机本来就是逐条执行程序指令的，因此顺序结构都是内置在语言中的，也是其他控制结构的基础。

4.1　引　例

通常，程序的设计包括两部分：数据结构和算法。首先需要分析任务，设计任务中用到的对象，主要包括设计对象的类型，组织对象的结构，然后设计算法。算法的设计主要包括为各个对象赋初值，计算结果，并输出最终结果。

例如，编写程序计算某人的身体质量指数（BMI）。BMI 是 Body Mass Index 的缩写，中文常翻译为"体质指数"。BMI 是国际上常用的衡量人体胖瘦程度以及健康与否的一个标准，主要用于统计用途。BMI 计算公式如下：

体质指数（BMI）=体重（kg）÷身高^2（m）

成人的 BMI 数值范围和评价如表 4.1.1 所示。

表 4.1.1　成人的 BMI 数值范围和评价

BMI 值	评价	BMI 值	评价
<18.5	过轻	25~28	过重
18.5~24.99	正常	28~32	肥胖
20~25	适中	>32	非常肥胖

编程计算简单公式类任务的结果，通常只需要用到顺序结构。首先分析公式，定义程序中要处理的对象，一般就是公式中涉及的各个运算对象。除了系数外，其他对象都可以定义为变量，而系数可以用字面常量或符号常量来表示。因此，对于本任务，公式中涉及三个要处理的对象：体质指数、体重和身高。对应的标识符分别定义为：BMI（体质指数）、weight（体重）、height（身高）。由于这三个对象的取值都可能包含小数，因此其对应的数据类型都设计成 double 或 float。

图 4.1.1　BMI 求值流程图

数据对象定义好之后，应该设计算法。首先应该给各对象赋初值或者从键盘输入初值，然后根据公式要求计算结果，最后输出结果即可。对应的 N-S 流程图，如图 4.1.1 所示。

算法设计好后，根据流程图编写对应的代码。代码中需要涉及输入/输出函数的调用，虽然本书到目前为止，没有仔细介绍输入/输出函数的具体用法，但通过前面章节中例子的介绍，读者已经知道其基本用法，因此，根据上面的流程图，读者是否可以写出相应的代码呢？具体代码如下：

```c
#include<stdio.h>                                    //包含scanf()和printf()函数对应的头文件
int main(void)
{
    double BMI, weight, height;                       //变量定义
    printf("请输入体重(kg)和身高(m),且用逗号分隔: ");   //输出对用户的提示信息
    scanf("%lf,%lf", &weight, &height);               //接收用户从键盘输入的数据，并顺序赋给两变量
    BMI = weight / (height*height);                   //计算BMI的值，且将指数转换为乘法计算
    printf("BMI=%.2f\n", BMI);                        //输出BMI的值，并保留两位小数
    return 0;
}
```

程序运行结果如下：

```
请输入体重(kg)和身高(m),且用逗号分隔: 53,1.65
BMI=19.47
Press any key to continue
```

在本例中用到了一般顺序结构程序中会经常用到的一些语句，如变量定义语句"double BMI, weight, height;"，函数调用语句"scanf（"%lf,%lf", &weight, &height）;"和"printf（"BMI=%.2f\n",BMI）;"，表达式语句"BMI = weight/（height*height）;"和控制语句"return 0;"。

此外，通常变量的标识符习惯上定义为小写，而本例中"BMI"定义为大写是为了和公式保持一致，对程序的可读性有帮助；其次"%.2f"是表示输出的浮点数应保留两位小数。

4.2　C 语句概述

函数是程序的组成单位，语句又是函数的组成单位，且语句的标志是以分号结束的。C 语言支持的语句包括 6 类，最基本的语句包括赋值语句和函数调用语句等，它们完成一些基本操作。一次基本操作能完成的工作很有限，要实现一个复杂的计算过程，往往需要做许多基本操作，这些操作必须按照某种规定顺序逐个进行，形成一个特定操作执行序列，逐步完成整个工作。为描述各种操作的执行过程（操作流程），语言里必须提供相应的流程描述机制，这种机制一般称为控制结构，它们的作用就是控制基本操作的执行顺序。在机器指令层面上，执行序列的形成由 CPU 硬件直接完成。最基本的控制方式是顺序执行，一条指令完成后执行下一条指令，实现基础是 CPU 的指令计数器。另一种控制方式的代表是分支指令，这种指令的执行导致特定的控制转移，程序转到某指定位置继续下去。通过这两种方式的结合可以形成复杂的程序流程。

1. 表达式语句

表达式语句是程序中最常见的语句，任何合法表达式的后面加上一个分号，即为表达式语句。例如：

```c
i=0;
i++;
```

在所有表达式语句中，赋值表达式形成的语句又最为常见。

☞注意：

① C 语言中采用数学上的等于号作为赋值号，程序中的赋值与数学中的等于关系是完全不同的两个概念。举一个典型的例子，在数学里等式"x = x + 1"是一个矛盾式，因为没有任何值能够满足这个式子。而在程序里，"x = x + 1;"是一个很常见的语句，其意义就是取出变量 x 的值与 1 相加，然后把得到的结果再赋给变量 x。这个语句的执行效果就是使变量 x 的值增加了 1。这不仅是合法语句，也是程序中经常要做的事情。因此，数学上的等于号，在 C 语言中不是等于号，而是赋值号，用于给变量的内存中写一个值。

② 不能为常量或者包含多个对象的表达式赋值。例如：

3 = x;
（x + y) = 4;

这样的赋值都是错误的。赋值号左边的表达式要求表示一个存储位置而不是一个值，这是赋值运算符和+、-、*、/运算符的一个显著的不同。有的表达式既可以表示一个存储位置，也可以表示一个值，而有的表达式只能表示值，不能表示存储位置。例如，x+y 这个表达式就不能表示

存储位置，放在赋值号左边是语义错误。表达式所表示的存储位置称为左值，允许放在赋值号左边。放在赋值号右侧的表达式的值称为右值。有的表达式既可以做左值也可以做右值，如变量；而有的表达式只能做右值，如x+y。目前，我们学过的表达式中只有变量可以做左值，可以做左值的表达式还有几种，在后面的章节中可以见到。

2．控制语句

通常一个有意义的程序一定会包括控制语句，用于控制程序语句的执行次序。一条控制语句中一定包含至少一个关键字，C 支持的控制语句共有 9 种，包括：if 语句、switch 语句、for 语句、while 语句、do while 语句、goto 语句、break 语句、continue 语句和 return 语句。

除了 return 语句外，其他语句将在后面的章节中逐步学习。

3．复合语句

复合语句又被称为程序块，通常由多条语句构成，且必须用一对花括号"{"与"}"括起来。复合语句在语法上等价于一条语句。常用于 if、else、while 或 for 之后，表示如果某条件成立则执行该程序块。

初学者对复合语句往往掌握不好，忽视了其执行特点。需要注意，复合语句是一个整体。例如：

```
if ( a>b )
{
    printf ( "a和b的关系是：" );
    printf ( "a>b.\n" );
}
```

这是一条分支结构语句，表示如果 a>b 成立，则执行复合语句中的两条子语句，即花括号中的两条语句。如果条件不成立，则复合语句中的两条子语句都不执行。如果将复合语句的花括号丢了，代码将变成下面的形式：

```
if ( a>b )
    printf ( "a和b的关系是：" );
    printf ( "a>b.\n" );
```

需要注意，虽然后面的两条语句做了缩进对齐，它们也不会是一个整体，即不会是复合语句。这两段代码在 a>b 的情况下，程序执行的结果是一样的，看不出它们之间的区别，但是当 a>b 不成立的情况下，前者复合语句中的两条子语句都不执行，但后者只有"printf（"a 和 b 的关系是："）;"这条语句不执行，后面的语句"printf（"a>b.\n"）;"会被无条件执行。也就是说，if 语句的子语句只有"printf（"a 和 b 的关系是:"）;"这一句，而后面的语句和 if 语句没有任何关系。关于这一点，初学者务必注意，如果隶属于某条件的语句是多条，一定要用花括号括起来，形成复合语句。

4．空语句

C 语言支持空语句。空语句没有任何操作，形式上就是只有一个分号。空语句执行时什么也不做，其用途就是作为填充，有时需要用它将程序的语法结构补充完整。例如：

```
for ( sum = 0, i = 1; i <= 100; i++, sum += i * i )
    ;              //注意这个空语句
```

或者

```
for ( i = 0; a[i]!= '\0 ';i++ )
    ;              //注意这个空语句
```

写在 for 下面一行的分号就是一个空语句，在这里表示 for 的循环体。没有这个空语句就不是完整的 for 结构，导致可能将紧随其后的另一个语句当做循环体，造成程序的逻辑错误。

5．函数语句

函数调用形成的语句被称为函数语句，也是常见的语句形式之一，比如输出时常用的语句"printf（…）;"。利用系统提供的各类函数，可以有效提高开发程序的效率，尤其是和硬件结合的一些操作，如输入、输出等，通常都需要调用系统函数来完成。

6．变量定义和函数声明语句

变量定义语句是由类型关键字后接变量名（如果有多个同类型的变量，则用逗号分隔），并用分号结束的语句，如"int a,b,c;"。函数声明语句是用函数首部后接分号构成的，用于编译器检查调用形式是否正确。变量定义和函数声明语句都不是可执行语句，C 语言中要求必须将这类语句放在可执行语句之前。

4.3 数据输入/输出

一个有意义的程序通常包括数据的输入和输出。C 语言没有内置的输入、输出语句，都是通过调用系统库函数来完成输入、输出操作。常用的输入、输出函数包括针对字符的输入、输出函数和可用于任何类型的格式输入、输出函数。

4.3.1 字符数据的输入和输出

字符的输入、输出是程序中常见的操作。在 C 语言中，字符数据的输入、输出常用如下一对函数完成。

输入函数：getchar();

输出函数：putchar(char c);

两个函数的具体说明分别如表 4.3.1 和表 4.3.2 所示。

表 4.3.1　getchar 函数说明

头 文 件	#include<stdio.h>
函数原型	int getchar();
功　　能	从标准输入设备读取一个字符
参　　数	无
说　　明	尽管标准的 ASCII 都是非负数，但由于出错时会返回-1，因此返回值是 int 型，而非 char 型
返 回 值	返回所读的字符；若文件结束或出错，返回 EOF（-1）

表 4.3.2　putchar 函数说明

头 文 件		#include<stdio.h>
函数原型		int putchar(char ch);
功　　能		将字符 ch 输出到标准输出设备
参　　数	ch	char 类型，存放输出的字符
说　　明		参数也可以是字面常量或转义字符，如 putchar('\n');
返 回 值		返回输出的字符；若出错，返回 EOF

其中 getchar()函数用于单个字符的输入，putchar()函数用于单个字符的输出。这对函数的原型存放于 stdio.h 文件中，如果程序中要调用该函数，则应该在源文件的开始包含该头文件。这样，系统在链接时，就会自动链接函数所在的 lib 库文件，其中有编译好的函数目标代码。

例如，从键盘输入一个字符，然后在显示器上输出。

```
#include<stdio.h>          //包含getchar()和putchar()等I/O函数对应的头文件
int main(void)
{
    char c;                //字符型变量c用于接收用户从键盘上输入的字符
    printf("请输入一个字符: ");   //输出对用户的提示信息
    c=getchar();           //getchar()函数将用户从键盘输入的字符接收，然后赋给变量c
    printf("您输入的字符是: ");   //输出提示信息
    putchar(c);            //以字符形式输出c的值
    putchar('\n');         //输出回车换行
    return 0;
}
```

程序运行结果如下：

```
请输入一个字符：A
您输入的字符是：A
Press any key to continue
```

通过上面的示例可以看出：调用一次 getchar()函数，可以从键盘接收"一个字符"，相应地调用一次 putchar()函数，可以向显示器输出"一个字符"。因此这对函数的功能非常有限，在处理少量的字符时可以使用，如果处理大量的字符就很低效了。

putchar()函数的参数既可以是变量，如"putchar（c）"，也可以是常量，如"putchar('\n')"。对于常量，既可以是普通字面常量，也可以是转义字符。转义字符用于在编辑器中输入控制字符，表面上由两个或更多字符构成，但本质上只是一个字符，所以用单引号括起来，并且在内存中只占一个字节。如'\n'，它代表一个换行符，可以把它当成一个"对 n 的正常含义进行转变"的字符。

getchar()函数是一个带回显的函数，即从键盘输入的字符，也将显示在屏幕上。通常 C 语言的函数库中还会提供一个无回显的函数，称为 getch()函数。getch()函数不会将键盘上输入的字符，显示在显示器上。getch()函数一般用来实现屏幕暂停或者输入密码等操作。函数具体说明如表4.3.3 所示。

表 4.3.3　getch()函数说明

头 文 件	#include<conio.h>
函数原型	int getch();
功　能	从标准输入设备读取一个字符
参　数	无
说　明	（1）尽管标准的 ASCII 都是非负数，但由于出错时会返回-1，因此返回值是 int 型，而非 char 型
	（2）不在显示器回显输入的字符
	（3）不需要回车确认输入结束
返 回 值	返回所读的字符；若文件结束或出错，返回 EOF（-1）

例如：

```
#include <stdio.h>          //包含getchar()和putchar()函数对应的头文件
#include <conio.h>          //包含getch()函数对应的头文件
int main(void)
{
    char c;
    printf("请输入一个字符：");
    c=getchar();             //从键盘上带回显的输入一个字符赋给变量c
    printf("您输入的字符是：");
    putchar(c);
    printf("\n按任意键继续……\n");
    getch();                 //暂停，以观察结果
    return 0;
}
```

程序运行结果如下：

```
请输入一个字符：A
您输入的字符是：A
按任意键继续……
Press any key to continue
```

还需注意的是，getch()函数只要用户按下任何一个键就结束输入，而 getchar()函数则需要等到用户按 Enter 键才会结束输入。另外，getch()函数对应的头文件是"conio.h"，因此在调用该函数前，必须在源文件的开头加上"#include <conio.h>"。

4.3.2　格式输入与输出函数

在处理大量且多种类型数据的输入、输出时，可以使用格式输入、输出函数。这对函数的格式如下：

输入函数：scanf ("格式输入字符串",地址表列);

输出函数：printf ("格式输出字符串",对象表列);

两个函数的具体说明如表 4.3.4 和表 4.3.5 所示：

表 4.3.4　scanf()函数说明

头 文 件	#include<stdio.h>	
函数原型	int scanf (const char *format,args,…) ;	
功　　能	从标准输入设备按 format 指定的格式输入数据，分别给 args 所指向的存储单元	
参　　数	format	指针类型，指向格式控制字符串
说　　明	（1）args,…，表示可以是任意多个存储单元，且其存储对象的类型可以任意 （2）该函数的参数数目是不确定的，因此称为可变参数的函数	
返 回 值	返回实际成功读取的数据项个数；如遇文件结束返回 EOF；出错返回 0	

表 4.3.5　printf()函数说明

头 文 件	#include<stdio.h>	
函数原型	int printf (const char *format,args,…) ;	
功　　能	按 format 指定的格式将 args 的值输出到标准输出设备	
参　　数	format	指针类型，指向格式控制字符串
说　　明	（1）args,…，表示可以是任意多个输出对象，且各输出对象的类型可以任意 （2）该函数的参数数目是不确定的，因此称为可变参数的函数	
返 回 值	返回实际成功输出的数据项个数；出错返回负数	

其中 scanf()函数用于从键盘输入数据，相应的 printf()函数用于将数据输出到显示器上。这对函数的第一个参数的类型是固定的，都是给函数传递一个格式说明的字符串，后面的参数可以是数量和类型都任意的多个参数，这些类型和数量都不确定的参数，称为可变参数。由于这对函数的参数数目是不固定的，可用于一次输入或输出多个不同类型的数据，其功能非常强大。

☞注意：printf()函数和 scanf()函数都是用控制字符串中的转换格式来处理可变长度的参数列表。

例如，输入一个整数和两个实数，然后在显示器上输出它们。

```
#include <stdio.h>                            //包含scanf()和printf()函数对应的头文件
int main(void)
{
    int i;                                   //整型变量i，用于存放一个整数
    float f1, f2;                            //单精度浮点型变量f1、f2,用于存放两个实数
    printf("请输入一个整数和两个实数，并用逗号分隔：");//输出双引号中的提示信息
    scanf("%d,%f,%f", &i, &f1, &f2);        //按"%d,%f,%f"的要求输入一个十进制整型数和两个实数
    printf("你输入的数是：");                //输出提示信息字符串
    printf("i=%d,f1=%f,f2=%f\n", i, f1, f2);//按"i=十进制整数,f1=六位小数的实数,f2=六位小数
                                             // 的实数（回车换行）"的格式输出i、f1、f2的值
    return 0;
}
```

程序运行结果如下：

```
请输入一个整数和两个实数，并用逗号分隔：5,1.2,4.6
你输入的数是：i=5,f1=1.200000,f2=4.600000
Press any key to continue
```

两个函数的格式控制字符串包括两类成分：一类是由%引导的格式字符，需要用对应的值来取代；其他剩余的字符称为非格式字符，将会原样输入或输出，即在 scanf()函数中非格式字符需要用户从键盘原样输入，而在 printf()函数中的非格式字符会在显示器上原样输出。

printf()函数支持的格式字符和含义如表 4.3.6 所示。

表 4.3.6　printf()函数支持的格式字符和含义

格式字符	说　　明
d 或 i	以十进制形式输出带符号的整数（正数不输出符号）
u	用来输出 unsigned 型整数，以十进制无符号形式输出

格式字符	说　　明
o	以八进制无符号形式输出整数（不输出前导符 0）
x/X	以十六进制无符号形式输出整数（不输出前导符 0x 或 0X）
c	用来输出单个字符
s	用来输出字符串
f	以十进制小数形式输出单精度或双精度实数，默认输出 6 位小数，输出的数字并非全部是有效数字，单精度实数的有效位数一般是 6～7 位，双精度实数的有效位数一般是 15～16 位
e/E	以指数形式输出实数
g/G	按 e 和 f 格式中较短的一种输出，且不输出无意义的 0
%	在引导符%后再加一个%，即"%%"，会输出一个%

☞注意：

①printf()函数可以输出常量、变量和表达式的值。但格式字符必须从左到右和输出对象的数据类型一一对应，否则函数的输出结果将不正确。如不能用%d 输出实型变量的值，也不应该用%f 输出整型变量的值。

②格式字符 x、e、g 可以是小写字母，也可以是大写字母。使用大写字母时，输出数据中包含的字母也大写。除了 X、E、G 格式字符外，其他格式字符必须用小写字母，例如，"%f"不能写成"%F"。

③字符紧跟在"%"后面时作为格式字符，否则将作为普通字符原样输出。例如：

　　　　printf（"c=%c, f=%f\n",c,f）；

格式控制字符串中"="左边的 c 和 f 都是普通的非格式字符，将原样输出。而%c 和%f 用后面对象列表中的 c 和 f 的值顺序取代。

此外，允许在%和格式字符之间添加附加格式说明字符，又被称为格式修饰符，其中 printf()函数支持的附加格式说明字符和含义如表 4.3.7 所示。

表 4.3.7　printf()函数支持的格式修饰符

格式修饰符	说明
l（字母）	用于长整型数据的输出，可加在格式字符 d、i、o、x、u 的前面
l（字母）	用于输出 long double 型数据，可加在格式字符 f、e、g 的前面
h	用于输出 short 型数据，可加在格式字符 d、i、o、x、u 的前面
m（大于或等于 0 的整数）	数据输出时的最小域宽（或最小列数） 当输出数据宽度小于 m 时，在域内向右对齐，左边填充空格；当输出数据的宽度大于 m 时，按实际宽度全部输出；若 m 的前面有前导 0，则左边不是填充空格，而是填充 0
.n（大于或等于 0 的整数）	对于浮点数，用于指定输出的浮点数的小数位数，且小数存在四舍五入 对于字符串，用于指定从字符串左侧开始截取的字符个数
－（负号）	输出的数据在域内向左对齐
＋（正号）	显示符号，正号也要显示
#	修饰格式字符 f、e、g 时，用于确保输出小数点 修饰格式字符 x 时，用于确保输出的十六进制数前带有前导符 0x

☞注意：在 VC++6.0 的环境中，double 型数据可以用%lf 输出，也可以用%f 输出。

由于 printf()函数支持的输出格式比较烦琐，用表 4.3.8 的示例来说明其详细用法。

表 4.3.8　printf()函数的输出格式示例

输出语句	说明	输出结果
printf（"%5d",12）；	输出列宽为 5 的十进制整数，若不够 5 位，则左边填充空格，域宽内向右对齐	□□□12

输出语句	说明	输出结果
printf（"%5o ",12);	输出列宽为 5 的八进制整数，若不够 5 位，则左边填充空格，域宽内向右对齐	□□□14
printf（"%5x",12);	输出列宽为 5 的十六进制整数，若不够 5 位，则左边填充空格，域宽内向右对齐	□□□□c
printf（"%+5d",12);	输出列宽为 5 的十进制整数，若不够 5 位，则左边填充空格，域宽内向右对齐（+号表示显示符号）	□□+12
printf（"%05d",12);	输出列宽为 5 的十进制整数，若不够 5 位，则左边填充 0，域宽内向右对齐（5 前面的 0 表示用 0 填充，而非空格填充）	00012
printf（"%-5d",12);	输出列宽为 5 的十进制整数，若不够 5 位，则右边填充空格，域宽内向左对齐	12□□□
printf（"%5d",123456);	如果输出数据的宽度大于 m 值，则数据会原样输出	123456
printf（"%7.2f",1.2345);	输出列宽为 7 的实数，其中小数为 2 位，小数点占 1 位，若不够 7 位，则左边填充空格，域宽内向右对齐	□□□1.23
printf（"%.2f",1.2355);	输出实数，其中小数为 2 位，存在四舍五入，整数部分为其实际整数位	1.24
printf（"%2.0f",1.55);	输出列宽为 2 的实数，其中小数为 0 位，存在四舍五入，整数部分为其实际整数位	□2
printf（"%10.2e",12.345);	以规范化的指数形式输出实数，整数部分为 1 位非零的数，且输出列宽为 10，其中小数为 2 位	□1.23e+001
printf（"%10.2e",0.12345);	以规范化的指数形式输出实数，整数部分为 1 位非零的数，且输出列宽为 10，其中小数为 2 位	□1.23e-001
printf（"%5.3s","student");	输出列宽为 5 的字符串，但只截取字符串左端的 3 个字符输出。若字符串不够 5 位，则左边填充空格，域宽内向右对齐	□□stu
printf（"%-5.3s","student");	输出列宽为 5 的字符串，但只截取字符串左端的 3 个字符输出。若字符串不够 5 位，则右边填充空格，域宽内向左对齐	stu□□

> 注意：表中输出结果是 VC++6.0 下的形式，不同平台的指数形式输出稍有差异。此外，输出结果一列的 "□" 代表空格。

由于 printf()函数支持的格式比较烦琐，建议读者多编写一些程序验证其输出格式，这样有助于理解和记忆这些规则。对于一些常用的格式，建议读者在自己编写程序时有意识地多用，如域宽的限定，或者实数输出时的小数位限定 "%.2f" 等。在编写程序验证输出格式时，可以先输出一行参考字符串，诸如 "1234567890"，并在以空格结尾的输出后再输出一些数据，如再输出若干 "*"，这样，方便查看系统填充的空格的个数。示例代码如下：

```c
#include <stdio.h>
int main(void)
{
    printf("1234567890\n");          //输出格式的参考字符串
    printf("%5.2f\n", 1.2355);
    printf("%-4.2s*** \n", "student");//输出***的目的是查看字符串输出中补充的空格数目
    return 0;
}
```

程序运行结果如下：

```
1234567890
 1.24
st  ***
Press any key to continue
```

scanf()函数支持的格式字符与附加格式说明字符和 printf()函数支持的非常类似，它支持的格式字符和其含义如表 4.3.9 所示，支持的格式修饰符和含义如表 4.3.10 所示。

表 4.3.9 scanf()函数支持的格式字符

格式字符	说明
d 或 i	输入十进制整数
o	输入八进制整数
x	输入十六进制整数
c	输入一个字符，控制字符（空格、回车、制表符等）也作为有效字符输入
s	输入字符串，遇到第一个空格、回车或制表符时结束
f 或 e	输入实数，以小数或指数形式输入均可
%	输入一个百分号%

表 4.3.10 scanf()函数支持的格式修饰符

格式修饰符	说明
l（字母）	加在格式字符 d、i、o、x、u 之前，用于输入 long 型数据
	加在格式字符 f、e 之前，用于输入 double 型数据
l（字母）	加在格式字符 f、e 之前，用于输入 long double 型数据
h（字母）	加在格式字符 d、i、o、x、u 之前，用于输入 short 型数据
m（正整数）	指定输入数据的宽度（列数），系统自动按此宽度截取所需数据
忽略输入修饰符*	表示对应的输入项在读入后不赋给任何变量

☞注意：scanf()函数不支持.n 格式修饰符，即用 scanf()函数输入实型数据时不能指定精度。

此外，在使用 printf()函数和 scanf()函数时，还需注意：

（1）printf()函数和 scanf()函数并不是 C 语言的一部分，而是 C 开发系统的一部分。因此，使用这对输入输出函数，包括其他输入输出函数，如 getchar()、putchar()等，都需要在文件的开始包含头文件"stdio.h"。头文件的主要用途之一是提供函数原型。例如，stdio.h 文件中包含了下面这两行代码：

```
int printf ( const char *format,… ) ;
int scanf ( const char *format,… ) ;
```

它们就是标准库函数 printf()和 scanf()函数的原型。粗略地说，函数原型告诉编译器这个函数所接受的参数类型以及它的返回值类型。在理解 printf()和 scanf()函数的原型之前，我们需要学习有关函数定义、指针等知识。这些内容在后面的章节介绍。在这里，读者只需明白，当程序员使用一个来自标准库的函数时，必须包含其对应的头文件。这个头文件提供了必要的函数原型和一些有用的定义。编译器需要函数原型才能帮助程序员完成一些必要的检查，包括函数的参数类型、个数是否一致等。

不要错误地以为头文件就是函数库。标准函数库包含了经过编译的函数的目标代码，而头文件并不包括已经编译的代码。它是包括了宏定义和函数原型的文本文件，读者可以用文本编辑器打开，查看其具体内容。

（2）使用 scanf()函数时一个常见的错误是用%f 代替%lf 对 double 型变量输入数据。请记住：如果 x 为 double 型变量，从键盘上给 x 赋值时，应该用如下形式：

```
scanf ( "%lf",&x ) ;
```

切记，不可用%f 来代替%lf 为 double 型变量输入数据。

（3）在需要某种功能时，首先应该查看现有的库中是否提供了类似的函数，不要编写函数库中已有的函数，因为这不仅是重复劳动，而且自己编写的函数在质量的各个方面一般都不如对应的库函数，库函数是经过严格测试和实践检验的。读者应该尽早阅读书后附录中有关库函数的内容，以便熟悉一般的 C 语言开发平台中到底带有哪些常用的函数。

4.4 顺序结构程序设计

顺序结构是最简单的 C 程序结构，也是最常见的程序结构。其特点是完全按照语句书写的先后顺序，自上而下地执行每一条语句。每条语句都是无条件地只执行一次，既不存在被跳过、没有机会执行的语句，也不存在被多次重复执行的语句。在 C 语言中，顺序结构中常见的语句包括实现赋值操作的表达式语句、实现求值的表达式语句、输入或输出的函数调用语句等。

1. 顺序结构的流程图表示

用传统流程图表示的顺序结构如图 4.4.1（a）所示，用 N-S 流程图表示的顺序结构如图 4.4.1（b）所示。A、B 模块是顺序执行的关系，即先执行 A 模块，再执行 B 模块。

（a）顺序结构的传统流程图表示　　　　（b）顺序结构的N-S流程图表示

图 4.4.1　顺序结构的流程图表示

常见的只用顺序结构即可实现的程序任务包括简单公式求值、简单图案打印等任务，如果任务复杂了，依然只用顺序结构，就会导致算法烦琐、不简洁等弊端。

设计程序时，首先设计数据结构，然后基于数据结构设计算法。对于只用顺序结构就可实现的任务，其数据结构即数据的组织形式通常比较简单，只需要分析出哪些数据对象需要处理，并根据其取值范围确定其数据类型即可。数据结构确定后，自然就该设计算法了，算法是计算机完成一个任务的精确解题步骤。如果想让计算机按步骤来精确计算出我们想要的值，首先应该给各个要处理的对象赋一个有效的初始值，然后计算机的计算才有意义。因此，一般情况下简单任务的算法，都是按下面步骤实现的：

（1）输入各对象的初始值。

（2）基于对象进行计算和处理数据。

（3）输出结果。

2. 应用程序举例

【例 4.1】假设银行定期存款的年利率为 2.25%，存款期为 n 年，编写程序计算一定量的本金，在存款 n 年后，得到的本息之和是多少？

（1）分析问题。若要编程实现该任务，首先应该设计数据结构。分析任务可知，程序中需要处理的对象包括"利率"、"存款期"、"本金"以及"本息和"，共 4 个对象。分别定义 4 个对象的名称以表示或描述各对象：

利率：rate

存款期：n

本金：capital

本息和：deposit

其次，进一步分析任务，可以确定解决该问题对应的数学公式应该是：

$$deposit = capital \times (1 + rate)^n$$

（2）设计程序。

① 数据描述。计算的公式确定了，处理的对象就进一步明确了，那就是公式中出现的各对

象。公式中，以名称的形式出现的对象，如"deposit"、"capital"、"rate"、"n"，通常都应该定义为变量，而公式中不是以名称出现，而是以确定的值出现的对象，如"1"，就没有必要定义成变量，处理成常量就好。根据公式中 4 个对象的取值范围，确定各自的数据类型：

```
double rate;          //利率：rate,需要支持小数，设计为double类型
int n;                //存款期：n，都是按年存储，设计为int类型
double capital;       //本金：capital，需要支持小数，设计为double类型
double deposit;       //本息和：deposit，需要支持小数，设计为double类型
```

② 算法设计。对象的类型确定了，接下来设计算法。任务的核心是计算本息和，但在计算之前，各相关对象应该具有有效值，然后才能计算。因此，算法应该是顺序实现以下三步。

步骤 1：为各相关对象赋初值，或者从键盘上赋值。

步骤 2：计算公式的值。

步骤 3：输出计算结果。

将如上步骤，进一步细化，可用图 4.4.2 表示。

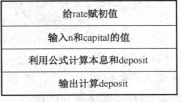

（3）程序实现。将图 4.4.2 所示的算法转换成代码，主要用到前面介绍的赋值操作、输入和输出函数的调用、本息之和计算的表达式即可，代码如下：

图 4.4.2　计算存款本息之和的算法流程图

```
#include <stdio.h>                              //包含scanf()和printf()函数对应的头文件
#include <math.h>                               //包含pow()函数对应的头文件
int main(void)
{
    int n;                                      //定义整型的存款期变量
    double rate, capital, deposit;              //定义双精度浮点型的年利率、本金、本息和变量
    rate = 0.0225;                              //为年利率变量赋初值
    printf("请输入存款期、本金（逗号分隔）：");  //显示对用户的输入提示信息
    scanf("%d,%lf", &n, &capital);              //从键盘输入数据，数据间必须以逗号分隔
    deposit = capital * pow(1 + rate, n);       //计算本息和，pow()函数用于求指数（1+rate）的n次幂
    printf("deposit = %.2f\n", deposit);        //输出本息和，并显示两位小数
    return 0;
}
```

（4）运行测试。程序的运行结果如下：

```
请输入存款期、本金（逗号分隔）：1,10000
deposit = 10225.00
Press any key to continue
```

（5）总结。在设计类似的程序时，有以下几点需要注意。

① 初学者常犯的错误是把变量定义放在可执行语句之后。在 C 语言中，变量定义不是可执行语句，必须出现在可执行语句之前，且同一变量只能定义一次，不能重复定义，即

```
int n;
double rate, capital, deposit;
```

这两句的顺序可以任意，但它们只能放在 main()函数的最开始，不能放在后面可执行语句中间。另外，程序的执行是自上而下的，变量定义后面的可执行语句的顺序也要合理，比如 scanf()函数调用语句放在公式计算之后就是错误的。

② rate 可以定义为变量，也可以定义成符号常量，但不推荐直接使用字面常量，如同公式中的"1"，原因在于：其一，该对象有明确的逻辑含义，给它定义一个标识符，可以让程序代码更可读；其二，这样的对象有可能在程序中使用多次，变量或符号常量的形式有利于程序的扩展和维护。如果用符号常量，注意其不同于变量之处是，它的值在程序执行过程中不能改变，也不能被赋值。习惯上，符号常量名用大写，变量名用小写，以示区别。如把 rate 定义为符号常量可用如下形式：

```
#define  RATE 0.0225
```

在 main()函数上方定义了 RATE 后，程序中所有的小写 rate 改为大写即可，结果不变。

③ C 语言不支持指数运算符，如果指数次幂较低，可以转换成乘法实现，如果指数次幂较高，建议调用数学函数 pow()实现。数学函数对应的头文件为"math.h"，因此，在程序的开头，要包含该头文件。通常所有的开发环境都支持常用的数学函数，如开平方函数 sqrt()、绝对值函数

abs()和各种三角函数等，请读者提前查看附录，以了解常用数学函数的名称和参数等。

④ 关于各变量的数据类型一定要仔细考虑，变量的类型应根据取值范围来选择，以占用内存少、操作简便为优。如果某对象的取值是整数，通常用 int 类型；如果其取值带有小数，建议使用 double 类型，以保证较高的精度。对于初学者，经常忽略数据类型的重要性，将实数赋给整型变量是常见的错误。注意，计算机对整型数和浮点数的存储形式是完全不同的。如果将浮点数赋给整型变量，只能将浮点数的整数部分赋给整型变量，小数点后面的数据会被丢弃，因此，系统通常会警告数据有损失。但反之不然，系统可以将整型数转换成浮点数形式存储在浮点型变量中，不存在数据损失，也就不会有任何警告。因此，如下赋值语句中：

```
n = 2.5;    //编译器会警告数据有损失或精度降低（n是整型）
rate = 1;   //不会警告（rate是double类型）
```

⑤ scanf()函数和 printf()函数对格式字符要求很严格，不要乱用格式字符。常见的错误有：用"%d"输入或输出浮点型变量值；或反之，用"%f"输入或输出整型变量值。这些都将使程序的输入和输出发生错误，更麻烦的是系统不会有任何错误提示，需要程序员自己规避。因此，使用 scanf()函数和 printf()函数时，一定要严格根据变量类型来使用相应的格式字符和修饰符，不可乱用。

⑥ C 语言表达式中的乘号不能省，包括常量和变量之间的乘号不能省。

例如，数学表达式 2n–1，在 C 程序中必须写成 2*n–1。

⑦ 数学中的实数 2.25%，在 C 语言中必须写成日常计数形式的 0.0225 或者指数形式的 2.25e-2。有时，指数形式更好表示，日常计数形式容易写错小数点的位置。

【例 4.2】编写程序，从键盘输入一个小写字母，输出该字母及其对应的 ASCII 码值，然后将该字母转换成大写字母，并输出大写字母及其对应的 ASCII 码值。

（1）分析问题。该任务需要从键盘输入一个小写字母，因此必须定义一个字符型变量存放该字符，如 c1。然后将小写字母转换为大写字母，可以把转换好的大写字母存储在一个变量中，如 c2。这个任务的难点就是如何将小写字母转换为大写字母。字母在计算机内部都是以 ASCII 形式存在的，查看书后的 ASCII 表可知，一个小写字母（c1）和它对应的大写字母（c2）之间的关系是：c2 等于 c1-32。因此，如果想通过 c1 得到 c2，应该用表达式 c2=c1-32 计算获得。

（2）设计程序。

① 数据描述：

```
char c1;        //c1用于存放从键盘输入的小写字母
char c2;        //存放由c1转换来的大写字母
```

② 算法设计。其字母大小写转换算法流程图如图 4.4.3 所示。

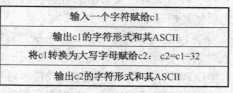

输入一个字符赋给c1
输出c1的字符形式和其ASCII
将c1转换为大写字母赋给c2：c2=c1–32
输出c2的字符形式和其ASCII

图 4.4.3　例 4.2 字母大小写转换算法流程图

（3）程序实现：

```
#include<stdio.h>
int main(void)
{
    char c1, c2;                   //c1用于存放小写字母，c2用于存放大写字母
    c1 = getchar();                //从键盘输入一个小写字母，并赋给c1变量
    printf("小写字母：%c,%d\n", c1, c1);   //分别以字符形式（%c）和十进制整数形式（%d）输出c1
    c2 = c1 - 32;                  //将小写字母c1转换为大写字母，存储在c2中
    printf("大写字母：%c,%d\n", c2, c2);   //分别以字符形式（%c）和十进制整数形式（%d）输出c2
    return 0;
}
```

（4）运行测试。

编译、链接成功后，执行该程序。从键盘输入小写字母 a，程序运行的结果如下 :

```
a
小写字母：a,97
大写字母：A,65
Press any key to continue
```

（5）总结。注意，可以用%c 输出字符形式，由于 ASCII 都是整型数，因此可以用%d 输出字符的 ASCII 值。

本例中定义了 c2 来存放转换后的大写字母，当然，也可以不定义 c2，直接输出转换为大写字母的表达式的值，如"printf（"%c,%d\n",c1-32,c1-32）;"。但建议初学编程时，适当定义一些存放中间值的变量如 c2，这样可以让代码看起来更简洁、可读。

字符处理也是程序中常见的任务。由于字符在计算机内部是一个字节的整数编码，因此支持算术运算。在程序中也常见基于字符的算术运算，尤其是涉及数据加密和解密的任务。因此，应掌握字符的大小写转换及其相关的算术运算。

【例 4.3】编写程序，从键盘输入变量 x 和 y 的值，交换其值并输出结果。

（1）分析问题。两变量交换内存值是常见的任务，比如后面章节中涉及的排序或数据序列逆置中都需要用到。有多种方法可以实现两变量内存值的交换，其中借助第三方变量交换变量值的方法最为简单、易懂。实现方法如图 4.4.4 所示，设定 temp 为第三方变量，然后用三条赋值语句可以完成 x 和 y 值的交换，注意这三条赋值语句的顺序一定要合理。首先需要将一个变量的值保存在第三方变量 temp 中，如图将 x 的值保存在 temp 中；然后就可以用另外一个变量的值更新其值，如用 y 的值更新 x 的值；最后用第三方变量 temp 中的值更新 y 的值。当然图中箭头的方向也可以反过来，但要注意语句先后顺序：先将 y 的值保存在 temp 中，然后用 x 的值更新 y 的值，最后用 temp 的值更新 x 的值。

（2）设计程序。

① 数据描述。

```
int x;          //存储题干描述中的x的值
int y;          //存储题干描述中的y的值
int temp;       //用于对调x、y值的第三方变量
```

② 算法设计。根据前面的问题分析，算法的设计如图 4.4.5 所示。

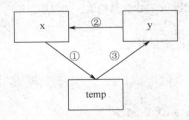

输入x、y的值
输出交换前x、y的值
借助temp交换x和y的值
输出交换后x、y的值

图 4.4.4　两变量交换内存值的赋值语句顺序　　图 4.4.5　交换 x 和 y 的值的算法

算法中，借助 temp 交换 x 和 y 的值是关键。如图 4.4.5 所示，借助 temp 交换 x、y 的值，应该用如下顺序执行的三条语句实现：

```
temp=x;
x=y;
y=temp;
```

（3）程序实现：

```
#include <stdio.h>
int main(void)
{
    int x, y, temp;
    printf("请输入变量x,y的值（两数之间用逗号分隔）: ");
    scanf("%d,%d", &x, &y);
    printf("交换前: x=%d,y=%d\n", x, y);
    temp = x;           //保存x到temp中
    x = y;              //用y更新x
    y = temp;           //用temp更新y
    printf("交换后: x=%d,y=%d\n", x, y);
    return 0;
}
```

（4）运行测试。程序运行结果如下：

```
请输入变量x,y的值（两数之间用逗号分隔）: 10,20
交换前: x=10,y=20
交换后: x=20,y=10
Press any key to continue
```

（5）总结。交换两变量 x、y 的值，容易写成如下错误代码：

```
x=y;
y=x;
```

假设 x 的初值是 10，y 的初值是 20，执行完如上两条交换语句后，x 和 y 的值会是多少呢？由于第一条语句是把 y 的值赋给了 x,因此 x 的值就成了 20。然后，把 x 的值再赋给 y，y 还是 20。因此，最后的结果就是 x 和 y 的值都是 20，不能实现交换的目的。

借助第三方变量交换两变量的值，最容易理解，但是要注意语句顺序。如果不小心，也很容易把语句顺序写错，导致程序出错。

📖 **自主学习：两变量交换值的其他方法**

除了本例中使用的第三方变量和第 3 章中使用的异或位运算实现两变量交换值外，请读者自主学习其他交换值的方法。

3. 简单程序设计的结构框架

通过前面多个例子的介绍，可以总结出对于简单程序的设计，基本都可以用如下框架结构实现：

简单程序框架结构 1：

预处理命令行

```
int main ( void )
    {
        变量声明        //告知编译器程序所使用的存储单元的名称
        可执行语句      //被转换为机器语言指令，并由计算机执行的程序语句
    }
```

将框架结构 1 的函数体进一步细化，可以细化为框架结构 2：

简单程序框架结构 2：

```
#include <stdio.h>
/* 如果需要用数学函数，这里还要写#include <math.h> */
/*如果需要符号常量，则定义在这里，如" #define RATE 0.0225" */
int main ( void )
    {
        /* 若干变量定义语句 */
        /* 若干赋值和输入语句 */
        /* 若干计算语句 */
        /* 若干输出语句 */
        return 0;
    }
```

通常程序的开始是若干编译预处理命令，它指示编译系统在对源程序进行编译之前，对源代码进行某种预处理操作，包括宏定义、文件包含和条件编译等。所有的编译预处理命令都是以"#"

开始，每条指令单独占一行，同一行不能有其他的编译指令和 C 语句（注释除外）。

可以发现，前面所有的程序都用了文件包含命令"#include"，因为在 C 程序开发系统中，无论哪种版本，也无论在哪类操作系统上实现，一般都提供庞大的支持库。C 语言系统库可以分为两类：一类是函数库，另一类是扩展名为 h 的头文件库。函数库包含 C 提供的标准函数的目标代码，供用户在程序中调用。头文件中包含类型定义、宏定义、函数原型以及针对编译命令中的选项设置的选择开关等一系列声明信息。包含头文件的结果是，在编译程序前将被包含的文件插入到预处理命令所在的位置，并替换掉预处理命令。

当然，"#include"命令还可以包含用户自己创建的头文件。以多文件方式组织的程序常常需要在多个文件之间共享一些类型声明、外部声明、常量定义等，这些信息可放在程序员自己创建的头文件中，然后用"#include"命令将其包含到需要使用这些信息的程序中。

程序中到底需要包含哪些头文件？根据要实现的任务而定。例如，如果需要调用系统提供的输入输出库函数 scanf()、printf()等，就需要包含"stdio.h"文件；如果需要调用系统提供的数学函数 pow()、sqrt()等，就需要包含"math.h"。

在预处理命令的下方，就是最重要的 main()函数。需要注意的是：main 不是关键字，但也不能更改其名称。它是程序执行的入口，也是程序执行的出口，即程序的执行是以 main 的开始为开始，以 main 的结束为结束。

通常，在 main()函数内部，应由自上而下顺序编写的 4 部分构成：

（1）变量定义；

（2）给变量赋值或从键盘输入其初始值；

（3）计算要求的结果；

（4）输出结果。

4.5　使用 scanf()函数常见的问题

在编写程序时，对从键盘上输入的数据进行处理是常见的任务，比如一个计算器程序或者统计键盘上输入的成绩的分布情况等，都需要从键盘上输入的数据进行计算，然后输出结果。

总之，在程序中处理从键盘上输入的数据是非常普遍的任务，如果程序接收的数据是错误的，那么不论程序的计算功能写得多么完善，毫无疑问，程序的结果一定是错的。因此，我们首先应该在数据源头上把好关，保证程序接收的数据是正确的，再来考虑后面的计算步骤才有意义。scanf()函数是我们使用频率最高的输入函数，但是，由于 scanf()函数支持的格式比较复杂，很多初学者，在使用它的过程中，出现了各种各样的错误，经常花大量的时间来纠错。为了避免让初学者花大量的时间纠错，本节集中介绍使用 scanf()函数中常见的错误。

1. 输入的格式和 scanf 函数的格式字符串的对应问题

用 scanf()函数输入数据时，要求用户从键盘上输入数据的格式和格式控制字符串的要求"一致"，否则程序将得不到键盘上的输入值。

例如，下面这段代码：

```
#include<stdio.h>
int main(void)
{
    int a, b;
    scanf("%d, %d", &a, &b);
    printf("a=%d,b=%d\n", a, b);
    return 0;
}
```

执行上面这段程序，如果想给 a 赋值为 10，b 赋值为 20，那么应该如何从键盘输入这两个值呢？如下这些输入格式是否正确呢？

（1）10□20↵

（2）10，20↵

（3）10；20↵

（4）10↵

　　　20↵

其中，□代表空格，↵代表回车。

经过执行验证可发现，如上这些众多的形式中，只有（2）能让程序正确接收键盘输入的两个值，其他的方式都不正确。这也验证了 scanf()函数的使用要求，即"用户的输入格式必须和格式控制字符串相一致"，格式控制字符串中"%"引导的字符需要用一个对应的数代替，其他非格式字符应该原样输入，所以"%d,%d"的格式意味着应该输入两个十进制整数，并且两数之间的分隔符只能用逗号","。但的确存在特例，比如在阅读别人写的程序时，常常发现程序中的 scanf()函数是如下所示的形式，这样的输入格式对应的键盘输入应该是怎样的呢？

```
scanf ( "%d%d", &a, &b );
```

如果按照上面所述，用户从键盘上输入的格式应该和格式控制字符串相一致的原则进行输入，那么用户的输入格式应该是：

1020↵

这样的输入就会产生歧义了，用户认为这是两个数：10 和 20，但是对于 scanf()函数而言，它可以认为是一个数：1020，也可以认为是两个数：102 和 0，还可以认为是三个数：10、2 和 0 等。那 scanf()函数到底怎么处理这个输入呢？它认为这是一个数：1020，因此计算机还会等待接收下一个数。那对于格式控制字符串中没有分隔的数字格式应该怎么输入呢？键盘上输入的数字必须有分隔，这是一定的，否则就会产生歧义。那分隔符应该是什么呢？可以是 Space、Enter 或 Tab 键，其他都不可以。因此，"scanf（"%d%d", &a, &b）;"这句对应的输入可以是如下任意一种形式：

（1）10□20↵

（2）10↵

　　　20↵

（3）10→20↵

其中，"→"表示 Tab 键。

还有一些初学者，受 printf()函数的影响，将上面程序中的 scanf()函数写成了下面这种形式：

```
scanf ( "a=%d, b= %d", &a, &b );
```

这样的格式控制字符串，又该如何从键盘输入数据呢？记住：格式字符用相应类型的值来取代，而非格式字符应该原样输入，因此正确的输入格式是：

```
a=10,b=20↵
```

也就是说，用户必须从键盘上输入"a=10,b=20↵"这个格式中的每一个字符，少一个都不可以，而其他简单的空格或回车分隔两个数的输入形式也都是错误的。

综上所述，初学者使用 scanf()函数常见的错误包括：

（1）键盘的输入格式和格式控制字符串不一致。例如，代码中用了逗号分隔数据，但从键盘输入时用了空格分隔数据，或者反之。

（2）受 printf()函数的影响，在 scanf()函数中使用非格式字符，但从键盘输入时，忽略了非格式字符。如上面提到的形式：

```
scanf ( "a=%d, b= %d", &a, &b );
```

（3）受 printf()函数的影响，在格式控制字符串结尾使用后缀\n，形式如下：

```
scanf ( " %d,%d\n " , &a, &b );
```

通常，在 printf()函数的格式控制字符串结尾使用 "\n" 是为了让多个 printf()函数之间的输出结果不要放在一行上，以方便阅读。但在输入中这样使用，虽然在正常的输入之后输入一个或多个字符，如 "10,20a"，也可以让每个变量得到正确的值，但不应该滥用 "\n"。

（4）受 printf()函数的影响，在 scanf()函数中使用了 ".n" 的格式，形式如下：

```
scanf ( " %7.2f " , &a ); //假设a为float型
```

printf()函数支持小数位数的输出约定，但 scanf()函数不支持。仅仅可以约定输入数据的位数，如下面这种形式是允许的：

```
scanf ( " %7f " , &a );      //假设a为float型
```

函数将截取 7 位数，赋给 a。

（5）受 printf()函数的影响，scanf()函数中的地址列表，写成了变量列表，形式如下：

```
scanf ( " %d,%d " , a, b );
```

a,b 前面的取地址运算符漏写了，这也是常见的错误。尽管 printf()和 scanf()函数是一对互逆的函数，支持很多相同的格式，但是一定要注意总结，printf()和 scanf()函数在使用上的不同之处，毕竟 printf()函数用于输出，而 scanf()函数用于输入。

由于 printf()和 scanf()函数支持的格式比较复杂，出错的形式很多，很难描述穷尽。此外，更麻烦的是，如上多数错误，编译器不会给出任何出错信息提示。因此，建议读者在 scanf()函数的后面，都加上一条 printf()语句，将输入的变量值马上输出验证，以保证输入数据的正确性。

2．%c 格式字符应用中存在的问题及解决方法

首先，阅读下面这段代码：

```
#include <stdio.h>
int main(void)
{
    int a;
    char c;
    float f;
    printf("请输入一个整数:");
    scanf("%d", &a);
    printf("integer: %d\n", a);
    printf("请输入一个字符:");
    scanf("%c", &c);
    printf("character: %c\n", c);
    printf("请输入一个实数:");
    scanf("%f", &f);
    printf("float: %f\n", f);
    return 0 ;
}
```

程序运行结果如下：

```
请输入一个整数:10
integer: 10
请输入一个字符:character:

请输入一个实数:1.2
float: 1.200000
Press any key to continue
```

执行这段程序，能够发现程序根本没有给我们输入字符的机会，而且在 "请输入一个字符:character:" 后面有一个空行。那变量 c 中是什么值呢？把变量 c 的值按 "%d" 输出，可以发现变量 c 中到底是什么值，即把变量 c 输出的 printf()函数改为如下形式：

```
        printf ( "character: %d\n", c ) ;            //原来的" %c" 改为" %d"
```

执行程序，能够看到程序的运行结果如下：

```
请输入一个整数:10
integer: 10
请输入一个字符:character: 10
请输入一个实数:1.2
float: 1.200000
Press any key to continue
```

从输出结果可以知道，变量 c 的值是 10，那为什么 c 的值是 10？关于这个问题，主要是由于"%c"的格式可以输入任何字符，包括控制字符引起的。此外，也需要了解输入设备和输入函数的工作方式。

如果程序运行中要求从标准输入设备（如键盘）读入信息，如调用 scanf()函数（getchar()函数同理）来输入数据。通常，从键盘输入数据后，需要按 Enter 键后程序才能得到输入的数据，造成这种情况的原因是该函数采用了缓冲式输入方式。用户通过键盘输入的数据会临时保存在操作系统的"输入缓冲区"（输入缓冲区是一块专门的内存，用于 CPU 和键盘之间数据传输的临时保存区域，由系统管理），直至用户按 Enter 键，操作系统才把位于输入缓冲区的数据送给相应的程序，此后 scanf()函数（或 getchar() 函数）才能读到这些数据并赋给相应的变量。

我们可以把标准输入设备看成一个绵延不断的字节序列（或称为字节流），程序中调用输入函数时，就是从字节流的最开始依次读入各字节。例如，getchar()函数读入最前面的一个字节，scanf ()函数顺序读入后面几个字节（如果它们符合转换要求）。输入序列中的数据用掉一个就少一个，未用的数据则仍然留在序列中。如果 scanf()函数中某个变量的输入失败，整个输入过程就被终止了，输入流中的字节序列就将保持在当前状态。特别是，如果第一个变量的输入失败，则函数 scanf()函数将返回"0"，输入流保持不变。

了解了输入函数和输入设备的工作方式后，就可以知道上面程序中的变量 c 为什么是 10 了。因为我们在给 a 赋值时，从键盘输入了"10↵"，回车确认后，程序方可将值读入变量，而且对于 scanf()函数，会把键盘输入的所有值，连同回车都会先送入到"输入缓冲区"中，然后程序指令将缓冲区中的 10 赋给了 a，并输出 a 的值，接着就把缓冲区中的回车赋给了变量 c，所以 c 的值就是回车换行符的 ASCII 值，即 10。这也是为什么在"请输入一个字符：character:"后面有一个空行的原因。因此，对于%c 的输入，如果前面有输入，则必须把前面用于确认输入结束的回车读入或处理，才有机会给%c 对应的变量输入其他数据，解决的办法如下：

方法一：用 getchar()将缓冲区中的回车读入，且不对其做其他处理，代码如下：

```
#include <stdio.h>
int main(void)
{
    int a;
    char c;
    float f;
    printf("请输入一个整数:");
    scanf("%d", &a);
    getchar();        //仅仅用于将缓冲区中整数后面的回车读入，避免被后面的字符变量将其读入
    printf("integer: %d\n", a);
    printf("请输入一个字符:");
    scanf("%c", &c);
    printf("character: %c\n", c);
    printf("请输入一个实数:");
    scanf("%f", &f);
    printf("float: %f\n", f);
    return 0 ;
}
```

方法二：修改用于输入字符的 scanf()函数，在其%c 前面加一个"\n"或者"空格"，将缓冲区中的回车读入，避免被后面的字符变量将其作为有效字符读入，代码如下：

```
#include <stdio.h>
int main(void)
{
    ...
    printf("请输入一个字符:");
    scanf("\n%c", &c);  // "\n"仅仅用于将缓冲区中整数后面的回车读入，避免被后面的字符变量其读入
    printf("character: %c\n", c);
    ...
}
```

方法三：如果使用 VC++6.0 的开发环境，可以利用一个清除缓冲区的函数 fflush()，将输入缓冲区中的回车清除掉，一样可以解决回车被字符变量接收的问题，代码如下：

```
#include <stdio.h>
int main(void)
{
    ......
    printf("请输入一个字符:");
    fflush(stdin) ;                //"stdin"指向键盘, 该函数将键盘缓冲区中的内容清除
    scanf("%c", &c);
    printf("character: %c\n", c);
    ......
}
```

fflush()函数的具体说明如表 4.5.1 所示。

表 4.5.1   fflush()函数说明

头 文 件	#include<stdio.h>	
函数原型	int fflush (FILE *fp) ;	
功　　能	清除读写缓冲区；可以立即把输出缓冲区的数据写入物理设备	
参　　数	fp	fp 指向处理的文件；FILE 本质上是一个结构体类型
说　　明	fp 所指的文件可以是设备文件；stdin 指向键盘，stdout 指向显示器	
返 回 值	如果成功清除缓冲区则返回 0；若出错，返回 EOF	

关于 fflush()函数，由于 ANSI C 只规定了使用 fflush()函数处理输出数据流，以确保输出缓冲区中的内容写入文件，而不被丢失，并没有对清理输入缓冲区做出任何规定，只是部分编译器（VC++）增加了此项功能，因此使用 fflush()函数清理输入缓冲区中的内容，可能会带来移植性问题。

☞注意：在 VC++6.0 环境中，fflush()函数的原型是放在 stdio.h 中的，因此，不需要再包含新的头文件。

当然，对于这段程序，也可以把字符放在最前面输入，就不存在解决回车赋给某个字符变量的问题了。但有些时候，的确存在输入字符前，必须有其他数据输入的情况，这样就必须采取措施，想办法清除输入缓冲区中不需要的数据。

3. 对于输入非法的检查与错误处理

由于 scanf()函数不进行参数类型匹配检查，因此，当输入数据类型与格式不匹配时，编译器不提示出错信息，但会导致程序不能正确读入数据。

例如，输入一个整型数，并输出：

```
#include<stdio.h>
int main(void)
{
    int a ;
    printf("请输入a 的值: ");
    scanf("%d ", &a) ;
    printf("a=%d\n", a) ;
    return 0 ;
}
```

第 1 次测试程序，运行结果如下：

```
请输入a 的值: 1.2
a=1
Press any key to continue
```

第 2 次测试程序，运行结果如下：

```
请输入a 的值: q
a=-858993460
Press any key to continue
```

运行以上程序，如果用户输入 1.2，则 scanf()函数会把小数点前面的数字读入并赋给 a，小数点不属于整数的有效组成元素，遇到这些非法成分，即认为输入结束，这样 a 就被赋了

一个整数1。

如果用户直接输入了非数字对象，如字母q，则scanf()函数将不能将其正确读入并赋给变量，因此scanf()函数的读入操作会失败，变量a中将保留随机值。如果把这样的代码放在循环中，有可能引起死循环。

怎样解决这个问题呢？可以考虑测试scanf()函数的返回值，来避免scanf()读入失败而导致的程序中使用随机数计算的问题。如果scanf()函数能正常读入有效数据，则其返回成功读入的数据项数；如果scanf()函数不能正常读入有效数据，则返回"0"。

> ☞注意：scanf()函数的返回值是已经成功读入的数据项数，或者读入完全失败返回"0"。有可能存在部分变量的数据读入正确的情况，因此，通常不是通过检查 scanf()函数的返回值是否是"0"来判断读入的数据是否正确，而是检查scanf()函数的返回值是否为应该读入的数据项数。

考虑到 scanf()函数返回值的特点，我们可以这样解决没能正常读入数据的问题，即判断scanf()函数的返回值是否为应该读入的数据项数，如果不是，则清除输入缓冲区（利用 fflush()函数）中的内容，然后提示用户重新输入数据，直到输入正确为止。由于错误处理操作要用到循环语句，循环语句将在后面介绍，因此下面的程序中，我们只做简单的处理，只给出了输入错误的提示信息。

```c
#include<stdio.h>
int main(void)
{
    int a, b, returnValue;
    printf("请输入a的值 : ");
    returnValue=scanf("%d", &a);
    if(returnValue != 1)
        printf("输入错误 !\n");
    else
        printf("a=%d\n", a);
    return 0 ;
}
```

这段代码可以通过检查函数的返回值，来解决读入失败使用随机值计算的问题，但是不能解决实数赋给整型变量的问题，后者是存储形式决定了整型变量不能存储浮点数，是需要用户自己避免的问题。

4.6　案例——"学生成绩管理系统"中用户菜单的设计与实现

C语言是面向过程的编程语言，因此，用C语言实现一个项目，常用的程序设计方法是结构化程序设计方法，其基本思想是"自顶向下，逐步细化"。所谓"自顶向下，逐步细化"，是指一种"先整体、后局部"的设计方法，也就是先设计程序的整体框架，然后逐步实现具体功能。

"学生成绩管理系统"的基本执行流程，如图4.6.1所示。

框架结构的主要功能是实现对程序最基本的执行流程的控制。为了方便实现，可将整个框架结构分为三个任务来逐步实现，这三个任务的具体功能，划分如下：

（1）任务一：实现"主菜单"的显示。

（2）任务二：实现"主菜单"的选择。

（3）任务三：实现"主菜单"的重复选择。

经过这样顺序的三个任务的实现，整个程序的框架就实现好了。然后，逐步实现各个菜单项的具体功能。其中，任务一需要用顺序结构组织程序；任务二需要用选择结构组织程序；任务三需要用循环结构组织程序。这三个任务分别在本章和后续的两章中逐步利用各章的知识实现。然后，再利用后续章节知识实现具体各菜单项的功能。总之，随着各章知识的介绍，会逐步完善本项目的功能。

本节完成任务一，即主菜单的显示功能。在 VC++6.0 集成开发环境中，主菜单的显示如

图 4.6.2 所示。

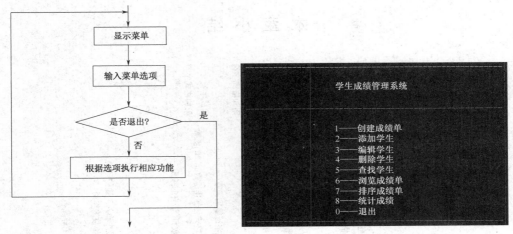

图 4.6.1 "学生成绩管理系统"执行流程图 图 4.6.2 显示菜单的运行界面

在输出菜单前，可以利用 VC++6.0 中提供的 system()函数执行系统命令作清屏处理。system()函数的具体说明如表 4.6.1 所示。

表 4.6.1 system()函数说明

头 文 件	#include<stdlib.h>	
函数原型	int system (const char *p_command);	
功　　能	将 p_command 指向的命令在 DOS 系统下执行	
参　　数	p_command	指向 char 的指针类型
说　　明	该函数调用 shell 解析 DOS 命令，可用于执行 DOS 命令，如 system（"dir"）;	
返 回 值	如果调用成功但是没有出现子进程则返回 0；如果调用成功且产生子进程，则返回子进程的 id；调用失败则返回-1	

该函数对应的头文件是"stdlib.h"。清屏的系统命令是"cls"，它是"clearscreen"的简写，将该命令传递给 system()函数并执行该函数就可实现清屏，具体语句如下：

```
        system（"cls"）;
```

清屏后输出菜单，菜单的显示只需要用输出函数 printf()就可完成。此外，界面中的边框用字符"|"和"-"拼接就可实现。程序代码如下：

```
#include <stdio.h>
#include <stdlib.h> // system()函数对应的头文件是"stdlib.h"
int main(void)
{
    system("cls");  //system()函数的功能是执行系统命令，"cls"命令的作用是清屏
    printf("    |---------------------------------------------------------|\n");
    printf("    |                                                         |\n");
    printf("    |                   请输入选项编号（0~8）                  |\n");
    printf("    |                                                         |\n");
    printf("    |                                                         |\n");
    printf("    |                                                         |\n");
    printf("    |                   1 —— 创建成绩单                       |\n");
    printf("    |                   2 —— 添加学生                         |\n");
    printf("    |                   3 —— 编辑学生                         |\n");
    printf("    |                   4 —— 删除学生                         |\n");
    printf("    |                   5 —— 查找学生                         |\n");
    printf("    |                   6 —— 浏览成绩单                       |\n");
    printf("    |                   7 —— 排序成绩单                       |\n");
    printf("    |                   8 —— 统计成绩                         |\n");
    printf("    |                   0 —— 退　出                           |\n");
    printf("    |                                                         |\n");
    printf("    |---------------------------------------------------------|\n");
    return 0;
}
```

本 章 小 结

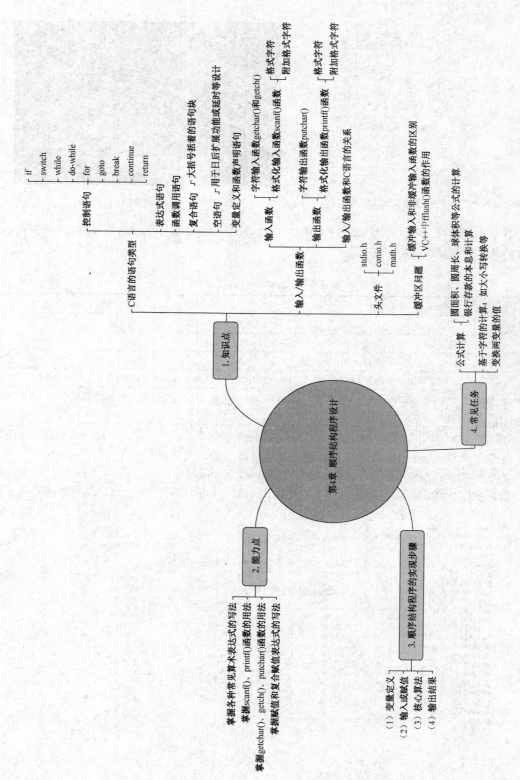

第4章 顺序结构程序设计

1. 知识点

C语言的语句类型
- 控制语句
  - if
  - switch
  - while
  - do-while
  - for
  - goto
  - break
  - continue
  - return
- 表达式语句
- 函数调用语句
- 复合语句 ┌ 大括号括着的语句块
- 空语句 ┌ 用于日后扩展功能或定时等设计
- 变量定义和函数声明语句

输入/输出函数
- 输入函数
  - 字符输入函数getchar()和getch()
  - 格式化输入函数scanf()函数 ┌ 格式字符 ┌ 附加格式字符
- 输出函数
  - 字符输出函数putchar()
  - 格式化输出函数printf()函数 ┌ 格式字符 ┌ 附加格式字符
- 输入/输出函数和C语言的关系
- 头文件
  - stdio.h
  - conio.h
  - math.h
- 缓冲区问题 ┌ 缓冲输入和非缓冲输入函数的区别
  - VC++中fflush()函数的作用

2. 能力点

掌握各种常见算术表达式的写法
掌握scanf()、printf()函数的用法
掌握getch()、putchar()函数的用法
掌握赋值和复合赋值表达式的写法

3. 顺序结构程序的实现步骤

（1）变量定义
（2）输入或赋值
（3）核心算法
（4）输出结果

4. 常见任务

公式计算
- 圆面积、圆周长、球体积等公式的计算
- 银行存款的本息和计算

基于字符的计算：如大小写转换等
变换两个变量的值

探究性题目：常用缓冲和非缓冲输入库函数使用方法的剖析

题目	常用缓冲和非缓冲输入库函数使用方法的剖析 分别用下面 4 种方法实现：编写程序输入 1 个大写字母，转换为小写字母后输出 1. 用 getchar()函数实现输入 2. 用 getch()函数实现输入 3. 用 getche()函数实现输入 4. 用 scanf()函数实现输入 输出函数可以自由选择 输入要有提示，如 printf（"please input the characters: "） 输出要有提示，如 printf（"the characters you input are: "）；
阅读资料	1. 查看系统目录下的 stdio.h 文件：重点是输入函数的原型 2. 查看系统目录下的 conio.h 文件：重点是输入函数的原型 3. 百度百科：http://baike.baidu.com/ 4. 维基百科：http://www.wikipedia.org/ 5. 苏小红等著．C 语言大学使用教程（第 3 版）．北京：电子工业出版社，2012：53-60（第 3 章的 3.4.3 节使用 scanf()函数时需要注意的问题）
相关知识点	1. 各输入函数的作用和用法 2. 各输出函数的作用和用法 3. 输入缓冲区和输出缓冲区的概念 4. 预处理命令 include
参考研究步骤	1. 复习"相关知识点" 2. 阅读教师提供的阅读资料 3. 自己查找一些相关资料 4. 编写相应程序
具体要求	1. 完成并提交 4 个程序题目 2. 撰写研究报告，说明缓冲输入函数和非缓冲输入函数的区别

第 5 章　选择结构程序设计

对于顺序结构程序，程序执行的流程是固定的，不能跳转，不能重复执行，只能按照书写顺序，自上而下逐条语句执行。而在实际问题中，经常需要根据条件执行不同的操作，例如，将两个整数按从小到大的顺序输出，程序中一定会存在数据大小的比较，或者条件成立与否的判断，然后根据条件的成立与否，选择执行不同的语句，这就需要用到选择结构，或者称为分支结构。

计算机本质上就是执行算术运算和逻辑运算的机器，它的这种能力可以通过编程语言中的选择结构表现出来。C 语言支持单分支选择、双分支选择和多分支选择结构。

5.1　引　　例

上一章曾经介绍了如何设计和编写计算某个人身体质量指数的程序，程序代码如下：

```
#include<stdio.h>                          //包含scanf()和printf()函数对应的头文件
int main(void)
{
    double BMI, weight, height;            //变量定义
    printf("请输入体重(kg)和身高(m),且用逗号分隔: "); //输出对用户的提示信息
    scanf("%lf,%lf", &weight, &height);    //接收用户从键盘输入的数据, 并顺序赋给两变量
    BMI = weight / (height*height);        //计算BMI的值, 且将指数转换为乘法计算
    printf("BMI=%.2f\n", BMI);             //输出BMI的值, 并保留两位小数
    return 0;
}
```

在这段程序中，只输出了计算结果，没有输出对应的评价。如果需要根据计算结果输出对应的评价，就要用到条件判断。根据条件判断的结果选择相应的语句执行的结构，被称为选择结构。

接下来，将上面的任务进行扩展，程序不仅输出计算结果，并且根据计算结果输出对用户的评价。为了便于画图说明，将评价分类的规模降低，将原来的 6 类评价简化为 3 类，如表 5.1.1 所示。

表 5.1.1　成人 BMI 值的范围和对应的评价

BMI 值	评价
<18.5	过轻
18.5～25	正常
>25	过重

选择结构的设计根据任务的不同，可以有多种，对于本任务，常见的设计有两种，如图 5.1.1 所示。

用 C 语言实现如图 5.1.1 所示的算法，通常要用到实现选择结构的 if 语句。由于 if 语句和自然语言的用法很相似，因此下面给出本例中两种设计的具体代码，相信读者可以理解代码的含义，后面会详细介绍 if 语句的用法。

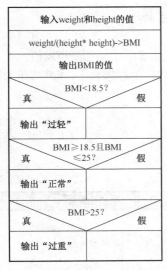

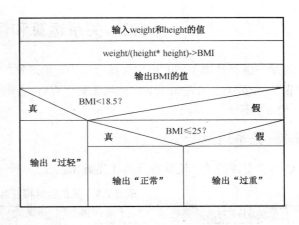

输入weight和height的值
weight/(height* height)->BMI
输出BMI的值

（a）输出BMI评价的方法一   （b）输出BMI评价的方法二

图 5.1.1   选择结构流程图

方法一：
```c
#include <stdio.h>
int main(void)
{
    double BMI, weight, height;
    printf("请输入体重(kg)和身高(m),且用逗号分隔: ");
    scanf("%lf,%lf", &weight, &height);
    BMI = weight / (height * height);
    printf("BMI=%.2f\n",BMI);
    if( BMI<18.5 )
        printf("您的体重过轻! \n");
    if( BMI>=18.5 && BMI<=25 )              //&&表示"并且"
        printf("您的体重正常! \n");
    if( BMI>25 )
        printf("您的体重过重! \n");
    return 0;
}
```

程序运行结果如下：
```
请输入体重(kg)和身高(m),且用逗号分隔: 53,1.65
BMI=19.47
您的体重正常!
Press any key to continue
```

方法二：
```c
#include <stdio.h>
int main(void)
{
    double BMI, weight, height;
    printf("请输入体重(kg)和身高(m),且用逗号分隔: ");
    scanf("%lf,%lf", &weight, &height);
    BMI = weight / (height * height);
    printf("BMI=%.2f\n", BMI);
    if( BMI<18.5 )
        printf("您的体重过轻! \n");
    else if( BMI<=25 )
            printf("您的体重正常! \n");
        else
            printf("您的体重过重! \n");
    return 0;
}
```

这两段代码的优劣比较，留给读者思考。此外，请读者仿照上面的代码，将第 4 章引例中的 6 类评价输出。

很多任务在实现中，都需要用到依赖条件测试的结果，选择相应的语句执行，即选择结构。在选择结构中，通常需要用到关系运算或逻辑运算表达式实现条件测试。此外，如上面的例子一样，还需要用到诸如 if 语句来实现具体的选择结构。

5.2 关系运算和逻辑运算

通常，选择结构中需要用到关系运算和逻辑运算，这两类运算的结果都是逻辑值，即"真"或"假"。如果关系或逻辑成立，则结果为"真"，否则为"假"。在 C 语言中，"真"用 1 表示，"假"用 0 表示。

5.2.1 关系运算

C 语言支持的关系运算符及其优先级如表 5.2.1 所示。

表 5.2.1　关系运算符及其优先级

关系运算符	含义	优先级
>	大于	第 6 级
>=	大于或等于	
<	小于	
<=	小于或等于	
==	等于	第 7 级
!=	不等于	

注意：C 语言中，有些关系运算符和数学上使用的符号不同，如小于或等于"<="，大于或等于">="，等于"=="和不等于"!="。书写时，一定要注意正确的写法。

例如，如果 a 的值为 10，b 的值为 8，c 的值为 3，则如下关系表达式：

a > b　　　该表达式的运算结果为真（即 1）

a <=c　　　该表达式的运算结果为假（即 0）

a!=b　　　该表达式的运算结果为真（即 1）

关系运算的优先级低于算术运算，而高于赋值运算，因此：

a<b-1　　　等价于 a<（b-1）

a=b>c　　　等价于 a=（b>c）

注意：设计程序时，如果对默认优先级不确定，可以用小括号强制提高某些运算的优先级。

在程序设计时，有时条件比较复杂，只有关系运算是不够的，需要用到逻辑运算。

5.2.2 逻辑运算

逻辑运算的作用是组合多个关系表达式以创建更复杂的条件判断，C 语言支持的逻辑运算符及其优先级如表 5.2.2 所示。

表 5.2.2　逻辑运算符及其优先级

逻辑运算符	含义	优先级
&&	逻辑与	第 11 级
||	逻辑或	第 12 级
!	逻辑非	第 2 级

通常，逻辑运算的双方是关系运算的结果，如"a>b&&a>c"，这个逻辑表达式表示测试"a>b"和"a>c"是否同时成立，如果同时成立，则逻辑运算的结果是"真"，即"1"；如果不能同时成立，则逻辑运算的结果是"假"，即"0"，这是容易理解的逻辑表达式。但事实上，C 语言支持的逻辑运算的双方可以是任意值，也就是说"3&&8"在 C 语言中是合法的逻辑表达式，但这样的

表达式是成立还是不成立呢？在 C 语言中规定，对于逻辑运算的逻辑量："零"表示"假"，"非零"表示"真"。因此，"3&&8"表示"真&&真"或"成立&&成立"，最后的逻辑运算结果就是"成立"，即"真"。当然实际编程中，"3&&8"这样的表达式比较少见，但读者应该知道这是合法的逻辑表达。逻辑运算规则如表 5.2.3 所示。

表 5.2.3　逻辑运算规则

a 的值	b 的值	a&&b	a‖b	!a	!b
非零（真）	非零（真）	1	1	0	0
非零（真）	零（假）	0	1	0	1
零（假）	非零（真）	0	1	1	0
零（假）	零（假）	0	0	1	1

逻辑运算和关系运算一样，运算的结果一定是逻辑值："真"或"假"，并且真为"1"，假为"0"。逻辑与也称为逻辑乘，因为逻辑与的运算结果和乘法的运算结果非常相似：运算双方，如果有一方为假（零），则结果为假（零）；只有运算双方都为真（非零），结果才为真（1）。逻辑或又称为逻辑加，因为逻辑或的运算结果和加法的运算结果非常的相似：只有运算双方都为假（零），结果才为假（零），否则，只要有一方为真（非零），则结果为真（1）。逻辑非的运算是真值（非零）求非，结果为假，即为"零"；相反的，假求非，结果为真，即为"1"。

例如，如果 a 的值为 10，b 的值为 8，c 的值为 3，则如下逻辑表达式：

```
a>b&&a>c    表达式的运算结果为真（即1）
b>a&&b>c    表达式的运算结果为假（即0）
!a          表达式的运算结果为假（即0）
!!a         等价于!(!a)，表达式的运算结果为真，即1，而不是a
```

逻辑运算&&和‖的优先级低于关系运算，因此 a>b&&a>c 也等价于（a>b）&&（a>c）。逻辑运算的结果一定是"1"或"0"，但反过来判断一个量是真还是假时，只有零为假，其他所有非零值都为真，因此上面的!a 表达式的运算结果为零。

不论是关系运算还是逻辑运算，都允许嵌套，如"a>b>c"或"a&&b&&c"都是合法表达式，编译一定能通过，CPU 的运算器也一定能计算出一个逻辑值，但这个值有可能根本不是我们想要的，也就是说，这些表达式合法，但有可能不合理。下面是一些常见的错误：

常见错误 1：C 语言的关系运算结果用 1 表示成立，用 0 表示不成立。这意味着 C 语言会以一种初看起来令人惊奇的方式解释某些常见的数学表达式。你可能没有预料到下面的 if 语句对 x 的任何值都显示为"Condition is true."。

```
if( 0 <= x <= 4 )
    printf( "Condition is true.\n" );
```

例如，考虑 x 为 5，由于运算器先计算 0<=5 的值为成立，即为 1，而接下来要计算的表达式"x<=4"将变成"1<=4"，很明显这个表达式是成立的，因此整个表达式的结果是成立的，即为 1。这样，就输出了字符串"Condition is true."。我们知道任何关系运算和逻辑运算的结果一定是"1"或者"0"，因此，表达式"0 <= x <= 4"最终就变成了"1<=4"或者"0<=4"，而"1<=4"和"0<=4"都是成立的，因此，不论 x 的值是什么，表达式"0 <= x <= 4"一定是成立的。

因此，如果要检测 x 是否是 0 到 4 的范围内，应该使用下面的形式：

```
if( x>=0 && x<=4 )
    printf( "Condition is true.\n" );
```

请记住：数学上的 a>b>c 这样的表达式，在 C 语言中等价的表达式是 a>b&&b>c。C 语言中 a>b>c 这样的合法却不合理的表达式的写法是其一个典型的陷阱，希望读者注意回避。

常见错误 2：经常有人用 C 语言编写程序很久了，依然把判等的运算符"=="写成赋值运算

符 "=", 这样, 程序一定不会输出预期的结果。例如:

```
if ( x = 10 )
        printf ( "x is eaqual 10.\n" ) ;
```

这段代码不论 x 最初的值是多少, 总是会输出 "x is eaqual 10."。因为表达式 "x=10", 就是把 10 赋给 x, 因此在执行判断前, x 的值被改写为 10, 然后机器判断的条件变成如下形式:

```
if ( 10 )
```

在 C 语言中, 在条件判断时, 如果表达式的值是非零值, 则表示条件成立, 只有零表示不成立。因此, 对于条件表达式 "x=10" 是一个恒成立的表达式。因此, 如果想把 x 和 10 判等, 应该写成如下形式:

```
if ( x == 10 )
        printf ( "x is eaqual 10.\n" ) ;
```

☞注意: 判等应该用运算符 "==", 而不是 "="。

常见错误 3: 计算机表示浮点数都有一个精度限制。对于超出了精度限制的浮点数, 计算机会把它们精度之外的小数部分截断, 因此, 本来不相等的两个浮点数在计算机中可能就变成相等了。因此, 不应该用浮点数做精确的比较, 例如:

```
if ( a==128.25 )    printf ( "a is 128.25.\n" ) ;
```

这是一个错误的用法。

假设某系统的某类浮点型变量 a 共有 9 位有效位, 则本来 128.25=（10000000.01）$_2$ 只能表示为（10000000.0）$_2$, 这样, 128.25 在系统里就和 128 相等了。由于有效位的问题, 128.25 和 128 有可能是相等的。因此浮点数不能做精确的比较。

通常的做法是, 如果两个同符号浮点数之差的绝对值小于或等于某一个可接受的误差（即精度）, 就认为它们是相等的, 否则就是不相等的。精度根据具体要求而定。具体可用如下形式进行两个浮点数的比较。

假设有两个浮点型变量 x 和 y, 精度定义为 1e-6, 则正确的比较方式是:

```
if ( fabs ( x-y ) <=1e-6 )  …          //条件成立, 表示x等于y
if ( fabs ( x-y ) >1e-6 )  …           //条件成立, 表示x不等于y
```

同理, x 与 0 比较的正确方式为:

```
if ( fabs ( x ) <=1e-6 )  …   //条件成立, 表示x等于0
if ( fabs ( x ) >1e-6 )  …    //条件不成立, 表示x不等于0
```

其中, fabs()函数用于对浮点数求绝对值, 其具体用法如表 5.2.4 所示。

表 5.2.4   fabs()函数说明

头 文 件	#include<math.h>	
函数原型	double fabs（double x）;	
功　　能	计算实型数 x 的绝对值	
参　　数	x	double 类型
说　　明	求整数的绝对值时不可用该函数, 应该用 abs()函数, 其原型是: int abs（int x）;	
返 回 值	返回实型数 x 的绝对值	

虽然不建议直接使用 "==" 和 "! =" 比较浮点数, 但是可以用 ">" 和 "<" 直接比较浮点数的大小。

除了需要注意以上的常见错误外, 还需要注意:

为了运算的效率, 逻辑运算符&&和||有一些较为特殊的属性, 由这两个符号连接的表达式在求值时, 如果在运算过程中可以知道最终结果为真或假后, 将立即停止计算, 这个特性被称为 "短路求值"。

例如，假设 a 的值是 20，b 的值是 10,c 的值是 0，请问机器在执行表达式（a<b）&&（b=c）后，a、b、c 的值各为多少？

机器在计算表达式（a<b）&&（b=c）时，首先计算 a<b 的值，结果为假，对于 && 的运算，只要运算的一个量为假则结果为假，因此 a<b 的值决定了最终结果，这样，后面的计算就被停止，即 b=c 是不被执行的。这一点也需要读者注意。因此，在表达式被执行后，a、b、c 的值维持原样，b 的值并不会被 c 更改为 0。

5.3 if 语 句

if 语句是实现选择结构最常用的语句，其使用形式很灵活，表示能力非常强大，通常可描述任意形式的选择结构。

5.3.1 if 语句的 3 种基本形式

1. if 语句的基本形式之一

if（表达式） 语句A

执行该语句时，先计算表达式的值，如果其值为真（即表达式的值为非零），则执行 if 语句的内嵌语句 A；如果其值为假（即表达式的值为 0），则不执行 if 语句的内嵌语句，这样形式的 if 语句常被称为一分支选择结构，其执行方式可用图 5.3.1 表示。

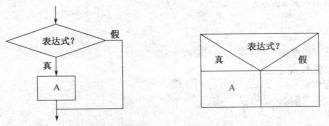

（a）传统流程图表示的一分支选择结构　　　（b）N-S流程图表示的一分支选择结构

图 5.3.1 if 语句的基本形式之一

例如：

```
if ( x>0 ) printf ( "result is %d.\n", x ) ;
```

通常，这样的形式用于一种情况的处理。需要注意 if 语句中的表达式通常是关系运算或逻辑运算或者两者的混合，但也可以是其他任意合法表达式，如算术表达式、赋值表达式，甚至是一个简单的对象或值。

例如：

```
if ( success ) printf ( "you are won!\n" ) ;
```

其中，success 是一个变量，只要其值不为零，则认为表达式的结果为真。这样的写法等价于下面的写法：

```
if ( success!=0 ) printf ( "you are won!\n" ) ;
```

在熟悉了 C 语言中对逻辑量的约定后，"if（success）"的写法更为简洁。

2. if 语句的基本形式之二

if（表达式） 语句A
else 语句B

执行该语句时，先计算表达式的值，如果其值为真（即表达式的值为非零），则执行语句 A；如果其值为假（即表达式的值为 0），则执行语句 B，这样形式的 if 语句常被称为两分支选择结构，其执行方式可用图 5.3.2 表示。

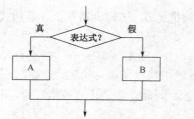

（a）传统流程图表示的两分支选择结构　　（b）N-S流程图表示的两分支选择结构

图 5.3.2　if 语句的基本形式之二

例如：

```
if ( x>=y )
    printf ( "The larger number is %d.\n", x ) ;
else
    printf ( "The larger number is %d.\n", y ) ;
```

通常，这样形式的 if 语句用于两种情况的处理。需要注意的是，如果 else 和 if 之间有多于一条的语句，必须用花括号把这些语句括起来形成复合语句，否则编译器会报错，错误提示是：else 放错了位置。也就是找不到匹配的 if 了。例如：

```
if ( x>=y )
{                    //else和if之间多于一条语句时，必须用花括号形成复合语句
  max=x;
  printf ( "The larger number is %d.\n", x ) ;
  }
else
    printf ( "The larger number is %d.\n", y ) ;
```

3．if 语句的基本形式之三

```
if ( 表达式1 ) 语句1
else if ( 表达式2 ) 语句2
    …
else 语句n
```

该语句执行时，各表达式的值将被依次求值，一旦某个表达式的值为真，则执行与之对应的语句，并终止整个语句序列的执行。总之，这 n 个语句，只有一个语句有机会执行，即自上而下的第一个值为真的表达式后对应的语句被执行，或者当所有表达式的值为假时，最后一个语句会被执行。其中各语句既可以是单条语句，也可以是用花括号括着的复合语句，这样形式的 if 语句常被称为多分支选择结构，其执行方式可用图 5.3.3 表示。

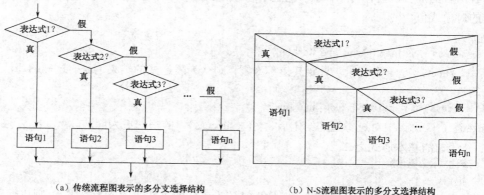

（a）传统流程图表示的多分支选择结构　　　（b）N-S流程图表示的多分支选择结构

图 5.3.3　if 语句的基本形式之三

例如：

```
if ( x>y )
    printf ( "x>y.\n" );
else if ( x==y )
    printf ( "x==y.\n" );
else
    printf ( "x<y.\n" );
```

通常，这样形式的 if 语句用于多种情况的处理，也称为多路判定或多重判定。

例如，编写程序找出 3 个整数中的最大值并输出。

任何一个任务，都可以有多种方法实现。可以用如下三种方法实现该任务。

方法一：
```
#include <stdio.h>
int main(void)
{
    int a, b, c, max;          //a、b、c用于存放题目中描述的三个整数，max用于存放最大值
    printf("请输入3个整数: ");
    scanf("%d,%d,%d", &a, &b, &c);   //从键盘输入三个值，分别赋给a、b、c
    if( a>b )                  //if语句的第二种形式
        max = a;
    else
        max = b;
                               //增加一个空行，方便读者理解，有没有该空行，不影响程序结果
    if( c>max )                //if语句的第一种形式
        max = c;
    printf("最大值是%d\n", max);
    return 0;
}
```

程序运行结果如下：
```
请输入3个整数: 10,30,20
最大值是30
Press any key to continue
```

在这段代码中，共使用了两条 if 语句，求得了三个数的最大值，一条两分支的 if 语句和一条一分支的 if 语句。先用两分支的 if 语句将前两个数的较大值赋给中间变量 max，然后比较 max 和 c，如果 c 大于 max，则用 c 更新 max。这段代码很简洁、易懂。也可以都用一分支的 if 语句实现本任务，代码如下：

方法二：
```
#include <stdio.h>
int main(void)
{
    int a, b, c, max;
    printf("请输入3个整数: ");
    scanf("%d,%d,%d", &a, &b, &c);
    max = a;            //用a给max赋初值
    if( b>max )         //if语句的第一种形式
        max = b;
                        //增加一个空行，方便读者理解;有没有该空行，不影响程序结果
    if( c>max )         //if语句的第一种形式
        max = c;
    printf("最大值是%d\n", max);
    return 0;
}
```

这段代码的实现是先将第一个数赋给 max，然后用一分支的 if 语句将 max 依次与剩余的数逐个比较，如果发现有比 max 更大的值，就用该数给 max 重新赋值，比较完所有的数后，max 就是最大值。这段代码也很简洁、易懂。也可以用一条多分支的 if 语句实现本任务，代码如下：

方法三：
```
#include <stdio.h>
int main(void)
{
    int a, b, c, max;
    printf("请输入3个整数: ");
    scanf("%d,%d,%d", &a, &b, &c);
    if( a>=b&&a>=c )          //这是一条if语句，if语句的第三种形式
        max = a;
    else if( b>=a&&b>=c )
        max = b;
    else
        max = c;
    printf("最大值是%d\n", max);
    return 0;
}
```

这段代码的功能虽然也是正确的，但其清晰程度没有上面的那两种方法好，主要原因在于 if 语句中的条件设计的相对复杂了点儿。条件复杂容易隐含错误，比如上面代码中的 if 语句，如果不小心写成下面这种形式：

```
if( a>b&&a>c )
        max = a;
else if( b>a&&b>c )
        max = b;
    else
        max = c;
```

这段代码粗看似乎是没有问题，但如果仔细测试就会发现有漏洞，假设 a、b、c 输入的值分别是 "5，5，2"，那么，条件 "a>b&&a>c" 测试的值就是 "5>5&&5>2"，由于 "5>5" 不成立，因此整个表达式不成立。同样 "b>a&&b>c" 也是不成立的。由于 if 语句的前两个表达式 "a>b&&a>c" 和 "b>a&&b>c" 都不成立，那么，就该执行 "max=c;"，这样，max 最后的值就是 2 了，显然，这是一个错误的结果。

从这个例子中可以看出：其一，设计程序时应该尽可能少用复杂的条件，复杂的条件容易隐含错误；其二，设计程序时，应尽可能分步解决问题，这样既可以简化条件，还可以使程序结构清晰，减少错误的产生。对于初学者，往往不善于分步解决问题，喜欢用一条语句或一个表达式解决尽可能多的问题，这样就会把语句或表达式写得很复杂。因此，建议初学者在解决问题时一定要想办法简化代码，通常分步解决问题是简化代码的好方法，如上面的方法一和方法二的设计。

☞注意：if（a>=b&&a>=c）中关系表达式的常见错误形式。

将 if（a>=b&&a>=c）写成 if（a>=b>=c）。在 5.2 节中解释过，表达式 a>=b>=c 是合法但不合理的表达式。目前的编译器还没有足够的智能告诉你这是不符合逻辑的，只能由读者自己注意回避。

将 if（a>=b&&a>=c）写成 if（a>=b,a>=c）。逗号表达式（a>=b,a>=c）也是合法但不合理的表达式，读者应该注意回避。

5.3.2 if 语句的嵌套

有时程序中需要处理的情况分很多种，其对应的判断也很复杂，只用 if 语句的三种基本形式不能方便、直观地表示各种复杂的多分支判断，这样就需要将 if 语句的三种形式进行嵌套来处理。C 语言支持 if 语句的三种形式进行任意嵌套，来表示各种复杂的多分支判断。

if 语句的嵌套，应用得非常普遍。例如，把引例部分的体质指数计算的任务加上出错处理，就需要用到 if 语句的嵌套，代码如下：

```
#include <stdio.h>
int main(void)
{
    double BMI, weight, height;
    printf("请输入体重(kg)和身高(m),且用逗号分隔: ");
    scanf("%lf,%lf", &weight, &height);
    if( weight<=0 || height<=0 )          //外层的if语句:if语句的第二种形式
        printf("输入错误! \n");
    else
    {                                     //复合语句开始
        BMI = weight / (height * height);
        printf("BMI=%.2f\n", BMI);
        if( BMI<18.5 )                    //内嵌的if语句:if语句的第三种形式
            printf("您的体重过轻! \n");
        else if( BMI<=25 )
                printf("您的体重正常! \n");
            else
                printf("您的体重过重! \n");
    }                                     //复合语句结束
    return 0;
}
```

程序运行结果如下：

（1）

```
请输入体重(kg)和身高(m),且用逗号分隔: -5,1.6
输入错误!
Press any key to continue
```

（2）

```
请输入体重(kg)和身高(m),且用逗号分隔: 80,1.65
BMI=29.38
您的体重过重!
Press any key to continue
```

上面的代码中，外层使用了 if 语句的第二种形式，在其 else 的内嵌语句中使用了 if 语句的第三种形式。注意外层 else 的语句是多条子语句构成的复合语句，因此不要把花括号丢了。如果花括号丢了，编译器也不会报错，只是程序的结果有问题。读者自己在开发环境中可以测试一下没有花括号的情况，仔细测试选择结构的每一个分支，就会发现问题。此外，还需要注意的是，if 语句的嵌套形式很容易导致歧义，例如：

```
if ( n>0 )
    if ( a>b )
        z = a;
    else
        z = b;
```

这段代码可以理解为是外层 if 语句的第一种形式，内嵌语句是 if 语句的第二种形式；也可以理解为，外层是 if 语句的第二种形式，内嵌了 if 语句的第一种形式。编译器到底怎么处理呢？从缩进形式上看，似乎 else 与最近的 if 匹配，其实 else 的匹配和缩进无关，哪怕 else 没有做缩进也是和最近的 if 匹配，因为 C 语言中约定：将每个 else 与前面最近的一个没有配对的 if 进行匹配！如果默认的匹配不符合我们的要求，则可以使用花括号强制实现想要的匹配关系。如下面的形式：

```
if ( n>0 )
{                       //用于将花括号外面的else和花括号里面的if隔开
    if ( a>b )
        z = a;
}
else
    z = b;
```

由于花括号外面的 else 不能和花括号里面的 if 匹配，因此，else 就只能和花括号上方的 if 匹配。因此在不确定 else 和哪一个 if 匹配，或者想更改编译器默认的匹配处理时，可以使用花括号。

花括号在 C 语言中很重要，有多种用途，希望读者能正确地使用。

（1）花括号是函数体的界定符，用于说明函数体的开始和结束。

（2）花括号是复合语句的界定符，用于说明哪些语句构成一个完整的语句块。语句块的执行特点是：如果要执行，则整个语句块的所有子语句都被执行；否则，整个语句块会被跳过。

（3）花括号可以用于改变 if 和 else 的默认匹配关系，如上面的例子。

5.4 条件运算符

某些 if 语句可以用条件运算表达式形成的语句来取代，如下面这条语句：

```
if ( a>b )
  max = a;
else
  max = b;
```

这条 if 语句用于求 a 与 b 中的较大值，并将结果保存到 max 中。类似这样的语句，可以用条件运算表达式形成的语句来代替，程序将更加简洁。条件运算表达式使用条件运算符来实现，条件运算表达式的写法如下：

```
表达式1 ? 表达式2 : 表达式3
```

其中，" ? :"是条件运算符，也是 C 语言中唯一一个三元运算符或三目运算符。系统在执行条件运算表达式时，首先计算表达式 1 的值，如果其值不等于 0（即值为真），则计算表达式 2 的值，并以该值作为条件运算表达式的最终结果，否则计算表达式 3 的值，并以该值作为条件运算表达式的最终结果。

☞注意：在条件运算表达式中，表达式 2 与表达式 3 中只能有一个表达式被计算。

根据语义，条件运算表达式等价于如下的 if 语句结构：

```
ResultType retValue; //表示定义一个变量retValue，类型为ResultType（可以是int、float等）
if（表达式1）
          retValue=表达式2；
else
          retValue=表达式3；
```

因此，上面的 if 语句可以改写为：

```
max = ( a>b ) ? a : b;
```

其中 a>b 两侧的括号可省，因为条件运算符（? :）的优先级非常低，仅高于赋值和逗号运算符。但建议使用圆括号，这样可以使充满运算符的条件运算表达式更易于阅读。

利用条件运算表达式编写代码需要一些技巧，但可以比用等价的 if 语句编写的代码更紧凑一些。例如，将大写字母转换为小写字母：

```
ch = ( ch >= 'A' && ch <= 'Z' ) ? ch+32 : ch;
```

条件运算符也支持嵌套，如下面这个表达式：

```
a > ( b>c?b:c ) ? a : b>c ? b : c
```

条件运算符具有右结合性，因此嵌套的条件运算符应该从右到左计算。这个表达式可以求得 a、b、c 三个数中的最大值，可以把它再赋给 max，如下面这样的写法：

```
max = a > ( b>c?b:c ) ? a : b>c ? b : c;
```

虽然这个表达式可以求得三个数的最大值，但嵌套的条件运算符会明显导致代码不可读，因此，建议读者尽可能少用嵌套的条件运算符。

5.5 switch 语句

如果遇到多路判定的情况，除了可以用 if 语句之外，还可以使用 switch 语句。其基本格式如下：

```
switch（表达式）
{
case  常量表达式1:  [语句序列1]
…
case  常量表达式n:  [语句序列n]
default : [语句序列]
}
```

该语句在执行时会测试表达式的值是否与某个 case 后的常量表达式的值相等，如果相等，则从该 case 后的语句执行；如果没有一个 case 后的常量表达式的值和其相等，则从 default 后的语句开始执行。

通常，switch 语句的每个 case 都由一个整数值常量或常量表达式（可以是 char 类型，但不能是浮点型）标记，default 是可选的，且各 case 和 default 的排列次序可以是任意的。

例如，编写一个简单的点菜程序。根据用户选择的菜单项，输出对应菜谱的价格，代码如下：

```c
#include <stdio.h>
int main(void)
{
    char choice;    //变量choice,用于存放用户输入的菜单选项
    double price;   //变量price,用于存放菜谱价格
    //输出一个菜单
    printf("|-----------------------------------------------|\n");
    printf("|------------------菜 谱------------------|\n");
    printf("|-----------------1、鱼香肉丝套餐-----------------|\n");
    printf("|-----------------2、卤肉蘑菇套餐-----------------|\n");
    printf("|-----------------3、牛肉洋葱套餐-----------------|\n");
    printf("|-----------------0、退出 -----------------|\n");
    printf("|-----------------------------------------------|\n");
    printf("请输入您的选项（1、2、3或0）：");
    scanf("%c",&choice);
    switch(choice)
    {
        case '1': price=18.5;
                  printf("您选择了鱼香肉丝套餐，价格为：%0.2f。\n",price);
                  break;
        case '2': price=20.5;
                  printf("您选择了卤肉蘑菇套餐，价格为：%0.2f。\n",price);
                  break;
        case '3': price=22;
                  printf("您选择了牛肉洋葱套餐，价格为：%0.2f。\n",price);
                  break;
        case '0': printf("您选择了退出。\n");
                  break;
        default:  printf("您输入的选项错误。\n");
    }
    return 0;
}
```

程序运行结果如下：

switch 语句中的 break 非常重要，它将导致程序的执行立即从 switch 语句中退出，结束 switch 语句的执行。事实上，在 switch 语句中，case 后的常量表达式的作用只是一个标号，并不能使各分支互斥、独立，因此，某个分支中的代码执行完后，如果没有 break 语句，程序将进入下一分支继续执行，直到遇到 break 语句或 switch 语句结束。break 语句还可以强制控制从循环语句中退出，对于这一点，将在下一章详细介绍。

多数情况下，为了防止直接进入下一个分支执行，每个分支后必须加一个 break 语句来结束 switch 内嵌语句的连续执行，但有些时候也需要把若干分支组合在一起，执行一样的操作，以减少冗余代码。如果要把多个分支合并，就不需要再加 break 语句了，如查询北京市某时间段车辆的限行时间，程序代码实现如下：

```c
#include <stdio.h>
int main(void)
{
    int number;             //变量number，用于存放用户输入的车牌尾号
    printf("请输入您车的尾号：");
    scanf("%d",&number);
    switch(number)
    {
        case 0:
        case 5: printf("您的车在星期五限行！\n");
                break;
        case 1:
        case 6: printf("您的车在星期一限行！\n ");
                break;
        case 2:
        case 7: printf("您的车在星期二限行！\n ");
                break;
        case 3:
        case 8: printf("您的车在星期三限行！\n ");
                break;
        case 4:
        case 9: printf("您的车在星期四限行！\n ");
                break;
        default: printf("您输入的车的尾号不合理，应输入0-9的数字！\n ");
    }
    return 0;
}
```

程序运行结果如下：

```
请输入您车的尾号：0
您的车在星期五限行！
Press any key to continue
```

如果执行该代码，从键盘输入 0，则程序从"case 0"后面的语句开始执行，由于"case 0"之后没有语句，则程序顺序执行"case 5"后面的代码，直到遇到 break 语句，结束整个 switch 语句的执行。在本段程序中，"case 0"和"case 5"需要执行同样的代码，也就是这两个分支需要合并，那么在前面的分支"case 0"之后就不应该再加 break 语句。

5.6 选择结构程序设计举例

使用选择结构设计程序，需要熟悉条件的设置和选择结构对应语句的用法。条件的设置主要包括关系运算表达式和逻辑运算表达式的合法写法，而实现选择结构对应的语句主要包括 if 语句和 switch 语句。

【例 5.1】编程设计一个简单的猜数游戏：先由计算机"想"一个 1～100 之间的整数请玩家猜，如果玩家猜对了，则计算机给出提示"恭喜您！猜对了！"，否则提示"错！"，并告诉玩家所猜的数相比计算机"想"的数，是大了还是小了。

（1）分析问题。本例中的难点是如何让计算机"想"一个数。"想"反映了一种随机性，可以用 C 的标准库的 rand()函数产生计算机"想"的数。

rand()函数的具体说明如表 5.6.1 所示。

表 5.6.1 rand()函数说明

头 文 件	#include<stdlib.h>
函数原型	int rand（void）；
功　　能	产生一个[0, RAND_MAX]之间的随机数；RAND_MAX 通常小于等于 32767
参　　数	无
说　　明	（1）函数 rand()遵循固定算法产生的随机数既是随机的，又是规律的，但不是绝对理想状态的随机数，因此也称为伪随机数 （2）相关函数：srand()和 time()函数 （3）调用此函数前，必须利用 srand()函数设置随机数种子，如果未设置种子，rand()函数在调用时自动调用 srand()函数设置种子为 1，即 srand(1)；若种子是固定值，则 rand()函数每次执行的结果都是一样的
返 回 值	在 VC6 中，返回一个介于[0, 32767]之间的伪随机数

rand()函数产生一个[0,RAND_MAX]之间的随机数，RAND_MAX 是在头文件 stdlib.h 中定义的符号常量，因此，使用该函数时，需要包含头文件 stdlib.h。ANSI C 标准规定 RAND_MAX 的值不大于双字节整数的最大值 32767。通常，可以利用表达式"rand()%N+a"，产生[a,N-1+a]之间的整数值（N 小于等于 32767）。

（2）设计程序。

① 数据描述。游戏中需要处理两个对象，一个是计算机"想"的数，另一个是玩家输入的数，将这两个对象分别定义如下：

```
int magic; //存储计算机"想"的数
int guess; //存储玩家输入的数
```

② 算法设计。根据游戏的执行流程，算法设计如下：

步骤 1：通过调用随机函数任意"想"一个[1，100]之间的数 magic。

步骤 2：输入玩家猜的数 guess。

步骤 3：如果 guess>magic，则给出提示："错！您的数大了！"。

步骤 4：否则，如果 guess<magic，则给出提示："错！您的数小了！"。

步骤 5：否则，意味着 guess=magic，则给出提示："恭喜您！猜对了！"。

根据上面的设计步骤，对应的算法流程图，如图 5.6.1 所示。

（3）程序实现。用 C 语言实现如上算法的代码如下：

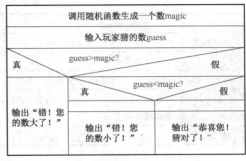

图 5.6.1　猜数游戏算法流程图

```
#include <stdio.h>
#include <stdlib.h>               //rand()函数对应的头文件：stdlib.h
int main(void)
{
    int magic, guess;            //magic存放计算机"想"的数，guess存放玩家猜的数
    magic = rand() % 100 + 1;    //调用rand()函数，产生一个1~100之间的随机数
    printf("请输入一个您猜测的数：");
    scanf("%d", &guess);         //输入玩家猜的数
    if( guess>magic )            //猜大了
        printf("错！您的数大了！\n");
    else if( guess<magic )       //猜小了
        printf("错！您的数小了！\n");
    else
        printf("恭喜您！猜对了！\n");//猜对了
    return 0;
}
```

（4）运行测试。程序执行结果如下：

```
请输入一个您猜测的数：50
错！您的数大了！
Press any key to continue
```

（5）完善设计。如果你对计算机每一次产生的随机数到底是多大感兴趣，很有可能你会在语句"magic=rand()%100+1;"之后，用"printf（"magic=%d\n",magic）;"输出 magic 的值来查看，然后，你会发现每一次运行该程序，计算机居然"想"了同一个值。这是什么原因呢？

其实 rand()函数生成的随机数只是个伪随机数，默认情况下，连续调用 rand()函数所产生的一系列数都是相同的。那么如何使程序每次执行产生不同的随机数呢？可以通过调用标准库的 srand()函数为 rand()函数设置随机数种子来实现。srand()函数的调用形式是：

```
srand ( seed );
```

只要每次调用提供不同的种子，则 rand()函数将产生不同的随机数。通常，可以使用计算机读取其时钟值，并把该值自动设置为随机数种子，就可以很方便地产生不同的随机数。也就是使用如下语句：

```
srand ( time ( NULL ) );
```

使用 time()函数时，需要包含头文件 time.h，该函数通过函数参数和函数返回值返回以秒计算的当前系统时间。这里，使用 NULL 作为 time()函数的参数，使其不具有从函数参数返回时间值的功能，仅从返回值取得系统时间并将其作为随机数发生器的种子。

srand()函数和 time()函数的具体说明如表 5.6.2 和表 5.6.3 所示。

表 5.6.2　srand()函数说明

头　文　件	#include<stdlib.h>	
函数原型	void srand（unsigned int seed）;	
参　　数	seed	unsigned　int 类型，伪随机数的种子
说　　明	（1）相关函数：rand()和 time() （2）srand()函数通过参数 seed 改变系统提供的种子值，从而可以使得 rand()函数每次调用产生不同的伪随机数，从而实现真正意义上的"随机" （3）通常利用系统时间来设置种子值，用法是 srand（time（NULL））	
返　回　值	无	

表 5.6.3 time()函数说明

头 文 件	#include<time.h>	
函 数 原 型	long int time（long int *pTime）;	
功　　能	获取当前的系统时间	
参　　数	pTime	指向 long int 的指针类型
说　　明	使用 NULL 作为 time()函数的参数时，返回系统当前时间；如果给定参数 pTime，则将系统时间存储在 pTime 指向的存储空间中	
返 回 值	在 VC++6.0 中，返回自 1970 年 1 月 1 日 0 时 0 分 0 秒到当前系统时间经过的秒数，是一个长整型	

程序修改如下：

```
#include <stdio.h>
#include <stdlib.h>                    //rand()函数对应的头文件是：stdlib.h
#include <time.h>                      //time()函数对应的头文件是：time.h
int main(void)
{
    int magic, guess;                  //magic存放计算机"想"的数，guess存放玩家猜的数
    srand(time(NULL));                 //为函数rand()设置随机数种子
    magic = rand() % 100 + 1;          //调用rand()函数，产生一个1~100之间的随机数
    printf("请输入一个您猜测的数：");
    scanf("%d", &guess);               //输入玩家猜的数
    if( guess>magic )                  //猜大了
        printf("错！您的数大了！\n");
    else if( guess<magic )             //猜小了
        printf("错！您的数小了！\n");
        else
            printf("恭喜您！猜对了！\n");//猜对了
    return 0;
}
```

同样，可以在语句"magic=rand()%100+1;"之后，用"printf（"magic=%d\n",magic）;"输出 magic 的值来查看，然后，你会发现每一次运行该程序，计算机"想"的值都不一样了。

这段程序的缺陷是玩家不能连续猜数，只有一次猜测的机会，这也太难猜中了啊！如果想增加连续猜测的功能，通常要用到循环结构，在学习了下一章的内容后，读者可以自己增加连续猜测的功能。

【例 5.2】从键盘输入三个整数 a、b、c，按从小到大的顺序排序后输出。

（1）分析问题。将用户按任意顺序输入的三个数排序，可以通过将所有的数两两比较，将最小的数放在 a 中，次小的数放在 b 中，最大的数放在 c 中，然后按"a、b、c"的顺序输出，即可实现既定的目标。

假设，用户为 a、b、c 输入的三个数分别是 30、20、10，具体的比较过程如下：

① 首先，将 a 和 b 比较，如果 a>b，则将 a 和 b 的值对调，这样 a 中就会存放了 a、b 两数的较小值。a、b 对调前后的内存情况，如图 5.6.2 所示。

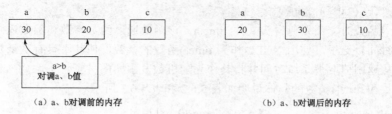

（a）a、b对调前的内存　　　　　　　　　　（b）a、b对调后的内存

图 5.6.2　a、b 对调前后的内存情况

图 5.6.3　a、b 比较流程图

根据我们的设计，a、b 对调是要依赖 a、b 值的大小关系，这样的算法需要用选择结构实现。对应的流程图，如图 5.6.3 所示。

根据流程图，如果 a>b，则执行对调 a、b 值的语句；如果 a≤b，将什么都不执行。在程序设计中，选择结构是应用非常普遍的一种程序控制结构。

② 接下来，将 a 和 c 的值比较，如果 a>c，则将 a 和 c 的值对

调。经过这一步后，a 中就会存放了 a、b、c 三个数中的最小的数。a、c 对调前后的内存情况，如图 5.6.4 所示。

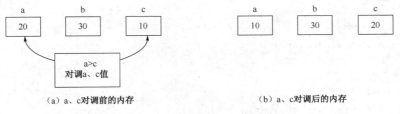

图 5.6.4　a、c 对调前后的内存情况

③ 经过前面的两步后，能够确定 a 中存放了三个数中最小的数。同样的道理，将 b 和 c 比较，如果 b>c，则将 b 和 c 的值对调，这样，b 中一定存放了 b、c 中较小的值，即 a、b、c 三个数中次小的数。a、b 中都存放了最合适的数，就意味着 c 中也存放了最合适的数，即最大值存放在了 c 中。b、c 对调前后的内存情况，如图 5.6.5 所示。

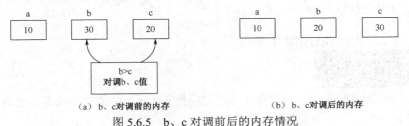

图 5.6.5　b、c 对调前后的内存情况

经过上面的三步操作后，a、b、c 中的数就按从小到大的顺序排好了。

（2）设计程序。

① 数据描述。

```
int a,b,c;          //要排序的三个对象
int temp;           //用于交换两变量值的第三方变量
```

② 算法设计。用完整的 N-S 流程图来描述上面的分析结果，如图 5.6.6（a）所示。上一章中曾经介绍了如何对调两变量的内存值，一个简单的办法是借助第三方变量来完成，将对调两变量值用对应的语句代替，可将流程图进一步细化为如图 5.6.6（b）所示。

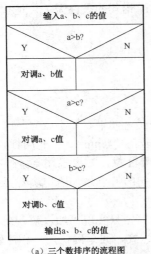

（a）三个数排序的流程图

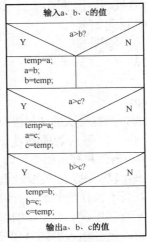

（b）三个数排序的流程图

图 5.6.6　算法设计

（3）程序实现。上面给出了分析和算法，接下来将算法用 C 语言进行描述。其中条件判断的部分可以用 if 语句的第一种形式实现，代码如下：

```c
#include <stdio.h>
int main(void)
{
    int a, b, c, temp;
    printf("请输入3个整数: ");
    scanf("%d,%d,%d", &a, &b, &c);
    if( a>b )         //如果a>b成立，交换a和b的值
    {
        temp = a;
        a = b;
        b = temp;
    }
    if( a>c )    //如果a>c成立，交换a和c的值
    {
        temp = a;
        a = c;
        c = temp;
    }
    if( b>c )            //如果b>c成立，交换b和c的值
    {
        temp = b;
        b = c;
        c = temp;
    }
    printf("%d<%d<%d\n", a, b, c);
    return 0;
}
```

（4）运行测试。程序执行结果如下：

```
请输入3个整数: 30, 20, 10
10<20<30
Press any key to continue
```

（5）总结。关于复合语句，一定要注意别把花括号丢了。C 语言中规定缩进本身不能将多条语句形成复合语句块。因此不要把如下语句：

```c
if( a>b )
{
    temp = a;
    a = b;
    b = temp;
}
```

写成：

```c
if( a>b )
    temp = a;
    a = b;
    b = temp;
```

丢掉复合语句的花括号是初学者容易犯的错误。后面的写法 if 语句的内嵌语句只有"temp=a;"，也就是说，后面的两句"a=b;b=temp;"和 if 语句的条件无关，是独立的语句，即后面这种写法等价的语句如下：

```c
if( a>b )
{
    temp = a;
}
    a = b;
    b = temp;
```

如果 a>b 成立，两种写法的结果没有什么区别；但是，如果 a>b 不成立，前者复合语句中的三条子语句都不执行，但后者的写法，只有第一条语句"temp=a;"不执行，后面两条语句"a=b;b=temp;"将无条件执行。因此，对于初学者一定要注意，如果隶属某条件有多条语句，应该用花括号括起来，以形成完整的复合语句块。复合语句的特点是，语句块若要执行，多条子语句都将被执行；若要不执行，多条子语句都将被跳过。

【例 5.3】编写程序实现一个简单的算术运算器，运算器只实现"加、减、乘和除"的计算即可。运行运算器后，用户输入形如"10+20"这样的表达式，回车确认后，程序输出相应的计算结果。

（1）分析问题。关于这个任务，首先需要考虑要处理的对象有哪些？表达式如"10+20"中

的运算对象和符号都是要在程序中处理的对象，其中符号"+"应该存储在字符型的变量中。除此之外，可以定义一个存放结果的对象。

其次，需要考虑"10+20"这样的表达式应该如何输入？由于符号是存储在字符型变量中，因此，输入格式字符串应该是"%lf%c%lf"（运算对象定义成 double 类型）。输入完成后，应根据符号的情况，做相应的计算，如符号是"+"，则计算两数之和。关于多种符号的判断，既可以用 if 语句实现，也可以用 switch 语句实现。

（2）程序设计。

① 数据描述。

```
double number1,number2,result; //number1和number2存放两个运算的数，result存放结果
char operator;                  //operator用于存放运算符
```

② 算法设计。根据前面的分析，算法步骤如下：

步骤1：以"%lf%c%lf"的格式输入 number1、operator、number2 的值。

步骤2：判断符号 operator

```
            如果是"+"，执行加法运算
            如果是"-"，执行减法运算
            如果是"*"，执行乘法运算
            如果是"/"，判断number2是否是零
            如果number2等于零，输出"除数不为零！"，并结束程序的执行
                否则，执行除法运算
            否则，输出"运算符超出可计算的范围"，并结束程序的执行
```

步骤3：输出运算结果

（3）程序实现。

根据上面的算法，编写程序。其中步骤2的选择结构既可以用 if 语句实现，也可以用 switch 语句实现。接下来先用 if 语句实现。

方法一：使用 if 语句实现选择结构，代码如下：

```c
#include <stdio.h>
#include <stdlib.h>      //exit()函数对应的头文件是：stdlib.h
#include <math.h>        //fabs()函数对应的头文件是：math.h
int main(void)
{
    double number1, number2, result;    //number1和number2存放两个运算的数，result存放结果
    char operator1;                      //operator1用于存放运算符
    printf("请输入形如"10+20"表达式：");  //必须是用半角双引号括整个字符串，而里面是全角符号
    scanf("%lf%c%lf", &number1, &operator1, &number2); //接收形如"10+20"的表达式
    if( operator1== '+' )                //判断运算符，做相应的计算
        result = number1 + number2;
    else if( operator1== '-' )
        result = number1 - number2;
    else if( operator1== '*' )
        result = number1 * number2;
    else if( operator1== '/' )
        if( fabs(number2)<=1e-7 )        //浮点数number2和0判等
        {
            printf("除数不可以为零！\n");
            exit(0);                     //结束程序的执行
        }
        else                             //匹配if(fabs(number2)<=1e-7)
            result = number1 / number2;
    else                                 //匹配if(operator1== '/')
        {
            printf("运算符超出可计算的范围。\n");
            exit(0);                     //结束程序的执行
        }
    printf("%0.2f%c%0.2f=%0.2f\n", number1, operator1, number2, result); //输出运算结果
    return 0;
}
```

（4）运行测试。

① 程序运行结果如下：

```
请输入形如"10+20"表达式： 10*20
10.00*20.00=200.00
Press any key to continue
```

② 除数为 0 的执行情况：

```
请输入形如"10+20"表达式： 8/0
除数不可以为零！
Press any key to continue
```

（5）总结。这段代码在实现除法时，又内嵌了 if 语句，属于 if 语句的嵌套应用，这样的嵌套应用非常普遍，注意不要形成歧义，在语义不确定的情况下，可以用花括号来显式地说明 if 和 else 的匹配关系。此外，该代码中使用了 exit() 函数，它的作用是结束本程序的执行，其对应的头文件是"stdlib.h"。exit() 函数的具体说明如表 5.6.4 所示。

表 5.6.4   exit()函数说明

头 文 件	#include<stdlib.h>	
函 数 原 型	void exit（int x）；	
功 能	结束当前程序的执行	
参 数	x	int 类型，x 的值将被返回给操作系统
说 明	程序若正常结束，返回操作系统 0；反之，则返回非零值	
返 回 值	无	

如果没有 exit() 函数，程序会有什么问题呢？假设用户输入了"+、-、*、/"之外的符号，程序不但输出了"运算符超出可计算的范围。"，而且还会输出"printf（"%0.2f%c%0.2f=%0.2f\n",number1,operator,number2,result）;"这一句执行的结果，可想而知，后者的输出一定不是我们想要的。

📖 自主学习：exit()函数和 return 语句的区别。

此外，还需注意提示用户的语句：

```
printf（"请输入形如"10+20"表达式："）;
```

整个字符串必须用半角的双引号括起来，但包含"10+20"的双引号应该是全角的双引号，如果里面的双引号也用半角的，就必须转义成这样的形式：\"。

（6）重构代码。

方法二：使用 switch 语句实现，代码如下：

```c
#include <stdio.h>
#include <math.h>            // fabs()函数对应的头文件是math.h
#include <stdlib.h>          // exit()函数对应的头文件是stdlib.h
int main(void)
{
    double number1, number2, result;        //number1和number2存放两个运算的数，result存放结果
    char operator1;                         //operator用于存放运算符
    printf("请输入形如"10+20"表达式： ");    //必须是用半角双引号括整个字符串，而里面的是全角符号
    scanf("%lf%c%lf", &number1, &operator1, &number2);    //接收形如"10+20"的表达式
    switch(operator1)                       //判断运算符，做相应的计算
    {
    case '+': result=number1+number2;
              break;
    case '-': result=number1-number2;
              break;
    case '*': result=number1*number2;
              break;
    case '/': if(fabs(number2)<=1e-7)   //浮点数number2和0判等
              {
                    printf("除数不可以为零！\n");
                    exit(0);            //结束程序的执行
              }
              else
                    result=number1/number2;
              break;
    default: printf("运算符超出可计算的范围。\n");
             exit(0);                   //结束程序的执行
    }
    printf("%0.2f%c%0.2f=%0.2f\n",number1,operator1,number2,result); //输出运算结果
    return 0;
}
```

if 语句和 switch 语句都可以用来实现选择结构，什么时候该使用 switch，而什么时候又该使

用 if 语句呢？如果条件测试是基于求浮点型变量或表达式的值，就不能使用 switch。如果变量必须落入某个范围，也不能很方便地使用 switch 语句。用 if 语句表示某变量必须在某个范围是很容易的，如 if（integer>=0&&integer<=100）。很不幸，如果用一个 switch 语句覆盖该范围将涉及为 0 到 100 的每个整数建立 case 标签的问题。然而，如果可以使用 switch 语句，通常程序的结构会更清晰。因此，if 语句比 switch 语句更通用，但 switch 语句比 if 语句更具有可读性。

此外，需要注意 switch 没有自动跳出某分支的功能，每个 case 子句的结尾不要忘了加上 break，否则当表达式与某个 case 标号匹配并执行完它的语句序列后，将接着执行下面 case 标号的语句序列，这就导致多个分支的合并。除非有意让多个分支共享一段代码，否则需要 break 将每个 case 形成独立分支。break 的作用就是跳到 switch 结构的结尾处，结束 switch 语句的执行。

5.7 案例——"学生成绩管理系统"中用户菜单的选择

任务描述

本章继续实现"学生成绩管理系统"的框架结构。在上一章中，将整个框架结构分为三个任务来逐步实现，这三个任务具体功能划分如下。

（1）任务一：实现"主菜单"的显示。

（2）任务二：实现"主菜单"的选择。

（3）任务三：实现"主菜单"的重复选择。

其中任务一关于"主菜单的显示"功能，已经在上一章完成。本章将在上一章的基础上实现任务二的功能。任务二是能让用户选择任务一输出的菜单项，即用户可以从键盘输入 0～8 之间的一个字符，然后显示对应的菜单项信息。如用户输入"1"字符，则程序输出：您选择了"1——创建成绩单"；如果用户输入的字符不在 0～8 之间，则输出："您输入的编号不符合要求！"。程序运行界面如图 5.7.1 所示。

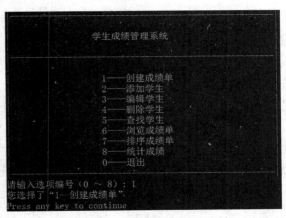

图 5.7.1　选择菜单的运行界面

数据描述

由于程序要读入并处理用户输入的菜单选项，因此需要定义一个存放菜单项的变量。菜单项变量的取值是 0～8 的数字，因此变量的类型可以定义为整型（int）或字符型（char），本任务选用了字符型（char）。具体描述如下：

```
char choice; //存放用户输入的菜单选项
```

显示菜单
提示用户输入选项编号
读入用户输入的选项编号
根据编号值输出对应的菜单项信息

图 5.7.2　选择菜单程序流程图

算法描述

程序流程如图 5.7.2 所示。

算法中读入用户输入的选项编号采用 getche()函数完成，该函数和 getchar()函数的区别是，getche()函数在用户输入完菜单的选项编号后，无须按 Enter 键即可被程序变量读入。该函数的具体说明如表 5.7.1 所示。

表 5.7.1　getche()函数说明

头 文 件	#include<conio.h>
函数原型	int getche（void）;
功　　能	读入用户从键盘输入的字符
参　　数	无
说　　明	用户输入字符后，无须回车即可读入该字符
返 回 值	返回读入字符的 ASCII 值

　　算法中关于用户选择了菜单项后的处理既可以用 if 语句，也可以用 switch 语句实现，因为程序中对编号值的判断，本质上是整型数或字符型数据的判等。在多项选择结构中，如果 if 和 switch 语句都适用，建议选用 switch 语句，其程序结构更为清晰。

程序实现

　　根据上面的算法，程序实现的代码如下：

```c
#include <stdio.h>
#include <stdlib.h> //包含system函数对应的头文件
#include <conio.h>  //包含getche函数对应的头文件
int main(void)
{
    char choice;    //用于存放用户输入的菜单选项编号
    system("cls");  //system("cls")用于执行清屏命令
    printf("    |-------------------------------------------------|\n");
    printf("    |                                                 |\n");
    printf("    |              请输入选项编号（0~8）              |\n");
    printf("    |                                                 |\n");
    printf("    |-------------------------------------------------|\n");
    printf("    |                                                 |\n");
    printf("    |              1 —— 创建成绩单                    |\n");
    printf("    |              2 —— 添加学生                      |\n");
    printf("    |              3 —— 编辑学生                      |\n");
    printf("    |              4 —— 删除学生                      |\n");
    printf("    |              5 —— 查找学生                      |\n");
    printf("    |              6 —— 浏览成绩单                    |\n");
    printf("    |              7 —— 排序成绩单                    |\n");
    printf("    |              8 —— 统计成绩                      |\n");
    printf("    |              0 —— 退    出                      |\n");
    printf("    |                                                 |\n");
    printf("    |                                                 |\n");
    printf("    |-------------------------------------------------|\n");
    printf("                     请选择: ");
    choice=getche();
    switch(choice)
    {
        case '1':printf("\t\t 您选择了 "1--创建成绩单" \n");break;
        case '2':printf("\t\t 您选择了 "2--添加学生" \n");break;
        case '3':printf("\t\t 您选择了 "3--编辑学生" \n");break;
        case '4':printf("\t\t 您选择了 "4--删除学生" \n");break;
        case '5':printf("\t\t 您选择了 "5--查找学生" \n");break;
        case '6':printf("\t\t 您选择了 "6--浏览成绩单" \n");break;
        case '7':printf("\t\t 您选择了 "7--排序成绩单" \n");break;
        case '8':printf("\t\t 您选择了 "8--统计成绩" \n");break;
        case '0':printf("\t\t 您选择了 "0--退出"\n");break;
        default:printf("\t\t 您输入的编号不符合要求! \n");
    }
    return 0;
}
```

　　用户输入某个菜单项后，目前只做了简单的输出提示。在整个程序框架都实现完成后，再逐步实现各个菜单项的具体功能，这种先实现整体框架，后逐步细化的设计方式是常用的、合理的程序设计方法。

☞注意：输出函数 "printf（"\t\t 您选择了 "1——创建成绩单" \n"）;" 的参数是一个字符串，整个字符串必须用半角双引号括起来，而字符串内部的双引号是全角的。如果字符串内部使用半角双引号，必须转义才可，即写成：
　　　printf（"\t\t 您选择了\"1——创建成绩单\"\n"）;

本 章 小 结

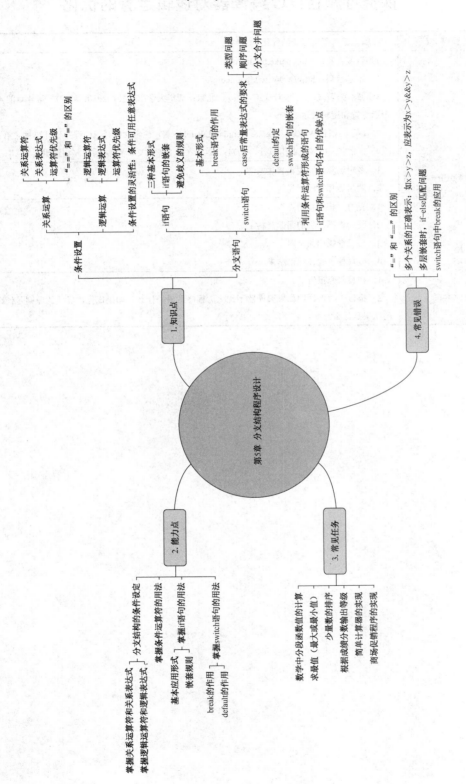

第5章 分支结构程序设计

1. 知识点

条件设置
- 关系运算
  - 关系运算符
  - 关系表达式
  - 运算符优先级
  - "=="和"="的区别
- 逻辑运算
  - 逻辑运算符
  - 逻辑表达式
  - 运算符优先级
- 条件设置的灵活性：条件句可用任意表达式

分支语句
- if语句
  - 三种基本形式
  - if语句的嵌套
  - 避免歧义义的规则
- switch语句
  - 基本形式
  - break语句的作用
  - case后常量表达式的要求
  - default的定义
  - switch语句的嵌套
- 利用条件运算和switch语句形成语句各自的优缺点
- if语句和switch语句的应用
  - 类型问题
  - 顺序问题
  - 分支合并问题

2. 能力点
- 掌握关系运算符和关系表达式
- 掌握逻辑运算符和逻辑表达式
- 分支结构的条件设定
- 掌握条件运算符的用法
- 掌握if语句的用法
  - 基本应用形式
  - 嵌套规则
- 掌握switch语句的用法
  - break的作用
  - default的作用

3. 常见任务
- 数学中分段函数值的计算
- 求最值（最大或最小值）
- 少量数的排序
- 根据成绩分数输出等级
- 简单计算器的实现
- 商场促销程序的实现

4. 常见错误
- "="和"="的区别
- 多个关系的正确表示：如x＞y＞z，应表示为x＞y&&y＞z
- 多层嵌套时，if-else匹配问题
- switch语句中break的应用

探究性题目：C 编译器对逻辑运算的优化

题目	C 编译器对逻辑运算的优化
阅读资料	1．百度百科：http://baike.baidu.com/ 2．维基百科：http://www.wikipedia.org/ 3．谭浩强著. C 程序设计（第 4 版）. 北京：清华大学出版社，2010：92-97（第 4 章的 4.4 节 逻辑运算符和逻辑表达式） 4．（美）Brian W. Kernighan & Dennis M. Ritchie 著，徐宝文等译《C 程序设计语言（第 2 版·新版）》. 北京：机械工业出版社，2004：32-33（第 2 章的 2.6 节 关系运算与逻辑运算）
相关知识点	1．逻辑运算符和逻辑表达式 2．逻辑运算符的优先级
参考研究步骤	1．复习"相关知识点" 2．阅读教师提供的阅读资料 3．自己查找相关资料 4．编写程序验证优化结果
具体要求	1．撰写研究报告 2．报告中举例说明如果编译器不优化，程序结果是什么？如果优化，优化的原则是什么，程序的结果是什么？

第6章 循环结构程序设计

6.1 引 例

为了实现个人信息安全，目前很多应用系统都有密码验证功能，并且提供有限次的输入机会。以手机密码验证为例，用户可以重复多次输入密码（图 6.1.1），但是错误的次数不能超过某个上限，若超过会提示用户过一个时间段再尝试。这个密码验证功能就用到了重复多次的输入。

在 C 语言中，循环是一种使用非常广泛的结构，可以使用 C 语言来模拟手机密码验证过程。若要编程实现这个算法，必须掌握循环结构程序设计。下面来学习一下有关循环结构程序设计相关知识。

图 6.1.1 手机密码验证

6.2 概 述

6.2.1 C 语言中实现循环的 5 种机制

在人们日常生活或在程序处理的问题中经常会遇到需要重复处理的问题。为了提高生产效率和降低人类对重复劳动的疲惫，很多领域都引入使用程序控制的机器来取代人工完成一些重复性操作。例如，很多公共服务系统的电子屏幕，产品生产或包装流水线等。这就充分利用了计算的突出优点之一：善于处理大规模有规律的重复性操作。

要在程序中实现循环控制，需要采用循环结构程序设计，循环结构是结构化程序的一种重要结构。在第 2 章我们已经知道，循环结构有两种，分别是当型循环和直到型循环。在循环结构中，重复执行的语句系列被称为循环体。

在 C 语言中实现循环的机制有 5 种：

（1）goto 语句和 if 语句构成循环；

（2）while 语句；

（3）do-while 语句；

（4）for 语句；

（5）函数递归调用。

有关函数递归调用，在"函数"一章将会详细介绍，本章只介绍前四种循环语句。

6.2.2 goto 语句以及用 goto 语句构成循环

goto 在英语中是动词"转到、定位"的意思。在 C 语言中 goto 语句为无条件转向语句，它可以使程序立即跳转到函数内部的任意一条可执行语句。

goto 关键字后面带一个语句标号，该语句标号是同一个函数内某条语句的标号。标号可以出现在任何可执行语句的前面，并且以一个冒号"："作为后缀。goto 后的语句标号就是要跳转的目标，这个标号要在程序的其他地方给出，但是其语句标号要在函数内部。

goto 语句的一般形式为：

goto 语句标号；

这里的语句标号用标识符表示，它的命名规则与变量名相同。在编写程序时，可能会需要两个或两个以上的标号，定义时需要注意，不能在一个函数中出现重名的标号。

下面举一个使用 goto 语句的例子。

【例 6-1】goto 语句的使用。

```c
#include<stdio.h>
int main()
{
    printf("the best wish: \n");
    goto best;
    printf("Happy every day!\n");
best:
    printf("Good health!\n");
    return 0;
}
```

程序运行结果：

```
the best wish:
Good health!
Press any key to continue
```

上面程序中的 best 就是一个语句标号，使用 goto 语句可以控制程序跳转到目标语句"printf（"Good health!\n"）;"，而程序中的"printf（"Happy every day!\n"）;"没有执行。

需要说明：goto 语句的跳转方向可以向前，也可以向后；可以跳出一个循环，也可以跳入一个循环。其一般形式为：

goto 语句通常有两个用途：与 if 语句一起构成循环结构，从多层循环的内层循环跳到外层循环。

尽管 goto 语句是无条件转向语句，但通常情况 goto 可以和 if 语句结合使用构成循环结构。下面介绍一下 if 和 goto 语句构成的循环结构的使用。

【例 6-2】用 if 和 goto 构成的循环实现 1～100 的累加和的求解。

（1）确定问题。求 1～100 的累加和。

（2）程序实现。

```c
#include<stdio.h>
int main()
{
    int i,sum;
    sum=0;
    i=1;
loop:
    if(i<=100)
    {
        sum+=i;
        i++;
        goto loop;
    }
    printf("sum=%d\n",sum);
    return 0;
}
```

（3）程序运行结果：

```
sum=5050
Press any key to continue
```

（4）总结：本程序使用 if 语句和 goto 语句形成一个循环结构，由 if 对表达式进行判断，决定是否执行循环体语句。在循环体内的 goto 语句完成跳转，跳转到 if 语句，再次进行判断，直到 if 条件表达式为假，才结束执行循环体。

☞注意：在编程领域，goto 语句一直是批评和争论的目标，主要的负面影响是使用 goto 语句使程序的可读性变差，甚至成为不可维护的"面条代码"。因此建议只有在不得已时（例如能大大提高效率）才使用。

6.3 循 环 语 句

6.3.1 while 语句

while 语句属于循环结构中的"当型"循环。其一般形式为：

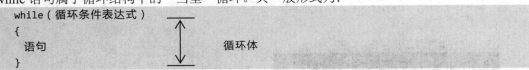

while 语句的特点是：先判断循环条件表达式的真假，再决定是否执行循环体中的语句。如果第一次判断表达式就为假，那么循环体一次也不执行。

循环条件表达式可以是任意类型的表达式，但一般是条件表达式或逻辑表达式。为了便于维护程序和避免错误，建议即使循环体内有一条语句，也要用花括号括起来。

☞注意：while（循环条件表达式）之后没有分号。

while 语句执行流程如图 6.3.1 所示。执行过程如下：
（1）计算表达式的值；
（2）如果表达式的值为"真"，那么就执行循环体语句，并返回步骤（1）；
（3）如果表达式的值为"假"，就退出循环，执行循环体之后的其他语句。

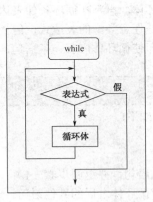

图 6.3.1 while 语句执行流程

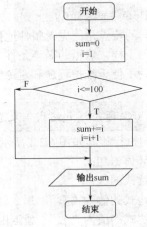

图 6.3.2 使用 while 语句实现累加和

【例 6-3】使用 while 语句实现 1～100 的整数的累加和的求解。
（1）确定问题。本题相当于计算表达式 sum=1+2+3+...+100 的值。
（2）分析问题。需要使用变量 sum 保存累加和的结果，使用变量 i 记录累加项，i 的值取值范围为 1～100。
（3）设计算法。可以把表达式的求解进行分解：

第一步：sum= 0；sum+=1；sum+=2；...；sum+=100；把 1～100 按顺序累加到变量 sum。

第二步：把 1，2，3 用变量 i 来表示，sum=0；i=0；sum+=i；i++；sum+=i；i++；... sum+=i；i++，一直到 i=100 结束。

从第二步的分析，我们可以发现，重复执行的相同语句是"sum+=i；i++；"，这样我们就确认了循环体语句。只要满足 i<=100 就累加一次，因此循环条件表达式是 i<=100。另外特别要注意循环初始值状态 sum=0；i=0。下面给出用 while 语句实现的程序，程序的执行流程图如图 6.3.2 所示。

（4）程序实现：

```
#include <stdio.h>
int main ( )
{
    int i = 1, sum = 0;      //循环初始状态
    while ( i <= 100 )       //循环条件
    {
        sum += i;            //累加和          ⎫
        i++;                 //循环变量增1      ⎬  循环体
    }                                          ⎭
    printf ("sum = %d\n", sum);    //输出结果
    return 0;
}
```

（5）程序运行结果：

```
sum = 5050
Press any key to continue
```

☞思考题：请使用 while 语句实现 10! 的求解。

提示：阶乘求解过程中，保存结果的变量应赋初值为 1。

6.3.2 do-while 语句

do-while 语句属于循环结构中的"直到"型循环。其一般形式如下：

```
do
{
    语句                 ⎫
                         ⎬  循环体
}                        ⎭
while（循环条件表达式）；
```

do-while 语句的特点是：先无条件地执行一次循环体，再判断循环条件表达式的真假。

与 while 语句一样，这里的循环条件表达式可以是任意类型的表达式，但一般是条件表达式或逻辑表达式。为了便于维护程序和避免错误，建议即使循环体内有一条语句，也要用花括号括起来。

☞注意：while（循环条件表达式）之后别漏掉分号。

do-while 语句执行流程如图 6.3.3 所示。执行过程如下：

（1）执行循环体语句；

（2）计算表达式的值；

（3）如果表达式的值为"真"，那么就执行循环体语句，并返回步骤（1）；

（4）如果表达式的值为"假"，就退出循环，执行循环体之后的其他语句。

对于 do-while 语句来说，因为是先执行循环体再判断循环条件为真还是假，所以，循环体语句至少执行一次。

【例 6-4】使用 do-while 语句实现 1～100 之间的整数的累加和的求解。

（1）解题思路。参照例 6-3。

（2）设计算法。程序的执行流程图如图 6.3.4 所示。

（3）程序实现：

```
#include <stdio.h>
int main()
{
    int i = 1, sum = 0;              //循环初始状态
    do
    {
        sum += i;                    //累加和
          i++;                       //循环变量增1
    }
    while ( i <= 100 );              //循环条件
    printf ("sum = %d\n", sum);      //输出sum的值
    return 0;
}
```

循环体

（4）程序运行结果：

```
sum = 5050
Press any key to continue
```

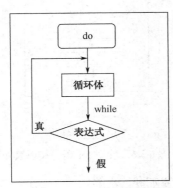

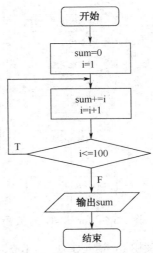

图 6.3.3　do - while 语句执行流程　　　图 6.3.4　使用 do - while 语句实现累加和

☞ 思考题：求 1~100 之间的奇（偶）数和。

　　提示：使循环变量增量为 2，就可以实现。若求偶数和，循环变量 i 的初值可以设置为 2。

6.3.3　for 语句

　　for 语句相当于循环结构中的"当型"循环结构。for 语句不仅功能强大，而且使用非常灵活，特别适用于循环次数确定的循环结构。其一般形式如下：

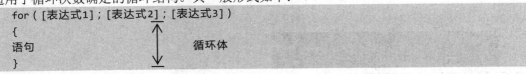

for（[表达式1]；[表达式2]；[表达式3]）
　　{
　　语句　　　　　　　　　　循环体
　　}

　　首先介绍一下三个表达式。

　　表达式 1：一般用于初始化循环控制变量，它决定了循环的初始条件，只执行一次。可以为零个、一个或多个变量设置初值。

　　表达式 2：循环条件表达式，用来判定是否继续循环。在每次执行循环体前先执行此表达式，决定是否继续执行循环。与 while 语句和 do while 语句中的循环条件表达式作用相同。可以执行多次。

　　表达式 3：循环控制变量增值表达式，决定着每执行一次循环之后，循环控制变量如何发生变化。因此循环体每执行一次后，都要执行一次表达式 3。

　　三个表达式可以都没有，但是三个表达式之间的两个分号不能省略。

☞注意： for（[表达式 1]；[表达式 2]；[表达式 3]）之后没有分号。

for 语句执行流程如图 6.3.5 所示。执行过程如下：

（1）先求解表达式 1；

（2）求解表达式 2，若其值为真，执行循环体，然后执行步骤（3）；若为假，则结束循环，转到步骤（5）；

（3）求解表达式 3；

（4）转回步骤（2）继续执行；

（5）循环结束，执行 for 语句之后的语句。

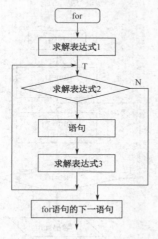

图 6.3.5　for 语句执行流程

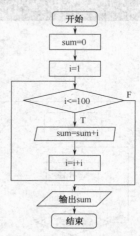

图 6.3.6　使用 for 语句实现累加和

【例 6-5】使用 for 语句实现 1～100 之间的整数的累加和的求解。

（1）解题思路。参照例 6-3。

（2）设计算法。程序的执行流程图如图 6.3.6 所示。

（3）程序实现。

```c
#include <stdio.h>
int main()
{
    int i,sum=0;              //sum赋初值为0
    for( i=1; i<=100; i++)    //循环初值，循环控制条件，循环控制变量增值
    {
        sum=sum+i;            //循环体
    }
    printf("sum=%d\n",sum);   //输出sum的值
    return 0;
}
```

（4）程序运行结果：

```
sum = 5050
Press any key to continue
```

☞思考题：

（1）比较用 while 实现的累加和与用 for 语句实现的累加和程序执行流程是否相同。

（2）输出 1~100 之间能被 7 整除的数。

提示：合理地设置 for 语句的表达式 1 和表达式 3。

6.3.4　几种循环的比较

除了 goto 语句与 if 语句构成的循环外，前面又介绍了三种循环语句的形式、特点和执行流程，也分别使用三种循环语句实现了 1～100 之间的整数的累加和的问题求解。通过问题求解，

可以证实这三种循环语句都可以用来处理同一个问题，一般情况下，它们可以相互代替。下面从几方面来比较一下这三种循环语句。

在 C 语言中，循环结构有两种，分别是当型循环结构和直到型循环结构。其中 while 语句和 for 语句属于当型循环结构，都是需要先判断条件，根据条件是否满足再确定是否执行循环体，当条件不满足时退出循环。do-while 循环属于直到型循环结构，这种循环无论如何都会无条件地执行一次循环体，然后再判断循环条件，条件满足继续执行，当条件不满足时退出循环。

1. while 语句和 do-while 语句

while 语句是当型循环，do-while 语句是直到型循环。一般情况下可以完成相同问题的求解。当 while 后面的表达式的第一次的值为"真"时，两种循环得到的结果相同；当 while 后面的表达式第一次的值为"假"时，do-while 循环至少会执行一次，而 while 循环则一次都不执行。

例如，以下程序是要在屏幕上重复显示"Happy birthday!"，重复的次数需要从键盘上输入，当输入的次数是大于等于 1 时，两个程序的执行结果相同。当输入的次数是小于 1 时，第一个程序（图 6.3.7）没有输出结果，而第二个程序（图 6.3.8）会输出一次"Happy birthday!"。

```
#include<stdio.h>
int main()
{
    int time;
    printf("请输入重复显示次数:\n");
    scanf("%d",&time);
    while(time>=1)
    {
        printf("Happy birthday!\n");
        time--;
    }
    return 0;
}
```

```
#include<stdio.h>
int main()
{
    int time;
    printf("请输入重复显示的次数:\n");
    scanf("%d",&time);
    do
    {
        printf("Happy birthday!\n");
        time--;
    } while(time>=1);
    return 0;
}
```

图 6.3.7　用 while 语句实现　　　　图 6.3.8　用 do-while 语句实现

2. while 语句和 for 语句

while 语句和 for 语句都是当型循环，for 语句的一般形式可以使用 while 语句的形式进行表示（图 6.3.9）。

图 6.3.9　while 语句和 for 语句

3. do-while 语句和 for 语句比较

do-while 语句是直到型循环，for 语句是当型循环。当表达式 2 第一次判断的结果为真时，for 语句也可用 do-while 语句的形式来描述。方法与用 while 语句形式表示 for 语句形式相同。

4. while 语句、do-while 语句、for 语句三者比较

用 while 和 do-while 循环时，循环变量初始化的操作应在 while 和 do-while 语句之前完成，而 for 语句可以在表达式 1 中实现循环变量的初始化。

循环可分为计数循环（循环次数确定的循环）和条件循环（循环次数未知的循环）。三种循环语句都可以实现这两种循环。相比较之下，for 语句形式更简洁、更方便、更高效、功能更强、更适用循环次数确定的情况。while 语句和 do-while 语句比较适合于循环次数不确定的循环。

当必须判断条件才能执行循环体语句时，要选择 while 语句或 for 语句。有些情况下，不论条件是否满足，循环体语句必须执行一次，这时要使用 do-while 语句。

5. 死循环

死循环也称为无限次循环。死循环的产生有两种，一种是程序员对循环控制条件或者对循环

条件改变不当而引起的，这种死循环是无意识，但是对程序本身的影响很大，导致程序无法终止循环，所以在设计循环时，要避免死循环的出现。另外一种是有意识的、设置的死循环，比如监控或检测系统，要日夜不停地执行循环，使用三种语句都可以实现这种无限次循环。例如，使用while 语句实现的死循环：

```
while ( 1 )
{
    语句
}
```

同样也可以使用 for 语句实现死循环：

```
for ( ;; )
{
语句
}
```

while 语句和 for 语句比较，用 while 语句实现死循环更简单一些。

6.4　循环的嵌套

第 5 章介绍的选择结构有嵌套的结构，同样本章介绍的循环结构也支持嵌套。

前面介绍了 while、do-while、for 语句的基本形式，每一种语句的形式中都包含循环体语句部分。如果在一个循环语句的循环体内又包含另一个完整的循环语句，则称为循环的嵌套。称被嵌的循环为内嵌循环或内层循环，而包含循环语句的被称为外层循环。内嵌的循环还可以嵌套循环语句，这就构成了多层循环，也称为多重循环。

while 语句、do-while 语句和 for 语句之间可以相互嵌套，下面分别看一下各种嵌套形式。

1．while 语句中的嵌套

while 语句中可以嵌套 while 语句（图 6.4.1）、嵌套 do-while 语句（图 6.4.2）、嵌套 for 语句（图 6.4.3）。

2．do-while 语句中的嵌套

do-while 语句中可以嵌套 do-while 语句（图 6.4.4）、嵌套 while 语句（图 6.4.5）、嵌套 for 语句（图 6.4.6）。

```
while（循环条件表达式）
{
    语句
    while（循环条件表达式）
    {
        语句
    }
}
```

图 6.4.1　while 语句中嵌套 while 语句

```
while（循环条件表达式）
{
    语句
    do
    {
        语句
    }
    while（循环条件表达式）；
}
```

图 6.4.2　while 语句中嵌套 do-while 语句

```
while（循环条件表达式）
{
    语句
    for（[表达式1]；[表达式2]；[表达式3]）
    {
        语句
    }
}
```

图 6.4.3　while 语句中嵌套 for 语句

```
do
{
    语句
    do
    {
        语句
    }
    while（循环条件表达式）；
}
while（循环条件表达式）；
```

图 6.4.4　do-while 语句中嵌套 do-while 语句

```
do
{
    语句

    while（循环条件表达式）
    {
        语句
    }
}
while（循环条件表达式）;
```

```
do
{
    语句
    for（[表达式1]; [表达式2]; [表达式3]）
    {
        语句
    }
}
while（循环条件表达式）;
```

图 6.4.5　do-while 语句中嵌套 while 语句　　　图 6.4.6　do-while 语句嵌套 while 语句

3. for 语句中的嵌套

for 语句中可以嵌套 for 语句（图 6.4.7）、嵌套 while 语句（图 6.4.8）、do-while 语句（图 6.4.9）。

```
for（[表达式1];[表达式2];[表达式3]）
{
    语句

    for（[表达式1];[表达式2];[表达式3]）
    {
        语句
    }
}
```

```
for（[表达式1];[表达式2];[表达式3]）
{
    语句
    while（循环条件表达式）
    {
        语句
    }
}
```

图 6.4.7　for 语句中嵌套 for 语句　　　图 6.4.8　for 语句中嵌套 for 语句

以上给出了九种循环嵌套的形式。在使用循环嵌套时，需要注意，如果需要循环控制变量，一般情况下内外层循环控制变量不同，特殊情况除外。大家在使用循环嵌套时，根据问题求解的方法，选择合适的嵌套形式。

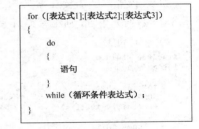

```
for（[表达式1];[表达式2];[表达式3]）
{
    do
    {
        语句
    }
    while（循环条件表达式）;
}
```

6.5　break 语句和 continue 语句

6.5.1　break 语句

图 6.4.9　for 语句中嵌套 do–while 语句

在第 5 章介绍的 switch 选择结构中，使用 break 语句可以使程序跳出由 switch 语句构成的多分支结构。当 break 语句用在 while、do-while 或 for 循环语句中时，也可以使程序终止循环，跳出循环结构。

通常 break 语句总是与 if 语句配合使用，即当满足某个给定的条件要求时便跳出循环。break 在 while 循环语句中的使用形式如下：

```
while（循环条件表达式）
{
  语句
…
if（表达式）  break;
…
    }
    while循环后的第一个语句
```

break 在 do-while 循环语句中的使用形式如下：

```
do
    {
        语句
```

```
……
    if ( 表达式 )   break ;
    …
    } while ( 循环条件表达式 ) ;
    do-while循环后的第一个语句
```

break 在 for 循环语句中的使用形式如下：

```
for ( [表达式1] ; [循环条件表达式] ; [表达式2] )
{
语句
…
if ( 表达式 )   break ;
…
}
for循环后的第一个语句
```

从以上三个形式可以看出，一般循环中通过循环条件表达式来判断循环是否结束，使用了 break 之后，循环也可以通过满足 if 语句的条件表达式之后，执行 break 语句来退出循环结构，因此循环多了一个出口。

☞注意：如果在循环嵌套结构中，break 语句只能终止其所在的最内层的循环结构。

【例 6-6】已知 sum=1+2+3+…+i+…+n，求当 sum 大于或等于 55 时，i 的最小值。

（1）分析问题。有关累加和的问题求解前面已经详细介绍，本题也是累加和问题。与上面介绍的累加和问题不同，这里是给出了起始值和最终的和，要求计算判断参加累加计算的整数终止值。

（2）设计算法。需要在累加的过程中，每累加一个整数，用 if 判断一下 sum 的值是否大于或等于 55，如果大于 55 则结束循环累加。可以使用 for 语句与 break 语句结合，实现问题的求解。

（3）程序实现：

```c
#include<stdio.h>
int main()
{
    int  i, sum;
    sum=0;                    //sum赋初置0
    for(i=1;i<=100;i++)       // 把累加终止值设置到100，实际上不用累加到100
    {
        sum=sum+i;
        if(sum>=55)  break;   //当累加和大于或等于55时终止for循环
    }
    printf("sum=%d,i=%d\n", sum,i);
    return 0;
}
```

（4）程序运行结果：

```
sum=55,i=10
Press any key to continue
```

☞思考题：比较 break 语句与 goto 语句有什么区别？上面的例子用 goto 语句如何实现？

6.5.2 continue 语句

在程序中有时并不希望终止整个循环的操作，而只希望提前结束本次循环，接着执行下次循环，这时可以用 continue 语句。在 C 语言中，continue 语句只能在 do-while、for 和 while 循环语句中使用，当循环体中遇到 continue 语句时，程序将跳过 continue 语句后面尚未执行的语句，并开始判断是否执行下一次循环，即只结束本次循环的继续执行，并不终止整个循环的执行。

与 break 语句有类似的地方是，continue 语句在 do-while、for 和 while 循环语句中也是与 if 语句配合使用，即当满足某个给定的条件要求时结束本次循环 continue 语句之后的语句，开始判断是否执行下一次循环。

continue 语句在 while 循环语句中的使用形式如下：

```
while（循环条件表达式）
{
  语句
…
if（表达式） continue;
…
  }
```

continue 语句在 do-while 循环语句中的使用形式如下：

```
do
  {
      语句
  …
  if（表达式） continue;
  …
  } while（循环条件表达式）;
```

continue 语句在 for 循环语句中的使用形式如下：

```
for（[表达式1]；[循环条件表达式]；[表达式2]）
{
语句
…
if（表达式） continue;
…
}
```

从以上三个形式可以看出，循环体中的语句如果执行 continue 语句，则 continue 之后的语句尽管是循环体的一部分也不再执行。

【例 6-7】请编程实现：从键盘输出入 10 个整数，输出这 10 个数中能被 7 整除的数。

（1）分析问题。本题可以通过使用循环结构解决，循环体要执行的操作有以下三步。

步骤 1：对输入的 10 个整数进行逐个检查；

步骤 2：如果能被 7 整除，输出，否则不输出；

步骤 3：无论是否输出此数，都要接着检查下一个数（直到输入 10 个数为止）。

（2）程序实现：

```c
#include <stdio.h>
int main()
{
    int i,num;
    printf("请输入10个整数:\n");
    for(i=1;i<=10;i++)              //循环10次
    {
        scanf("%d",&num);
        if(num%7!=0) continue;     //如果不能被7整除，则不执行continue之后的语句
        printf("%d\n",num);
    }
    return 0;
}
```

（3）程序运行结果：

```
请输入10个整数:
12 45 67 83 42 90 21 33 81 102
42
21
Press any key to continue
```

☞思考题：上例是否可以再改进？请尝试使 while 和 do － while 语句实现上例问题的求解。

提示：注意在 while 和 do-while 中 i++ 的位置。

下面比较一下 break 和 continue 语句。通过以上的介绍，可以得知：

（1）break 语句结束 break 所在的整个循环，不再判断执行循环的条件是否成立。

（2）continue 语句只结束本次循环，而不是终止整个循环的执行。

两种语句的执行流程是不同的，下面分别给出 break 语句流程图（图 6.5.1），continue 语句流程图（图 6.5.2）。

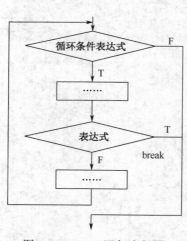

图 6.5.1　break 语句流程图

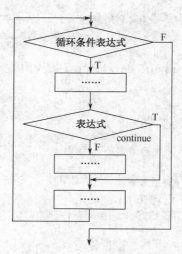

图 6.5.2　continue 语句流程图

上面给的图是在非嵌套循环情况下 break 语句和 continue 语句的流程图，在嵌套循环的情况下，break 语句与 continue 语句只对包含它们的最内层的循环语句有效。例如，break 语句不能跳出多重循环。若要跳出多重循环，只能逐层使用 break。另外本章前面介绍了 goto 语句，使用它可以快速跳出多重循环。

6.6　循环结构程序举例

循环结构在程序设计中的应用十分广泛，很多经典的算法思想和实现都离不开循环结构，如递推法、穷举法等。这些算法思想在第 1 章已经有简单的介绍。所以本节将介绍与循环相关的典型算法以及相关案例。除此之外，使用循环可以很方便地输出一些特殊图形，还可以实现很多数学问题的求解。

1. 递推法

递推法在第 1 章中的算法部分已经详细讲解，请参照那部分的内容。

【例 6-8】编程实现求 1～20 的阶乘。

（1）确定问题。这是一个典型的递推问题，根据阶乘求解的公式：

$$n!=\begin{cases}1 & (n=0)\\(n-1)!\times n & (n>0)\end{cases}$$

（2）分析问题。假如用变量 fac 保存阶乘的值，fac 的初始值赋值为 1。则求 1 到 n 的阶乘求解的递推步骤如下：

第一步：1!=1	fac=fac*1
第二步：2!= 1×2=1!×2	fac=fac*2
第三步：3!=1×2×3=2!×3	fac=fac*3
第四步：4!=1×2×3×4=3! ×4	fac=fac*4
…… ……	
第n步：n!=1×2×3×…（n-1）×n=（n-1）! ×n	fac=fac*n

（3）设计算法。根据以上递推分析，阶乘值的求解表达式 fac=fac*n 就是程序中重复的操作，也是递推关系表达式在程序中的体现。鉴于循环次数是确定的循环，因此本题优先选择

使用 for 语句。

（4）程序实现：

```
#include<stdio.h>
int main()
{
    float fac;              //fac=1*2*3*...*n, 注意这里的变量类型
    int n;
    fac=1;                  //fac赋值初值
    for(n=1;n<=20;n++)      //循环20次
    {
        fac=fac*n;          //递推求阶乘
        printf("%d!=%.0f\n",n,fac);  //输出阶乘值
    }
    return 0;
}
```

（5）程序运行结果：

```
1!=1
2!=2
3!=6
4!=24
5!=120
6!=720
7!=5040
8!=40320
9!=362880
10!=3628800
11!=39916800
12!=479001600
13!=6227020800
14!=87178291200
15!=1307674337280
16!=20922788478976
17!=355687404142592
18!=6402373463310336
19!=121645097077964800
20!=2432901920084459500
Press any key to continue
```

（6）总结。程序中循环体语句"fac=fac*n;"是递推求解的关键表达式。请思考这里的变量 fac 为什么定义为 float 类型，而没有定义为整型？

☞拓展：

（1）如何使用 while 和 do-while 语句来完成本题的求解。

（2）前面讲的求 1～100 的累加和是不是递推？

【例 6-9】编程求解斐波那契（Fibonacci）数列的前 40 个数。

（1）确定问题。有关斐波纳契数列特点在第 1 章已经介绍。使用数学公式来表示

$$\begin{cases} F_1=1 & (n=1) \\ F_2=1 & (n=2) \\ F_n=F_{n-1}+F_{n-2} & (n \geqslant 3) \end{cases}$$

（2）分析问题。求斐波那契数列序列的前 40 项，按照常识需要定义 40 个变量来保存每一项的值，即 f1、f2、f3、f4、f5、f6、f7、f8、…、f40，其推导过程，如表 6.6.1 所示。

表 6.6.1　斐波那契数列序列的推导过程

项	变量	求解	表达式	值
第 1 项	f1			1
第 2 项	f2			1
第 3 项	f3	第 1 项+第 2 项	f1+f2	2
第 4 项	f4	第 2 项+第 3 项	f2+f3	3
第 5 项	f5	第 3 项+第 4 项	f3+f4	5

项	变量	求解	表达式	值
第 6 项	f6	第 4 项+第 5 项	f4+f5	8
第 7 项	f7	第 5 项+第 6 项	f5+f6	13
第 8 项	f8	第 6 项+第 7 项	f7+f8	21
……	……	……	……	……

从表 6.6.1 可知，单项逐一顺序求解是很烦琐的，显然不符合使用计算机解决问题的特点。应该善于利用循环处理，这样就要重复利用变量，同一个变量在不同时刻代表不同项的值。例如，用变量 f1 表示第 1 项，变量 f2 表示第 2 项，变量 f3 表示第 3 项，且 f3=f1+f2，把第三项输出之后，下一时刻可以再用 f1 表示第 2 项，f2 表示第 3 项，以此类推，斐波那契数列序列的递推结果，如表 6.6.2 所示。

表 6.6.2　斐波那契数列序列的递推结果

	变量	求解	表达式	值
第 1 项	f1			1
第 2 项	f2			1
求第 3 项	f3	第 1 项+第 2 项	f1+f2	2
第 2 项	f1	f2		
第 3 项	f2	f3		
求第 4 项	f3	第 2 项+第 3 项	f1+f2	3
第 3 项	f1	f2		
第 4 项	f2	f3		
求第 5 项	f3	第 3 项+第 4 项	f1+f2	5
第 4 项	f1	f2		
第 5 项	f2	f3		
求第 6 项	f3	第 4 项+第 5 项	f1+f2	8
……	……	……	……	……

从表 6.6.2 可以看出，重复的操作是 f3=f1+f2;f1=f2;f2=f3;要计算前 40 项，实质上第 1 项和第 2 项不用计算，只需要计算第 3 项到第 40 项即可，即循环次数为 38 次。

（3）设计算法。程序流程图如图 6.6.1 所示。

（4）程序实现：

```c
#include <stdio.h>
int main()
{
    int i, f1=1,f2=1,f3;
    printf("%d\n%d\n",f1,f2);     //输出第1项和第2项
    for(i=1; i<=38; i++)          //循环38次
    {
        f3=f1+f2;                 //递推计算下一项
        printf("%d\n",f3);        //输出下一项
        f1=f2;                    //f1赋新值
        f2=f3;                    //f2赋新值
    }
    return 0;
}
```

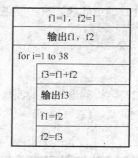

图 6.6.1　斐波那契数列序列流程图（1）

（5）程序运行结果：

```
1
2
3
5
… …
```

（6）总结。以上求解方法经验证是正确的，但是一次循环计算出一个数据项，显然计算的步骤比较多，需要 38 次循环。

☞ 思考：请读者，考虑是否可以对上面的程序算法进行改进呢？是否可以减少循环的次数，一次计算两个数据项呢？

（7）优化。可以仅仅使用两个变量 f1 和 f2，不再使用 f3 变量。把 f1+f2 的结果赋值给 f1 得到第 3 个数据项 f1=f1+f2；第 4 个数据项可以用 f2 表示，并且是第 2 项与第 3 项的和，即 f2=f2+f1。以此类推，每一项的递推过程如表 6.6.3 所示。

表6.6.3　递推过程

项	变量	求解	表达式	值
第1项	f1			1
第2项	f2			1
第3项	f1	第1项+第2项	f1+f2	2
第4项	f2	第2项+第3项	f2+f1	3
第5项	f1	第3项+第4项	f1+f2	5
第6项	f2	第4项+第5项	f2+f1	8
第7项	f1	第5项+第6项	f1+f2	13
第8项	f2	第6项+第7项	f2+f1	21
……	……	……	……	……

程序流程图如图 6.6.2 所示。

程序实现：

```c
#include <stdio.h>
int main()
{   int f1=1,f2=1;  int i;
    for(i=1; i<=20; i++)           //循环20次
    {
        printf("%12d %12d ",f1,f2);  //输出f1和f2
        if(i%2==0) printf("\n");     //每循环两次回车换行
        f1=f1+f2;                    //计算新的f1
        f2=f2+f1;                    //计算新的f2
    }
    return 0;
}
```

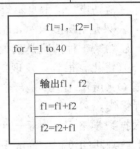

图 6.6.2　斐波那契数列序列流程图（2）

程序运行结果：

```
          1             1             2             3
          5             8            13            21
         34            55            89           144
        233           377           610           987
       1597          2584          4181          6765
      10946         17711         28657         46368
      75025        121393        196418        317811
     514229        832040       1346269       2178309
    3524578       5702887       9227465      14930352
   24157817      39088169      63245986     102334155
Press any key to continue
```

☞ 思考：尝试比较以上两个程序，程序被优化之后有什么优势。

2．穷举法

有关穷举法，在第 1 章中已经有所介绍。穷举法在日常生活中的应用也比较普遍，比如五一小假期，某同学携带密码行李箱外出旅游，旅行中发现自己忘记了开锁的密码，这个同学该怎么办？最简单的方法就是把三位密码的所有数码组合一一尝试，这就是穷举。穷举法也是一种针对于密码的破译方法。简单来说就是将密码进行逐个推算直到找出真正的密码为止。

【例 6-10】编程实现：从键盘上输入一个大于 2 的自然数，判断该数是否是素数（prime，或质数）。

（1）确定问题。有关素数的判断，在第 1 章已经介绍了相关的算法，本章不再赘述。参照第 1 章中所给出的算法，实现本题编程。

（2）程序实现：

```c
#include <stdio.h>
int main()
{
    int m,n;
    printf("请输入一个大于2的自然数m: ");
    scanf("%d",&m);
    for (n=2;n<=m-1;n++)                    //穷举2~（m-1）之间所有数
        if(m%n==0) break;                   //如果找到一个能被m整除的数，则结束循环
    if(n<=m-1) printf("%d 不是素数\n",m);    //如果2~(m-1)有m的因数，则不是素数
    else printf("%d 是素数\n",m);            //否则是素数
    return 0;
}
```

（3）程序运行结果：

```
请输入一个大于2的自然数m: 17
17 是素数
Press any key to continue
```

（4）总结。从流程图和程序代码分析，如果 m 能被 2~（m-1）之间的一个整数整除，则使用 break 语句跳出循环语句，提前结束循环，不再继续判断（如 m=12，当 n=2 时，m 能被 2 整除，找到一个因数即可断定不是素数，所以不必继续再循环查找下去）。循环的结束有两种情况，一是循环正常结束，n 本身不满足条件 n<=m-1（没有任何一个 n 能被 m 整除）；二是 n 仍然满足 n<=m-1，只是 m%n==0（n 能被 m 整除）。因此循环结束之后，需要根据 n 的值来断定 m 是否是素数。显然第一种情况是素数（n==m），第二种情况不是素数（n<m 或者 n<=m-1）。

（5）优化。很容易发现，这种方法判断素数，对于一个整数 m，需要 m-2 次判断，时间复杂度是 O（m），在 m 是一个非常大的素数时，这种做法肯定是不可取的。因此需要对程序的算法进行优化。

根据数学常识，对于一个小于 m 的整数 X，如果 m 不能整除 X，则 m 必定不能整除 m/X。实际上在判断的过程中，m 只要能被 2~（m/2），甚至 2~（$\sqrt{m}$）之间的一个整数整除，即可断定该数不是素数。例如：

12 的因子有 1、2、3、4、6、12，只需判断 2~6，甚至 2~3 之间的数整。

17 的因子 1、17，只需判断 2~8，甚至 2~4 之间的整数。

根据以上方法，缩小了判断的范围，减少了循环的次数，提高了程序的执行效率，尤其当输入的数是一个很大的素数时，可以大大提高效率。

☞拓展：

（1）请自行实现上述优化方法之后的程序。

（2）除了使用 for 语句之外，请使用 while 语句、do-while 语句实现上述程序。

（3）除本书提供的方法外，还有没有更好的优化方法？

【例 6-11】编程求解 100～200 间的全部素数。

（1）分析问题。在掌握了素数的判断方法之后，可以判断某个区间内的素数。这个问题就比较容易了，要判断的素数不是由键盘输入，而是一个固定区间。

（2）设计算法。最简单的方法就是逐个循环判断，即在上述判断素数算法之外再增加一层循环，因此本题用到了循环的嵌套。鉴于每一层循环的次数都是明确的，所以可以选择使用 for 语句实现。

（3）程序实现：

```c
#include <stdio.h>
#include <math.h>
int main()
{
    int m,n,k,num=0;                    //num用来计数，统计素数的个数
    for(m=100;m<=200;m++)               //逐一循环判断100-200之间所有数
    {
        k=(int)sqrt(m);                 //计算m的平方根，需要#include <math.h>
        for (n=2;n<=k;n++)              //穷举2~（m的平方根）之间所有数
            if(m%n==0) break;           //如果找到一能被n整除的数，则结束循环
        if(n>k)
        {
            printf("%5d",m);            //如果是素数，则输出，计数变量加1
            num++;
        }
        if(num%10==0) printf("\n");     //每输出10个素数，回车换行
    }
    printf("\n");
    return 0;
}
```

（4）程序运行结果：

```
  101   103   107   109   113   127   131   137   139   149
  151   157   163   167   173   179   181   191   193   197
  199
Press any key to continue
```

（5）总结。本程序使用了上一题提到的优化方法之一来判断素数。求平方根用到了 sqrt 函数，该函数的返回值是 double，因此当赋值给 k 时，进行了强制类型转换。num 变量的作用是统计素数的个数，为了使得输出结果整齐，每 10 个素数之后回车换行。

☞拓展：请对本程序进行优化。

　　程序中需要判断的数给出了一个 100 到 200 的区间，根据常识偶数不属于素数，因此可以缩小外层 for 循环的次数。这样，当给定一个很大的区间时，可以提高程序的执行效率。

【例 6-12】编程求解百钱买百鸡问题

（1）确定问题。我国古代数学家张丘建在《算经》一书中提出的数学问题：鸡翁一值钱五，鸡母一值钱三，鸡雏三值钱一。百钱买百鸡，问鸡翁、鸡母、鸡雏各几何？

（2）分析问题。这是一个古典数学问题，设一百只鸡中公鸡、母鸡、小鸡分别为 x、y、z，问题化为三元一次方程组：

$$\begin{cases} 5x + 3y + \dfrac{z}{3} = 100 \\ x + y + z = 100 \end{cases}$$

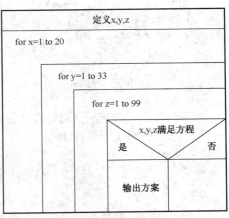

图 6.6.3　百鸡百钱问题流程图

　　方程组中 x、y、z 为正整数，且 z 是 3 的倍数；由题意给定共 100 钱要买百鸡，若全买公鸡最多买 100/5=20 只，显然 x 的取值范围 1~20 之间；同理，y 的取值范围在 1~33 之间；z 比较特殊，z 的取值范围在 3~99 之间，且步长为 3。

（3）设计算法。对于这个问题可以用穷举的方法，根据约束条件，遍历 x、y、z 的所有可能组合，最后得到问题的解。

　　程序流程图如图 6.6.3 所示。

（4）程序实现：

```c
#include <stdio.h>
int main()
{
    int x,y,z;
    for(x=1;x<=20;x++)              //公鸡数的取值1-20
    {
        for(y=1;y<=33;y++)          //母鸡数的取值1-33
        {
            for(z=3;z<=99;z+=3)     //小鸡的取值3-99
            {
```

```
            if((5*x+3*y+z/3==100)&&(x+y+z==100))/*是否满足百钱和百鸡的条件*/
                printf("公鸡=%d,母鸡=%d,小鸡=%d\n",x,y,z);
            }
        }
    }
}
```

（5）程序运行结果：

```
公鸡=4,母鸡=18,小鸡=78
公鸡=8,母鸡=11,小鸡=81
公鸡=12,母鸡=4,小鸡=84
Press any key to continue
```

（6）总结。根据算法设计，采用穷举法，用三重 for 循环实现满足三元一次方程组的 x、y、z 所有可能取值的组合。

☞拓展：请对本程序进行改进。

对于这个问题实际上可以不用三重循环，而是用二重循环，因为公鸡和母鸡数确定后，小鸡数就定了。请自己用二重循环实现本问题的求解，并分析二重循环和三重循环的运行次数。

3. 特殊图形的输出

【例 6-13】使用循环输出如图 6.6.4 的图形。

图 6.6.4　三角形　　　　图 6.6.5　矩形

（1）设计算法。可以把这个图形的输出算法进行逐步细化。

第一步：一级算法（确认问题是要实现打印 7 行*）。

```
#include <stdio.h>
int main()
{
    int i; /*i为行数 */
    打印7行星号;
}
```

第二步：二级算法（对打印 7 行星的问题进行求精）。

```
for ( i=1; i<=7; i++ )
    {
        打印一行星;
        换行;
    }
```

第三步：三级算法（对打印一行星进行求精）。

```
int j; /* 列数 */
for ( j=1; j<=i; j++ )
    printf ( " *" );
```

（2）程序实现：

```
#include <stdio.h>
int main()
{   int i,j;
    for( i=1;i<=7;i++)                //i控制行数
    {
```

```
            for(j=1;j<=i;j++)        //控制每行的*个数
            {
                printf("*");         //输出一个*
            }
            printf("\n");            //一行以后换行
        }
        return 0;
    }
```

（3）总结。要输出的是一个二维图形，是有行有列的规则图形，所以可以采用循环控制行数和每一行的列数，每输出一行要回车换行。本题采用双层 for 语句来实现。如果在求解的过程中很难一次设计出打印三角形*阵，可以先尝试打印矩形*阵（只需 i<=7,j<=7，很好理解，如图 6.6.5 所示）。

```
1*1=1
2*1=2    2*2=4
3*1=3    3*2=6    3*3=9
4*1=4    4*2=8    4*3=12   4*4=16
5*1=5    5*2=10   5*3=15   5*4=20   5*5=25
6*1=6    6*2=12   6*3=18   6*4=24   6*5=30   6*6=36
7*1=7    7*2=14   7*3=21   7*4=28   7*5=35   7*6=42   7*7=49
8*1=8    8*2=16   8*3=24   8*4=32   8*5=40   8*6=48   8*7=56   8*8=64
9*1=9    9*2=18   9*3=27   9*4=36   9*5=45   9*6=54   9*7=63   9*8=72   9*9=81
```

图 6.6.6   九九乘法表

☞拓展：
　　对三角形*稍作修改，即可打印出九九乘法表（图 6.6.6），请编程实现。

4．序列求和

【例 6-14】编程实现利用莱布尼茨公式求解圆周率π，要求计算到公式中某一项的绝对值小于 10^{-6} 为止。

$$\frac{\pi}{4}=1-\frac{1}{3}+\frac{1}{5}-\frac{1}{7}+\frac{1}{9}-\cdots$$

有关圆周率的求解，在数学领域有很多种方法，莱布尼茨公式就是其中之一。该公式的左边的展开式是一个无穷级数，被称为莱布尼茨级数，这个级数收敛到 $\frac{\pi}{4}$。

（1）分析问题。根据公式可以看出，公式中包含的项数越多，圆周率的近似程度就越高。但在实际运算中是不可能计算到无穷项，题目要求多项式中的某一项的绝对值小于 10^{-6}，就认定为足够近似，可以根据此公式计算出圆周率的近似值。

经过仔细观察，发现公式中多项式有如下规律。

① 每一项的分子都为 1。

② 每一项的分母都为其前一项的分母加 2（或者说，分母都是奇数）。

③ 每一项的符号与前一项的符号相反。

根据这个规律可以推导出，如果前一项为 $\frac{1}{n}$，则下一项为 $-\frac{1}{n+1}$，因此可以使用循环来处理求解每一项。

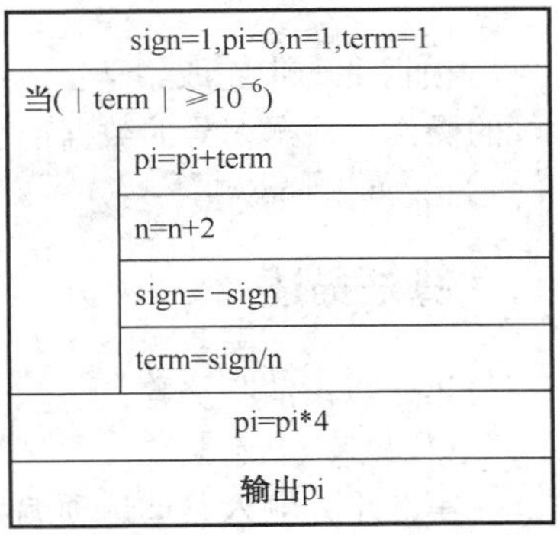

sign=1,pi=0,n=1,term=1		
当（｜term｜≥10^{-6}）		
	pi=pi+term	
	n=n+2	
	sign=−sign	
	term=sign/n	
pi=pi*4		
输出pi		

图 6.6.7　程序的 N-S 流程图

（2）设计算法。程序的 N-S 流程图如图 6.6.7 所示。

（3）程序实现：

```
#include <stdio.h>
#include <math.h>
int main()
{
    int sign=1;                //sign用来表示单项的符号
    double pi=0,n=1,term=1;    // pi用来表示多项式的值，初值设为 0，term表示当前项
    while(fabs(term)>=1e-6)    //term的绝对值是否大于或等于1e-6
```

```
   {
      pi=pi+term;        //多项式累加
      n=n+2;             //求下一项的分母
      sign=-sign;        //求下一项的符号
      term=sign/n;       //求下一项
   }
   pi=pi*4;              //多项式的值乘以4才是圆周率的近似值
   printf("pi=%10.8f\n",pi);  //输出圆周率
   return 0;
}
```

（4）程序运行结果：

```
pi=3.14159065
Press any key to continue
```

（5）总结。程序中用到了一个数学函数 fabs，这是一个求绝对值的函数。因为不能确定项的个数，因此不能确定循环的次数，所以本题选择使用 while 语句实现循环计算求解。

本题的关键是找到多项式中每一项的求解规律，然后使用循环求解每一项进行累加运算，所以归根结底是特殊项的累加和问题。

根据程序的输出结果，可以看出，计算出来的圆周率值不是很精确，如果要提高圆周率的近似度，需要求解更多的单项。例如，要计算到当前项的绝对值小于 10^{-8} 为止，只需要改变 while 语句中的条件表达式。

> ☞拓展：
>
> （1）请简单修改程序，实现统计 while（fabs（term）>=1e-6）和 while（fabs（term）>=1e-8）两种情况下循环体执行的次数，并对比最终的精度差几位？
>
> （2）有关圆周率的求解，还有其他数学公式，如 $\dfrac{\pi^2}{6} \approx \dfrac{1}{1^2} + \dfrac{1}{2^2} + \dfrac{1}{3^2} + \cdots + \dfrac{1}{n^2}$，请按照此公式，编写程序实现圆周率的求解。

6.7 案例——"学生成绩管理系统"中用户菜单的循环选择

任务描述

在上一章案例中，完成了"学生成绩管理系统"的用户菜单的选择，在本章要编写程序实现"学生成绩管理系统"循环点菜功能。

数据描述

根据上一步完成"学生成绩管理系统"的操作界面，用户需要输入菜单前的编号来确定要执行的操作。根据编号的数据特征，可以定义菜单的编号为 char 类型，变量名为 choice。

```
char choice;
```

算法描述

第一步：清除屏幕。

第二步：显示菜单。

第三步：输入菜单选项编号。

第四步：根据编号输出菜单选项内容，执行"system（"pause"）;"语句，提示用户"请按任意键继续……"。

第五步：判断编号是否为'0'（退出），如果结果为假，则程序跳转到第一步，直到结果为真退出循环。

程序流程图如图 6.7.1 所示。

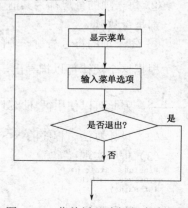

图 6.7.1　菜单循环选择程序流程图

程序实现

编写如下代码替换上一版的 smssmain.c 文件中 main 函数。

```c
#include<stdio.h>
#include<stdlib.h>
#include<conio.h>

int main(void)
{
    char choice;
    do                          //重复选择菜单
    {
        system("cls");          //显示菜单
        printf("      |----------------------------------------------------|\n");
        printf("      |                                                    |\n");
        printf("      |              请输入选项编号（0~8）                  |\n");
        printf("      |                                                    |\n");
        printf("      |----------------------------------------------------|\n");
        printf("      |                                                    |\n");
        printf("      |              1 —— 创建成绩单                       |\n");
        printf("      |              2 —— 添加学生                         |\n");
        printf("      |              3 —— 编辑学生                         |\n");
        printf("      |              4 —— 删除学生                         |\n");
        printf("      |              5 —— 查找学生                         |\n");
        printf("      |              6 —— 浏览成绩单                       |\n");
        printf("      |              7 —— 排序成绩单                       |\n");
        printf("      |              8 —— 统计成绩                         |\n");
        printf("      |              0 —— 退    出                         |\n");
        printf("      |                                                    |\n");
        printf("      |----------------------------------------------------|\n");
        printf("                      请选择：");
        choice=getche();        //接收选项
        printf("\n");
        switch(choice)          //实现点菜
        {
        case '1':
            printf("您选择了\"1 —— 创建成绩单\"\n");
            break;
        case '2':
            printf("您选择了\"2 —— 添加学生\"\n");
            break;
        case '3':
            printf("您选择了\"3 —— 编辑学生\"\n");
            break;
        case '4':
            printf("您选择了\"4 —— 删除学生\"\n");
            break;
        case '5':
            printf("您选择了\"5 —— 查找学生\"\n");
            break;
        case '6':
            printf("您选择了\"6 —— 浏览成绩单\"\n");
            break;
        case '7':
            printf("您选择了\"7 —— 排序成绩单\"\n");
            break;
        case '8':
            printf("您选择了\"8 —— 统计成绩\"\n");
            break;
        case '0':
            printf("您将退出学生成绩管理系统，谢谢使用！\n");
            break;
            default:
                printf("非法输入\n");
                break;
        }
        system("pause");
    }while(choice!='0');

    return 0;
}
```

本 章 小 结

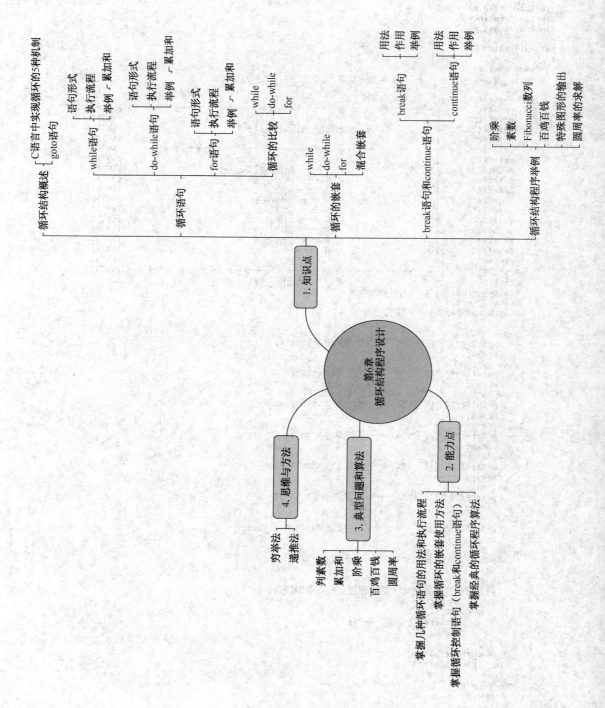

探究性题目：算法中循环结构的时间复杂度分析

题目	算法中循环结构的时间复杂度分析
引导	同一问题可用不同算法解决，而一个算法的质量优劣将影响到算法乃至程序的效率。算法分析的目的在于选择合适算法和改进算法。一个算法的评价主要从时间复杂度和空间复杂度来考虑。 　　算法的时间复杂度往往与循环结构有很大关系。请查阅资料总结算法的时间复杂度的计算方法以及常见时间复杂度。并给出一个典型的例子（类似百钱百鸡问题），分析所给算法的时间复杂度，以及从时间复杂度上如何改进算法
阅读资料	1. 百度百科：http://baike.baidu.com/view/7527.htm?fr=aladdin 2. 严蔚敏，吴伟民 编著. 数据结构（C 语言版）. 北京：清华大学出版社，2011
相关知识点	1. 循环结构程序设计 2. 算法时间复杂度
参考研究步骤	1. 阅读教师提供的阅读资料，总结算法复杂度的计算方法及常见时间复杂度。 2. 查阅其他相关资料 3. 选择典型例子，分析算法时间复杂度，以及算法改进方法 4. 完成研究报告
具体要求	1. 撰写研究报告 2. 录制视频（录屏）向教师、学生讲解探究的过程

第7章 数组

7.1 引例

在实际问题中，经常会遇到对批量数据进行处理的情况，如对一个班的学生成绩进行排序、统计、查找等操作。

假设现有 3 名学生的成绩，那么如何对这 3 个成绩进行从小到大的排序操作呢？

假设每个学生成绩都是整数，使用 a、b、c 三个整型变量来存储 3 名学生的成绩，将对成绩的排序操作转化为对 3 个整数的排序操作。在此使用与例 5.2 不同的排序算法。粗略的算法步骤如下：

（1）如果 a>b，则 a←→b；

（2）如果 b>c，则 b←→c；

（3）如果 a>b，则 a←→b。

假定 a、b、c 的值为 81、93、68，以上算法步骤的执行过程如表 7.1.1 所示。

表 7.1.1 三个整数排序过程分析

步骤	a	b	c	说明	
1	⑧①	⑨③	68	81<93，a、b 不交换	第 1 趟
结果 1	81	93	68	1 次比较，没有交换	
2	81	⑨③	⑥⑧	93>68，b←→c	2 次比较，1 次交换
结果 2	81	68	◇93◇	1 次比较，1 次交换 c 中的 93 找到最终位置	排好 c
3	⑧①	⑥⑧	◇93◇	81>68，a←→b	第 2 趟 共 1 次比较，1 次交换
结果 3	68	◇81◇	◇93◇	1 次比较，1 次交换 b 中 81 找到最终位置	排好 b 排好两个，a 也就排好了

在排序问题中，将通过若干次比较和交换操作，从而确定某个待排数据在排好序的序列中的最终位置的过程称为 1 "趟"。即通过 1 "趟"排序，可以排好一个数。因此，对于由 n 个数组成的序列，若对其进行排序操作，最多需要 n-1 趟就可完成任务。

假设现有 100 名学生的成绩，那么如何对这 100 个成绩进行从小到大的排序操作呢？

如果按照上面的方法进行操作，就需要定义 a、b、…、z、……共 100 个变量，就需要 99+98+……+1 个类似于上例中算法步骤，是不是太烦琐了？

通过分析可知，排序过程中的每一趟操作步骤基本相同，只是操作对象不同。因此可以使用循环来进行排序。但是新的问题出现了：如何使用循环来有规律地控制每趟排序所操作的数据呢？若要使用循环来操作特定的变量，关键是要在循环控制变量与特定变量之间建立一定的对应关系，使用循环控制变量自身的值或包含循环控制变量的表达式来确定访问的变量。

通过以上的分析，我们惊喜地发现初等数学中对数列的描述符合这一特点。例如，a_1、a_2、a_3、…、a_{10}。数列的每个元素由 a 和下标来确定。如果使用循环来控制访问数列中的所有元素，只要使用控制循环变量自身的值或包含循环控制变量的表达式作为数列元素的下标值即可。

在 C 语言中，提供了数组类型来实现类似于以上数列的功能。

① 数组是一组有序数据的集合。数组中各数据的排列是有一定规律的，下标代表数据在数组中的序号。

② 对各个元素的相同操作可以利用循环改变下标值进行重复处理。

③ 由于计算机键盘输入下标不方便，C 语言就规定用一对方括号中的数字来表示下标，如用 a[5] 表示 a_5。

使用"八字方针"来总结 C 语言中数组的特点是再贴切不过了。

① 同一。数组中的每一个元素都属于同一种数据类型。也就意味着每个元素所占存储空间相同，对每个元素可以实施的操作也相同；不能把不同类型的数据放在同一个数组中。

② 顺序。数组中元素的排列按照下标值从小到大的顺序排列，即 a[i] 在 a[i+1] 之前。

③ 连续。数组中相邻的两个元素是紧邻的，之间没有其他数据间隔。

④ 静态。程序一旦运行，系统将为数组分配固定大小的空间来存储数组中的所有元素。在程序运行过程中既不能改变每个元素所占内存空间的大小，也不能在物理上增加或删减数组元素的个数。

在 C 语言程序设计中，数组经常与循环配合，用来处理具有相同属性的批量数据。

☞注意：在 C 语言中，数组实现了相同数据类型对象的集合，那么不同数据类型的对象组成的集合能用数组来实现吗？答案是否定的。在 C 语言中，不同类型的对象的集合可以使用"结构体"来实现，我们将在第 10 章学习关于结构体的知识。

7.2 一维数组的定义和引用

7.2.1 一维数组的定义

在 C 语言中使用数组必须先定义后使用。

1．一维数组的定义格式

类型说明符　数组名[常量表达式]；　　　　　　　　　　　（7.2.1）

2．说明

（1）一对方括号"[ ]"称为下标运算符。在数组定义格式中下标运算符的个数称为数组的维数。

（2）"类型说明符"用于声明数组的基类型，即数组元素的类型，每个数组元素可以理解为"类型说明符"所标识类型的一个普通变量。

（3）"数组名"必须是合法的标识符。一个数组的名字表示该数组在内存中所分配的一块存储区域的首地址。它是一个地址常量，不允许对其进行更改。

（4）"常量表达式"表示数组元素的个数，必须是整型或枚举型的常量或表达式。"常量表达式"可以是常量或包含常量的表达式，但是不能包含变量。

（5）在引用数组元素时，下标必须从 0 开始，因此若"常量表达式"的值为 n，数组下标值的范围为 0～n-1。

（6）数组存储空间的大小（字节数）计算公式

常量表达式 xsizeof(类型说明符)　　　　　　　　　　　　（7.2.2）

【例 7.1】　定义一个具有 5 个元素的整型数组，并分析其占用内存情况

分析：根据给定题目，替换式（7.2.1）中各个部分。题目中"整型数组"是指数组的每个元素都是整型的，因此式（7.2.1）中的"类型说明符"应该为"int"；数组具有"5 个元素"是指式（7.2.1）中的"常量表达式"应该为 5；最后给数组起一个符合标识符定义规则的名字"a"。

解答：定义一维数组 int　a[5];

数组下标从 0 开始，因此该数组有 a[0]、a[1]、a[2]、a[3]、a[4] 五个元素（注意没有 a[5]这个元素），数组在内存中的存储形式如图 7.2.1 所示。

在使用该数组时，数组元素的个数是固定不变的，即在程序运行过程中，不能将该数组的元素个数减少为 3 或增加为 8，每个数组元素都是 int，在 VC6.0 中占据 4 个字节的内存空间，整个数组共占用了 20 个字节。

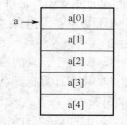

图 7.2.1　a 数组内存分配

数组名 a 表示数组的起始地址，即 a[0]元素的地址。

> ☞思考：请读者仿照例 7.1 描述下面两个数组定义的含义。
> #define SIZE　20
> double　df[2+3];
> float　sf[SIZE];

7.2.2　一维数组的引用

在定义了数组后，就可以引用数组的元素了。C 语言规定只能引用单个的数组元素而不能一次引用整个数组。

1．一维数组的引用形式

数组名[下标]

2．说明

（1）"下标"是要引用的数组元素到数组开始位置的偏移量，第 1 个元素的偏移量是 0，第 2 个元素的偏移量是 1，以此类推，具有 n 个元素的数组的最后一个元素的偏移量是 n-1。

（2）"下标"应该是整型常量或整型表达式，表达式中既可以包含常量，也可以包含变量。

（3）在数组引用形式中，下标运算符中的值是指要引用元素的下标，而在数组定义形式中，下标运算符中的值是指数组元素的个数。

（4）在引用具有 n 个元素的数组中，其下标值的范围是 0～n-1。在引用数组的某个元素时，下标若超出了此范围，则发生"数组下标越界"的错误。遗憾的是，默认情况下 C 编译器并不检查下标越界，存在着非常严重的隐患，所以读者在编程时要特别注意，尤其是下标值通过计算表达式的值求得的情况。

【例 7.2】已知例 7.1 中定义的数组，写出几个引用该数组元素的例子

分析：数组 a 的元素个数是 5，其下标范围为 0～4。

解答：下面是引用该数组元素的几个正例。

`a[0], a[1], a[2], a[3], a[4], a[2+2], a[2*2], a['d'-'a']`

下面是引用该数组元素的几个反例：

`a[0.5], a[2.3+1.2], a[-1], a[5], a[2*3]`

7.2.3　一维数组的初始化

在定义数组的语句中可以直接为数组元素赋初值，称为**数组的初始化**。

一维数组初始化有以下几种形式。

（1）数组全部元素初始化。将数组元素的初始值依次放在一对花括号中，元素值之间使用逗号分隔，花括号内的数据称为"初始化列表"。例如：

`int a[5]={1,3,5,7,9};`

初始化后，`a[0]=1,a[1]=3,a[2]=5,a[3]=7,a[4]=9`。

（2）数组部分元素初始化。可以对数组的部分元素初始化，例如：

```
int a[5]={1,3,5};
```

定义 a 数组有 5 个元素，但是初始化列表中只初始化了前 3 个元素，后 2 个元素的值没有初始化，其值为 0，即 a[0]=1,a[1]=3,a[2]=5,a[3]=0,a[4]=0。

（3）数组全部元素初始化时，可以不指定数组元素的个数。例如：

```
int a[]={1,3,5,7,9};
```

在这种情况下，系统会认为花括号中是数组的全部元素，并能够计算出元素的个数为 5。

（4）将数组元素初始化为 0。

① 将全部元素初始化为 0。在初始化列表列出所有的元素，每个元素的值设置为 0。例如：

```
int a[]={0,0,0,0,0};
```

或

```
int a[5]={0,0,0,0,0};
```

或

```
int a[5]={0};
```

② 将部分元素初始化为 0。使用上面（2）中的方法可以将部分数组元素初始化为 0。

> ☞注意：如果在定义数组时，指定了数组的长度，并使用了初始化列表对其部分元素进行了初始化，凡是没有在初始化列表中初始化的元素，系统会自动把它们初始化为特定值：数值型数组，初始化为 0 或 0.0；字符型数组，初始化为'\0'；指针型数组，初始化为 NULL，即空指针。

7.2.4 一维数组应用举例

1. 一维数组所有元素赋初值

除了 7.2.3 节中使用初始化列表给数组元素赋初值的方法外，一维数组所有元素赋初值可以归纳为以下两种情况：

（1）数组元素的排列有一定规律

下标	0	1	2	3	4	5	6	7	8	9
元素值	5	8	11	14	17	20	23	26	29	32

图 7.2.2　元素排列有规律数组的赋值

当数组元素值与数组元素下标之间存在某种函数关系时，可以使用一重循环结构为每个数组元素赋值。例如，如图 7.2.2 所示的数组，可以使用以下代码给每个元素赋值。

```
1   #include<stdio.h>
2   int main()
3   {
4       int a[10],i;
5       for(i=0;i<10;i++)
6       {
7           a[i]=3*i+5;
8       }
9       ……
10      return 0;
11  }
```

注意，最左侧的行号是为了说明问题方便加上去的，不是程序代码的一部分。如无特别说明，本书代码都遵循本约定。

第 7 行代码就是数组元素值与数组元素下标之间的函数关系。

（2）使用随机数给数组所有元素赋初值

在有些问题中，数组元素值需要使用随机数来初始化。在 VC6.0 中，可以使用 rand、srand 和 time 函数来生成伪随机数。

以下代码的功能是用 10 个介于[0,100]之间的整数给每个数组元素赋值。

```
1   #include<stdio.h>
2   #include<stdlib.h>
3   #include<time.h>
4   int main()
5   {
6       int a[10],i;
7       srand((unsigned)time(NULL));
8       for(i=0;i<10;i++)
9           a[i]=rand()%101;
10      for(i=0;i<10;i++)
11          printf("%d",a[i]);
12      printf("\n");
13      return 0;
14  }
```

在以上代码中，第 7 行代码通过调用 srand 函数初始化伪随机数发生器，其中伪随机数发生器的种子通过调用 time 函数求得。第 9 行代码通过调用 rand 函数，配合 "%" 运算符，产生一个介于[0,100]之间的整数。

☞注意：由于调用 srand 函数需要耗费较多时间，不要在每产生一个伪随机数时都调用一次 srand 函数。因此，在以上代码中，不要将 srand 函数的调用写在第 8 行代码所示的循环体中。

2. 一维数组的输入输出

通常情况下，数组的输入操作，是指从键盘或文件获得所有数组元素的值；数组的输出操作，是指向显示器或文件显示或写入所有数组元素的值。数组的输入输出操作是数组其他处理的基础。

例如，在以下代码中，使用一重循环结构，通过调用 scanf 和 printf 函数，输入/输出数组每个元素值。

```
1   #include<stdio.h>
2   int main()
3   {
4       int a[10],i;
5       for(i=0;i<10;i++)
6       {
7           scanf("%d",&a[i]);
8       }
9       for(i=0;i<10;i++)
10      {
11          printf("%6d",a[i]);
12      }
13      printf("\n");
14      return 0;
15  }
```

其中，第 5 行至第 8 行代码实现了一维数组的输入操作。第 9 行至第 13 行代码完成了一维数组的输出操作。

☞注意：一维数组的输入输出操作通常涉及以下知识点，请读者务必掌握。

① 一维数组的定义及其元素的引用；
② 输入输出函数；
③ 一重循环结构。

3. 查找

查找（Search）算法在日常生活和工作中的应用非常广泛，如学生在考试成绩单中查找自己的成绩，在通讯录中查找某人的电话等。

在计算机科学中，查找是经常使用的一种经典的非数值运算算法。查找的操作多种多样，例如，找最值，即在一组数据中查找最大值或最小值；找特定值，即在一组数据中确定与给定值相等的数据元素，若找到这样的元素，则查找成功；否则，查找失败。常用的查找算法有顺序查找、二分查找、分块查找、哈希查找等。

（1）找最值

找最值就是求一组数据中的最大值或最小值的问题，这时就用到了所谓的 "打擂台算法"。其基本思想是，先从所有参加 "打擂" 的人中任选一人站在台上，第 2 个人上去与之比武，胜者留在台上。再上去第 3 个人，与台上的现任擂主（即上一轮的获胜者）比武，胜者留在台上，败者下台。循环往复，以后每个人都与当时留在台上的人比武，直到所有人都上台比过武为止，最后留在台上的就是冠军。

【例 7.3】从给定的 10 个整数中找出最大值。

分析问题：使用具有 10 个整数元素的一维数组来存储给定的 10 个整数，其初值通过初始化列表获得。使用"打擂台算法"从这 10 个整数中找到最大值。使用 int 型变量 max 来存放"擂主"。

设计算法：具体算法的流程图如图 7.2.3 所示。

程序实现：

```
1   #include<stdio.h>
2   int main()
3   {
4       int a[10]={85,13,97,79,66,41,94,30,9,84};
5       int max,i;
6       max=a[0];                //初始擂主
7       for(i=1;i<10;i++)
8           if(max<a[i])         //擂主小于当前元素
9               max=a[i];        //当前元素为擂主
10      printf("最大值为%d\n",max);
11      return 0;
12  }
```

程序运行结果：

```
最大值为97
Press any key to continue
```

☞**思考**：请读者通过思考，完成以下任务

① 如何实现将上例中给定的 10 个整数由键盘输入？

② 如何实现从给定 10 个整数中找出最小值？

（2）顺序查找

顺序查找（Sequential Search）也称为线性查找，就是从给定列表的第一个元素开始（也可从最后一个元素开始），逐一扫描每个元素，将要查找的数据与表中的元素值进行比较，若当前扫描到的元素值与要查找的数据相等，则查找成功；若扫描到列表的另一端，仍未找到，则查找失败。

顺序查找的优点是简单，比较容易理解；缺点是比较次数较多，效率较低。顺序查找算法适合于待查找列表无序且其元素数量较少的情况。

【例 7.4】在给定的 10 个整数中顺序查找给定值。

分析问题：假设给定的 10 个整数已存储在一维数组 a 中，要查找的数据存储在变量 key 中。从 a[0]开始依次将 a[i]与 key 进行比较，若相等则查找成功；否则，继续比较下一个元素 a[i+1]。重复上述过程，若比较到 a[9]仍未找到，则查找失败。

设计算法：具体算法的流程图如图 7.2.4 所示。

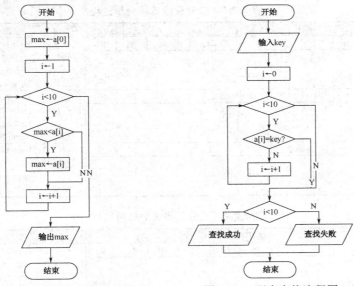

图 7.2.3　求 10 个整数中最大值流程图　　　图 7.2.4　顺序查找流程图

程序实现：

```
1   #include<stdio.h>
2   int main()
3   {
4       int a[10]={85,13,97,79,66,41,94,30,9,84};
5       int i,key;
6       printf("请输入要查找的数据：");
7       scanf("%d",&key);
8       for(i=0;i<10;i++)          //顺序查找
9       {
10          if(a[i]==key)          //相等
11          {
12              break;
13          }
14      }
15      if(i<10)
16      {
17          printf("查找成功, a[%d]=%d\n",i,a[i]);
18      }
19      else
20      {
21          printf("查找失败\n");
22      }
23      return 0;
24  }
```

程序运行结果：

查找成功：
```
请输入要查找的数据：66
查找成功, a[4]=66
Press any key to continue
```

查找失败：
```
请输入要查找的数据：100
查找失败
Press any key to continue
```

☞思考：如何提高顺序查找的效率？

在上面的代码中，每次循环做两次比较（i<10 和 a[i]==key），请读者思考如何将之改为只做一次比较，从而提高顺序查找的效率。

（3）二分查找

二分查找（Binary Search）也称为折半查找，是在待查找序列数据量很大时经常采用的一种高效的查找算法。要采用二分查找算法，待查找序列必须是有序的，下面的讨论假设数据是升序排列的情况。

【例7.5】在给定的11个整数中二分查找给定值。

用二分查找在有序表（5,13,19,21,37,56,64,75,80,88,92）中查找21，查找过程如表7.2.1所示。其中，low 和 high 分别是待查区间的下界和上界，key 是要查找的数据值。

【例 7.6】使用二分查找在有序表（5,13,19,21,37,56,64,75,80,88,92）中查找 85，查找过程如表 7.2.2 所示。其中，low、high 和 key 的约定同例 7.5。

表 7.2.1　二分查找成功分析过程

次	待查序列											说　明
	5	13	19	21	37	56	64	75	80	88	92	查找前：low=1，high=11
1	↑ low					↑ mid					↑ high	查找时：mid=（low+high）/2=6 key<a_{mid}（21<56） 结论：　到[low, mid−1]继续查找
	5	13	19	21	37	56	64	75	80	88	92	查找前：low=1，high=5
2	↑ low		↑ mid	↑ high								查找时：mid=（low+high）/2=3 key>a_{mid}（21>19） 结论：　到[mid+1, high]继续查找
	5	13	19	21	37	56	64	75	80	88	92	查找前：low=4，high=5
3				↑ low mid	↑ high							查找时：mid=（low+high）/2=4 key=a_{mid}（21=21） 结论：　找到，停止查找

表 7.2.2　二分查找失败分析过程

次	待查序列											说　明
	5	13	19	21	37	56	64	75	80	88	92	查找前：low=1，high=11
1	↑ low					↑ mid					↑ high	查找时：mid=（low+high）/2=6 key>a_{mid}（85>56） 结论：　到[mid+1, high]继续查找

次	待查序列											说　明
2	5	13	19	21	37	56	64	75	80	88	92	查找前：low=7，high=11
							↑low		↑mid		↑high	查找时：mid=（low+high）/2=9 key>a_{mid}（85>80） 结论：到[mid+1，high]继续查找
3	5	13	19	21	37	56	64	75	80	88	92	查找前：low=10，high=11
										↑low mid	↑high	查找时：mid=（low+high）/2=10 key<a_{mid}（85<88） 结论：到[low，mid-1]继续查找
4	5	13	19	21	37	56	64	75	80	88	92	查找前：low=10，high=9
									↑high	↑low		结论：low>high（10>9） 无查找区间 查找失败，停止查找

【例 7.7】 编程实现二分查找算法。

分析问题： 假定待查找序列中元素个数为 n，并已经存放在一维数组 a 中，要查找的数据存储在 key 中。

从上面两个例子可知：

① 待查找区间由 low（下界）、high（上界）界定，即[low, high]。

② 当 low≤high 且还没有找到 key 时，一直按照下面步骤循环查找。

步骤 1：mid=（low+high）/2，表示位于区间中间的那个元素所处的位置。

步骤 2：将 key 与 a_{mid} 进行比较，共有 3 种情况：

$$\begin{cases} key > a_{mid}, & 在区间[mid+1, high]中继续查找，即 low = mid+1; \\ key < a_{mid}, & 在区间[low, mid-1]中继续查找，即 high = mid-1; \\ key = a_{mid}, & 查找成功，查找结束。 \end{cases}$$

注意：每次查找，区间大约缩小一半。

步骤 3：当 low>high 时，查找失败，循环结束。

算法设计： 二分查找算法的流程图如图 7.2.5 所示。

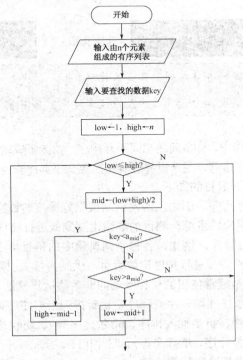

图 7.2.5　二分法查找流程图

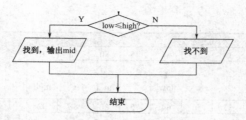

图 7.2.5　二分法查找流程图（续）

程序实现：代码中没有像流程图那样从键盘输入有序列表，而是通过数组的初始化列表直接给出有序列表。

```c
1   #include<stdio.h>
2   int main()
3   {
4       int a[10]={10,20,30,40,50,60,70,80,90,100};
5       int low,high,mid,key;
6       printf("请输入要查找的整数：");
7       scanf("%d",&key);
8       low=0;high=9;
9       while(low<=high)
10      {
11          mid=(low+high)/2;
12          if(key<a[mid])
13              high=mid-1;
14          else
15              if(key>a[mid])
16                  low=mid+1;
17              else
18                  break;
19      }
20      if(low<=high)
21          printf("查找成功，a[%d]=%d\n",mid,a[mid]);
22      else
23          printf("查找失败\n");
24      return 0;
25  }
```

注意，在 C 语言中，具有 n 个元素的数组的下标值介于[0,n-1]之间，因此在第 8 行代码中，low 的初值为最小下标值 0，high 为最大下标值 9。这一点与例 7.5、例 7.6 中不同。

程序运行结果：

查找成功：
```
请输入要查找的整数：100
查找成功，a[9]=100
Press any key to continue
```

查找失败：
```
请输入要查找的整数：66
查找失败
Press any key to continue
```

☞注意：二分查找的前提是待查找序列必须是有序的。

☞思考：如何使用递归法实现二分查找算法？请读者学完"第 8 章 函数"编程实现。

4. 排序

在人们的日常生活和工作中，许多问题都离不开排序，如按照成绩的高低录取学生、某个会议主席团名单按照姓氏笔画顺序排列、足球世界杯赛按照英文字典序安排各个国家入场的顺序等。

人们对数据进行排序，一般目的如下。

① 为比较或选拔而进行排序。例如，购物网站根据好评度对商家进行排序，便于客户选择自己满意的商家；某公司按照应聘者综合测评的成绩由高到低进行排序，录用成绩较高的应聘者。

② 为提高查找效率进行排序。例如，各种字词典籍中的条目排序；网站对提供的资源按照某种规则提取特征，并对这些特征进行排序形成索引，供站内搜索引擎检索之用。

在计算机科学中，排序是经常使用的一种经典的非数值运算算法。所谓排序（Sort）就是把一组无序的数据按照特定的顺序（如升序或降序）重新排列为有序序列的过程。常用的排序算法有插入排序（如直接插入排序、折半插入排序、希尔排序等）、交换排序（如冒泡排序、快速排序等）、选择排序（如简单选择排序、堆排序等）、归并排序、分配排序（如基数排序、桶排序等）。下面介绍简单选择排序和冒泡排序两种算法。

（1）简单选择排序（Simple Selection Sort）

顾名思义，选择排序的关键就在"选择"两个字上。简单选择排序（也称为直接选择排序）就是每次在无序区间中找到最小数（假定最终排成升序），然后将其与无序表中的第一个数交换，即排好一个数。简单选择排序算法基本思想如下：

① 通过 n-1 次比较，从给定的 n 个数中找出最小的，将它与第一个数交换，最小的数被安置在第 1 个位置上。在排序算法中，将排好 1 个数的过程称为一趟。

② 在剩余的 n-1 个数中再按照①的方法，通过 n-2 次比较，找出 n-1 个数中最小的数，将它与第 2 个数（当前没排好序列中的第 1 个）交换。

③ 重复上述过程，最多经过 n-1 趟排序后，n 个数被排成升序序列。

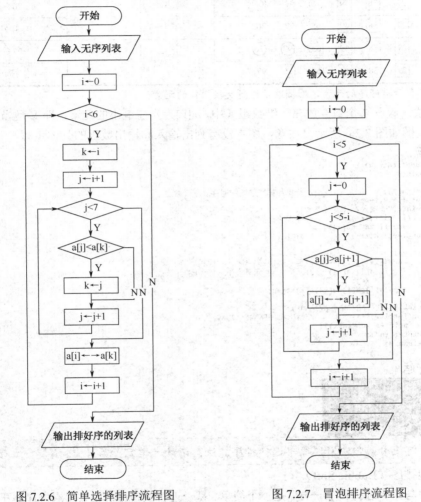

图 7.2.6　简单选择排序流程图　　　　图 7.2.7　冒泡排序流程图

【例 7.8】　编程实现对 7 个给定整数进行简单选择排序。

分析问题：分析过程如表 7.2.3 所示。

表 7.2.3　简单选择排序过程分析

趟	49	38	65	97	76	13	27	比 较 次 数	交 换 次 数	说　　明
1	㊾	38	65	97	76	⑬	27	6	1	49←→13
	⑬	38	65	97	76	49	27			排好 13

趟	49 38 65 97 76 13 27	比较次数	交换次数	说　明
2	13 (38) 65 97 76 49 (27)			38←→27
	13 27 65 97 76 49 38	5	1	排好 27
3	13 27 (65) 97 76 49 (38)			65←→38
	13 27 38 97 76 49 65	4	1	排好 38
4	13 27 38 (97) 76 (49) 65			97←→49
	13 27 38 49 76 97 65	3	1	排好 49
5	13 27 38 49 (76) 97 (65)			76←→65
	13 27 38 49 65 97 76	2	1	排好 65
6	13 27 38 49 65 (97) (76)			97←→76
	13 27 38 49 65 76 97	1	1	排好 76

注：方框表示排好序的元素，圆圈表示进行交换操作的元素。

设计算法： 假设 7 个数存放在一维数组 a 中，a[k] 为当前最小的元素，即 k 是当前最小元素的下标，流程图如图 7.2.6 所示。注意，图中没有列出输入和输出数组的具体步骤。

程序实现：

```c
#include<stdio.h>
int main()
{
    int a[7];                    //待排和排好序的数据存储在该数组
    int i,j,k,temp;
    printf("请输入7个整数: \n");
    for(i=0;i<7;i++)
        scanf("%d",&a[i]);       //输入待排数据
    for(i=0;i<6;i++)             //6趟比较
    {
        k=i;
        for(j=i+1;j<7;j++)       //每一趟进行6-i次比较操作
            if(a[j]<a[k])        //下标为j的元素小于下标为k的元素
                k=j;
        temp=a[i];a[i]=a[k];a[k]=temp;
    }
    printf("排好序的7个整数: \n");
    for(i=0;i<7;i++)
        printf("%d ",a[i]);      //输出排好序的7个整数
    printf("\n");
    return 0;
}
```

程序运行结果：

```
请输入7个整数:
49 38 65 97 76 13 27
排好序的7个整数:
13 27 38 49 65 76 97
Press any key to continue
```

☞**思考：** 如何使用递归法实现简单选择排序算法？请读者学完"第 8 章 函数"编程实现。

（2）冒泡排序（Bubble Sort）

冒泡排序与简单选择排序一样，是一个简单、易于理解的排序算法。冒泡排序属于交换排序，排序过程中的主要操作是交换操作。冒泡排序在每趟排序时将每两个相邻元素进行比较，如果为逆序（如果要排为升序，则前面的一个元素大于后面紧邻的元素，称为逆序），则交换相邻的这两个元素。一趟排序下来，小数像气泡一样上浮，大数像水中的石头一样下沉，故该排序方法命名为冒泡排序。冒泡排序的基本思想如下：

假定要将 n 个数排成升序，n 个数存放在 a_i 中，其中 $1 \leq i \leq n$。

① 比较第 1 个数与第 2 个数，若为逆序（$a_1 > a_2$），则交换；然后比较第 2 个数与第 3 个数，以此类推，直至第 n-1 个数和第 n 个数完成比较、交换为止。经过这一趟排序，最大的数被安置在最后一个位置上。

② 对前 n−1 个数进行与①相同的操作，结果使次大的数被安置在第 n−1 个元素位置上。

③ 重复上述过程，共经过最多 n−1 趟排序后，n 个数被排成升序序列。

【例 7.9】 编程实现对 6 个给定整数进行冒泡排序。

分析问题： 具体分析过程如表 7.2.4 所示。

表 7.2.4　冒泡排序过程分析

趟	8	5	3	0	9	2	比较次数		交换次数		说　明
1	⑧	⑤	3	0	9	2	1		1		
	5	⑧	③	0	9	2	1		1		
	5	3	⑧	⓪	9	2	1	5	1	4	待排序列变为[a₁,a₅]
	5	3	0	⑧	⑨	2	1		0		
	5	3	0	8	⑨	②	1		1		
结果	5	3	0	8	2	[9]	比较次数		交换次数		说明
2	⑤	③	0	8	2	[9]	1		1		
	3	⑤	⓪	8	2	[9]	1	4	1	3	待排序列变为[a₁,a₄]
	3	0	⑤	⑧	2	[9]	1		0		
	3	0	5	⑧	②	[9]	1		1		
结果	3	0	5	2	[8]	[9]	比较次数		交换次数		说明
3	③	⓪	5	2	[8]	[9]	1		1		
	0	③	⑤	2	[8]	[9]	1	3	0	2	待排序列变为[a₁,a₃]
	0	3	⑤	②	[8]	[9]	1		1		
结果	0	3	2	[5]	[8]	[9]	比较次数		交换次数		说明
4	⓪	③	2	[5]	[8]	[9]	1	2	0	1	待排序列变为[a₁,a₂]
	0	③	②	[5]	[8]	[9]	1		1		
结果	0	2	[3]	[5]	[8]	[9]	比较次数		交换次数		说明
5	⓪	②	[3]	[5]	[8]	[9]	1	1	0	0	待排序列变为[a₁]，排序完毕
最终结果	0	[2]	[3]	[5]	[8]	[9]	共进行 5 趟排序，共比较 15 次，共交换 10 次				

注：方框表示排好序的元素，圆圈表示进行比较操作的元素。

设计算法： 假设 6 个整数存放在 a 中，流程图如图 7.2.7 所示。注意，图中没有列出输入和输出数组的具体步骤。

程序实现：

```
1   #include<stdio.h>
2   int main()
3   {
4       int a[6];                //待排和排好序的数据存储在该数组
5       int i,j,temp;
6       printf("请输入6个整数：\n");
7       for(i=0;i<6;i++)         //输入待排数据
8           scanf("%d",&a[i]);
9       for(i=0;i<5;i++)         //5趟比较
10          for(j=0;j<5-i;j++)   //每一趟进行5-i次比较操作
11              if(a[j]>a[j+1])  //若相邻两个数逆序，则交换
12              {   temp=a[j];a[j]=a[j+1];a[j+1]=temp;   }
13      printf("排好序的6个整数：\n");
14      for(i=0;i<6;i++)         //输出排好序的6个整数
15          printf("%d ",a[i]);
16      printf("\n");
17      return 0;
18  }
```

程序运行结果：

```
请输入6个整数：
9 8 5 4 2 0
排好序的6个整数：
0 2 4 5 8 9
Press any key to continue
```

☞思考：请读者思考以下有关冒泡排序的问题。

① 对 n 个整数组成的待排序列进行冒泡排序一定需要 n-1 趟吗？

② 如何判断待排序列已经排好？

③ 通过对以上两题的思考，请读者编程实现当待排序列排好序后就停止的冒泡排序算法。

④ 如何使用递归法实现冒泡排序算法？请读者学完"第 8 章 函数"编程实现。

7.3　二维数组的定义和引用

在日常工作和学习中，除了线性结构外，还经常用到非线性结构，如五子棋棋盘（图 7.3.1）、汉字点阵（图 7.3.2）等。这些结构有一个共同特点：整个结构由多个线性子结构组成，每个线性子结构由个数相同的数据元素组成，每个数据元素具有相同的数据类型。具有该特点的非线性结构比较适合使用二维数组来表示。第一维用来表示行，第二维用来表示列。

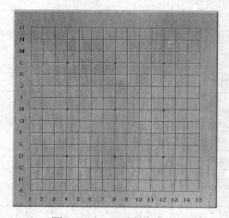

图 7.3.1　五子棋棋盘

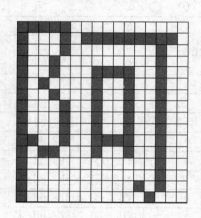

图 7.3.2　汉字点阵

7.3.1　二维数组的定义

1. 二维数组的定义格式

$$类型说明符　数组名[常量表达式 1][常量表达式 2] \qquad (7.3.1)$$

2. 说明

（1）"类型说明符"是数组元素的类型，每个数组元素可以理解为"类型说明符"所标识类型的一个普通变量。

（2）"常量表达式 1"指定数组的行数，"常量表达式 2"指定数组的列数。这两个表达式的约定与一维数组的相同

（3）二维数组可以看成一个特殊的一维数组，该一维数组的每一个元素又是一个一维数组。

（4）二维数组中的数据元素的存放次序是：按行优先存放，即在内存中先顺序存放第一行的元素，再存放第二行元素，以此类推。

（5）二维数组存储空间的大小（字节数）计算公式

$$常量表示式 1×常量表示式 2×sizeof(类型说明符) \qquad (7.3.2)$$

☞思考：二维数组的本质是什么？

【例 7.10】定义一个具有 3 行 4 列的二维整型数组，并分析其占用内存情况。

分析：根据给定题目，替换式（7.3.1）中各个部分。题目中"整型数组"是指数组的基类型

是整型的，因此式（7.3.1）中的"类型说明符"应该为"int"；数组具有"3 行 4 列"是指式（7.3.1）中的"常量表达式 1"应该为 3，"常量表达式 2"为 4；最后给数组起一个符合标识符定义规则的名字"a"。

解答：定义格式

```
int a[3][4];
```

可以这样理解该数组：首先，数组 a 是一个一维数组，它具有 a[0]、a[1]、a[2]三个元素；其次，每个元素又是一个一维数组，它具有 4 个元素，可以将 a[0]看做 a[0][0]、a[0][1]、a[0][2]、a[0][3]这 4 个元素组成的一维数组的名字，它表示该一维数组的起始位置，即 a[0][0]元素的地址。可以将 a[1]看做 a[1][0]、a[1][1]、a[1][2]、a[1][3]这 4 个元素组成的一维数组的名字，它表示该一维数组的起始位置，即 a[1][0]元素的地址。以此类推，……。这种关系可以用图 7.3.3 来表示。

二维数组由 3 行（3 个一维数组）4 列（每个一维数组有 4 个元素），共 12 个元素组成，在内存中按行存放，即先顺序存放第 0 行 a[0]这个一维数组的 4 个元素，接下来顺序存放第 1 行 a[1]这个一维数组的 4 个元素，最后顺序存放第 2 行 a[2]这个一维数组的 4 个元素。数组 a 在内存中的存储形式如图 7.3.4 所示。

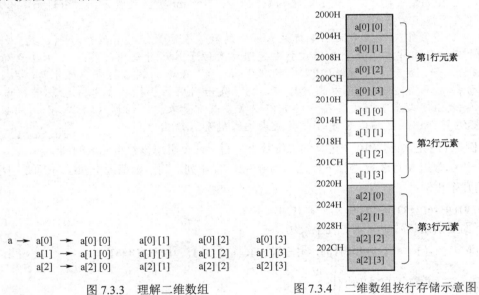

图 7.3.3　理解二维数组　　　图 7.3.4　二维数组按行存储示意图

假设二维数组 a 存放在从 2000H 字节处开始的一块内存中，每个元素占 4 个字节（在 VC6.0 中 int 数据分配 4 个字节），整个数组共占用了 48 个字节。

> 📖 **自主学习**：二维数组的"按列序优先"存储方式。
>
> 将二维数组具有行列关系的数据元素存储到"线性"的内存中，除了前面讲述的"按行序优先"存储方式外，还有一种叫做"按列序优先"的存储方式。请有兴趣的读者上网查阅相关资料，自主学习这种存储方式。

7.3.2　二维数组的引用

与一维数组相同，C 语言规定只能引用单个的数组元素而不能一次引用整个数组。

1．二维数组的引用形式

数组名[下标][下标]

2．说明

（1）第1个"下标"是要引用的数组元素到数组开始位置的行偏移量，第1行元素的行偏移量是0，第2行元素的行偏移量是1，以此类推，具有m行的二维数组的最后一行元素的行偏移量是m-1。在图7.3.4中数组开始位置是2000H。

（2）第2个"下标"是要引用的数组元素到数组某一行开始位置的列偏移量，第1列元素的列偏移量是0，第2列元素的列偏移量是1，以此类推，具有n列的二维数组的最后一列元素的列偏移量是n-1。在图7.3.4中第1、2、3行的开始位置分别是2000H、2010H、2020H。

（3）"下标"应该是整型常量或整型表达式，表达式中既可以包含常量，也可以包含变量。

（4）在引用具有m行n列，共m×n个元素的二维数组的元素时，其行下标值的范围是0～m-1，列下标值的范围是0～n-1。

> ☞**注意**：数组定义中下标运算符中的数值与引用数组元素时下标运算符中的数值异同。
>
> ① 一维数组：数组定义中下标运算符中的数值表示数组元素的个数，引用数组元素时下标运算符中的数值表示被引用数组元素的下标值，其范围为0至数组元素个数减1。例如，数组定义int a[5]中的"5"表示定义的数组具有5个int数据元素，而"a[3]=6"中的"3"表示引用下标值为3的元素。
>
> ② 二维数组：数组定义中下标运算符中的数值表示数组具有的行数或列数，引用数组元素时下标运算符中的数值表示被引用数组元素位于第几行或列，其范围为0至行数或列数减1。例如，数组定义int a[3][4]中的"3"和"4"表示的数组具有3行4列，共12个int数据元素，而"a[2][3]=6"中的"2"和"3"表示引用第2行第3列的元素。
>
> ③ 数组定义中下标运算符中的数值以常量或常量表达式的形式给出，而引用数组元素时下标运算符中的数值以常量、变量或表达式的形式给出。

【**例7.11**】已知例7.10中定义的二维数组，写出几个引用该数组元素的例子。

分析：数组a有3行，行下标范围为0～2，有4列，列下标范围0～3。下面是引用该数组元素的几个正例：

```
a[0][0],a[1+1][2+1],a['b'-'a']['d'-'b']
```

下面是引用该数组元素的几个反例：

```
a[0.5][3.6], a[2.3+1.2][3], a[-1][-2], a[3][4], a[2*3][3*4]
```

7.3.3 二维数组的初始化

二维数组初始化有以下几种形式。

1．分行初始化

将二维数组的每一行元素的初始值依次放在一对花括号中，每对花括号之间使用逗号分隔，最后用一对花括号将所有内容括起来。

① 初始化所有元素，例如：

```
int a[3][4]={{1,2,3,4},{5,6,7,8},{9,10,11,12}};
```

初始化后，数组各元素为：

$$
\begin{matrix}
1 & 2 & 3 & 4 \\
5 & 6 & 7 & 8 \\
9 & 10 & 11 & 12
\end{matrix}
\tag{7.3.3}
$$

② 初始化部分元素，例如：

```
int a[3][4]={{1},{5,6},{9,10,11}};
```

其中，没有初始化的数组元素值为0。

初始化后，数组各元素为：

$$\begin{array}{cccc} 1 & 0 & 0 & 0 \\ 5 & 6 & 0 & 0 \\ 9 & 10 & 11 & 0 \end{array}$$ (7.3.4)

2. 按元素存储顺序初始化

（1）初始化所有元素。按照数组元素在内存中存储的顺序，将所有元素写在一对花括号内，元素之间使用逗号分隔。例如：

```
int a[3][4]={1,2,3,4,5,6,7,8,9,10,11,12};
```

初始化后，数组各元素如式（7.3.3）所示。

☞ **注意**：初始化二维数组时省略第 1 维长度的情况。

初始化所有元素时，可以不指定第 1 维的长度，但是必须指定第 2 维的长度。例如：
```
int   a[ ][4]={1,2,3,4,5,6,7,8,9,10,11,12};
```
系统可以根据给定数据元素的个数和第 2 维的长度计算出第 1 维的长度。在上例中，数组共有 12 个元素，第 2 维的长度（每一行元素个数）为 4，可以计算出数组共有 3 行，即数组第 1 维长度为 3。

另外，初始化部分元素时，也可以不指定第 1 维的长度，但必须使用分行初始化的形式。例如：
```
int   a[ ][4]={{1},{5,6},{9}};
```
在这种情况下，系统可以根据初始化的形式很容易求得数组第 1 维的长度为 3，因为最外层花括号内有 3 对花括号，即有 3 行。

（2）初始化部分元素。按照数组元素在内存中存储的顺序，将部分元素写在一对花括号内，元素之间使用逗号分隔。例如：

```
int a[3][4]={1,2,3,4,5,6,7};
```

初始化后，数组各元素为：

$$\begin{array}{cccc} 1 & 2 & 3 & 4 \\ 5 & 6 & 7 & 0 \\ 0 & 0 & 0 & 0 \end{array}$$ (7.3.5)

7.3.4 二维数组应用举例

1. 二维数组所有元素赋初值

同一维数组一样，除了 7.3.3 节中的使用初始化列表给数组元素赋初值的方法外，二维数组所有元素赋初值也可以归纳为以下两种情况。

（1）数组元素的排列有一定规律。当数组元素值与数组元素所处的行、列下标之间存在某种函数关系时，可以使用二重循环结构为每个数组元素赋值。例如，如图 7.3.5 所示的二维数组，可以使用以下代码给每个元素赋值。

行、列下标	0	1	2	3
0	1	2	3	4
1	5	6	7	8
2	9	10	11	12

图 7.3.5　元素排列有规律的二维数组的赋值

```
1   #include<stdio.h>
2   int main()
3   {
4       int a[3][4],i,j;
5       for(i=0;i<3;i++)
6           for(j=0;j<4;j++)
7               a[i][j]=i*4+j+1;
8       ......
9       return 0;
10  }
```

第 7 行代码就是数组元素值与数组元素行、列下标之间的函数关系。

（2）使用随机数给数组所有元素赋初值。与一维数组相同，在很多应用中，二维数组元素值需要使用随机数来初始化。以下代码的功能是用介于[0,100]之间的整数给每个数组元素赋值。

```
1  #include<stdio.h>
2  #include<stdlib.h>
3  #include<time.h>
4  int main()
5  {
6      int a[3][4],i,j;
7      srand((unsigned)time(NULL));
8      for(i=0;i<3;i++)
9          for(j=0;j<4;j++)
10             a[i][j]=rand()%101;
11     for(i=0;i<3;i++)
12     {
13         for(j=0;j<4;j++)
14             printf("%4d",a[i][j]);
15         printf("\n");
16     }
17     return 0;
18 }
```

在以上代码中，第 7 行代码通过调用 srand 函数初始化伪随机数发生器，其中伪随机数发生器的种子通过调用 time 函数求得；第 10 行代码通过调用 rand 函数，配合"%"运算符，产生一个介于[0,100]之间的整数。

2．二维数组的输入输出

二维数组的输入输出的基本概念与一维数组的输入输出基本相同，在此不再赘述。

在以下代码中，使用二重循环结构，通过调用 scanf 和 printf 函数，输入/输出二维数组每个元素值。

```
1  #include<stdio.h>
2  int main()
3  {
4      int a[3][4],i,j;
5      for(i=0;i<3;i++)
6          for(j=0;j<4;j++)
7              scanf("%d",&a[i][j]);
8      for(i=0;i<3;i++)
9      {
10         for(j=0;j<4;j++)
11             printf("%4d",a[i][j]);
12         printf("\n");
13     }
14     return 0;
15 }
```

其中，第 5 行至第 7 行代码使用二重循环实现了二维数组的输入操作；第 8 行至第 13 行代码使用二重循环完成了二维数组的输出操作。在以上代码的二重循环中，外层循环控制行，内层循环控制列。

☞注意：二维数组的输入输出操作通常涉及以下知识点，请读者务必掌握。
① 二维数组的定义及其元素的引用；
② 输入输出函数；
③ 二重循环结构。

3．矩阵转置

【例 7.12】编程实现矩阵的转置操作。

确定问题：对一个 3 行 4 列的矩阵进行转置操作。转置前后要将矩阵的内容显示在屏幕上。

分析问题：定义两个二维数组来存储转置前后的矩阵：数组 a 为 3 行 4 列，存放 12 个整数。数组 b 为 4 行 3 列，开始时没有确定的初始值，用于存储转置后的矩阵。用二重循环完成转置操作。

设计算法：矩阵运算的算法在《线性代数》中都已经学习过了，详情不再赘述，这里只提一

下关键点：假如用变量 i 表示行，变量 j 表示列，转置操作的主要步骤可表示为

b[j][i]=a[i][j];

程序实现：

```
1   #include<stdio.h>
2   int main()
3   {
4       int a[3][4] = { {1,2,3,4},
5                       {5,6,7,8},
6                       {9,10,11,12}};
7       int b[4][3],i,j;
8       printf("转置前\n");
9       for(i=0;i<3;i++)              //共3行，每次处理1行元素
10      {
11          for(j=0;j<4;j++)          //每行共4个元素，每次处理1个元素
12          {
13              printf("%6d",a[i][j]);
14              b[j][i]=a[i][j];
15          }
16          printf("\n");
17      }
18      printf("转置后\n");
19      for(i=0;i<4;i++)              //输出转置后的矩阵
20      {
21          for(j=0;j<3;j++)
22          {
23              printf("%6d",b[i][j]);
24          }
25          printf("\n");
26      }
27      return 0;
28  }
```

在以上代码中，第 8 行至第 17 行代码用于输出转置前的矩阵，同时完成转置操作；第 18 行至第 26 行代码用于输出转置后的矩阵。

运行结果：

> ☞**思考**：在上例中使用两个二维数组来存储转置前后的矩阵，将造成存储空间的浪费。请读者思考如何在一个 n 行 n 列的二维数组上实现矩阵转置？
>
> 📖**自主学习**：矩阵运算是理工科学生应该具备的基本功，请读者参考相关书籍或上网查阅相关资料，自主学习矩阵加、减、乘法运算算法，并编程实现。

4．在二维数组上查找最值

【例 7.13】编程实现在矩阵中查找最大元素值的操作。

确定问题：在一个 3 行 4 列的矩阵中查找最大元素值，并标注其在所在的行下标和列下标。

分析问题：定义一个 3 行 4 列的二维数组 a 来存储矩阵，利用 7.2.4 节中的"打擂台算法"在矩阵的 12 个元素中查找最大值。

● 定义一个 int 型变量 max，用于存储当前的"擂主"。

● 定义两个 int 型变量 row 和 column，用来标记 max 所处的行下标和列下标。

● 使用二重循环遍历矩阵中的每个元素 a[i][j]，每次都将其与 max 比较：若 a[i][j]大于 max，则 a[i][j]赋值给 max，并将行、列下标分别保存在 row 和 column 中。

● 循环结束后，变量 max 中就是 12 个元素中的最大值，变量 row 和 column 中保存的就是最大值元素所处的行和列下标。

设计算法:具体算法流程图如图 7.3.6 所示。

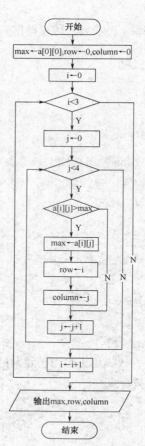

图 7.3.6　在二维数组中查找最大值

程序实现：

```
1   #include<stdio.h>
2   int main()
3   {
4       int i,j,row,column,max;
5       int a[3][4] = { {100,2,35,4},      //定义数组并初始化
6                       {12,76,3,38},
7                       {90,210,11,32}};
8       max=a[0][0];row=column=0;          //初始擂主
9       for(i=0;i<3;i++)
10          for(j=0;j<4;j++)
11              if(a[i][j]>max)            //当前元素大于擂主
12              {   max=a[i][j];row=i;column=j; }
13      printf("最大元素值为%d, 其行下标为%d, 列下标为%d\n",max,row,column);
14      return 0;
15  }
```

程序运行结果：

```
最大元素值为210, 其行下标为2, 列下标为1
Press any key to continue
```

☞思考：请读者思考如何修改以上代码完成以下任务。

① 如何将矩阵元素值由键盘输入？

② 如何在上例的矩阵中查找最小值？

7.4　字符数组

使用计算机处理数据时，除了如整型、浮点型数值类数据外，还经常会处理批量的字符型数据。在 C 语言中，通常使用字符数组来存储批量字符数据。

所谓字符数组，是存放字符型数据的数组，其中每个数组元素存放的都是单个字符。字符数组分为一维字符数组和多维字符数组。一维字符数组常常存放一个字符串，二维字符数组常用于存放多个字符串。

7.4.1 字符数组的定义与引用

1. 字符数组的定义

定义字符数组的方法与定义数值型数组的方法类似，只是数组的基类型是 char。例如：

```
char ch1[10];
char ch2[6][10];
```

字符数组元素值为字符，存储的是字符对应的 ASCII 码。

☞注意：由于字符型数据是以整型的形式存储的，因此可以使用整型数组来存放批量字符型数据。但是，在比较流行的 C 编译系统中，一个字符占用 1 个字节的空间，而一个整数占用 2~4 字节的空间，如果使用整型数组来存放字符数据，会浪费较多的存储空间。

2. 字符数组的引用

（1）引用单个字符。与数值型数组相同，字符数组的引用可以通过对单个字符的引用来实现，其引用形式和方法也相同。

（2）引用整个字符串。当字符数组中存储的是字符串时，可以一次输入/输出整个字符串。

7.4.2 字符数组与字符串

在 C 语言中，没有专门的字符串变量，通常使用字符数组来存储字符串。例如，用一维字符数组存放一个字符串，用二维字符数组存放多个字符串。

当存储一个字符串时，除了存储组成该串的每个有效字符外，在串的末尾总是要存储一个特殊字符'\0'，标志着串到此结束，所以称为字符串结束标志。在书写一个字符串常量或输入一个字符串时，不用显式书写或输入字符串的结束标志，C 编译系统会自动在串的末尾添加字符'\0'。

采用了这种存储方式后，带来以下好处。

（1）使字符串的输入/输出变得简单方便。可以一次整体输入/输出一个字符串，而不必使用循环结构逐个地输入/输出每个字符。例如，在输出字符串时，库函数由左至右依次判断每一个字符，若不是字符串结束标志，则输出该字符；否则，字符串输出结束。

（2）兼顾灵活性和复杂性。在处理字符串时，大家往往关注的是字符串中有多少个字符，即字符串的长度，而不是字符数组的长度。例如，定义了一个可以存储 255 个字符的字符数组，如果没有设置字符串结束标志，为了有效处理字符串，有两种选择：一是该数组只能存储长度为 255 的字符串；二是除了该数组外，另外设置一个整型变量，用来存储字符串的实际长度。这两种方案中，第一种比较死板，缺乏灵活性；第二种比较灵活，可以存储字符串长度不大于 255 的任意字符串，但是相对来说结构和处理方法较复杂。而 C 语言中字符串的存储方式，在付出一个字节的代价下，兼顾了灵活性（可以存储字符串长度不大于 254 的任意字符串）和复杂性（只是在字符串有效字符后增加了一个特殊字符'\0'）。

☞注意：如何正确理解字符'\0'？

'\0'代表 ASCII 码为 0 的字符，在内存中存储的是长度为 1 个字节的整数 0。通常，字符串是为了在屏幕上显示或在纸上打印出来的，而'\0'不是一个可以显示的字符，因此 C 系统用它作为字符串的结束标志，以避免增加不必要的附加操作。

【例 7.14】 画出字符串常量"China"在内存中的存储情况。

字符串常量"China"在内存中的存储情况如图 7.4.1 所示。

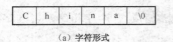

C	h	i	n	a	\0

67	104	105	110	97	0

（a）字符形式　　　　　　　　　　　（b）ASCⅡ码形式

图 7.4.1　字符串常量"China"存储图

7.4.3　字符数组的初始化

1．使用字符型数据对数组进行初始化

这种方法与数值型数组的初始化类似。例如：

```
char c1[5] = {'C','h','i','n','a'};
char c2[8] = {'C','h','i','n','a'};
char c3[ ] = {'C','h','i','n','a'};
char c[3][10] = {{'B','E','I','J','I','N','G'},
                 {'S','H','A','N','G','H','A','I'},
                 {'G','U','A','N','G','Z','H','O','U'}};
```

其数组元素状态如图 7.4.2 所示。

C	h	i	n	a

C	h	i	n	a	\0	\0	\0

（a）数组c1、c3状态　　　　　　　（b）数组c2状态

c[0]	B	E	I	J	I	N	G	\0	\0	\0
c[1]	S	H	A	N	G	H	A	I	\0	\0
c[2]	G	U	A	N	G	Z	H	O	U	\0

（c）数组c状态

图 7.4.2　初始化后各数组状态

上例中，没有初始化的元素的值为'\0'。

2．使用字符串常量对数组进行初始化

如果使用字符数组来存储字符串，则可以使用字符串常量直接对数组进行初始化。例如：

```
char c1[6] = {"China"};
char c2[6] = "China";
char c3[ ] = "China";
char c4[8] = "China";
char c[3][10] = {"BEIJING","SHANGHAI","GUANGZHOU"};
```

C	h	i	n	a	\0

数组 c 的状态如图 7.4.2（c）所示。数组 c4 的状态如图 7.4.2

图 7.4.3　初始化后各数组状态

（b）所示。数组 c1、c2、c3 的状态如图 7.4.3 所示。

☞注意：

　　① 在使用字符串常量来初始化字符数组时，不用显式书写字符串结束标志，C 编译系统会自动在串的末尾添加字符'\0'。

　　② 若想将字符串存储在字符数组中，并将其当做字符串来处理，初始化 char s[5]=" China" ;是错误的。因为数组最多可以存储 5 个字符，而字符串" China" 由 6 个字符组成（除了字面的 5 个字符外，还包括字符串结束标志'\0'），数组 s 存储空间不够。

　　③ 字符数组中可以存储多个'\0'，若将之看做字符串，那么从左边算起，遇到第一个'\0'字符串即结束了，其后的字符数组元素不是串的一部分。例如，在图 7.4.4 中，字符数组中存储的是字符串" BEIJING" 。

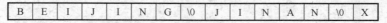

B	E	I	J	I	N	G	\0	J	I	N	A	N	\0	X

图 7.4.4　字符数组中存储多个'\0'示例

7.4.4　字符数组的输入/输出

1．逐个字符输入/输出

与循环结构配合，可以使用如下的方法实现字符数组逐个字符的输入/输出。

（1）使用 getchar/putchar 函数；

（2）使用 scanf/printf 函数，配合格式符"%c"。

【例 7.15】使用逐个字符输入/输出的方法输入/输出字符数组的内容。

```c
#include<stdio.h>
int main()
{
    char str[20];
    int i;
    for(i=0;i<20;i++)
        scanf("%c",&str[i]);     //可替换为str[i]=getchar();
    for(i=0;i<20;i++)
        printf("%c",str[i]);     //可替换为putchar(str[i]);
    return 0;
}
```

2．整体输入/输出字符串

可以使用如下的方法实现整体输入/输出字符数组中的字符串。

● 使用 scanf/printf 函数，配合格式符"%s"。

● 使用 gets/puts 函数。

（1）字符串输入函数 gets。字符串输入函数 gets 详细说明如表 7.4.1 所示。

表 7.4.1　gets 函数说明

头 文 件	#include<stdio.h>	
函数原型	char *gets（char *str）;	
功　　能	从标准输入设备键盘上输入一个字符串	
参　　数	str	字符数组名，其指定的数组用于存储输入的字符串
说　　明	（1）输入的字符串应短于字符数组的长度，留出一个字节的空间来存储系统自动添加的字符串结束标志	
	（2）输入字符串时，用户按下 Enter 键，字符串输入结束。输入的字符串可包含空格	
	（3）调用一次只能输入一个字符串	
返 回 值	若成功，返回字符数组的首地址；否则，返回 NULL（NULL 的含义请参考第 9 章相关内容）	

（2）字符串输出函数 puts。字符串输出函数 puts 详细说明如表 7.4.2 所示。

表 7.4.2　puts 函数说明

头 文 件	#include<stdio.h>	
函数原型	int puts（const char *str）;	
功　　能	把字符串输出到显示器	
参　　数	str	字符串常量或字符数组名，其指定要输出的字符串
说　　明	（1）参数字符串可以是存储字符串的字符数组名，也可以是字符串常量	
	（2）输出字符串时，函数由左至右依次判断每一个字符，若不是字符串结束标志，则输出该字符；否则，字符串输出结束	
	（3）输出字符串后，会自动换行	
	（4）调用一次只能输出一个字符串	
返 回 值	若成功，返回换行符；否则，返回 EOF（EOF 的含义请参考第 11 章相关内容）	

【例 7.16】使用 gets/puts 函数整体输入/输出字符数组中的字符串。

```c
#include<stdio.h>
int main()
{
    char str[35];
    printf("Input:");
    gets(str);  //输入字符串
    puts(str);  //输出字符串
    return 0;
}
```

程序运行结果：

```
Input:Communication University of China
Communication University of China
```

【例 7.17】使用 scanf/printf 函数，配合格式符"%s"整体输入/输出字符数组中的字符串。

```c
#include<stdio.h>
int main()
{
    char str[35];
    printf("Input:");
    scanf("%s", str);          //输入字符串
    printf("Output:%s\n", str); //输出字符串
    return 0;
}
```

程序运行结果：

```
Input:Communication University of China
Output:Communication
```

☞思考：例 7.16 和例 7.17 的输入相同，为什么输出不同？

说明：

① 使用 scanf/printf 函数输入/输出字符串，必须配合使用 "%s"。

② 用户按下 Space 键、Tab 键或 Enter 键，字符串输入结束。

③ 输入的字符串应短于存储字符串的字符数组的长度。

④ printf 函数一次可输出多个字符串。

⑤ 不论字符数组中包含几个'\0'，在输出字符串时，printf 函数由左至右依次判断每一个字符，若不是'\0'，则输出该字符；否则，字符串输出结束。

☞归纳总结：

（1）在输入字符串时，scanf 与 gets 的区别：

① 使用 scanf 输入字符串时，用户按下 Space 键、Tab 键或 Enter 键，字符串输入结束。输入的字符串中不包含空格。使用 gets 输入字符串时，用户按下 Enter 键，字符串输入结束。输入的字符串可包含空格。

② gets 函数一次只能输入一个字符串，scanf 函数一次可输入多个字符串。

（2）在输出字符串时，printf 与 puts 的区别：

① 使用 printf 输出字符串后，不会自动换行（必须在程序中额外增加代码来完成）。而 puts 输出字符串后，会自动换行。

② puts 函数一次只能输出一个字符串，printf 函数一次可输出多个字符串。

③ printf 函数可有提示文字，而 puts 函数不能有提示文字。

7.4.5 字符串处理函数

C 语言提供了丰富的字符串处理函数，可分为字符串的输入、输出、连接、比较、复制、转换、搜索等几类。几乎所有版本的 C 编译器都提供了这些函数。

1. 字符串连接函数 strcat

字符串连接函数 strcat 详细说明如表 7.4.3 所示。

表 7.4.3　strcat 函数说明

头 文 件	#include<string.h>	
函数原型	char *strcat（char *str1, const char *str2）;	
功　能	将 str2 指定的字符串连接到 str1 指定的字符串后面，结果存储在 str1 指定的字符数组中，str1 指定的字符串原来最后面的'\0'被取消	
参　数	str1	字符数组名，指定第 1 个字符串
	str2	字符串常量或字符数组名，指定第 2 个字符串
说　明	（1）str1 指定的字符数组应足够大，以便能够存放下 str1 指定的字符串与 str2 指定的字符串连接后的结果	
	（2）str1 应该是字符数组名，str2 既可以是字符数组名，也可以是字符串常量	
返 回 值	str1 指定字符数组的首地址	

例如：

```
1  #include<stdio.h>
2  #include<string.h>
3  int main()
4  {
5      char str1[80]="Communication University of ",str2[]="China";
6      puts(strcat(str1,str2));
7      return 0;
8  }
```

输出：

`Communication University of China`

2. 字符串复制函数 strcpy

字符串复制函数 strcpy 详细说明如表 7.4.4 所示。

表 7.4.4　strcpy 函数说明

头文件	#include<string.h>	
函数原型	char *strcpy（char *str1, const char *str2）;	
功　能	将 str2 指定的字符串复制到 str1 指定的字符数组中，str2 指定的字符串的结束标志'\0'也一同复制	
参　数	str1	字符数组名，指定第 1 个字符串
	str2	字符串常量或字符数组名，指定第 2 个字符串
说　明	（1）str1 指定的字符数组应足够大，以便能够存放下 str2 指定的字符串 （2）str1 应该是字符数组名，str2 既可以是字符数组名，也可以是字符串常量	
返回值	str1 指定字符数组的首地址	

例如：

```
1   #include<stdio.h>
2   #include<string.h>
3   int main()
4   {
5       char str1[20],str2[]="C Programming";
6       strcpy(str1,str2);
7       puts(str1);
8       return 0;
9   }
```

输出：`C Programming`

☞注意：

① 在上例中，str2 共有 14 个字符（含字符串结束标志'\0'）复制到字符数组 str1 的前 14 个位置处，后 6 个位置处的字符仍保留复制操作前的原值。

② 字符串复制不能通过赋值运算符来实现。例如：

char　str1[ ]=" string1" ,str2=" string2" ;　　　//字符数组初始化

str1=str2;　　//错误，不能使用赋值运算符将一个字符数组赋给另外一个字符数组

str1="string3"; //错误，不能使用赋值运算符将一个字符串常量赋值给一个字符数组

3. 字符串比较函数 strcmp

字符串比较函数 strcmp 详细说明如表 7.4.5 所示。

表 7.4.5　strcmp 函数说明

头文件	#include<string.h>	
函数原型	int strcmp（const char *str1, const char *str2）;	
功　能	按字典序比较 str1 指定的字符串和 str2 指定字符串的大小	
参　数	str1	字符串常量或字符数组名，指定第 1 个字符串
	str2	字符串常量或字符数组名，指定第 2 个字符串
说　明	str1、str2 既可以是字符数组名，也可以是字符串常量	
返回值	对两个字符串从左至右按照字符的 ASCII 码的大小逐个字符进行比较，直到出现不同的字符或同时遇到'\0' （1）若同时遇到'\0'，则字符串 1=字符串 2，函数返回 0； （2）若第 1 个字符串的当前字符大于第 2 个字符串的对应字符，则第 1 个字符串 1>第 2 个字符串，函数返回正数； （3）若第 1 个字符串的当前字符小于第 2 个字符串的对应字符，则第 1 个字符串 1<第 2 个字符串，函数返回负数。	

例如：

```
1   #include<stdio.h>
2   #include<string.h>
3   int main()
4   {
5       char str1[]="C Language",str2[]="C Programming";
6       int result;
7       result=strcmp(str1,str2);
8       if(result==0) printf("str1==str2\n");
9       if(result>0)  printf("str1>str2\n");
10      if(result<0)  printf("str1<str2\n");
11      return 0;
12  }
```

输出：

```
str1<str2
```

☞注意：

　① 字符串的比较实际上就是以字节为单位由左至右依次比较两个字符串的值（ASCII 码、机内码、Unicode 等）。请读者思考一下"你"和"我"哪个大哪个小？

　② 不能直接使用关系运算符比较两个字符串的大小。例如：

char　str1[ ]=" string1" ,str2=" string2" ;　　　//字符数组初始化

if（str1<str2）　　　　　//错误，不能直接使用关系运算符比较两个字符串的大小

　　printf（" str1<str2" ）;

4．测字符串长度函数 strlen

测字符串长度函数 strlen 详细说明如表 7.4.6 所示。

表 7.4.6　strlen 函数说明

头 文 件	#include<string.h>	
函数原型	unsigned strlen（ const char *str）;	
功　能	统计 str 指定字符串中字符的个数（不包括字符串结束符 " \0" ）	
参　数	str	字符串常量或字符数组名，其指定要测长度的字符串
说　明	str 指定字符串可以是字符数组名，也可以是字符串常量	
返 回 值	str 指定字符串的长度	

例如：

```
1   #include<stdio.h>
2   #include<string.h>
3   int main()
4   {
5       char str[]="C Programming";
6       printf("The length of str is %d\n",strlen(str));
7       return 0;
8   }
```

输出：

```
The length of str is 13
```

☞注意："字符串长度" 与 "字符数组的长度" 的区别。

　字符串长度是指字符串中字符的个数（不包括字符串结束符'\0'），更准确一点说从字符串中的第 1 个字符开始，向右开始逐个统计字符的个数，直到遇到第 1 个字符串结束标志'\0'为止，'\0'不计算在内。

　字符数组的长度是指在定义该数组时，系统为之分配的字节数。例如有如下定义：

char　str[15]={ 's', 't', 'r', 'i', 'n', 'g', '\0', 'a', 'b', '\0', 'c', 'u', 'c', '\0', 'z'};

　在内存中存储情况如图 7.4.5 所示。

　存储在字符数组 str 中的字符串的长度是 6，而字符数组 str 的长度为 15。

| s | t | r | t | n | g | \0 | a | b | \0 | c | u | c | \0 | z |

图 7.4.5　字符串长度示例

7.4.6 字符数组应用举例

【例7.18】某次运动会有3支代表队参赛，请编程确定哪支队伍在开幕式上第一个入场。

确定问题：在开幕式上，各支代表队按照代表队名称字典序入场，因此该题目是要求找出哪支代表队名称按照字典序最小（即找最值算法），最后将第一个入场的代表队名称显示在屏幕上。

分析问题：使用二维字符数组来存储3支代表队的英文名称，使用一维字符数组来存储第一个入场的代表队的英文名称。

① 问题输入：char team[3][20] —— 3支代表队的英文名称；

② 问题输出：char first[20] —— 第一个入场的代表队的英文名称；

设计算法：具体算法流程图如图7.4.6所示。

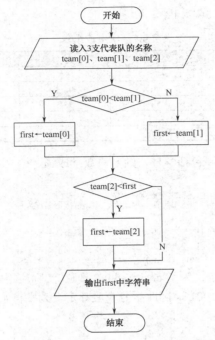

图7.4.6　求第一个入场代表队流程图

程序实现：

```
1    #include<stdio.h>
2    #include<string.h>
3    int main()
4    {
5        char team[3][20];      //用来存储3只代表队的英文名称
6        char first[20];        //用来存储第一个入场的代表队的英文名称
7        int i;
8        for(i=0;i<3;i++)
9            gets(team[i]);     //读入3只代表队的英文名称，注意team[i]前无&
10       if(strcmp(team[0],team[1])<0)    //若team[0]小于team[1]
11           strcpy(first,team[0]);
12       else                            //若team[0]大于或等于team[1]
13           strcpy(first,team[1]);
14       if(strcmp(team[2],first)<0)     //若team[2]小于first
15           strcpy(first,team[2]);
16       printf("\nThe first admission team is %s\n",first); //输出第一个入场代表队的英文名称
17       return 0;
18   }
```

程序运行结果：

```
DONGCHENG
XICHENG
BEICHENG

The first admission team is BEICHENG
```

7.5 案例——以数组为数据结构实现"学生成绩管理系统"

任务描述

在上一步"学生成绩管理系统"中用户菜单的循环选择的基础上，以数组为数据结构，实现维护学生成绩单的"创建成绩单"、"浏览成绩单"、"统计成绩"三个模块。其中，本书讲解前两个模块，学生自主完成第三个模块。

数据描述

表 7.5.1 是一个实际的学生成绩单。

表 7.5.1　学生成绩单

学号	姓名	数学	语文	英语	平均
201301001	张燕	67.5	81	73.5	74.00
201301002	王大山	80	96.5	79	85.17
201301003	李锐	88	75.5	100	87.83
201301004	陈一帆	83.5	77	81	80.50
201301005	胡志明	97	60	91.5	82.83

通过观察，学生的属性主要包括学号、姓名、数学成绩、语文成绩、英语成绩、平均成绩。学生成绩单数据描述如下：

```
#define MAX_SIZE 30        //学生成绩单最大长度
int stuListSize=0;          //学生成绩单当前实际长度，初始情况下长度为0
char number[MAX_SIZE][10];   //学号
char name[MAX_SIZE][11];     //姓名
float score[MAX_SIZE][4];    //各科成绩，按照数组第二维的下标值，分别对应
                             //数学、语文、英语、平均
int statistics[4][5];        //分段统计结果，分数段分别是[100,90], (90,80],
                             //(80,70], (70,60], (60,0]
```

注意，在第 3 章中将学号定义为了 unsigned int，但在实际应用中，学号可能包含字母、前导 0 等，如"20131001p"、"031001001"，因此学号一般都定义为字符串类型，使用字符数组来存储。

算法描述

1."创建成绩单"模块伪代码算法描述

"创建成绩单"模块的算法步骤与细化过程如下。

（1）一级算法：

```
if（非空表）
        printf（"\n不能重新创建学生成绩单！\n"）；
else
        输入n个学生；
```

（2）细化"输入 n 个学生"

```
输入学生人数给n；
if（n在合法范围[1,MAX_SIZE]）
{
  for（i=0;i<n;i++）
  {输入第i个学生;}
  设置当先学生表长度为n；
  显示创建学生成绩单成功信息；
}
else
```

```
    {
        显示学生人数范围错误信息
    }
```

2. "浏览成绩单"模块伪代码算法描述

"浏览成绩单"模块的算法步骤如下:

```
if (表空)
        printf("无学生记录,请创建成绩单或添加学生!\n");
else
{
        输出表头
        输出表体
}
```

程序实现

(1)"创建空表"和"重复选择菜单"功能代码如下。在程序实现时,首先要建立一张空白的学生成绩单。其实现非常简单,只是将变量 stuListSize 的值设置为 0。

```c
#include<stdio.h>
#include<stdlib.h>
#include<conio.h>
#define MAX_SIZE 30          //学生成绩单最大长度
int main(void)
{
    int stuListSize;          //学生成绩单实际长度,初始情况下长度为0
    char number[MAX_SIZE][10]; //学号
    char name[MAX_SIZE][11];   //姓名
    float score[MAX_SIZE][4];  //各科成绩,按照数组第二位下标值,分别对应
                               //数学、语文、英语、平均
    int statistics[4][5];      //分段统计结果,分数段分别是[100,90],(90,80]
                               //(80,70],(70,60],(60,0]
    char subject[4][5]={"数学","语文","英语","平均"};  //科目名称
                                                      //统计成绩模块使用
    char choice;
    int n,i,j;

    stuListSize=0;            //创建空表
    do                       //重复选择菜单
    {
        //此处省略了"显示菜单"和"接收选项"的代码
        ……

        switch(choice)           //实现点菜
        {
        case '1':                //创建成绩单
            //"创建成绩单"模块代码放在此处
            ……
            break;
        case '2':
            printf("您选择了\"2 —— 添加学生\"\n");
            break;
        case '3':
            printf("您选择了\"3 —— 编辑学生\"\n");
            break;
        case '4':
            printf("您选择了\"4 —— 删除学生\"\n");
            break;
        case '5':
            printf("您选择了\"5 —— 查找学生\"\n");
            break;
        case '6':                //浏览成绩单
            //"浏览成绩单"模块代码放在此处
            ……
            break;
        case '7':
            printf("您选择了\"7 —— 排序成绩单\"\n");
            break;
        case '8':                //统计成绩
            //读者自主完成的"统计成绩"模块代码放在此处
            ……
            break;
        case '0':
            printf("您将退出学生成绩管理系统,谢谢使用!\n");
            break;
        default:
            printf("非法输入\n");
            break;
        }
```

```
            system("pause");
        }while(choice!='0');
        return 0;
    }
                case '4':
                    printf("您选择了\"4 —— 删除学生\"\n");
                    break;
                case '5':
                    printf("您选择了\"5 —— 查找学生\"\n");
                    break;
                case '6':                           //浏览成绩单
                    //"浏览成绩单"模块代码放在此处
                    ......
                    break;
                case '7':
                    printf("您选择了\"7 —— 排序成绩单\"\n");
                    break;
                case '8':                           //统计成绩
                    //读者自主完成的"统计成绩"模块代码放在此处
                    ......
                    break;
                case '0':
                    printf("您将退出学生成绩管理系统，谢谢使用！\n");
                    break;
                default:
                    printf("非法输入\n");
                    break;
            }
            system("pause");
        }while(choice!='0');
        return 0;
    }
```

（2）"创建成绩单"模块代码。编写如下代码放在"case '1'"处。

```
if(stuListSize>0)   //非空表
{
    printf("\n不能重新创建学生成绩单！\n");
}
else                //空表
{
    printf("请输入学生人数：");         //输入学生人数
    scanf("%d",&n);
    if(n>0&&n<=MAX_SIZE)    //学生人数合法，[1,MAX_SIZE]
    {
        for(i=0;i<n;i++)    //输入n个学生
        {
            fflush(stdin);                      //清空键盘缓冲区
            printf("请输入第%2d条记录\n",i+1);
            printf("请输入学号：");                //输入学号
            gets(number[i]);
            printf("请输入姓名：");                //输入姓名
            gets(name[i]);
            printf("请输入数学成绩：");             //输入数学成绩
            scanf("%f",&score[i][0]);
            printf("请输入语文成绩：");             //输入语文成绩
            scanf("%f",&score[i][1]);
            printf("请输入英语成绩：");             //输入英语成绩
            scanf("%f",&score[i][2]);
            score[i][3]=(score[i][0]+score[i][1]+score[i][2])/3;    //计算平均成绩
        }
        stuListSize=n;  //设置当前表长为n;
        printf("创建%d条学生记录成功！\n",stuListSize);
    }
    else            //学生人数不合法
    {
        printf("学生人数范围应在[1,%d]之间，创建学生成绩单失败！\n",MAX_SIZE);
    }
}
```

3. "浏览成绩单"模块代码如下。编写如下代码放在"case '6'"处。

```
if( 0 == stuListSize )  //表空
{
    printf("无学生记录，请创建成绩单或添加学生！\n");
}
else                    //表不空
{
    //输出表头
    printf("%4s%12s%12s%10s%10s%10s%10s\n",
        "序号","学号","姓名","数学","语文","英语","平均");
    for(i=1;i<=68;i++)
        putchar('=');
    printf("\n");
    //输出表体
    for(i=0;i<stuListSize;i++)  //输出stuListSize个学生成绩信息
    {
        printf("%4d%12s%12s",i+1,number[i],name[i]);      //输出学号、姓名
        for(j=0;j<4;j++)            //输出数学、语文、英语、平均成绩
            printf("%10.1f",score[i][j]);
        printf("\n");
    }
}
```

本 章 小 结

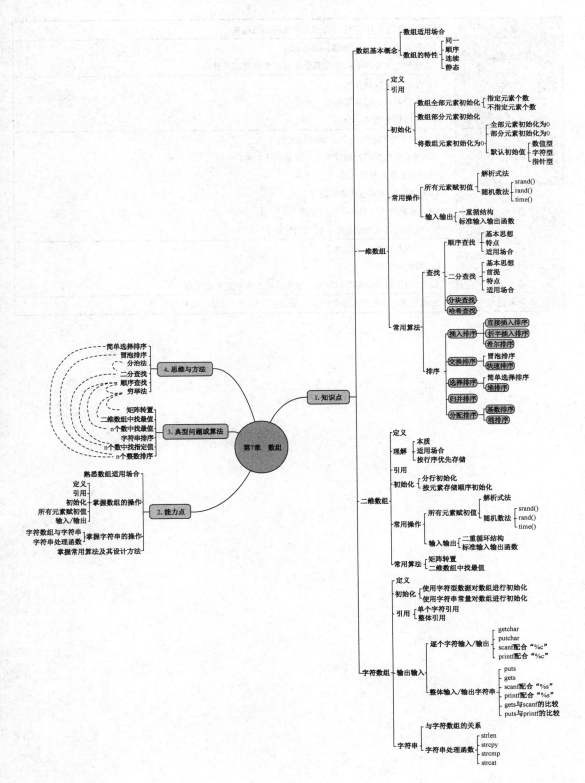

探究性题目：高精度计算

题目	编程完成两个 1000 位以内的正整数的加法运算
阅读资料	1. 百度百科：http://baike.baidu.com/ 2. 任何一本全国青少年信息学奥林匹克竞赛相关教程
相关知识点	1. C 语言中数据类型 2. 有效数字、溢出等概念 3. 一维数组定义、引用
粗略研究步骤	1. 复习"相关知识点"，搞清相关概念 2. 阅读教师提供的阅读资料，熟悉以下内容： （1）什么是高精度运算？ （2）高精度运算包括哪些运算？ （3）高精度加法的详细运算步骤 3. 编写高精度加法程序，完成题目要求
具体要求	1. 完成题目中要求的程序 2. 撰写研究报告 3. 录制视频（录屏）向教师、学生或朋友讲解探究的过程
拓展与进阶	你能否通过探究实现整数的高精度减法、乘法、除法，高精度阶乘

第8章 函数

函数是组成源文件的基本单位，其主要作用是提供程序模块化的手段，方便程序的设计和组织，并提升代码的复用程度，提高开发的效率。

在实现一个规模稍大的任务时，如"学生成绩管理系统"，只要将系统最基本的管理功能都实现了，就需要至少几百行的代码。如果设计者对函数的应用不熟悉，就有可能将全部功能都实现在 main()函数中。如果是这样，设计者一定会经历同时考虑大量问题的痛苦，也会经历牵一发而动全身的调试过程。本章的内容就是用于解决规模稍大的任务实现。

8.1 引例

规模稍大的任务或实际的项目往往是由多个源文件以及多个函数构成的。函数的存在改变了由一个编程者解决全部问题、实现全部程序的开发方式。对于一个复杂的任务，通常由多人组成的团队来共同解决所有问题，函数使得分配编程任务更加容易，并且每个程序员只需要对某一个或几个完成特定功能的函数负责。另外，已经存在的函数可以在新程序中作为组件块复用，提高了代码的利用率，并简化了编程过程。总之，函数在编程中主要的贡献在于过程抽象和代码复用。

1. 过程抽象

过程抽象是指主函数由一系列函数调用组成，并且将每个函数分别实现的编程技术。函数使得我们可以把具体解决方案的代码从主函数中移出来，将其分解在不同的函数中，主函数中只是一系列对其他函数的调用。通常，先将整个任务按照功能进行分解，然后完成主函数中的框架设计，即完成主函数中对多个被调函数的调用设计，然后再对每个被调函数进行详细设计。这样的程序设计方法称为过程抽象。过程抽象本质上就是一种"分而治之"的设计思想，将一个复杂问题分解为多个简单的问题逐个解决，有利于降低问题的复杂度。

2. 代码复用

在一个任务中，经常遇到相同或相似的操作，这样的操作可以实现为一个独立的函数，在遇到类似的任务时，不需要再编写重复的代码，只需要对已有的函数进行调用即可。事实上，前面例子中，所有对 scanf()函数、printf()函数的调用就已经体现了代码复用的思想。代码复用的好处有很多，比如可以有效降低程序的规模，并且让维护变得更容易等。

例如，编写程序输出如图 8.1.1 所示的图形。

图 8.1.1 程序输出的图形

如何实现该任务呢？合理的设计应该是将整个任务进行功能分解或过程抽象，将重复实现的功能用独立函数实现，如用 DrawStar() 函数输出星号，用 DrawCircle()输出圆，用 DrawTriangle ()输出三角形。这样，对于主函数而言，只需要通过调用多个功能独立且实现简单的函数，就可以实现相对复杂的图形输出。程序结构如下：

```
/*主函数结构*/
#include <stdio.h>
int main(void)
{
    DrawStar();          //输出一行星号
    DrawTriangle();      //输出一个三角形
    DrawCircle();        //输出一个小圆
    DrawCircle();        //输出一个大圆
    DrawCircle();        //输出一个小圆
    DrawTriangle ();     //输出一个三角形
    DrawStar();          //输出一行星号
    return 0;
}
/* DrawStar()的功能:输出一行星号（星号可多可少）*/
void DrawStar()
{
}
/* DrawCircle()的功能:输出一个圆（可大可小）*/
void DrawCircle()
{
}
/* Draw Triangle ()的功能:输出一个三角形（可大可小）*/
void DrawTriangle ()
{
}
```

　　本例中，考虑到代码的规模和必要性，没有给出 DrawStar() 函数、DrawCircle() 函数和 DrawTriangle()函数的具体实现，只给出了整个设计的结构，以此说明，用函数实现模块化设计的方法和意义。显然这样的设计有很多好处：

　　（1）由于具体的输出各个图形的功能代码从主函数中移到了各自函数内部，因此主函数中只有对各个函数的调用，没有具体实现的细节，可以保证其结构是清晰的。

　　（2）重复实现的功能，只需要编写一次代码。例如，虽然整个图形要求输出两个三角形，但只需要编写输出一个三角形的一段代码，只是对其重复调用即可，这就是代码复用，可以有效降低程序的规模。

　　（3）相比所有功能细节都实现在主函数中，这样的设计，每个函数实现的复杂度都降低了很多，更易于实现。

　　（4）如果某个图形有变化，如三角形有变化，只需要修改输出三角形的函数 DrawTriangle()，其他函数的代码都不受影响。

　　以上种种好处，都是用函数模块化设计程序的意义所在，希望读者能逐步深入体会。

8.2　函数的分类和定义

8.2.1　函数的分类

　　在 C 语言中，可从不同的角度对函数分类。

　　（1）从函数的实现者角度来看，函数可分为库函数和用户自定义函数两种。

　　库函数是开发平台提供的由系统程序员实现的一类函数，也被称为系统函数或标准函数。这类函数往往提供了最基础的功能，如数据的输入或输出，数学计算如开平方、计算指数等功能。系统函数可以帮助用户提高开发效率，用户在使用这类函数时，不需要再实现其功能，只需要发挥"拿来主义"精神，直接使用即可。为了便于使用，通常会根据库函数功能的不同，将它们进一步分类管理。用户在调用库函数时，需要在程序的开始包含其对应的头文件，正如大家在前面程序中看到的一样，输入和输出函数对应的头文件是"stdio.h"，数学函数对应的头文件是"math.h"等。大家有必要在学习本章内容前，再熟悉一下书后附录中介绍的常用函数有哪些，以及对应的头文件是什么，便于在程序实现时"拿来"使用。

　　自定义函数是使用开发平台的用户自己设计的函数。库函数提供的功能非常有限，也很基础，因此，用户需要更多、更灵活的自定义函数满足不同任务自由扩展的需要。

　　库函数的优点是经过严格的测试，因此相对更为安全可靠。此外，通常需要和硬件或操作系统交互的复杂功能都由库函数来提供，诸如输入或输出、磁盘文件的读写、内存分配等功能。用户自定义函数的特点是可以基于库函数实现更为上层或更为灵活的功能。

（2）从函数的返回值来看，函数可以分为有返回值函数和无返回值函数两种。

有返回值函数在调用结束后将向调用者返回一个执行结果，称为函数返回值。如数学函数都属于此类函数。用户在定义这类函数时，应该明确说明返回值的类型。

无返回值的函数用于完成某项特定的处理任务，执行完成后不向调用者返回函数值，如为随机数生成函数设置种子的 srand()函数。由于函数无须返回值，用户在定义此类函数时应指定其为"空类型"，对应的关键字是"void"。

（3）从调用者和被调用函数之间是否需要传送数据的角度来看，函数又可以分为无参函数和有参函数两种。

如果被调用的函数是无参函数，则调用者和被调用函数之间不进行数据传送，因此无参函数其函数首部的括号中都为空或者用 void 声明没有参数。无参函数的独立性好，通常其功能是固定的，不论是谁调用它，实现的功能或程序执行的结果都是一样的。如库函数中的输入函数 getchar()，就是一个无参函数，其功能就是输入一个字符。

有参函数也称为带参函数。在调用者调用有参函数时，必须向它传递数据，即被调用的有参函数必须依赖传送给它的值才能执行，如所有的数学函数。

8.2.2 函数定义的一般形式

函数在调用前，必须先定义。函数定义的一般形式：

```
函数类型  函数名（形式参数列表）
{
      声明语句；
      执行语句；
}
```

从函数的定义形式可以看出，函数由两部分构成：函数首部和函数体。函数首部是函数定义的第一行包含的内容，它描述了函数的接口，包括函数名，调用它的函数应该传递给它几个值，是否提供返回值以及返回值的类型。其中参数和返回值用于实现函数之间的通信。函数体用于实现具体的功能，包括声明语句和执行语句两部分。声明语句主要包括变量定义和对被调函数的声明。

函数类型是说明函数返回值的类型，如果函数无返回值，函数类型用 void 说明。函数名和变量名类似，是一个合法的标识符即可。如果该函数不需要调用它的函数为它提供入口值，则形式参数列表可以为空或者用 void 说明没有参数，如前面示例中的 main()函数、getchar()函数等。形式参数在定义时系统没有为其分配存储空间，因此它也没有具体的值，只有在该函数被调用时，系统才会为其临时开辟存储空间，并由调用它的函数为它提供初始值。

例如，用自定义函数求两数的较大值，代码如下：

```
int GetMax(int x, int y)//函数首部
{                       //函数体开始
    int z;
    z = x;
    if( y>z )
        z = y;
    return(z);
}                       //函数体结束
```

在函数定义时，每个形式参数都要单独定义其数据类型，即使多个参数具有相同的数据类型，也不可以合并在一起定义，这一点和函数体中的变量定义规则是不一样的。因此上面例子中的函数首部不可以写成如下形式：

```
int GetMax(int x,y)
```

参数 y 的类型必须单独定义。

8.3　函数的调用

8.3.1　函数调用概述

　　定义好某个函数之后，就可以在另外一个函数中调用它。一个函数如果仅仅是定义好了，并没有真正发挥其价值，只有被调用了，才是被执行了，也就是发挥了其应有价值。对于系统库函数，不需要用户定义，只要将系统函数的头文件包含在源文件中，就可以在该源文件中调用它。如果 A 函数调用了 B 函数，则 A 函数称为主调函数，B 函数称为被调函数。函数调用的格式是：

　　函数名（实际参数列表）

　　其中，实际参数列表的一般形式为：

　　表达式1，表达式2，…，表达式n

　　调用函数时所使用的实际参数和被调函数定义时使用的形式参数要一一对应，通常两类参数的个数和顺序都要求一致。其中两类参数的类型并不要求严格一致，只要赋值兼容即可，如将实型的实际参数值赋给一个整型的形式参数，或反之都没有问题，系统都可以进行隐式的转换，但这样容易带来一些隐患，建议设计程序时，尽可能将这两类参数的类型也保持一致，或在类型不一致时在代码中做显式的转换，以避免系统隐式转换带来的问题。

　　函数的调用会使程序的控制流程发生相应的改变。主调函数是按照函数体中的代码自上而下执行，当执行到对某函数的调用语句时，主调函数的控制流程会暂时中断。然后，主调函数的执行现场会被保存起来，执行现场包括各变量当前的值以及下一条指令代码所在的地址。然后，计算机的控制权由被调函数接管。接下来，首先构造被调函数的运行环境，把实际参数的值传递给形式参数，然后开始自上而下依次执行被调函数函数体中的各条语句，直到被调函数执行完毕（遇到 return 语句或者执行到函数体的最后一条语句）。被调函数执行完毕后，恢复主调函数的现场，并处理返回值，如将返回值赋值给某变量。计算机的控制权重新由主调函数接管，主调函数从中断的位置开始接着执行，直到主调函数执行结束。函数的调用过程，如图 8.3.1 所示。

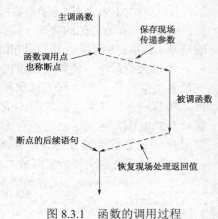

图 8.3.1　函数的调用过程

　　例如，求两数的较大值。

```
#include <stdio.h>
int main(void)
{
    int a, b, maxValue;
    int GetMax(int x, int y);    //对被调函数的声明
    printf("请输入两个整数，空格分隔：");
    scanf("%d%d", &a, &b);
    maxValue = GetMax(a, b);     //函数调用
    printf("最大值是：%d\n", maxValue);
    return 0;
}
int GetMax(int x,int y)                 //函数首部
{                                       //函数体开始
```

```
        int z;
        z = x;
        if( y>z )
            z = y;
        return z;
}                       //函数体结束
```

本例中，主调函数是 main()函数，被调函数是 GetMax()函数。当程序开始执行时，首先从 main()函数的第一条可执行语句开始执行，即执行 printf()函数调用语句，输出对用户的输入提示信息。然后用户从键盘输入值，系统分别将其赋给 a 和 b。假设用户从键盘输入了 10 和 20，则 a 得到 10，b 得到 20。接着调用 GetMax()函数，调用过程中，首先系统将保护 main()函数的执行现场：包括 main()函数的所有变量的值和下一条应执行指令所在的地址，为 GetMax()函数执行完成后，返回 main()函数接着往下执行做准备。然后，main()函数将实际参数 a、b 的值分别传递给 GetMax()函数的形式参数 x 和 y，即 x 得到 10，y 得到 20。x、y 得到值后，自上而下开始执行 GetMax()函数的函数体。当 GetMax()函数执行完毕后，系统恢复 main()函数的现场，并从 main()函数的断点位置开始接着往下执行，即将 GetMax()函数的返回值赋给 maxValue 并输出。函数调用过程，如图 8.3.2 所示。

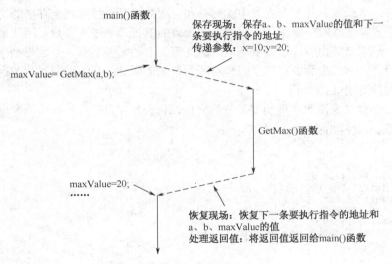

图 8.3.2   求两数较大值的函数调用过程

☞注意：函数调用过程中，重要的两个接口要素是参数和返回值。在函数设计时需要重点考虑：被调函数需要主调函数传给它哪些对象，而它又应该返回给主调函数什么值。

8.3.2   形式参数和实际参数

编程中参数是一个非常重要的概念。通过参数多个函数之间可以互相传递数据并完成通信，最终协调一致地共同完成一个任务。

调用函数时，大多数情况下，主调函数和被调函数之间需要传递数据。主调函数向被调函数传递数据主要是通过函数的参数进行的，而被调函数向主调函数传递数据一般是利用 return 语句返回一个值实现的。此外，实际参数对形式参数的数据传递是单向的值传递，即只能把实际参数的值传递给形式参数，而不能把形式参数的值反向传递给实际参数。传递的值可以是用户数据，也可以是地址，由于地址也是一种值，因此本质上都是单向值传递。

通常，形式参数和实际参数要求类型、个数、顺序一一对应。例如，还是求两数最大值的这段代码：

```
#include <stdio.h>
int main(void)
{
    int a, b, maxValue;
    int GetMax(int x, int y);
    printf("请输入两个整数，空格分隔：");
    scanf("%d%d", &a, &b);
    maxValue = GetMax(a, b);        //a、b是实际参数
    printf("最大值是：%d\n", maxValue);
    return 0;

}
int GetMax(int x, int y)            //x、y是形式参数
{
    int z;
    z = x;
    if(y>z)
    z = y;
    return z;
}
```

从上面这段代码中，可以直观地理解哪一组是形式参数，哪一组是实际参数。函数定义中用到的参数称为形式参数，简称形参，如 x 和 y。而函数调用中使用的参数为实际参数，简称实参，如 a 和 b。顾名思义，实际参数是提供实际的值给形式参数，而对于形式参数而言，在其隶属的函数未被调用前，形式参数并未在内存中实际存在，因此只是一种形式上存在的对象。在函数调用时，系统为形式参数临时分配空间，并将实际参数的值传递给形式参数，因此形式参数只是实际参数的副本。形式参数由实际参数赋初值，因此两类参数需要类型、个数和顺序一致。但是，读者需要注意的是，形式参数的存储空间和实际参数完全独立，互不影响。关于这一点，可以从下面的例子中看得更明确。

例如，用一个自定义函数实现两变量值的交换，代码如下：

```
#include <stdio.h>
int main(void)
{
    int a, b;
    void Swap(int x, int y);
    printf("请输入两个整数：");
    scanf("%d,%d", &a, &b);
    printf("交换前：a=%d,b=%d\n", a, b);
    Swap(a, b);
    printf("交换后：a=%d,b=%d\n", a, b);
    return 0;
}
void Swap(int x, int y)
{
    int temp;
    temp = x;
    x = y;
    y = temp;
}
```

运行程序，如果从键盘上输入 10 和 20，该程序的执行结果是什么呢？能实现实参 a、b 值的互换吗？答案是不能。

程序运行结果如下：

```
请输入两个整数：10,20
交换前：a=10,b=20
交换后：a=10,b=20
Press any key to continue
```

如果读者理解了实参和形参各自的存储空间是独立的，就知道为什么实现不了互换。程序的执行过程中，实参和形参的内存情况如下：

（1）调用 Swap()前，内存中只有实参 a、b 存在，如图 8.3.3 所示。

（2）调用 Swap()后，形参 x、y 被分配空间，并被赋值，但交换语句未执行时的内存情况，如图 8.3.4 所示。

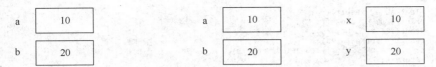

图 8.3.3　内存中只有实参 a、b 存在　　　　图 8.3.4　交换语句未执行时的内存情况

Swap()函数被调用时，系统临时为其所有变量分配存储空间，即在 swap()函数被调用时，系统才会给 x、y 临时分配存储空间，并将实参 a、b 的值顺序地赋给 x 和 y。

（3）调用 Swap()后，且交换语句执行完成，但 Swap()未结束，程序未返回 main()函数时的内存情况，如图 8.3.5 所示。

在 Swap()函数中，只有三条交换 x、y 内存值的可执行语句，因此，当 Swap()函数执行完成后，x、y 的值交换了，但 a、b 的值并没有受影响。

（4）调用 Swap()后，且 Swap()执行结束，程序返回到 main()函数之后的内存情况，如图 8.3.6 所示。

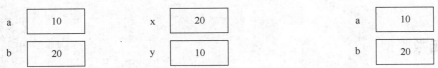

图 8.3.5　Swap()未结束，程序未
返回 main()函数时的内存情况

图 8.3.6　Swap()执行结束，程序
返回到 main()函数之后的内存情况

当 Swap()函数执行结束后，系统会立即释放其所有变量的存储空间，然后系统返回主函数执行，即系统返回主函数时，x、y 在内存中已经不存在了。此时，a、b 的值如图 8.3.6 所示。从这个例子，可以清楚地看出实参和形参的存储空间是完全独立的，形参的互换并不能导致实参的互换，或者说形参内存值的改变并不能对实参构成任何影响。

函数调用中参数传递的本质就是用实参给形参赋初值，而不是替换形参，记住这一点很重要。也就是说，形参的值只是实参的一个副本，而非实参本身。如果想用 C 语言编写出通过形参来改变实参值的程序还能实现吗？答案是肯定的，但用基本类型的变量作形参是做不到的，需要读者带着这个问题接着往后学习。

8.3.3　函数的返回值

按照函数是否有返回值，可以将 C 语言的函数分为两类：一类函数用 return 语句返回一个值，称为具有返回值的函数；另一类函数仅仅是为了实现一个过程，如打印一个星形塔，而不是为了计算一个值，称为无返回值的函数。

在 C 语言中，每一个运算对象都有数据类型，函数的返回值也不例外。如果函数的功能仅仅是为了实现一个过程，不需要返回值，应该将函数的返回值的数据类型设置为"空类型"，即"void"类型。否则，定义函数时，应该明确定义函数返回值的数据类型。

例如，下面这段代码，假设用户从键盘上输入 10.23 和 25.68 分别赋给 a、b 变量，你认为程序最后的输出是多少呢？

```
#include <stdio.h>
int GetMax(float x, float y)      //功能：求两数较大值
{
    float z;
    z = x;
    if( y>z )
        z = y;
    return(z);
}
int main(void)
{
```

```
        float a, b, result;
        printf("请输入a,b的值: ");
        scanf("%f,%f", &a, &b);
        result = GetMax(a, b);
        printf("a,b的较大值是:%0.2f\n", result);
        return 0;
    }
```

如果你认为输出的结果应该是 25.68，那请把这段代码输入开发环境中验证其执行结果是什么？你看到的结果应该是 25.00，而不是 25.68。虽然代码中被调函数返回了 z 的值，且其是 float 类型，但由于被调函数 GetMax() 的函数类型是整型 int，因此，GetMax() 函数返回的值实际上是整数 25，即在 main() 函数中 GetMax() 函数将整数 25 返回，并赋给了 float 型的 result 变量，系统把整型的 25 隐式地转换为浮点型后赋给 result 变量。因此，请记住：C 语言中规定，当被调函数的函数类型和返回值的类型不一致时，返回值的类型最终由函数类型决定。

此外，如果一个函数默认定义了函数类型，系统默认处理为 int 类型。虽然语法上允许默认定义函数类型，但建议读者尽可能不要这么做，默认定义让代码不可读，容易引起歧义。包括上例中的函数类型和返回值类型不一致也不是一个好的定义，建议读者尽可能保持函数类型和返回值类型一致。

8.3.4 函数原型

函数原型是指函数首部加上分号形成的函数声明语句。函数原型和变量定义一样，通常都是放在函数的最开始，可执行语句之前。例如，下面这段代码：

```
#include <stdio.h>
int main(void)
{
    int a, b, result;
    int GetMax(int x, int y);        //函数原型
    printf("请输入a,b的值: ");
    scanf("%d,%d", &a, &b);
    result = GetMax(a, b);
    printf("a,b的较大值是:%d\n", result);
    return 0;
}
int GetMax(int x, int y)             //功能：求两数较大值
{
    int z;
    z = x;
    if( y>z )
        z = y;
    return z ;
}
```

当被调函数在源文件中书写在主调函数之后，需要在主调函数内声明被调函数的原型。函数原型的格式是函数首部加分号，如上面 main() 函数中的如下代码：

```
        int GetMax(int x,int y);
```

函数原型有两个作用：

（1）帮助编译器在编译阶段检查主调函数中的函数调用语句和原型是否吻合，包括函数名和参数个数是否一致，如果不一致，系统将提醒用户有关函数调用的语句可能有错，这样可以尽可能使错误在开发阶段排除掉。

（2）函数原型的另一个作用就是指导编译器把实参隐式地转换为形参的类型。编译器要求实参和形参的类型赋值兼容即可。也就是说，如果实参与形参类型不匹配，但是符合类型转换规则，则编译器将把实参的值转换为形参的类型，并为形参赋值。否则，拒绝编译。这样，函数原型可以强迫你使用正确的参数类型来调用函数，以避免运行时可能出现的错误。

在声明函数原型时，可以只写参数类型，而不写参数名称，如下面的形式：

```
    int GetMax(int ,int );
```

这样的声明仍然包含了编译器要检查的被调函数的完整信息：函数类型、函数名、参数类型和个数，因此也算完整的函数原型。

由于有旧标准的存在，并非所有函数声明都包含完整的函数原型，例如"int GetMax();"这个声明并没有指出参数类型和个数，所以不算函数原型，但这是合法的旧标准的声明形式。这个声明提供给编译器的信息只有函数名和返回值类型。如果在这样的声明之后调用函数，编译器不知道参数的类型和个数，就不会做有关参数的语法检查，所以很容易引入 Bug。读者需要了解这个知识点以便阅读或维护按旧标准写的代码，但是不应该按这种旧标准写新的代码。

如果在调用函数之前没有声明会怎么样呢？虽然不推荐大家这样做，但需要读者了解这种情况。没有声明的函数调用在编译时会有警告，但会产生目标文件，并且通常能产生正确的运行结果。尽管能产生正确的运行结果，但不应该养成不声明被调函数的习惯。应显式地声明被调函数的原型，以便编译器帮助检查函数的调用和定义是否保持了一致，以减少 Bug 的产生。

8.4　数组作为函数参数

前面各章的例子中，函数的参数都是基本类型，除此之外，数组元素和数组名也可以做参数，尤其是数组名作函数参数，应用非常广泛。

8.4.1　数组元素作函数实参

数组元素可以作函数参数，而且只能作函数实参，那么为什么不能作函数形参呢？先看下面这个例子。

【例 8.1】假设某学期某专业共 10 门课，编写程序比较 A 同学和 B 同学各科成绩情况。分别统计并输出 A 同学成绩高于 B 同学的科目数、成绩相等的科目数和成绩低于 B 同学的科目数。

为了说明数组元素作函数参数，本任务用两个函数实现：main()函数完成数据的输入和输出，Judge()函数完成具体两数的比较。

main()函数中主要包括如下三步：

（1）分别输入两个学生的 10 门课的成绩；

（2）调用 Judge()函数完成对应科目成绩的比较；

（3）输出比较结果。

关于学生成绩的输入和对应成绩的比较，都需要从头到尾遍历每个数组元素。

Judge()函数的功能是比较两数的大小情况，比较的结果用变量 flag 返回。如果前者大于后者，返回 1；如果两者相等，返回 0；如果前者小于后者，返回-1。

代码如下：

```
#include <stdio.h>
#define SIZE 10
int main(void)
{
    int scoreA[SIZE], scoreB[SIZE];         //分别存放A、B两同学的成绩
    int i, countLarger=0, countEqual=0, countLower=0, flag;
    int Judge(int a, int b);
    printf("请输入A同学的10门课的成绩: ");
    for(i=0; i<SIZE; i++)                    //输入A同学的十门课的成绩
        scanf("%d", &scoreA[i]);
    printf("请输入B同学的10门课的成绩: ");
    for(i=0; i<SIZE; i++)                    //输入B同学的十门课的成绩
        scanf("%d", &scoreB[i]);
    for(i=0; i<SIZE; i++)                    //顺序比较每一科的成绩
    {
        flag = Judge(scoreA[i], scoreB[i]); //数组元素做函数实参
        if( flag==1 )
            countLarger++;
        else if( flag==0 )
            countEqual++;
        else
            countLower++;
    }
    printf("A同学成绩高于B同学的科目数是: %d\n", countLarger);
    printf("A同学成绩等于B同学的科目数是: %d\n", countEqual);
    printf("A同学成绩低于B同学的科目数是: %d\n", countLower);
    return 0;
```

```
    }
int Judge(int a, int b)
{
    int flag;                     //存放比较的结果
    if( a>b )
        flag = 1;                 //前者大于后者，flag的值为1
    else if( a==b )
            flag = 0;             //两者相等，flag的值为0
        else
            flag = -1;            //前者小于后者，flag的值为-1
    return flag;
}
```

程序运行结果如下：

```
请输入A同学的10门课的成绩：80 70 90 100 95 80 75 95 85 60
请输入B同学的10门课的成绩：100 70 90 90 80 80 90 60 75 80
A同学成绩高于B同学的科目数是：4
A同学成绩等于B同学的科目数是：3
A同学成绩低于B同学的科目数是：3
Press any key to continue
```

如上代码中，main()函数对 Judge()函数调用时，函数的实参是数组元素。由于本例中数组元素的类型是整型，因此与实参对应的形参就应该是整型。如果读者忽略了数组元素的类型，只从表面形式来看，形参也用了数组的形式，如 int Judge(int a[10],int b[10])，则编译器就会报错，通常的错误提示是：实参和形参的类型不兼容。编译器为什么说实参和形参的类型不兼容呢？在8.4.2 节中解决这个疑问。

8.4.2 数组名作函数参数

由于数组是目前我们学过的唯一一个复合类型，因此其元素只能是基本类型构成，在后面的指针和结构体的章节中，我们将看到数组的元素也可以是指针、结构体等复合类型，所以 C 语言支持类型嵌套，以构成新的复合类型。

在上一节中，介绍了数组元素可以作函数实参，对应的形参必须和元素的类型一致，如果作为实参的数组元素是整型，则形参必须是整型；如果作为实参的数组元素是一个复合类型，则对应的形参也必须是一个相应的复合类型。

对于数组，除了数组元素可以作参数（只能实参）之外，数组名也可以作参数，其实参和形参的用法，参见下面的例子。

【例 8.2】编写程序实现两变量值的交换，其中值交换的功能由自定义函数实现。代码如下：

```
#include <stdio.h>
int main(void)
{
    int a[1], b[1];                    //两个长度为1的数组
    void Swap(int x[1], int y[1]);     //函数声明，行参是数组的形式
    printf("请输入两个整数: ");
    scanf("%d,%d", &a[0], &b[0]);
    printf("交换前: a=%d,b=%d\n", a[0], b[0]);
    Swap(a,b);                         //实参是数组名
    printf("交换后: a=%d,b=%d\n", a[0], b[0]);
    return 0;
}
void Swap(int x[1], int y[1])          //行参是数组的形式
{
    int temp;
    temp = x[0];
    x[0] = y[0];
    y[0] = temp;
}
```

程序运行结果如下：

```
请输入两个整数: 10,20
交换前: a=10,b=20
交换后: a=20,b=10
Press any key to continue
```

这个例子是 8.3.2 节中的代码做了一点改动，把原来的基本类型的变量都改成了数组，Swap()

函数的功能是用来互换实参 a、b 两个数组元素的值。在 8.3.2 节中是用基本变量作实参和形参，Swap()函数并不能通过形参值的互换而实现实参值的互换。现在将实参和形参都改成了数组的形式，而且实参是数组名，那么形参也必须是数组的形式，不可以再用基本类型的变量作形参。因为数组名是代表了数组的首地址，即对于本例中的 a、b 数组：

                a==&a[0]   b==&b[0]

所以当实参是数组名时，意味着函数调用时，传递给形参的值不再是数组某个元素的值，而是首元素的地址。C 语言中要求，地址对应的形参必须是可以接收地址值的对象，在 C 语言中，能够接收地址的变量必须是指针类型，在学习指针之前，可以写成数组的形式，其本质上是一个接收地址值的指针变量。关于指针的内容，在下一章详细介绍。

运行这段程序，读者可以发现这段代码可以通过 Swap()函数形参的操作，实现了实参中数组元素值的互换，表面上看，形参的空间和实参的空间似乎不独立了，但实际上实参和形参各自空间的独立性依然没有改变，只是由于实参传递了数组元素的地址给形参，那么形参就可以通过一系列的运算访问到实参标识的数组元素的空间，从而改变了实参所在内存单元的值。程序运行过程中，参数的情况如下所示，假设用户从键盘上输入了 10、20 分别赋给了 a[0]、b[0]：

（1）调用 Swap()函数前，内存中只有 a[0]、b[0]存在：

（2）调用 Swap()函数后，且交换语句未执行时的内存情况：

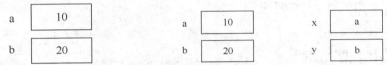

调用 Swap()函数时，系统为 x、y 临时分配存储空间，并分别用实参赋值：x 中存放了 a[0]的地址，即 a；y 中存放了 b[0]的地址，即 b。

（3）调用 Swap()函数后，且对交换语句执行完成，但 Swap()未结束，程序未返回 main()函数时的内存情况：

<table>
<tr><td>a</td><td>20</td><td></td><td>x</td><td>a</td></tr>
<tr><td>b</td><td>10</td><td></td><td>y</td><td>b</td></tr>
</table>

从图上可知：因为有 x==a 且 y==b，因此 x[0]==a[0]，y[0]==b[0]。所以被调函数中 x[0]对应的内存空间就是 a[0]，同理，y[0]对应的内存空间就是 b[0]。所以 x[0]、y[0]的互换，本质上就是 a[0]、b[0]的互换。

（4）调用 Swap()函数后，且 Swap()结束执行，程序返回到 main()之后的内存情况：

<table>
<tr><td>a</td><td>20</td></tr>
<tr><td>b</td><td>10</td></tr>
</table>

当 Swap()函数执行结束后，它的所有变量的存储空间被释放，即 x、y 在内存中不存在了，此时的 a、b 数组的值已经交换。

本例中，通过数组名作函数参数，实现了形参改变实参值的功能。

☞注意：
   ① 数组名作实参时传递的是地址，形参应该是能够接收地址值的变量，在本章中用数组的形式即可，但其本质是一个指针变量。
   ② 基本变量作形参时，形参的操作并不能改变实参的值；但如果是数组名作函数参数，形参的操作可以改变实参的值。关于这一点，其实是指针变量支持的运算特性导致的。

【例 8.3】用简单选择法实现 10 个整数的升序排序。
在上一章的内容中介绍了选择法排序，其基本思想是：如果有 N 个数排序，则需要 N-1 轮排序过程，每轮可以排好一个数。当 N-1 轮排序过程结束，可以排好 N-1 个数，也就意味着 N 个数都排好了。假设所有的 N 个数放在 a 数组中，然后进行升序排序。具体的排序过程是：第一轮，在待排序的 N 个数中（a[0]～a[N-1]）选出最小的数，将它和第一个数，即 a[0] 交换，则 a[0] 就排好了；第二轮，在剩下的 N-1 个数中（a[1]～a[N-1]）选出最小的数，将它和第二个数，即 a[1] 交换，则 a[1] 就排好了；以此类推，第 i 轮，在剩下的 N-i+1 个数中（a[i-1]～a[N-1]）选出最小的数，将它和 a[i-1] 交换，则 a[i-1] 就排好了；最后一次，即第 N-1 轮，在剩下的 2 个数中（a[N-2]～a[N-1]）选出最小的数，将它和 a[N-2] 交换，则 a[N-2] 就排好了。这样，也就意味着 N 个数都排好了。

上一章在 main() 函数中完成了数据的输入、排序和输出，下面将排序用一个独立的，且通用的函数实现，代码如下：

```c
#include <stdio.h>
#define SIZE 10
int main(void)
{
    int array[SIZE], i;
    void Sort(int a[10], int n );//函数声明, 行参用了数组的形式,实参必须是地址
    printf("请输入10个整数: ");
    for(i=0; i<SIZE; i++)
        scanf("%d", &array[i]);
    Sort(array, SIZE);              //数组array做实参, 传递首元素地址
    printf("排序后结果为: ");
    for(i=0; i<SIZE; i++)
        printf("%d  ", array[i]);
    printf("\n");
}
void Sort(int a[10], int n )       //功能: 实现n个数的升序排序, a用于接收数组首元素地址
{
    int i, j, mark, temp;
    for(i=0; i<n; i++)             //i指向当前要排好的位置, 共n-1轮排序
    {
        mark = i;                 //mark首先指向当前要排好的位置
        for(j=i+1; j<n; j++)      //内层循环查找最小数所在位置
            if( a[mark]>a[j] )
                mark = j;         //mark记录所有比较过的数中, 最小数所在位置

        temp = a[i];
        a[i] = a[mark];
        a[mark] = temp;
    }
}
```

程序运行结果如下：

```
请输入10个整数: 10 80 90 20 50 60 30 40 70 100
排序后结果为: 10  20  30  40  50  60  70  80  90  100
Press any key to continue
```

本例代码中，Sort() 函数完成了排序功能。排序由一条双重循环语句完成，外层循环用于控制本轮要排好的位置，用元素下标来控制。外层循环的循环体完整地执行一次，称之为一轮，一轮结束后，可以排好一个数，这个数的下标用 i 来标识。内层循环用来遍历所有没有排好的元素，mark 的初值是 i 的当前值，即本轮要排元素的下标，j 的初值是 i+1，即每轮开始时 j 都是指向要排元素的后一个元素，然后通过 j++ 依次遍历要排元素的后续所有元素。当内层循环结束，mark 一定存储或记录了所有比较过的数中，最小数所在的下标，然后 a[i] 和 a[mark] 对调，就可将 a[i] 排好。

对于本例除了要掌握简单选择法排序的算法之外，还需要注意数组作函数参数的用法，包括实参和形参的写法。此外，应该理解并记住如下相关规则。

（1）对于数组作函数参数，有一条特殊的类型转换规则：数组类型作右值使用时，自动转换成指向数组首元素的指针。也就是说，对于函数声明或定义中，如果参数写成数组的形式，则该参数实际上是指针类型。所以函数调用中的数组作参数其实是传一个指针类型的参数，而不是数组类型的参数。数组类型不能相互赋值或初始化也是因为这条规则，例如如果 a 和 b 都是数组类

型，则 a=b 这个表达式非法，因为 b 作右值使用时，系统会自动转换为指针类型，而赋值号左边仍然是数组类型，所以编译器报的错误是"赋值中有不兼容的类型"。

（2）由于数组作函数参数本质上是指针变量，因此形参中的数组长度可以省略或可以是任意大小的整数值，因为编译器不需要处理该长度，即本例中 Sort()函数的声明和定义中的数组类型的形参，可以写成如下形式：

```
void Sort(int a[ ], int n ); //长度可以为空，也可以是任意整数值
```

（3）从函数返回值有两种途径：使用 return 语句和使用数组作参数。尤其是当需要从函数中同时返回不止一个结果的时候，仅用 return 语句就会无能为力，可以借助数组作参数实现。本例中就是实参数组 array 借助形参数组 a 实现了排序，"如同"形参数组 a 给实参数组 array 返回了排好序的数据序列。

本节内容，由于在机器内部涉及了指针的运算，因此，读者在学完指针后，应该会有更深入的理解。

8.4.3 多维数组名作函数参数

在上一节中介绍了数组名作函数参数的用法，在示例中展示了一维数组的数组名作函数参数的形式，对于多维数组的数组作函数参数其基本应用如同一维数组，实参用数组名，形参用同维度的数组形式即可。

【例 8.4】编写程序实现 3×3 方阵的转置。

在 C 语言中处理数学上的矩阵，用二维数组很合适，都是逻辑上若干行若干列的数据组织形式。本例中，用两个函数完成整个任务。其中 main()函数主要完成数据的输入和输出，转置的功能用一个独立函数 Invert()完成。关于转置算法，只需要一条双重循环语句就可完成。外层循环遍历所有的行，内层循环遍历行内对角线下方的元素，然后将其和对角线上方的对称元素做互换，即可实现转置。代码如下：

```
#include <stdio.h>
#define SIZE 3
int main(void)
{
    int array[SIZE][SIZE];
    void Invert(int a[3][3]);    //函数声明，行参用了数组的形式,实参必须是地址
    int i, j;
    printf("请输入方阵的值:\n");
    for(i=0; i<SIZE; i++)
        for(j=0; j<SIZE; j++)
            scanf("%d", &array[i][j]);
    Invert(array);
    printf("转置后的方阵为: \n");
    for(i=0; i<SIZE; i++)
    {
        for(j=0; j<SIZE; j++)
            printf("%d  ", array[i][j]);
        printf("\n");
    }
    return 0;
}
void Invert(int a[3][3])        //形参的行维可省，即可以写作void Invert(int a[][3])
{
    int i, j, temp;
    for(i=0; i<3; i++)          //全行遍历
        for(j=0; j<i; j++)      //对角线下边的元素(a[i][j])和上边的对称元素(a[j][i])对调
        {
            temp = a[i][j];
            a[i][j] = a[j][i];
            a[j][i] = temp;
        }
}
```

程序运行结果如下：

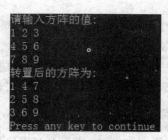

在本例中，形参 a 数组通过下标运算访问了实参 array 的存储空间，这是数组作函数参数最显著的特点，这一点尤为重要。其次，一维数组作函数形参时，数组长度可以为空或任意整数值，甚至为负数都没有问题，这是因为编译器并不会用到数组长度这个值，不用的原因是做了形参的数组本质上是个指针变量。对于这一点，既是 C 语言语法灵活自由的体现，同时也是其容易出错的地方。对于二维数组或多维数组作函数形参，只有行维可省，其他维均不可省，如果省略了，系统将无法进行有效的地址运算。由于二维数组作函数形参，其行维可省，因此，实现转置的函数 Invert() 的参数也可以写成如下形式：

```
void Invert(int a[][3])
```

☞注意：无论是一维数组还是多维数组，只要做了形参，本质上就是指针变量。一维数组的形参是一级指针变量，而二维数组的形参是指向二维数组某一行的行指针变量，因此，形参 int a[][3] 本质上是 int (*a)[3]。

关于数组作形参的本质是指针变量的一种应用，这一点在掌握了二维数组的地址理论，以及指针的相关内容后，可以理解得更深入。

8.5　函数的嵌套调用和递归调用

C 的源程序文件是由函数构成的，在前面的示例中，经常可以看到在 main() 函数中调用系统函数，因此基本的函数调用方式读者应该熟悉了。A 函数中调用了 B 函数就是嵌套调用，C 语言不仅支持 2 层的函数嵌套调用，也支持更多层的函数嵌套调用。

8.5.1　函数的嵌套调用

C 语言支持多层函数的嵌套调用。例如，main() 函数中调用了 a() 函数，而 a() 函数中又调用了 b() 函数。

【例 8.5】删除某个字符串中的指定字符，比如将字符串"I love computer."中的"o"删除，结果字符串就变成了"I lve cmputer."。

如果将本任务只用 main() 函数实现，main() 函数将会因为代码较多而显得结构不清楚。因此，可将整个任务按功能进行分解，然后用多个函数实现，这样，整个程序的结构将会很清晰，并且更易于实现。

可用三个函数实现整个程序，功能分解如下：

（1） main() 函数：实现数据的输入和输出。查找指定字符并将其删除的功能分解到 SearchCharacter() 函数中完成。

（2） SearchCharacter() 函数：实现从头到尾遍历每个字符，如果当前字符等于要删除的字符，则调用 DeleteCharacter() 函数删除该字符。

（3） DeleteCharacter() 函数：实现具体的删除指定字符的功能。

代码如下：

```c
#include <stdio.h>
#include <string.h>
#define SIZE 50
int main(void)
{
    char string[SIZE];              //存放用户从键盘输入的字符串
    char target;                    //存放指定删除的字符
    void SearchCharacter(char string[], char target);
    printf("请输入长度小于等于49的字符串：");
    gets(string);
    printf("请输入要删除的字符：");
    target = getchar();
    printf("删除指定字符前的字符串是：");
    puts(string);
    SearchCharacter(string, target);
    printf("删除指定字符之后的字符串是：");
    puts(string);
    return 0;
}
    void SearchCharacter(char string[], char target) //从头到尾遍历每个元素
    {
        void DeleteCharacter(char string[], int index);
        int i=0;                    //从第一个元素开始遍历
        while( string[i]!='\0' )    //如果不是结束字符'\0'，进入循环体处理；否则，退出循环
        {
            if( string[i]==target ) //如果是指定字符，则调用DeleteCharacter()函数删除它
                DeleteCharacter(string, i);
            else i++;
        }
    }
    void DeleteCharacter(char string[], int index) //删除下标为index的元素
    {
        int i;
        i = index + 1;
        while( string[i]!='\0' )     //将index后续所有字符依次向前移动一位，遇到结束字符停止
        {
            string[i-1] = string[i];
            i++;
        }
        string[i-1] = string[i];    //移动结束字符'\0'
    }
```

上面的程序中 main()函数调用了 SearchCharacter()函数，而 SearchCharacter()函数又调用了 DeleteCharacter()函数，但是无论函数调用嵌套了多少层，函数执行的流程是主调函数在其函数体内遇到函数调用的语句时，都会中断当前主调函数的执行，转而先去执行被调函数，而如果被调函数在其函数体中也有对其他函数的调用，则同样被调函数也会被中断执行，转去执行隶属该函数的被调函数；每一个被调函数执行完成后，都要返回到对应的主调函数被中断的位置继续执行，直到 main()函数被全部执行完成。main()函数在程序中地位比较特殊，是程序执行的入口，也是程序执行的出口。

如上代码函数调用的执行流程图，如图 8.5.1 所示。

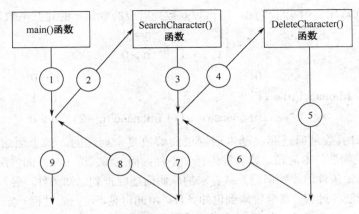

图 8.5.1　嵌套函数执行流程

如上三个函数的执行流程是按照数字标识①～⑨的顺序执行的，从图 8.5.1 中可以看出，被

调函数都是通过主调函数执行，且执行完成后必须回到主调函数接着往下执行，直到从 main()函数退出。从该图上也可以清楚地看到，不论这三个函数在源文件中的书写顺序是怎样的，程序的执行一定是从 main()函数开始，且从 main()函数结束。

C 语言支持函数嵌套调用，但每个函数必须独立定义，不能嵌套定义。函数的嵌套定义是指在定义一个函数的内部，定义了另外一个函数。此外，C 语言中的函数都是平等的，互相之间均可调用对方，只有 main()函数例外，main()函数只可以作为主调函数调用其他函数，但不能做被调函数。

8.5.2　函数的递归调用

函数除了可以嵌套调用其他函数外,还可以直接或间接地调用自己,这样的函数就是递归函数。C 语言支持的递归函数分为两类：直接递归函数和间接递归函数。

1. 直接递归函数

直接递归函数是指定义一个函数的同时，在该函数内部调用了它本身，该函数即被称为直接递归函数。例如：

```
int MyFunction()
{
        int result;
        ……
        result=MyFunction();      //调用了MyFunction()函数自己
        ……
}
```

如上的 MyFunction()函数在定义的函数体内调用了它自己，这样的调用称为直接递归调用，MyFunction()函数称为直接递归函数，简称递归函数。

递归函数的概念来源于数学领域函数的递归定义。递归函数通常用来解决这样的问题：从要求的结果分析，后一结果和前一结果之间有确定的关系，并依据这样的关系，给定了某个已知条件。

常见的例子如乘幂 x^n、$n!$、等差或等比数列、斐波那契数列(Fibonacci)等，如下所示：

$$x^n = \begin{cases} 1 & n = 0 \\ x \cdot x^{n-1} & n > 0 \end{cases}$$

$$n! = \begin{cases} 1 & n = 0 \\ n \cdot (n-1)! & n > 0 \end{cases}$$

假设等差数列首项 $a_0=1$ 步长为 d，则该等差数列对应的数学上的递归函数如下：

$$a^n = \begin{cases} 1 & n = 0 \\ a_{n-1} + d & n > 0 \end{cases}$$

$$fibonacci(n) = \begin{cases} 0 & n = 0 \\ 1 & n = 1 \\ fibonacci(n-1) + fibonacci(n-2) & n > 0 \end{cases}$$

实际上，递归函数是通过解决基本问题进而解决复杂问题的。像上面这些数学问题中的n=0(或 n=1)的情况就是基本问题，或者称为已知条件；而 n>0（或 n>1）的情况就是需要不断递归或逐步回推到已知条件的原始问题。从要求的原始问题回推到已知条件，是一个问题的规模在不断的一步一步降低的过程，直至收敛到已知条件。由此可见，递归的过程一定是有条件的递归，并且必须能够收敛于已知条件。如果出现无条件递归或递归的过程不能收敛于已知条件的情况，就会导致无限递归，最终导致程序的崩溃。

递归函数的实现首先需要检测已知条件：如果已知条件出现，则返回值；否则修改规模，即用下一级的值调用自身，进入下一轮的递归。

【例 8.6】 某猴子摘桃子，第一天摘了一些，吃了一半，忍不住又多吃一个；第二天将前一天剩下的桃子又吃了一半多一个。以此类推，到第十天早上桃子只剩一个了，请问猴子第一天摘了多少个桃子？

这个任务是求出猴子第一天摘桃子的数量，我们很难通过一个简单的公式直接计算出结果。但是，通过分析任务我们可以知道相邻两天桃子数的关系以及第十天的桃子数，可用如下数学上的递归函数来表示：

$$x_n = \begin{cases} 2 \times (x_{n+1} + 1) & 1 \leqslant n \leqslant 9 \\ 1 & n = 10 \end{cases}$$

式中，x_n 是第 n 天的初始桃子数，x_{n+1} 是后一天的初始桃子数。

如果要求的任务可以用数学上的递归函数来描述，那么，这样的任务可以很方便地用 C 语言的递归函数来实现。示例代码如下：

```
int CountPeaches(int day)
{
    int numberPeaches;
    if( day>10||day<1 )
        numberPeaches = -1;         //如果实参传递了不合理的值，则返回-1
    else if( day==10 )
        numberPeaches = 1;
    else
        numberPeaches = 2*(CountPeaches(day+1)+1); //递归调用，用下一级值调用了自己
    return numberPeaches;
}
```

从代码可见，这样的实现几乎是"直译"了上面的数学公式，非常直观地描述了任务中存在的关系，很少量的代码就可实现。通常，递归函数只需要一个简单的选择结构就可以完成。读者可以自己编写一个 main()函数来调用上面的函数，求得猴子每天早上吃桃子之前的桃子数，参数 day 的值是几，返回的 numberPeaches 便是第几天早上的桃子数，如果返回-1，则说明 day 对应的实参不合理。

递归函数的难点在于充分理解其执行流程，即递归函数对自身调用的全过程。其实，一个函数调用自身和调用别的函数在执行过程上没有区别。因此，读者可以把递归函数调用它自身看成是在调用另一个函数——另一个有着相同函数名和相同代码的函数。为了便于作图，我们以求第6 天桃子的总数，即 CountPeaches(6)为例分析整个调用过程，如图 8.5.2 所示。

图 8.5.2 中用实线箭头表示调用，用虚线箭头表示返回，右侧的框表示在调用和返回过程中各层函数调用的存储空间变化的情况。

（1）main()函数有一个变量 result,在代码右侧用一个框表示其存储空间。

（2）main()函数调用 CountPeaches(6)时，系统会为 CountPeaches(6)函数分配参数和变量的存储空间，于是在 main()的下面多了一框表示 CountPeaches(6)的参数和局部变量的存储情况，其中很重要的参数 day 的初值为 6。

（3）CountPeaches(6)又调用了 CountPeaches(7)，因此系统会为新的函数 CountPeaches(7)分配参数和变量的存储空间，用 CountPeaches(6)下方的框表示。在前面 8.3.1 节讲过，每次调用函数时,分配参数和变量的存储空间，函数执行完毕，退出函数时释放它们的存储空间。CountPeaches(6)和 CountPeaches(7)是两次不同的调用，它们的参数 day 各有各的存储单元，存储空间完全独立。虽然代码中只有一个参数 day,但运行时由于存在多次调用，因此就有多个同名的参数 day 存在。并且由于调用 CountPeaches(7)时 CountPeaches(6)还没有退出，因此同名的参数 day 是如同图 8.5.2 中所示一样，同时存在于内存中的，因此是在原来的基础上不断地追加框来表示系统分配了新的存储空间。

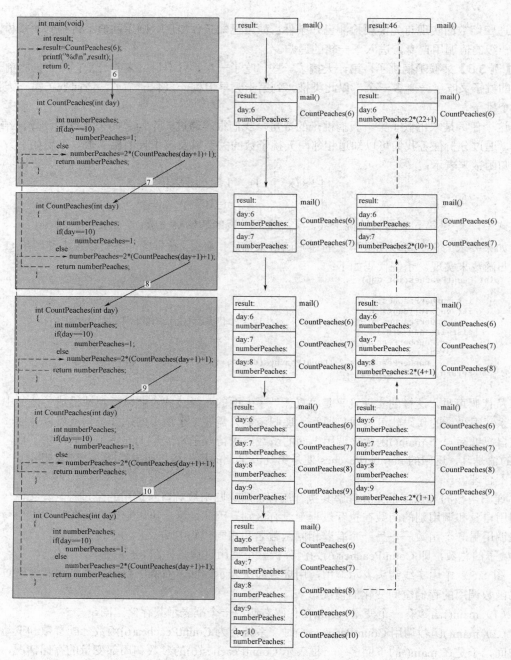

图 8.5.2　CountPeaches(6)的调用过程

（4）以此类推，CountPeaches(7)调用 CountPeaches(8)，CountPeaches(8)调用 CountPeaches(9)，CountPeaches(9)调用 CountPeaches(10)，从结果未知的参数 6，层层调用到结果已知的参数 10，这个过程称为回推。然后就可以从已知的一个结果，再层层推出要求的结果，这个过程称为递推。也就是说，递归调用的过程包含了回推和递推的两个完整过程。

图 8.5.2 中右侧用框表示的存储空间，被称为堆栈或栈（stack），它是操作系统为程序的运行预留的一块内存区域。在函数调用时，由系统在栈空间里分配用于存储参数和变量值的存储区域，被称为栈帧（图中用一个框表示）。当函数执行完毕后，系统会自动收回对应的栈帧。仔细看图 8.5.2 右侧存储空间的变化过程，随着函数调用的层层深入，存储空间的一端（框图下端）逐渐增长，然后随着函数调用的层层返回，存储空间的这一端又逐渐缩短，并且每次访问参数和局部变

量时，只能访问这一端的存储单元，而不能访问内部的存储单元。例如，当 CountPeaches(7)的存储空间位于末端时，只能访问它的参数和局部变量，不能访问 CountPeaches(6)和 main()的参数和局部变量，这是堆栈或栈这种数据结构的典型特点，随着函数调用和返回而不断变化的这一端称为栈顶。

随着递归函数的层层调用，栈的存储空间一定是逐渐被消耗的，如果递归的层次太多，也有可能导致栈被耗尽而程序崩溃的情况，因此，在设计递归函数时，尽可能减少调用层次。

类似的任务也可以从已知出发，用循环逐步递推出来。这两种常用的方法，各有优缺点。循环递推的优点是执行效率高，但其缺点是代码没有递归函数直观，不是任务的"直译"。相反，递归函数的优点是代码直观、简洁，缺点是执行效率低、执行过程难理解，且容易发生无限递归，导致程序无法终止的情况。比如将上面的代码改为如下形式：

```c
int CountPeaches(int day)
{
    int numberPeaches;
    if( day==10 )
        numberPeaches = 1;
    else
        numberPeaches = 2*(CountPeaches(day+1)+1);
    return numberPeaches;
}
```

如果实参合理，这段代码也没有问题，但如果实参值不合理，比如实参传给 day 的值是 11，求第 11 天的桃子数，读者可以分析并执行一下，是不是发生了无限递归？如同"死循环"一样，程序无法终止了？因此在设计递归函数时，需要注意规避递归过程无法达到已知条件的无限递归的情况。

2．间接递归函数

间接递归函数是指定义一个函数的同时，在该函数内部通过调用其他函数间接地调用了它本身，该函数即被称为间接递归函数。例如：

```c
int MyFunction1()
{
    int result;
    ……
    result=MyFunction2();    //MyFunction1()通过MyFunction2()间接的调用了它自己
    ……
}
int MyFunction2()
{
    int result;
    ……
    result=MyFunction1();    //MyFunction2()通过MyFunction1()间接的调用了它自己
    ……
}
```

如上的 MyFunction1 函数在定义的函数体内调用了 MyFunction2()，而 MyFunction2()的函数定义中调用了 MyFunction1()，这样 MyFunction1()就是通过 MyFunction2()间接地调用了它自己。同样的情况，MyFunction2()也是通过 MyFunction1()间接地调用了它自己。这样的函数调用过程称为间接递归调用，MyFunction1()和 MyFunction2()函数都称为间接递归函数，简称递归函数。

间接递归调用比直接递归调用更难理解一些，因此如果有别的更好的选择，不推荐使用间接递归函数，因为它会损害程序的清晰性。

理论上，任何能够用递归函数实现的解决方案都可以用迭代来实现，但是对于某些复杂的问题，将递归方案展开为迭代方案可能比较困难，而且程序的清晰性会下降。例如，经典的"汉诺塔"问题。大家可以查阅相关书籍或从网上查阅相关资料，来了解其要解决的问题和具体的实现。

总之，由于递归使用了函数的反复调用过程，因此会占用大量的堆栈空间，所以其运行时的系统开销很大；而迭代通常只是发生在一个函数内部，反复使用某些局部变量进行计算，因此其运行时系统开销比递归要小得多。但是递归函数能够直观地反映使用数学上递归定义的问题。因此，编写出来的代码易于理解和阅读。通常，在程序设计时，需要在性能和清晰性之间做一个选择。

8.6 变量的作用域

前面的示例中，所有变量的有效性都局限在一个函数内部，即只可以在定义它的函数内使用或访问。能否让变量的访问范围不局限在定义它的函数内部，比如整个源文件的所有函数都可以访问呢？答案是肯定的。本节将详细介绍变量的作用域，作用域是指定义变量的位置以及变量可以访问的范围。从变量的作用域来看，变量可以分为两类：局部变量和全局变量。

8.6.1 局部变量

前面各章节例子中定义的变量都是局部变量，包括函数体中定义的变量和参数。局部变量是指函数内定义或复合语句中定义的变量，其作用范围仅限于函数内或复合语句中。例如：

```c
#include <stdio.h>
int main(void)
{
    int a, b, c;        //a、b、c只能在main函数中有效
    ......
}
int Function1(int x, int y, int z)  // x、y、z只能在Function1函数中有效
{
    ......
}
int Function2()
{
    ......
    {
        int temp;       //temp只能在所属的复合语句中有效
        ......
    }
}
```

从上面的例子中可知无论是函数内定义的变量，包括形式参数，还是复合语句中的变量，都是局部变量。局部变量是编写程序中用得最普遍的变量类型，因其只可以在函数或复合语句中访问，因此极大地保护了数据的安全性。

8.6.2 全局变量

和局部变量相对应的是全局变量，全局变量的作用域是从定义的位置到程序文本结束均可以使用，由于其必须在函数外定义，因此也称为外部变量。例如：

```c
......
int a, b;    //a, b在函数外定义，是全局变量
int main()
{
    ......
}
int x, y;    //x, y在函数外定义，是全局变量
void Function1()
{
    ......
}
void Function2()
{
    ......
}
```

x、y 的作用域

a、b 的作用域

上例中 4 个变量 a、b、x、y 都在函数外定义，都是全局变量。但变量的作用域不同：根据定义，a、b 可以被全部三个函数访问，即 main()函数、Function1()函数、Function2()函数；x、y 只可以被后两个函数访问，即 Function1()函数、Function2()函数，而不可以被 main()函数访问。

很明显，通常全局变量的作用域要比局部变量的作用域大，可以被多个函数访问，因此应用全局变量可以减少函数之间的传参，提高程序的执行效率。

【例 8.7】编写程序求得 10 个数的最大值、最小值和平均值。

（1）分析问题。我们可以将全部功能分解在两个函数中实现：一个是 main()函数，另外一个称为 Calculate()函数。main()函数只提供要计算的值和输出结果，而具体的计算最大值、最小值和平均值的功能由 Calculate()函数实现。这样就涉及一个问题：Calculate()函数需要给 main()函数返回三个值。大家知道 return 语句只能返回一个值，如何从被调函数返回多个值呢？8.4.2 节中介绍了数组名作函数参数可以"返回"多个值，除此之外，我们可以采用另外一种方法"返回"多个值，那就是全局变量。

（2）数据描述。重点考虑被调函数返回的三个值，由于 return 语句可以返回一个值，因此可将存放平均值的变量定义在 Calculate()函数内，而把最大值和最小值变量定义为全局变量，以便 main()函数和 Calculate()函数都能访问它们，实现共享数据的目的。

```
float max;    //全局变量，存放最大值
float min;    //全局变量，存放最小值
float average;//局部变量（Calculate函数中定义），存放平均值
```

其他变量都在函数内定义。由于变量较多，不在这里一一列出，具体参见代码。

（3）算法设计。

① main()函数。

步骤 1：输入 10 个原始的数。

步骤 2：调用 Calculate（）函数计算最大值、最小值和平均值。

步骤 3：输出最大值、最小值和平均值。

② Calculate()函数。

步骤 1：用第一个数为 max、min、求和变量(sum)赋初值。

步骤 2：在循环内遍历第二个数到最后一个数：

　　　　如果该数大于 max，则用该数更新 max；

　　　　否则如果该数小于 min，则用该数更新 min；

　　　　将该数加到累加和变量(sum)中。

步骤 3：累加和变量(sum)除以 n(值为 10)赋给 average 变量。

步骤 4：返回 average。

具体代码如下：

```c
#include <stdio.h>
#define SIZE 10
float max, min;        //全局变量定义，分别存放最大值和最小值
int main()
{
    float array[SIZE];
    float average;
    int i;
    float Calculate(float a[], int n );
    printf("请输入10个数: ");
    for(i=0; i<SIZE; i++)
        scanf("%f", &array[i]);
    average= Calculate(array, SIZE);
    printf("max=%0.2f, min=%0.2f, average=%0.2f\n", max, min, average);
}
float Calculate(float a[], int n )
{
```

```
#include <stdio.h>
#define SIZE 10
float max, min;          //全局变量定义，分别存放最大值和最小值
int main()
{
#include <stdio.h>
#define SIZE 10
float max, min;          //全局变量定义，分别存放最大值和最小值
int main()
{
    float array[SIZE];
    float average;
    int i;
    float Calculate(float a[], int n );
    printf("请输入10个数: ");
    for(i=0; i<SIZE; i++)
        scanf("%f", &array[i]);
    average= Calculate(array, SIZE);
    printf("max=%0.2f, min=%0.2f, average=%0.2f\n", max, min, average);
}
float Calculate(float a[], int n )
{
    float sum, average;
    int i;
    max=min=sum=a[0];
    for(i=1; i<n; i++)
    {
        if( a[i]>max ) max = a[i];
        else if( a[i]<min ) min = a[i];
        sum = sum + a[i];
    }
    average = sum/n;
    return(average);
}
```

（4）运行测试。程序运行结果如下：

```
请输入10个数: 10 20 30 40 50 60 70 80 90 100
max=100.00, min=10.00, average=55.00
Press any key to continue
```

当期望一个被调函数返回多个值时，可以使用全局变量来间接地实现"返回"多个值的效果，这样的设计利用了全局变量可以被多个函数访问的特点，满足了在函数之间实现多个数据共享的需求。

初学 C 语言的同学，很容易喜欢上全局变量，因为它可以实现多个函数之间的大量数据的通信或共享，避免了函数传参的各种麻烦的约定。尽管全局变量的优点很明显，但稍加留意就能发现，绝大多数程序不会使用全局变量，或者说使用全局变量的程序非常少。任何事物有利就有弊，全局变量的优点也是其缺陷，它在方便了函数之间共享数据的同时，也破坏了函数的独立性，导致函数的可移植性变差，并且容易将整个程序的结构破坏，使程序的执行流程不清晰。因此，建议大家在程序设计时少用或慎用全局变量，不得不用时，要严格控制对全局变量的改写。

此外，还需注意全局变量对初始化的要求不同于局部变量。局部变量可以用类型相符的任意表达式来初始化，而全局变量只能用常量表达式来初始化。如果全局变量在定义时没有被初始化，则系统将其初始化为 0；如果局部变量定义时没有被初始化，则其值是不确定的。所以，局部变量在使用之前一定要先赋值，如果基于一个不确定的值做后续计算肯定会引入 Bug。

为什么要这样规定呢？因为程序运行一开始就要用初始值来初始化全局变量，这样，main() 函数的第一条语句就可以取全局变量的值来做计算。要做到这一点，初始值必须保存在编译生成的可执行文件中，因此要求初始值必须在编译时就计算出来，而含有变量的表达式的值只有在程序运行时才能得到，所以不能用来初始化全局变量。

8.6.3 同名变量的作用域重合问题

C 语言中可以使用作用域重合的同名变量，如全局变量和局部变量名字相同，且作用域重合，或者相同名字的局部变量且作用域重合，在这些情况下，很容易发生歧义。

1. 同名全局变量和局部变量的作用域重合

名字相同的全局变量和局部变量，且作用域有重合，系统该如何处理？如下面这段代码：

```c
#include <stdio.h>
int a=10, b=20;    //全局变量
int GetMax(int a,int b)
{
        int c;
    c=a>b ? a: b;                    局部变量a、b的作用域
    return(c);
}                                                              全局变量a、b的作用域
int main(void)
{
        int a=50;
    int GetMax(int a, int b);
    printf("max=%d\n",GetMax(a, b));    局部变量a的作用域
    return 0;
}
```

本例中存在全局变量和局部变量名字相同且它们的作用域有重合的情况，比如全局变量 a 其作用域包含了 GetMax()函数和 main()函数中分别定义的局部变量 a 的作用域，那么在同名变量作用域重合的情况下，系统该访问谁呢？系统的处理是当同名的局部变量和全局变量作用域重合的情况下，局部变量有效，即系统将访问局部变量。因此 main()函数中 GetMax()的实参 a 是访问的 main()函数内定义的局部变量 a，而不是访问全局变量 a。因此，程序的运行结果是：max=50。

2. 同名局部变量的作用域重合

若名字相同的局部变量的作用域有重合时，系统该如何处理？如下面这段代码：

```c
#include<stdio.h>
int main(void)
{
     int   x=1;
     {
       int x=2;
        {
            int x=3;
               printf("x=%d\n", x );         最内层x的作用域
        }                                                              值为2的x的作用域        最外层x的
        printf("x=%d\n", x );                                                                              作用域
     }
     printf("x=%d\n", x );
     return 0;
     }
```

复合语句中定义的变量，只在其定义所在的复合语句中有效。如果有名字相同的局部变量，且其作用域有重合时，靠近内层的变量将有效。因此，这段程序的运行结果是：

```
x=3
x=2
x=1
```

从上面的例子中可发现，同名变量在作用域有重合时很容易发生歧义，因此建议大家在自己设计程序的时候尽可能避免这种情况出现。

8.7　变量的存储类别

变量本质上是对内存空间的一种抽象，必须先定义后使用。定义的作用是声明变量的数据类型，而声明数据类型是为系统分配存储空间的大小以及存储数据的方式提供依据。例如，某开发系统，为整型变量分配 4 个字节的存储空间且通常存储其补码形式，为字符型的变量分配 1 个字节的存储空间且存储其 ASCII。数据类型是变量很重要的属性，除此之外，变量的另一个重要属性是存储类别，存储类别的作用是声明系统应该为该变量分配什么类型的存储空间，存储空间的类型决定了变量什么时候在内存中创建，又在什么时候将其释放，即变量的存储类型决定了变量的生存期。变量的作用域是从空间的角度说明变量的有效访问范围；而变量的存储类型是从时间的角度说明变量的有效访问范围。如果不注意变量的生存期，就有可能设计出访问的变量已被释放的错误代码。

变量的完整定义格式应该为：

[存储类型]　<数据类型>　变量名

其中，存储类型是可选的，如果默认，系统会根据变量的情况自动处理。根据变量定义的"存储类型"，系统决定将其放在内存的什么位置。变量主要分布在两类存储区：动态存储区和静态存储区。存放在静态存储区的变量，在整个程序执行过程中都占据存储空间，不会被释放，生命期和整个程序一样长。相反，存放在动态存储区的变量，在程序的执行过程中通常并不会一直占据着存储空间，经常在不需要时就被系统自动收回或被程序主动释放给操作系统，因此，动态存储区的优点是同一存储单元可被不同的变量反复使用。

8.7.1　动态存储方式与静态存储方式

一个已经完成编译的 C 程序取得并使用 4 块逻辑上不同且用于不同目的的内存区域，如图 8.7.1 所示。第一块区域存放程序代码，相邻的常量存储区用于存放字符串常量等，这两块内存都是只读存储区，与其相邻的静态存储区用于存放全局变量和静态变量，与静态存储区相对应的是动态存储区。动态存储区根据分配和释放权限的不同，又可细分为"堆（Heap）"和"栈（Stack）"两类存储区。栈是系统自动分配和释放的动态存储区域，用于保存程序的运行信息，如函数调用时的返回地址、函数参数、函数内的局部变量及 CPU 的当前运行状态等，分配在栈上的内存会随着函数调用的结束而自动释放。堆是一个自由存储区，是在程序中用户可控制分配和释放的动态存储区域，程序可利用 C 的动态内存分配函数来使用它，但使用完毕后应该通过调用 free()函数来显式地释放，否则在程序运行期间将一直被占用。虽然这些存储区的实际物理布局随着 CPU 的类型和编译程序的实现而异，但图 8.7.1 仍从概念和逻辑的角度描述了 C 程序的内存映像。

综上所述，C 程序中变量的内存分配方式有以下三种。

（1）从静态存储区分配。程序的全局变量和静态变量都在静态存储区上分配，且在程序编译时就已经分配好了存储空间，在程序运行期间都是存在的。只有在程序终止前，才被操作系统收回。

（2）在栈上分配。在执行函数调用时，函数内的局部变量及形参的存储空间在栈上自动分配，该函数执行结束时，这些内存自动被释放。栈上内存的分配运算内置于处理器的指令集中，效率很高，但是容量有限。

（3）从堆上分配。在程序运行期间，用动态内存分配函数申请的内存都是从堆上分配的。堆内存的生存期由程序员自己来决定，使用非常灵活，但也最容易出现问题。有一点需要读者时刻牢记：在不用这些内存的时候，一定要用 free()函数将其释放，以防止发生内存泄露。千万不可因程序结束自然会释放所有内存而存在侥幸心理，如果这段程序被用到一个需要连续运行数月的商业软件中去，那么其后果将可能会很严重。

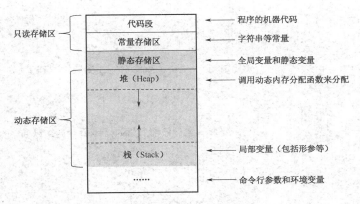

图 8.7.1 C 程序的内存映像

标准 C 语言为变量定义了 4 种存储类型，即 auto、static、register 和 extern。这 4 种存储类型可以分为两种生存期：永久的和临时的。永久生存的变量由于被存储在静态存储区而在整个程序执行期间都存在，而临时生存的变量由于被存储在动态存储区或寄存器中，在对应的函数执行结束后，所在存储区就被释放，即变量不再存在。其中 auto 和 register 变量的生存期均属于“临时的”，static 和 extern 变量的生存期属于“永久的”。

8.7.2 auto 变量和 register 变量

1. 自动变量（auto）

在 C 语言中，auto 这个关键字几乎很少有人使用它，但事实上 auto 变量是程序设计中应用最为普遍的。在程序中，如果未说明存储类别，则函数内定义的变量（即局部变量）为 auto 型，而函数外定义的变量（即全局变量）为 extern 型。auto 变量在进入函数或语句块时自动申请内存，退出语句块或函数时被自动释放，其定义格式是：

```
auto 类型名 变量名；
```

例如：

```
auto int a,b,c=0;
```

2. 寄存器变量（register）

寄存器变量，顾名思义，是用寄存器存储的变量。其定义格式是：

```
register 类型名 变量名；
```

在 C 语言标准中约定，register 类型的变量值应存放在运算器的寄存器中。由于寄存器的存取速度是所有存储器中最快的，且个数有限，只允许存放局部变量，因此常用于存放频繁访问的循环变量。但现在的 register 基本是个历史的产物了，早期的计算机的硬件性能有限，经常需要程序员来人工优化代码，但现在随着计算机硬件性能的加强，以及编译器对代码自动优化的完善，register 已经很少被使用了，而且有的编译器将其自动转换为 auto 类型，如 Turbo C 的编译器。

8.7.3 用 extern 声明外部变量

函数外定义的变量被称为外部变量或全局变量，外部变量的默认存储类型是 extern。关键字 extern 既可以用来定义外部变量的存储类型，又可以用来扩展外部变量的作用域，关于这一点，读者务必注意。

通常，外部变量的作用域是从定义的位置到程序文本结束，C 语言中允许使用 extern 关键字来扩展外部变量的作用域，可将其扩展为它所在的整个文件均可访问，甚至扩展为可供其他源文件使用。例如：

```
//file.c的内容
int main(void)
{
    extern int a, b;          //声明a、b：extern将a、b 的作用域扩展到了main()函数中

    ......
}
int a=5, b=10;                //定义a、b：定义外部变量时，extern通常缺省
int Function1()
{
    ......
}
int Function2()
{
    ......
}
```

如上代码，原本全局变量的作用域仅限 Function1()和 Function2()访问，通过在 main()函数中使用 extern，可以将其作用域扩展到 main()函数中也可以使用。需要注意不要把全局变量的定义和对它的声明语句混淆了，必须先有定义，才可以有作用域扩展的声明。为了区分定义和声明，经常将用于定义的 extern 省略，且将定义的变量初始化，而声明是不可以赋值的。此外，extern也可以将全局变量的作用域扩展到定义它的源文件之外，如下代码所示：

```
//file1.c的内容
int  a=5;                     //定义外部变量时，extern通常缺省
int main(void)
{
    ......
}
//file2.c的内容
extern  int  a;      //extern可以将file1.c中的全局变量a的作用域扩展到file2.c中
int Function()
{
    ......
}
```

只需要用 extern 对已经在其他文件中定义的全局变量做声明后，即可使用该全局变量。因此，全局变量不可以重名！

例如，输出 axb 和 a 的 m 次方的值。

```
//file1.c的代码
#include<stdio.h>
int a;                        //定义a为全局变量
int main(void)
{
    int Power(int  n);
    int b=3, factor, pow, m;
    printf("Enter the number a and its power:\n");
    scanf("%d,%d", &a, &m);
    factor = a * b;
    printf("%d*%d=%d\n", a, b, factor);
    pow=Power(m);            //实现a的m次
    printf("%d**%d=%d\n", a, m, pow);
    return 0;
}
//file2.c的代码
extern int a;                //声明全局变量a
int  Power(int  n)           //功能：实现a的n次
{
    int i,  f=1;
    for(i=1; i<=n; i++)
        f *= a;
    return(f);
}
```

file2.c 中使用 extern 扩展了 file1.c 中的全局变量，减少了函数传参，加强了函数之间的通信能力。但是，也希望读者注意到，一个文件中的全局变量对本文件程序结构的清晰性有破坏，如果将其作用域进一步扩展到其他文件，则对整个程序的结构有很大的负面影响。因此，尽量不要使用 extern 来声明一些共享的对象。因为这种做法是不安全的，全局变量的值容易变得不确定，最好通过函数来访问这些变量，即使用局部变量。

8.7.4 static 变量

系统将关键字 static 定义的变量存储在静态存储区中，它既可以用来定义局部变量，又可以用来定义全局变量。如果用来定义局部变量，被称为静态局部变量，反之称为静态全局变量。对于静态局部变量，其作用域是局部的，但其生存期却是和全局变量一样，是和整个程序一样长，即程序执行开始至结束，始终占用存储空间。还需要注意的是：对于静态局部变量，编译器在编译时分配存储空间并初始化，在程序执行过程中不再初始化。

1. 静态局部变量

例如，下面这段程序：

```
#include <stdio.h>
#define N 5
int main(void)
{
    int i;
    int Factor(int n);
    for (i=1; i<=N; i++)
        printf("%d! = %d \n", i, Factor(i));
    return  0;
}
int Factor(int n)
{
    static int f=1;      //静态局部变量
    f = f * n;
    return( f);
}
```

本例的 Factor() 函数中定义了静态局部变量 f，其作用域是在 Factor() 函数内使用，但其生存期是和整个程序的生存期一样长，在编译是分配空间并赋予初值，此后每次调用结束后并不释放其存储空间，直到 main() 函数执行完毕，其"生命期"才结束。因此，第一次调用 Factor() 时，静态局部变量 f 的值为 1，此后，每一次调用 Factor() 时，f 的初值是上一次调用结束时保留的值。通过上面的分析应该知道程序的最终结果是：

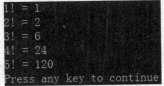

```
1! = 1
2! = 2
3! = 6
4! = 24
5! = 120
Press any key to continue
```

当多次调用一个函数且要求在调用之间保留某些变量的值时，可考虑采用静态局部变量。但由于静态局部变量的作用域与生存期不一致，降低了程序的可读性，因此，除对程序的执行效率有较高要求外，一般不提倡使用静态局部变量。

2. 静态全局变量

在函数外定义且未加任何存储类型说明的变量，默认都是全局变量，这样的全局变量可以被其他源文件使用。如果考虑到数据的安全性，希望禁止其他文件访问，只需要将该变量定义为静态变量。

例如：

```
//file1.c的内容
static int a;  //静态全局变量
int main(void)
{
    ......
```

```
    }
    //file2.c的内容
    extern int a;     //编译会报错，不可以使用file1.c中的全局变量a
    int Function()
    {
        ......
    }
```

尽管通常情况下 extern 关键字可以扩展全局变量的作用域，比如将其从定义的源文件 file1.c
扩展到文件 file2.c，但如果 file1.c 中的全局变量 a 定义为 static 类型，这样就将 a 的作用域限定
在 file1.c 中。因此，static 关键字可以将全局变量的作用域限定在其定义所在文件内，有效避免被
其他程序文件误用。

8.8　内部函数和外部函数

变量有内部（局部）和外部（全局）之分，类似的，函数也有内部和外部之分。内部函数是
指仅供本文件里调用的函数，在函数首部前冠以 static 即可，因此也称为静态函数。由于内部函
数不会跨文件调用，因此允许不同文件里出现同名内部函数。外部函数是可供其他文件里调用的
函数，在函数首部前冠以 extern 或默认即可说明。因此，前面大家看到的所有函数都是外部的
或全局的，通常，函数都是定义为全局的，以方便其他文件的调用，增加函数的重用性。例如：

```
    //file1.c:
    #include <stdio.h>
    extern void Enters(char s[]);
    extern void Deletes(char s[], char c);
    extern void Prints(char s[]);
    int main(void)
    {
        char c;
        static char str[80];
        Enters(str);
        scanf("%c", &c);
        Deletes(str, c);
        Prints(str);
        return 0;
    }
    //file2.c:
    void Enters(char str[])
    {
        ......
    }
    //file3.c:
    void Deletes(char str[],char ch)
    {
        ......
    }
    //file4.c:
    void Prints(char str[])
    {
        ......
    }
```

file2.c、file3.c、file4.c 中的函数都是默认定义为外部函数，在 file1.c 中只要将这些外部函数
声明，方便编译器做调用检查即可使用。

综上所述，可以出现在函数定义中的存储类别只有 extern 和 static。extern 表示这个函数可以
被其他文件所引用，也就是说，这个函数的名称会被导出到链接器。static 表示这个函数无法被其
他文件所引用，也就是说，这个函数的名称并没有被导出到链接器。如果在函数定义中没有指定
存储类别，则默认为 extern。

8.9　预处理命令

由 C 的源程序得到可执行程序需要经过编译和链接，如果进一步细化这个过程，可以细化为
三步：编译预处理、编译和链接。编译是将人可理解的文本格式的源程序翻译为机器可处理的二
进制目标程序，包括词法和语法分析、代码生成、优化等；链接是将所有目标程序和系统库函数

合成在一起生成可执行程序。什么是编译预处理呢？C 的编译系统在对程序进行编译之前，首先用预处理程序处理源程序中的所有预处理命令，这个过程称为编译预处理或预处理。源程序被预处理之后，会得到不含预处理命令的源程序，然后编译器将没有预处理命令的源程序编译为目标程序。

C 语言使用预处理程序对它的功能和概念进行了扩展。本质上，预处理命令不属于 C 语言本身的组成部分，因此编译器不需要对预处理命令进行处理。它是 ANSI C 标准中约定的要求开发环境支持的功能，其作用是改进程序的设计环境，提高编程效率。

预处理指令的语法独立于 C 语言的语法。为了与一般的 C 语言相区别，预处理命令都以"#"开头，且一行只可写一条预处理命令。通常，预处理命令行的末尾没有分号。预处理命令可以定义在源程序的任意位置，习惯上写在函数之外，且放在文件的最开始。预处理命令的作用域是从它的定义位置开始直到文件的结束。

两个最常用的预处理命令是：#define 和#include。除此之外，还有条件编译等。

1. 宏定义

宏包括两类：不带参数的宏和带参数的宏。

（1）不带参数的宏。不带参数宏的定义形式如下：

```
#define 宏名 [宏体]
```

宏名是一个标识符，应遵循其命名规范，习惯上为了和变量区别而大写。宏体可以是任意字符串。如果宏体是多行，需要在待续的行末尾加上一个反斜杠"\"。宏体是可默认的，通常用于配合条件编译命令实现避免文件被重复包含等功能。宏定义的作用就是为"宏体"定义一个名字，即宏名，以简化程序的设计或让程序更可读。定义好宏之后，程序中将使用宏名，而不再是宏体。

不允许对一个宏名重复定义，但允许在宏定义中使用前面已经定义好的宏。例如：

```
#define  PI  3.14159
#define  POWER  PI*PI
```

在预处理时，系统将扫描源程序，将所有的宏名用对应的宏体替换，如果存在嵌套定义，宏体里也会出现宏名，这些宏名也将被对应的宏体替换，直到没有宏名存在为止。这个过程称为宏展开或宏替换。注意，替换的过程对括在引号中的字符串不做处理。例如：

```
#define  PI  3.14159
            ……
printf("2*PI=%f\n",PI*2);
```

宏展开：

```
printf("2*PI=%f\n",3.14159*2);
```

宏展开只是将宏名用宏体替换，不做任何语法检查。

（2）带参数的宏。带参数的宏定义形式是：

```
#define 宏名(参数列表) 宏体
```

其中括号中是逗号分隔的标识符，作为宏的形式参数。

> ☞注意：宏名和参数列表之间不可以有空格。

例如，定义求两个数中较大的数，宏定义如下：

```
#define  MAX(a, b)  ((a) > (b) ? (a) : (b))
```

带参的宏看起来很像函数，但它们之间有本质的区别：函数的形参在调用时系统要为它分配存储空间，因此它有类型，但宏的参数没有类型，也没有存储空间，依然像不带参数的宏一样，是在预处理时做简单的替换，只是不仅要用宏体替换宏，而且将形式参数替换为对应的实际参数，其他字符保留。除此之外，宏和函数的处理时机也不一样，宏在正式编译之前处理，而函数在执行过程中处理。如果程序中有语句如下：

```
z = MAX(x + y, x * y);
```

宏展开后，这条语句为：

```
z = ((x + y)>( x * y) ? (x + y) : (x * y))
```

从展开的形式也可以看出，宏的展开只是做简单的替换工作，因此，不要想当然地认为表达式应该先计算后替换。

☞注意：通常要在带参宏的宏体中加上括号：其一是把各参数都括起来；其二是把整个宏体括起来。以防展开后由于运算符的优先级而引起计算顺序错误的问题。

例如，定义求平方的宏，代码如下：

```
#define  SQUARE(x)  x*x
```

只看定义似乎没有什么问题，但在特定的环境下有可能发生我们不想要的结果，如下面这句对宏的引用语句：

```
z = SQUARE(a + b);
```

宏展开后的语句是：

```
z = a + b * a + b;
```

如果原本是想把 a+b 当成一个整体对待，这样的结果就达不到预期目的了。因此，为了在展开过程不把参数分解，并且不把宏体分解，则在定义时，应该把参数和宏体分别用括号括起来。

C 语言还提供了预处理命令#undef，其作用就是终止已有的宏定义，格式为：

```
#undef 宏名
```

在这个命令之后，该宏将无效，除非重新定义。例如：

```
#define  YES  1
int main(void)
{
    ……                         YES的原作用域
}
#undef YES
#define  YES  0
int Max()
{
    ……                         YES的新作用域
}
```

由于预处理过程并非编译，而是只完成简单的替换工作，不做任何的语法检查，因此初学时，在定义好一个宏后，最好自己检查一下，宏替换后对应的语句是否合法。

2. include 命令

文件包含命令大家并不陌生，从本书的第一个例子就开始使用该命令了。该命令的格式是：

```
#include<文件名>
```

或

```
#include"文件名"
```

通常，被包含文件的扩展名都是 ".h"，h 是 head 的简写，因此也称为头文件。两种格式的区别在于查找被包含文件的方式不同。由尖括号包括文件名的这种形式，预处理程序直接到开发环境中设置的系统目录（子目录名通常为 include）中查找所需文件。由双引号包括文件名的这种形式，预处理程序先在源文件所在的用户目录中查找所需文件，如果找不到，再在设定的系统目录中查找。因此，在包含系统文件（如标准库文件）时应该用尖括号包括文件名的形式；如果要包含用户自己定义的文件，该文件通常存放在与被处理源程序的同一个目录下，显然应该用双引号包括文件名的这种形式。此外，后一种形式允许在文件名前前缀路径。

处理文件包含命令的过程是：首先查找被包含文件，找到后就用该文件的内容替换当前文件里对应的预处理命令行。如果替换进来的文件里仍有预处理命令，则它们也将被处理，直到没有预处理命令存在，预处理过程才结束。

文件包含命令允许嵌套，如 file1.c 文件中包含 file1.h，而 file1.h 中包含 file2.h，示例如图 8.9.1 所示。

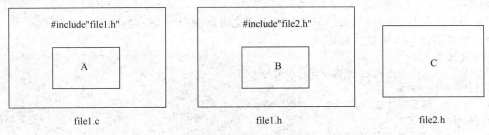

图 8.9.1　include 嵌套命令包含

图 8.9.1 中 A、B、C 分别代表预处理命令之外的 C 语句。预处理 file1.c 时，首先将其中的预处理命令行 "#include"file1.h"" 用头文件 file1.h 的内容取代，取代后的结果如图 8.9.2 所示。

由于替换后的结果文件中依然存在预处理命令 "#include"file2.h""，因此接下来这行预处理命令也会被相应的文件内容取代，预处理的最后结果如图 8.9.3 所示。

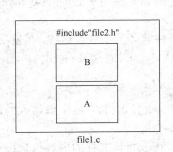

图 8.9.2　预处理命令 "#include"file1.h"" 执行后的结果　　图 8.9.3　include 命令嵌套包含的最终结果

这种#include 命令的嵌套深度是由编译器所指定的，但标准 C 要求至少支持 8 层嵌套，C99 要求至少支持 15 层嵌套。

前面章节的很多例子中都用了#include 命令包含标准头文件。标准头文件通常以文本文件形式存在于开发环境的系统目录里，其内容主要是系统库函数的原型说明、系统符号常量的定义等。用 #include 命令包含这种文件，相当于在源程序文件的前面写这些函数原型等，这对保证编译程序正确处理系统库函数调用是至关重要的。

文件包含命令的最重要用途是用于组织程序的物理结构，使我们能够以多个源程序文件的方式开发比较大的程序，甚至非常复杂的软件。有关这方面的介绍见参 8.10 节。

3. 条件编译

相比 include 和 define 命令，条件编译命令使用频率较低，在简单的程序中不常用，但在实际项目中通常都会用到。条件编译的作用是划出源程序里的一些代码段，使预处理程序可根据条件保留或丢掉某些代码。常见的条件编译的三种形式和 if 语句非常类似：

（1）条件编译命令的第一种形式

```
#if 整型表达式
    ……   //整型表达式的值为非零时保留的代码
#endif
```

整型表达式是判断条件，值为 0 表示条件不成立，否则条件成立。条件成立时保留#if 和#endif 之间的代码。

（2）条件编译命令的第二种形式

```
#if 整型表达式
    ……   //整型表达式的值为非零时保留的代码
```

```
#else
    ......   //整型表达式的值为零时保留的代码
#endif
```

预处理方式类似第一种形式，只是条件不成立时会保留#else 和#endif 之间的代码。

（3）条件编译命令的第三种形式

```
#if  整型表达式1
    ......   //整型表达式1的值为非零时保留的代码
#elif整型表达式2
    ......   //整型表达式2的值为非零时保留的代码
#elif整型表达式3
    ......   //整型表达式3的值为非零时保留的代码
    ...
    ...
#else
    ......   //以上所有整型表达式的值都为零时保留的代码
#endif
```

如果某整型表达式的值为非零，则保留后面相应的代码；否则保留最后的#else 和#endif 之间的代码。

此外，C 标准中还提供了一个词 defined，常用于构成条件编译的条件表达式，其使用形式为：

```
defined 标识符
```

或

```
defined(标识符)
```

如上表达式遵循下列规则：当标识符已定义，则 "defined(标识符)" 这个表达式的值为 1，否则为 0。

例如，为了保证 mymath.h 文件的内容只被包含一次，可以将该文件的内容包含在下列形式的条件语句中：

```
#if !defined(MYMATH_H)
#define MYMATH_H
/*mymath.h文件的内容放在这里*/
#endif
```

第一次包含头文件 mymath.h 时，将定义名字 MYMATH_H，此后如果因为嵌套包含再次包含该文件时，会发现该名字已经定义，这样就直接跳转到#endif 处，避免了重复包含同一文件的内容。

为了方便使用，C 语言专门定义了两个预处理命令#ifdef 与#ifndef，它们同样用来测试某个名字是否已经定义。这两个命令相当于#if 和 defined 组合的简写形式：

```
#ifdef 标识符      等价于        #if defined(标识符)
#ifndef 标识符     等价于        #if !defined(标识符)
```

上面的例子也可以改写为下列形式：

```
#ifndef MYMATH_H
#define MYMATH_H
/*mymath.h文件的内容放在这里*/
#endif
```

如果每个头文件都能够一致地使用如上这种方式，那么，每个文件都可以将它所依赖的任何头文件包含进来，且不会导致多次重复包含同一文件，用户就不必考虑和处理被包含文件之间的各种依赖或嵌套关系。

使用条件编译命令，还可以帮助提高程序的可移植性，如下面这段代码：

```
#ifdef COMPUTER_A
#define INTEGER_SIZE 32
#else
```

```
#define INTEGER_SIZE 16
#endif
```

通过定义 COMPUTER_A 来实现自动设置，使得源程序不做任何修改，即可适应不同类型的计算机。提高程序的可移植性。

8.10　再论 C 程序组织结构

1．分层和模块化程序设计

一个商业软件或实际项目通常包含很多复杂的功能，因此代码规模都较大，实现这样的软件不是靠一个程序员就可以胜任的，往往需要团队的有效合作。如何组织和管理多人实现的代码，保证软件的质量是一个商业软件能否成功开发的关键。

通常情况下，软件项目采用层次化结构和模块化设计的方法开发。分层设计的模式是把整个系统组织成一个相对独立的多层结构，每层由一个或多个模块构成。每个模块由一个或多个 C 程序构成。这种解决问题的方法是把大问题或复杂问题分解成多个小问题，然后再把小问题分解成更小的问题，以此类推，逐层分解。每一层的模块使用它的下层模块提供的接口完成特定功能，并为它的上层模块提供调用接口。越靠近底层的模块，解决的问题越小。靠近上层的模块通过调用底层的模块来解决更大的问题。底层和上层模块都可以被更上一层的模块调用，最终所有模块都直接或间接地被 main() 函数调用。

分层结构和模块化程序设计的具体方法是：自顶向下，先做整体的框架设计，根据功能将整个系统划分为多层结构，每层可以是由一个模块或多个模块组成的，设计好层次和模块之间的接口，然后做模块内部的设计。框架设计的主要原则是各模块尽可能高内聚而低耦合。高内聚是指一个模块（通常是一个.c 文件及其接口声明所在的.h 文件）里面的函数，只有相互之间的调用，而没有调用其他模块里面的函数，即尽可能减少不同模块里函数的交叉引用。低耦合是指一个完整的系统中，模块与模块之间尽可能使其独立存在。也就是说，每个模块尽可能独立完成某个特定的子功能，即模块与模块之间的接口尽量得少而简单。

此外，还需要注意：

（1）层次和模块的划分不可过度。任务分解的太细，模块之间的通信开销将会增加，使系统运行低效；任务分解不足，也会导致某些模块依然复杂，难于实现和维护。

层次和模块的划分是程序设计中最为复杂的部分，即使有经验的程序员也常常需要在设计过程中调整方案，或者实现完成后对代码进行重构。因此，对于初学者需要不断地进行尝试，并在任务完成后，反复进行重构，以达到相对理想的状态，并逐步积累经验。

（2）把重复使用的功能定义为独立模块。这样做可以提高代码的复用性，从而减少代码量，降低程序规模，减轻维护压力。通常最底层的模块是重复使用的公共模块。

（3）把逻辑独立的功能定义为独立模块。即使不重复使用的代码，如果其功能是逻辑独立的也应该定义为独立的模块，以降低主模块的复杂度，使得整个程序的结构更加清晰。

（4）设计函数时，其功能应尽可能单一，最好不超过 50 行，以保证函数的复用性、通用性、可移植性等。

例如"学生成绩管理系统"，可以将其设计为常见的三层结构，包含主模块层、子模块层和公共模块层。主模块用于完成程序的框架结构，具体的各功能由子模块负责，子模块中需要共享的功能或数据由公共模块实现。经过三层的分解，能够保证每一层的复杂度可控、代码规模可控，最终可以保证程序的结构清晰且易于维护。

2．C 程序组织结构

一个系统的层次结构和模块划分确定后，即可进行程序的组织结构设计。C 的程序文件通常分为两类："c"文件和".h"文件。".c"文件又被称为源文件，通常用于函数定义或功能实现。.h

文件又被称为头文件，用于对外的接口声明。通常，一个模块由一个".c"文件和其用于声明接口的".h"文件组成。当然，如果该模块不需要对外提供接口，则该模块就不需要".h"文件。

无论是头文件还是源文件，在文件开始部分包含其他的头文件时需要遵循一定的顺序。如果包含顺序不当，有可能出现包含顺序依赖问题，甚至引起编译时错误，推荐的顺序如下。

（1）关于源文件（.c 文件）中应该包含的内容和顺序如下：

① 包含该源文件对应的头文件（如果存在）；

② 包含当前工程中所需要的自定义头文件；

③ 包含第三方程序库的头文件；

④ 包含标准头文件。

（2）关于头文件（.h 文件）中应该包含的内容和顺序如下：

① 包含当前工程中所需要的自定义头文件（顺序自定）；

② 包含第三方程序库的头文件；

③ 包含标准头文件；

④ 头文件中不要包含本地数据（模块自己使用的数据或函数，不被其他模块使用）的声明，只在自己模块内部使用的数据或函数，应该在自己的*.c 文件里声明；

⑤ 防止头文件被重复包含。每个头文件都应该使用下面的条件编译命令包含头文件的内容；

```
#ifndef MY_INCLUDE_H
#define MY_INCLUDE_H
〈头文件的内容〉
#endif
```

⑥ 为了便于管理，头文件和实现模块的".c"文件的主文件名最好相同，如 hello.c 与 hello.h；

⑦ 接口文件要有面向用户的充分的注释。

总之，".c"文件中可以有变量或函数定义，而".h"文件中应该只有变量或函数的声明而没有定义。不要把一个".c"文件包含到另一个".c"文件中。

例如"学生成绩管理系统"的整个结构，可以设计为一个如图 8.10.1 所示的常见的三层结构。最上层是主模块，由一个名为"smssmain.c"的文件实现，其内部包含最重要的 main()函数和其他辅助函数，用于实现整个程序的流程控制。由于主模块是顶层模块，不需要给上一层模块提供接口，因此不需要设计对应的".h"文件。具体有关学生成绩单的各功能子模块（如创建成绩单、添加学生等）由 stulist.c 实现，对外的接口由 stulist.h 声明。stulist.h 声明的接口是为其上一层模块（即主模块 smssmain.c）调用自身模块提供的，也就是说，主模块（smssmain.c）通过 stulist.h 调用 stulist .c 文件中的各个函数，实现具体的各个子功能。最下面一层提供各功能模块需要共享的数据或功能，对本任务来说，就是成绩表相关数据，包括学号、姓名、各科成绩等。其中 global.c 用于定义共享的数据，global.h 用于提供对外访问的声明。将成绩单相关数据定义为可共享的全局变量的好处是可以减少模块或函数之间的传参，以降低系统的开销，否则主模块几乎要给子模块中的每个函数传递同样的参数。尽管成绩单全局化的设计，加强了模块之间的耦合性，降低了模块的独立性，不利于函数的移植，但的确可以有效减少系统传参的开销。

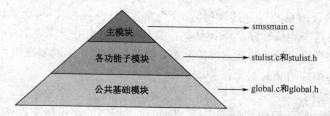

图 8.10.1　三层的"学生管理系统"框架结构

具体模块结构如表 8.10.1 所示。

表 8.10.1　各模块结构及其说明

各模块结构	说　　明

/*文件名：smssmain.c
功能：实现程序的主框架/
#include "stulist.h"
#include\<stdio.h>
int main(void)
{
　　……
}
void DisplayMenu(void)
{
}
 	
	smssmain.c 是顶层模块，不需要为上一层提供调用接口，因此不需要头文件 smssmain.h
	
	smssmain.c 包含的头文件有：
	（1）各功能子模块接口所在头文件：#include "stulist.h"
	（2）标准头文件：#include\<stdio.h>
	
	显示菜单的函数 DisplayMenu()既可以设计在一个独立的.c 文件中，也可以和 main()放在一个.c 中，本例因为
	规模不是很大，就把该显示菜单的函数和 main()放在了一起

/*stulist.h
功能：各功能子模块函数的声明/
#ifndef STULIST_H　　//防止重复包含
#define STULIST_H
extern void InputStudent(void);//添加学生
extern void SearchStudent(void);//查找学生
　　……//其他函数声明
#endif
	功能：包含有关成绩单操作（创建成绩单、添加学生等）的各函数的对外声明

/*stulist.c
功能：各功能子模块的实现函数/
#include"stulist.h"
#include"global.h "
#include\<stdio.h>
//添加学生
void InputStudent(void)
{
　　……
}
……//其他函数定义
	功能：实现成绩单具体操作（创建成绩单、添加学生等）的各功能函数定义
	　包含的头文件有：
	（1）各子模块函数声明的头文件：#include"stulist.h"
	（2）成绩表共享数据声明的头文件：#include"global.h"
	（3）标准头文件：#include\<stdio.h>

/*global.h *功能：全局变量对外接口*/ #ifndef GLOBAL_H #define GLOBAL_H #define MAX_SIZE 30　/*学生成绩单最大长度*/ extern int stuListSize;　　/*学生成绩单当前实际长度，初始情况下长度为0*/ extern char number[MAX_SIZE][10];　/*学号*/ extern char name[MAX_SIZE][10];　　/*姓名*/ extern float score[MAX_SIZE][4];/*各科成绩，按照第二维的下标值，分别对应数学、语文、英语、平均*/ extern int statistics [4][5];　　　/*分段统计结果，分数段分别是[100,90]，(90,80]，(80,70]，(70,60]，(60,0]*/ extern char subject[4][10];/*各科目名称*/ #endif	功能：全局变量的对外声明 包括： （1）成绩单最大长度的宏定义 （2）成绩单实际长度的变量声明 （3）存放成绩单数据的各数组的声明等

各模块结构	说　　明
/*global.c *功能: 全局变量的定义*/ #define MAX_SIZE 30　/*学生成绩单最大长度*/ int stuListSize =0;/*学生成绩单当前实际长度, 初始情况下长度为 0*/ char number[MAX_SIZE][10];　　　　/*学号*/ char name[MAX_SIZE][10];　/*姓名*/ float score[MAX_SIZE][4];　/*各科成绩, 按照第二维的下标值, 分别对应数学、语文、英语、平均*/ int statistics [4][5];　　　　/*分段统计结果, 分数段分别是[100,90)、(90,80]、(80,70]、(70,60]、(60,0]*/ char subject[4][10]={"数学","语文","英语","平均"};/*各科目名称*/ #endif	功能: 全局变量的定义 包括: (1)成绩单最大长度的宏定义 (2)成绩单实际长度的变量定义 (3)存放成绩单数据的各数组的定义等

由于篇幅的原因, 本部分只给出了各模块的组织结构, 没有给出完整的代码。具体功能的实现请读者参考 8.11 节, 在此基础上进行修改。

8.11　案例——以函数为模块化设计手段改写"学生成绩管理系统"

任务描述

如果将"学生成绩管理系统"规划的全部功能, 如创建成绩单、添加学生、编辑学生、查找学生等功能全部实现, 需要几百行代码。如果把所有的代码都放在 main()函数中实现, 就会存在诸多缺陷。

(1)由于 main()函数中包含了全部的实现细节, 因此整个程序的结构不清晰。

(2)很难组织多个人同时进行并行开发。

(3)由于多个模块有重复性的操作, 如创建成绩单和添加学生都有相同的输入学生信息的代码, 因此一定会存在大量的冗余代码。冗余代码会导致程序规模增大, 且不利于开发和维护。

(4)当一个函数的规模达到几百行时, 调试过程容易变成牵一发而动全身的痛苦过程。因此, 规模较大的函数, 不利于调试。

因此, 通常规模稍大的系统, 应该根据功能进行分解, 用多个函数来实现。本部分将以函数为模块化设计手段改写"学生成绩管理系统"。

模块划分

在 8.10 节中将整个"学生成绩管理系统"设计成了三层结构。如果希望功能分解后的所有函数尽可能保持独立, 降低函数之间的耦合性, 以加强函数的可移植性, 也可以将整个系统设计为两层结构。两者主要的区别是: 三层结构中将存放成绩单的数组和相关数据定义为可共享的全局变量, 而两层结构中将其定义为局部变量, 且通常将成绩单数据放在位于顶层的主模块中, 便于数据传递。

下面的设计以两层结构为例, 其一是希望读者熟悉常见的三层和两层结构的两类设计; 其二是由于 8.10 节将成绩单的相关变量设计成了全局变量, 模块之间几乎不需要传参, 函数接口设计变得很简单。而采用两层接口, 接口设计变得相对复杂, 读者可以通过这样的设计形式, 进一步熟悉函数的接口设计。将"学生成绩管理系统"设计为两层结构，如图 8.11.1 所示。

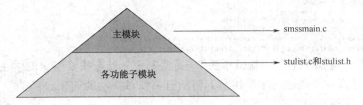

图 8.11.1　两层的"学生成绩管理系统"框架结构

各模块中包含的函数和功能如表 8.11.1 所示。

表 8.11.1　各模块包含的函数和功能

文　件　名	实现的功能和对应的函数	
smssmain.c	程序主框架	main()
	菜单显示	DisplayMenu()
stulist.c	创建成绩单	CreateStudentList()
	添加学生	InputStudent()
	编辑学生	EditStudent()
	删除学生	DeleteStudent()
	查找学生	SearchStudent()
	浏览成绩单	BrowseStuList()
	排序成绩单	SortStudent()
	统计成绩	StatistStudent()
	以上函数调用的下一级函数（略）	
stulist.h	在 stulist.c 中定义且需要被 smssmain.c 直接调用的函数的声明存放在 stulist.h 中	

注意：由于篇幅的原因，本部分只实现添加学生和查找学生的功能。

接口设计

1．添加学生

设计一个名为 InputStudent()的函数实现学生信息的添加功能。考虑到函数的通用性，将其功能实现为可在成绩表的任意位置添加一个学生的信息，这样，该函数可用于"创建成绩单"、"添加学生"、"编辑学生"等任意需要添加学生信息的模块中，提高了函数的复用性。该函数需要主调函数传递的数据包括成绩表中学号、姓名和成绩各自的首地址，以及学生信息在成绩表中的位置，即数组的下标。该函数不需要给主调函数返回值。具体接口设计如下：

```
/***********************************************************/
/*功能：      在location位置添加一个学生                    */
/*参数：      number——学号                                 */
/*           name——姓名                                   */
/*           score——成绩                                  */
/*           location——位置                               */
/*返回值：    无                                           */
/***********************************************************/
void InputStudent(char number[][10],char name[][11],float score[][4],int location);
```

2．查找学生

（1）查找学生

设计一个名为 SearchStudent()的函数实现学生信息的查找功能。该函数设计为按照用户输入的学号信息查找相应的学生，因此需要主调函数传递成绩表的学号的首地址、表的实际长度，以及要查找学生的学号。关于该函数的返回值，如果找到要查找的学生信息，则返回学生信息所在的位置，即数组的下标；否则返回-1。具体接口设计如下：

```
/*****************************************************************/
/*功能:      在学生成绩单中查找学号为tempnumber的学生            */
/*参数:      number——学号                                      */
/*           stuListSize——表长                                 */
/*           tempnumber——要查找学生的学号                       */
/*返回值:   要查找学生所在位置, -1查找失败                        */
/*****************************************************************/
int SearchStudent(char number[][10],int stuListSize,char tempnumber[]);
```

该函数可用于"查找学生"、"编辑学生"(需要先按学号查找要编辑的学生信息)、"删除学生"(需要先按学号查找要删除的学生信息)等所有需要查找功能的模块。

（2）输出学生信息

当表中存在要查找的学生，需要输出学生的信息。在该系统的多个模块中需要输出学生信息，除了当前的"查找学生"模块之外，还有诸如"浏览成绩单"模块同样要输出学生信息。因此学生信息的输出也用一个独立的函数实现。此外，为了函数的通用性，将该函数设计为了可以输出表中任意位置的学生信息，因此该函数需要主调函数传递的数据包括成绩表的学号、姓名、成绩的首地址，以及输出的学生信息所在数组的下标。为了显示的记录数更清楚，主调函数还需要传递一个记录序号给该函数。该函数不需要给主调函数返回值。具体接口设计如下：

```
/*****************************************************************/
/*功能:      打印下标为location学生                             */
/*参数:      number——学号                                      */
/*           name——姓名                                        */
/*           score——成绩                                       */
/*           location——学生下标                                */
/*           order——序号                                       */
/*返回值:   无                                                 */
/*****************************************************************/
void PrintStudent(char number[][10],char name[][11],float score[][4],int location,int order);
```

注意：location 是学生信息在数组中的下标，而 order 是学生信息显示输出到屏幕上的序号。

输出学生的具体数据之前，应该输出一个表头，包括各列数据的标题和简单的分割线。为了程序的结构清晰，本例中，表头的输出用一个名为 PrintTitle()的函数来实现。输出表头的功能很独立，因此，对于 PrintTitle()函数既不需要主调函数传递数据给它，也不需要给主调函数返回数据。具体接口设计如下：

```
/*****************************************************************/
/*功能:      打印表头                                          */
/*参数:      无                                                 */
/*返回值:   无                                                 */
/*****************************************************************/
void PrintTitle();
```

主模块的实现

主模块由 smssmain.c 文件实现，包括两个函数：main()和 DisplayMenu()。

（1）main()函数的代码如下：

```
/*************************************************************/
/* 程  序: 学生成绩管理系统Step08                           */
/* 功  能: 以函数为编程手段重写"学生成绩管理系统"            */
/* 作  者: 张三                                             */
/* 时  间: 2014-xx-xx                                       */
/* 修  改: 李四                                             */
/* 时  间: 2014-xx-xx                                       */
/*************************************************************/
#include<stdio.h>
#include<stdlib.h>
#include<conio.h>
#include<string.h>
#include"stulist.h"
#define MAX_SIZE 30                //学生成绩单最大长度
int main(void)
{
    int stuListSize;               //学生成绩单实际长度
    char number[MAX_SIZE][10];     //学号
    char name[MAX_SIZE][11];       //姓名
    float score[MAX_SIZE][4];      //数学、语文、英语、平均成绩

    char choice;
    int found;
    char tempnumber[10];
    void DisplayMenu();
    stuListSize=0;                 //创建空表
    do                             //重复选择菜单
```

```
{
    DisplayMenu();          //显示菜单
    choice=getche();        //接收选项
    printf("\n");
    switch(choice)          //实现点菜
    {
        //由于篇幅的限制，略去本部分没有给出实现的case相关代码
        case '2':                           //添加学生
            if( stuListSize>=MAX_SIZE ) //表满
            {
                printf("学生成绩单已满！\n");
                system("pause");
            }
            else //表没满
            {
                fflush(stdin);              //清空键盘缓冲区
                InputStudent(number,name,score,stuListSize);//在表尾添加一个学生的成绩信息
                stuListSize++;              //学生成绩单长度增1
            }
            break;

        case '5':                   //查找学生
            fflush(stdin);          //输入要查找学生的学号
            printf("请输入要查找学生的学号：");
            gets(tempnumber);
            found=SearchStudent(number,stuListSize,tempnumber); //顺序查找学号为tempnumber的学生
            if(found>-1)            //查找成功，显示查找到的学生成绩信息
            {
                PrintTitle();   //输出表头
                PrintStudent(number,name,score,found,1);    //输出表体
            }
            else                    //查找失败
            {
                printf("查找学号为%s的学生失败！\n",tempnumber);
            }
            break;

    }
    system("pause");
}while(choice!='0');
return 0;
}
```

主模块中调用的 InputStudent()、SearchStudent()、PrintTitle()、PrintStudent()函数的实现参见 8.11.4 节。

> **注意**：在实际开发中，当编写由多函数组成的程序时，一般情况下先编写主函数，并进行测试与调试。对于尚未编写的被调函数，先使用空函数占位，以后再用逐步扩充功能的方式完善，即编写一个函数，应测试一个函数。这样容易找出程序中的错误。切忌把所有函数编写完后再进行测试和调试，否则会因程序过长而不易检查出错误。

（2）DisplayMenu()函数的代码如下：
```
/*************************************************************/
/*功能：    显示菜单                                         */
/*参数：    无                                               */
/*返回值：  无                                               */
/*************************************************************/
void DisplayMenu()
{
    system("cls"); //清屏
    printf("       |------------------------------------------------|\n");
    printf("       |                                                |\n");
    printf("       |          请输入选项编号（0～8）                |\n");
    printf("       |                                                |\n");
    printf("       |------------------------------------------------|\n");
    printf("       |                                                |\n");
    printf("       |          1 —— 创建成绩单                      |\n");
    printf("       |          2 —— 添加学生                        |\n");
    printf("       |          3 —— 编辑学生                        |\n");
    printf("       |          4 —— 删除学生                        |\n");
    printf("       |          5 —— 查找学生                        |\n");
    printf("       |          6 —— 浏览成绩单                      |\n");
    printf("       |          7 —— 排序成绩单                      |\n");
    printf("       |          8 —— 统计成绩                        |\n");
    printf("       |          0 —— 退   出                         |\n");
    printf("       |                                                |\n");
    printf("       |------------------------------------------------|\n");
    printf("                    请选择：");
}
```

子模块的实现

子模块的所有函数实现都放在 stulist.c 文件中。由于篇幅的限制，下面只给出"添加学生"和"查找学生"的功能，其他功能请读者自己完成。

1. 添加学生

（1）算法描述

```
if(表满)
{
    printf("学生成绩单已满！\n ");
    system("pause");    //按任意键继续...
}
else                    //表没有满
{
    清除键盘缓冲区
    在表尾添加一个学生的成绩信息
    学生成绩单长度增加1
}
```

这段算法的具体实现，见上面 main()函数中的"case 2"部分的代码。其中 InputStudent()函数的代码见下面的程序实现。

（2）程序实现

```
/******************************************************/
/*功能：    在location位置添加一个学生                  */
/*参数：    number——学号                              */
/*          name——姓名                                */
/*          score——成绩                               */
/*          location——位置                            */
/*返回值：  无                                         */
/******************************************************/
void InputStudent(char number[][10],char name[][11],float score[][4],int location)
{
    printf("请输入学号：");            //输入学号
    gets(number[location]);
    printf("请输入姓名：");            //输入姓名
    gets(name[location]);
    printf("请输入数学成绩：");        //输入数学成绩
    scanf("%f",&score[location][0]);
    printf("请输入语文成绩：");        //输入语文成绩
    scanf("%f",&score[location][1]);
    printf("请输入英语成绩：");        //输入英语成绩
    scanf("%f",&score[location][2]);
    //计算平均成绩
    score[location][3]=(score[location][0]+score[location][1]+score[location][2])/3;
}
```

2. 查找学生

（1）算法描述

```
输入要查找学生的学号
顺序查找要查找学生在数组中的位置，即下标
if(找到)
{
    显示找到学生的信息；
}
else
{
    显示查找失败信息；
}
```

这段算法的具体实现，见上面 main()函数中的"case 5"部分的代码。其中 SearchStudent()、PrintTitle()、PrintStudent()函数的代码见下面的程序实现。

（2）程序实现

```
/****************************************************************/
/*功能:      在学生成绩单中查找学号为tempnumber的学生              */
/*参数:      number——学号                                      */
/*          stuListSize——表长                                 */
/*          tempnumber——要查找学生的学号                        */
/*返回值:    要查找学生所在位置, -1查找失败                         */
/****************************************************************/
int SearchStudent(char number[][10],int stuListSize,char tempnumber[])
{
    int found;  //查找成功, 学生成绩元素下标; 否则, -1
    int i;
    found=-1;
    for(i=0;i<stuListSize;i++)   //顺序查找
    {
        if( 0 == strcmp(number[i],tempnumber) )
        {
            found=i;
            break;
        }
    }
    return found;
}
/****************************************************************/
/*功能:      打印表头                                           */
/*参数:      无                                                 */
/*返回值:    无                                                 */
/****************************************************************/
void PrintTitle()
{
    int i;
    printf("%4s%12s%12s%10s%10s%10s%10s\n",
        "序号","学号","姓名","数学","语文","英语","平均");
    for(i=1;i<68;i++)
        putchar('=');
    printf("\n");
}
/****************************************************************/
/*功能:      打印下标为location学生                             */
/*参数:      number——学号                                      */
/*          name——姓名                                        */
/*          score——成绩                                       */
/*          location——学生下标                                 */
/*          order——序号                                       */
/*返回值:    无                                                 */
/****************************************************************/
void PrintStudent(char number[][10],char name[][11],float score[][4],int location,int order)
{
    int j;
    printf("%4d%12s%12s",order,number[location],name[location]); //输出学号、姓名
    for(j=0;j<4;j++)       //输出数学、语文、英语、平均成绩
        printf("%10.1f",score[location][j]);
    printf("\n");
}
```

3. stulist.h 中的函数声明

子模块所有函数的实现都放在了 stulist.c 文件中，而对外的接口，即供主模块调用的函数声明则应放在 stulist.h 文件中。stulist.h 中的函数声明如下：

```
/****************************************************************/
/*  文件名:   stulist.h                                        */
/*  功  能:   子模块对外接口                                     */
/*  作  者:   张三                                             */
/*  时  间:   2014-xx-xx                                       */
/*  修  改:   李四                                             */
/*  时  间:   2014-xx-xx                                       */
/****************************************************************/
#ifndef STULIST_H
#define STULIST_H
void InputStudent(char number[][10],char name[][11],float score[][4],int location);
int SearchStudent(char number[][10],int stuListSize,char tempnumber[]);
void PrintTitle();
void PrintStudent(char number[][10],char name[][11],float score[][4],int location,int order);
#endif
```

由于在 8.11.2 节中每个函数接口的注释说明都已给出，本部分由于篇幅的限制，不再给出接口的注释说明，但是在正式的开发中，应该将 8.11.2 中的接口注释写在该文头文件中每个函数声明的上面。

本 章 小 结

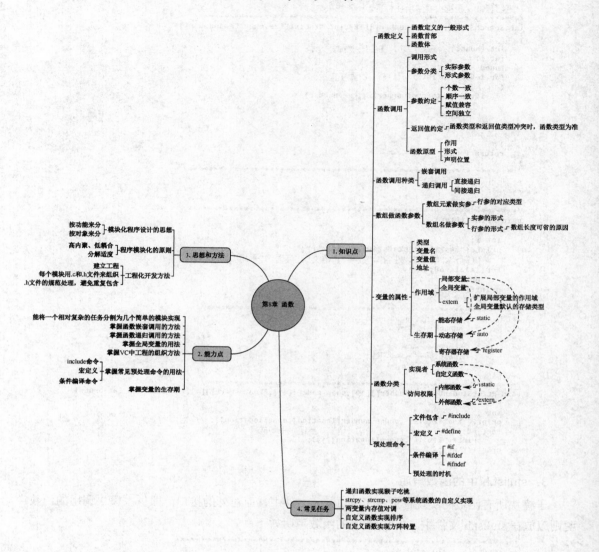

探究性题目：C 语言中函数调用机理的探讨

题目	C 语言中函数调用机理的探讨
阅读资料	1. 百度百科：http://baike.baidu.com/ 2. 维基百科：http://www.wikipedia.org/ 3. 谭浩强著. C 程序设计(第 4 版). 北京：清华大学出版社，2010：170-218（第 7 章） 4.（美）Brian W. Kernighan&Dennis M. Ritchie 著 徐宝文等译《C 程序设计语言(第 2 版·新版)》. 北京：机械工业出版社，2004：57-78（第 2 章的 2.6 节 关系运算与逻辑运算）
相关知识点	1. 函数的组成 2. 函数首部的约定 3. 函数调用的方式
参考研究步骤	1. 复习"相关知识点" 2. 阅读教师提供的阅读资料 3. 自己查找相关资料 4. 设计并编写一个包含递归函数（如 n!）的程序，验证函数调用的流程 5. 使用 VC++6.0 中的单步跟踪，并以 Call Stack 窗口和 watch 窗口辅助说明各层函数之间的调用关系和执行顺序
具体要求	1. 撰写研究报告 2. 设计并编写一个包含递归函数的程序 3. 将关键步骤的 Call Stack 窗口和 watch 窗口截图，说明递归函数每次调用的详细过程

第9章 指针

9.1 引例

请阅读下面的代码，该段代码的目的是使用函数 ProductQuotient 计算两个整数的乘积与商。其中，没有考虑除数为零的情况。

```c
1   #include<stdio.h>
2   int main()
3   {
4       void ProductQuotient(int x,int y,float product,float quotient);
5       int a,b;
6       float pab,qab;
7       pab=qab=0.0;
8       printf("请输入两个整数：");
9       scanf("%d,%d",&a,&b);
10      ProductQuotient(a,b,pab,qab);
11      printf("%d与%d之积为%.0f\n%d与%d之商为%.2f\n",a,b,pab,a,b,qab);
12      return 0;
13  }
14  void ProductQuotient(int x,int y,float product,float quotient)
15  {
16      product=(float)x*(float)y;
17      quotient=(float)x/(float)y;
18      return;
19  }
```

程序运行结果：

```
请输入两个整数：15,3
15与3之积为0
15与3之商为0.00
Press any key to continue
```

上面的运行结果可能出乎读者的意外，第 10 行代码调用 ProductQuotient 函数后，为什么第 11 行代码输出 pab（用来存储 a 和 b 的乘积）和 qab（用来存储 a 和 b 的商）的值仍为在 main 函数一开始初始化的 0 呢？下面就来分析一下原因。

（1）在 main 函数中，第 10 行代码调用 ProductQuotient 函数时，系统会临时生成形参 x、y、product、quotient，实参 a、b、pab、qab 的值会分别传给形参 x、y、product、quotient。这个过程是单向的，如图 9.1.1 所示（注意其中的实心箭头表示传参）。这种参数传递方式在第 8 章介绍过，即所谓的值传递。

（2）在 ProductQuotient 函数执行过程中，第 16、17 行代码分别计算了形参 product、quotient 的值，与其对应的实参 pab、qab 并没有改变，如图 9.1.2 所示。注意，形参 x、y、product、quotient 与实参 a、b、pab、qab 是不同的变量。

（3）函数 ProductQuotient 调用结束时，形参 x、y、product、quotient 所占用内存空间将被释放，实参 a、b、pab、qab 保持原值。如图 9.1.3。程序执行流程返回 main 函数继续执行。

（4）在 main 函数中，第 11 行代码打印调用 ProductQuotient 函数后 pab、qab 值。

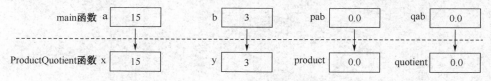

图 9.1.1 ProductQuotient 函数调用时实参传递给形参

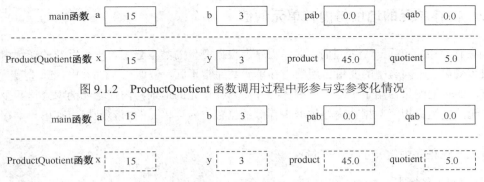

| main函数 a | 15 | b | 3 | pab | 0.0 | qab | 0.0 |
| ProductQuotient函数 x | 15 | y | 3 | product | 45.0 | quotient | 5.0 |

图 9.1.2　ProductQuotient 函数调用过程中形参与实参变化情况

| main函数 a | 15 | b | 3 | pab | 0.0 | qab | 0.0 |
| ProductQuotient函数 x | 15 | y | 3 | product | 45.0 | quotient | 5.0 |

图 9.1.3　ProductQuotient 函数调用后形参与实参情况

在图 9.1.3 中 x、y、product、quotient 的虚线框的含义是它们已经被释放。

原因分析清楚后，那又如何通过 ProductQuotient 函数完成其预期功能呢？为了解决这个问题，必须掌握 C 语言学习的难点之一——指针。本章将学习指针的基础知识。

C 语言中引入指针类型，主要用来解决以下问题：

① 指针为一个函数返回多个值提供了变通的方法；

② 使用指针可以构造如链表、树等复杂的数据结构；

③ 可用于动态分配存储空间；

④ 指针可以改善某些程序的执行效率。

☞说明：读者若想深入了解关于"链表"、"树"等概念，请参考本书第 10 章或市面上流行的《数据结构》教材中的相关内容。

C 语言中的指针给程序设计带来这么多好处，使得它成为 C 语言的"灵魂"，使得 C 语言具有灵活、高效等特点，成为优秀的通用的程序设计语言，尤其在系统程序设计方面的地位更为突出。

9.2　地址和指针的概念

9.2.1　地址和指针

数据通常都是存放在计算机的内存储器中，内存被划分成一个个独立的内存单元，每个内存单元的大小通常为 1 个字节。为了正确地访问这些内存单元，必须为每个内存单元编上号，根据这个内存单元的编号就可找到该内存单元，从而对其进行进一步的操作。内存单元的编号就是该内存单元的**地址**。类比于宾馆里的客房，内存单元相当于客房，内存单元的地址相当于客房的房号，内存单元中的数据相当于客房中的客人。

☞注意：由冯·诺依曼计算机原理可知，内存单元中存储的是数据和组成程序的指令。但为了便于读者理解并快速入门，在此一般将这一事实叙述为内存单元中存储的是数据。内存单元中存储程序的情况请参考 9.6 节。

通过内存单元的地址能够在内存中找到该内存单元，其作用就好像公园里的指针形状的路标，因此将地址形象化地称为"**指针**"，意思是它指向地址所标识的内存单元。

☞思考：如何正确理解"地址"与"指针"这两个概念间的关系？或者说，这两个概念等价吗？请读者带着这个思考题学习本章的内容，待看完本章内容后争取得到一个满意的答案。

9.2.2 内存单元的地址与内存单元的值

当在程序中定义了一个变量时，编译程序会根据变量的类型分配若干个字节的连续内存单元来存放该变量，不同类型的变量占用的内存单元数通常不同，例如在 VC6.0 中，int 型变量占用 4个字节，char 型变量占用 1 个字节。请务必弄清内存单元的地址与内存单元的内容这两个概念。内存单元的地址标识了数据在内存储器中存储的位置；内存单元的内容是指内存单元中存储的数据值。

例如，在程序中定义了 3 个变量：

```
int i=10;
float f=1.23;
char c='a';
```

系统为 i、f、c 三个变量分别分配 4、4、1 个字节的存储空间，如图 9.2.1 所示。地址为 2000H～2003H 四个内存单元分配给变量 i，其值为 10；地址为 2004H～2007H 四个内存单元分配给变量 f，其值为 1.23；地址为 2008H 的内存单元分配给变量 c，其值为'a'。

9.2.3 直接访问与间接访问

假设使用 printf(" %d " ,i)函数调用输出变量 i 的值时，系统根据变量名 i 与内存地址的对应

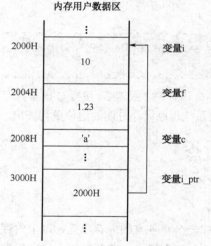

图 9.2.1 内存单元地址与内存单元内容

关系，如图 9.2.1 所示，找到变量 i 在内存中的地址 2000H，然后从该地址开始的四个字节读取变量 i 的值 10 并输出到屏幕上。这种直接通过变量名进行访问的方式，称为**直接访问方式**。

除了直接访问方式外，还可以使用所谓的**间接访问方式**来访问某个变量。在 C 语言中，可以定义一种特殊的变量，这种变量用来存储地址。例如，在图 9.2.1 中，变量 i_ptr 存储了变量 i 的地址 2000H。在这种场景下，采用间接访问方式访问变量 i 的过程如下：先找到存储变量 i 的地址的特殊变量 i_ptr，从中取出变量 i 的地址 2000H，然后到存储器的 2000H 字节开始的 4 个存储单元中取出变量 i 的值（10）。

通过上面的分析可知，间接访问方式使用了指针。指针就是变量的地址，用来存放变量地址的变量称为指针变量。如图 9.2.1 中特殊变量 i_ptr，就是一个指针变量，其存放的是变量 i 的地址。

9.3 指针变量

9.3.1 指针变量的定义

与其他类型的变量一样，指针变量也要先定义后使用。

1. 指针变量的定义格式

类型名 *变量名;

2. 说明

（1）"变量名"前的"*"表示该变量是一个指针类型变量，它不是变量名的组成部分。

（2）"变量名"应遵循标识符的命名规则。

（3）"类型名"用于指定该指针变量可以指向的变量的类型，称为指针的**基类型**。在定义指针变量时，必须指定该指针变量的基类型。

（4）必须使用与指针变量的基类型相同的变量的地址对指针变量赋值。

3. 例子

```
1  int *pi1,pi2;
2  char *pc1,*pc2;
3  float *pf;
```

第 1 行代码定义了一个 int 型指针变量 pi1，一个 int 型变量 pi2。注意，pi2 是一个 int 型变量，而不是指针型变量。若要将 pi2 也定义为指针变量，应按照如下格式定义：

```
int *pi1,*pi2;
```

pi2 前的 "*" 是不能省略的。

第 2 行代码定义了两个 char 型指针变量 pc1 和 pc2。

第 3 行代码定义了一个 float 型指针变量 pf。

9.3.2 指针变量的引用

1. 与指针变量的引用相关的运算符

有两个与指针变量的引用相关的运算符&和*。

（1）&：取地址运算符，单目运算符，其结合性为自右向左，其功能是取其后所跟变量的地址，如&a 为变量 a 的地址。

（2）*：指针运算符，单目运算符，其结合性为自右向左，其功能是用来访问指针变量所指向的变量，只能作用于指针或指针变量。例如，在图 9.3.1 中，指针变量 p 中存储的是变量 a 的地址，即 p 指向变量 a，则*p 就是 p 所指向的变量 a。

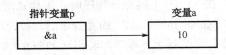

图 9.3.1　指针变量与其所指向的变量之间的关系

☞**注意**：符号*出现在不同的场合中功能不同：
① 出现在变量声明中，如 "int *p;"，表示定义的变量 p 是一个指针型变量；
② 出现在算术表达式中，并当作双目运算符来使用，如 "2*3"，表示对 2 和 3 做乘法；
③ 出现在其他地方，例如上面的 "*p" 中，功能是用来访问指针变量所指向的变量。

2. 引用指针变量的几种情况

（1）指针变量初始化，例如：

```
int a=10;
int *pa=&a;
```

在定义指针变量 pa 的同时，将其值初始化为 int 型变量的地址，即将 pa 指向 a。

（2）给指针变量赋值，例如：

```
1  int a=10;
2  int *pa,*pb;
3  pa=&a;
4  pb=pa;
```

第 3 行代码将 int 型变量 a 的地址赋值给 int 型指针变量 pa，即 pa 指向 a。

第 4 行代码使用指针变量 pa 的值（变量 a 的地址）赋值给指针变量 pb，其含义是 pa 指向 a，pb 也指向 a，即 pa 指向谁，pb 也指向谁。

（3）通过指针变量引用其指向的变量。假设有（2）的代码段，则以下代码段：

```
1  *pa=20;
2  printf("%d\n",*pb);
```

第 1 行代码将 20 赋给 pa 指向的变量 a，其实质是 "a=20;"。

第 2 行代码以十进制整数形式输出 pb 指向的变量 a 的值。

（4）引用指针变量的值。假设有（2）的代码段，则以下代码段：

```
printf("%p\n", pa);
```

以十六进制整数的形式输出指针变量 pa 的值。

☞注意：引用指针变量时注意事项：

① 指针变量的内容不能是普通变量的值，只能是变量的地址，而且其基类型应与指针变量的基类型相同，以下是一个反例：

```
float f=3.14;
int a=10,*pa;
pa=a;           //a 是 int 型变量，不能将其赋给 pa
pa=1000;        //不能将一个整型常数赋给 pa
pa=&f;          //&f 的基类型（float）与 pa 的基类型（int）不同
```

② 通过指针变量引用其指向的变量时，指针变量必须有确定的值，或者说其必须有确定的指向。否则，会很容易造成非法内存访问错误而使程序异常终止。请参考例 9.1。

【例 9.1】请阅读以下程序，分析其中引用指针变量过程中的错误。

```
1  #include<stdio.h>
2  int main()
3  {
4      int *pi;
5      *pi=100;
6      printf("%d\n",*pi);
7      return 0;
8  }
```

在 VC6.0 下编译该程序时，编译系统会给出 "warning C4700: local variable 'pi' used without having been initialized" 的警告信息，警告用户企图使用没有初始化的指针变量 pi。如果用户忽略本警告而强行运行程序，将出现如图 9.3.2 所示的对话框，使程序异常终止。

9.3.3 指针变量作为函数参数

在 8.3.2 节中，由于采用单向值传递函数参数的传递方式，致使 Swap 函数无法交换两个实参的值，本小节使用传递指针的方式来达到在 Swap 中修改主调函数 main 中变量的功能。

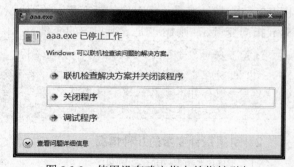

图 9.3.2　使用没有确定指向的指针引起
非法内存访问而导致程序异常终止

【例 9.2】重新编程实现 8.3.2 节中想要完成而没有完成的功能。

解题思路：通过前面对指针概念的学习可知，只要知道一个变量的地址，就可以通过该地址访问其对应的变量。因此，重新编写程序，将变量 a 和 b 的地址作为实参传递给指针变量形式的形参（因为传递的是地址，所以形参应该为指针类型的变量）。在 Swap 函数中通过形参修改其指向的实参。

程序实现：

```
1  #include<stdio.h>
2  int main()
3  {
4      int a,b;
5      void Swap(int *x,int *y);
6      printf("请输入两个整数a、b：");
7      scanf("%d,%d",&a,&b);
```

```
8        printf("交换前\ta=%d,b=%d\n",a,b);
9        Swap(&a,&b);
10       printf("交换后\ta=%d,b=%d\n",a,b);
11       return 0;
12   }
13
14   void Swap(int *x,int *y)
15   {
16       int temp;
17       temp=*x;
18       *x=*y;
19       *y=temp;
20       return;
21   }
```

程序运行结果：

```
请输入两个整数a、b: 3,5
交换前   a=3,b=5
交换后   a=5,b=3
Press any key to continue
```

程序分析：如图 9.3.3 所示，第 9 行代码调用函数 Swap，将变量 a 和 b 的地址作为实参传递给对应的指针型的形参 x 和 y。第 17、18、19 行代码通过指针型形参 x 和 y 以及变量 temp 交换了 x 所指向的变量 a 与 y 所指向的变量 b 的值。注意，*x 代表 a，*y 代表 b。

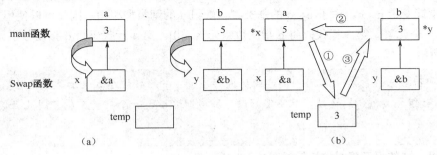

图 9.3.3　使用指针变量作为函数参数实现两数互换

注意，图 9.3.3 中的实心箭头表示指针变量的指向，图 9.3.3（a）中的空心箭头表示参数传递，图 9.3.3（b）中的空心箭头表示交换两个变量操作中的顺序和赋值方向。

☞拓展：如果在上例中第 5 行代码前加入如下代码：
　　int *pi1=&a,*pi2=&b;
则第 9 行代码可以修改为
　　Swap(pi1,pi2);

总结： 通过函数调用修改主调函数中的 n 个变量的值，或者说，使函数"返回"多个值的操作和运行步骤如下。

假设主调函数为 main 函数，被调函数为 Func。

① 在 main 中定义 n 个变量。在例 9.2 中，定义了整型变量 a、b。

② 在 main 中调用 Func，实参分别是 n 个变量的地址，或指向这 n 个变量的指针变量。在例 9.2 中，分别使用&a 和&b 作实参。在拓展中，使用指针变量 pi1 和 pi2 做实参。

③ 在 Func 函数定义中，使用与 main 中的 n 个变量的基类型相同的 n 个指针型变量作为形参。在例 9.2 中，使用整型指针变量 x 和 y 作为形参。

④ 在 Func 函数体中，通过 n 个指针型形参修改其指向的 n 个变量。在例 9.2 中，使用指针型形参 x 和 y，结合"*"运算符，修改其指向的变量 a 和 b。

⑤ 在 main 中使用调用 Func 后修改的 n 个变量。在例 9.2 中，在 main 函数中输出 a 和 b 的值。

9.4　指针与数组

指针不仅可以指向 int、char 等基本类型变量，还可以指向数组等构造数据类型的数据。

9.4.1　一维数组与指针

1. 指向数组元素的指针

数组元素在内存中占用一块连续的内存空间，每个数组元素占用其中的一部分存储空间，其实质就是一个类型与其所属数组的基类型相同的变量。因此数组元素的指针就是该元素在内存中所占存储空间的首地址，我们可以定义一个基类型与数组元素类型相同的指针变量指向数组元素。例如：

```
1  int a[5];
2  int *p,*q;
3  p=&a[0];
4  q=&a[2];
```

第 1 行代码定义一个基类型为 int 型的、具有 5 个元素的数组 a。第 2 行代码定义了两个基类型为 int 的指针变量 p、q。由于 p、q 的基类型与数组 a 的基类型相同，因此可以使用 p、q 指向数组 a 的某一个元素。第 3 行代码将 p 指向数组元素 a[0]。第 4 行代码将 q 指向数组元素 a[2]，如图 9.4.1 所示。

> ☞注意：一维数组在内存中占用一块连续的内存空间，一维数组名 a 表示这块内存空间的首地址，也就是数组元素 a[0]的地址，且不能修改，即数组名 a 是一个指针常量。因此上例中的第 3 行代码也可以写为
> p=a;

2. 引用一维数组元素时的指针运算

除了 9.3.2 节中介绍的指针的初始化、赋值等运算外，在引用数组元素时的指针运算主要包括算术、关系运算。

（1）指针的算术运算

指针的算术运算主要包括自增和自减运算、指针与整数的加减运算、两个指针的相减运算。下面结合图 9.4.1 来讨论指针的算术运算。

在图 9.4.1 中，指针变量 p 指向数组元素 a[0]，p 的值为 2000H，p+1 并不是 2001H，其含义是指向 p 所指向数组元素 a[0]的下一个元素 a[1]，即 p+1 指向 a[1]，p+1 的值为 2004H。

在图 9.4.1 中，指针变量 q 指向数组元素 a[2]，q 的值为 2008H，q-1 并不是 2007H，其含义是指向 q 所指向数组元素 a[2]的上一个元素 a[1]，即 q-1 指向 a[1]，q-1 的值为 2004H。

结论1：若指针变量p指向一维数组a的某个元素，

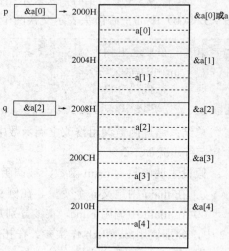

图 9.4.1　一维数组与指针

p+1 或 p-1 的值不是简单地将 p 的值增或减 1，p 具体增或减的值的大小，取决于 p 的基类型。

在图 9.4.1 中，p 的基类型为 int，则 p+1 或 p-1 的含义是从 p 所指当前元素开始向下或向上"走" 1 个 int 型数据所占内存空间的距离，具体到 VC6.0 中，就是向下或向上"走" 4 个字节的距离（VC6.0 中 int 型数据占用 4 个字节的内存空间）。如果将图中的数组 a 和指针变量 p 的基类

型均改为 char，则 p+1 或 p-1 的含义是从 p 所指当前元素开始向下或向上"走"1 个 char 型数据所占内存空间，也就是 1 个字节的距离。

结论 2：若指针变量 p 指向数组 a 的某个元素 x，则 p+1 指向数组元素 x 的下一个元素，p-1 指向数组元素 x 的上一个元素，p+n 指向从数组元素 x 所处位置向下数 n 个元素的位置的元素，p-n 指向从数组元素 x 所处位置向上数 n 个元素的位置的元素。

☞注意：若 p 指向数组的某个元素，则 p+1、p-1、p+n、p-n 所指位置可能已超出数组所占内存的范围。如果其真的指向了数组之外的位置，这在语法上是允许的，但是通过它们不能正确引用数组元素。

结论 3：一维数组 a 具有 n（n>0）个元素，若指针变量 p 指向数组元素 a[0]（首元素），则 p+i 指向 a[i]（0≤i<n）；若指针变量 p 指向数组元素 a[n-1]（尾元素），则 p-i 指向 a[n-i-1]（0≤i<n）。

指针变量的自增和自减运算类似于 p+1 和 p-1，只是多一个给 p 赋值的过程。指针变量的自增运算常与循环结构配合，用来逐一访问数组每个元素。

在图 9.4.1 中，指针变量 p 和 q 分别指向数组 a 中的两个元素 a[0] 和 a[2]，q-p 的值为 2，即 (2008H-2000H)/sizeof(int)，其含义是两个地址之差除以指针变量基类型数据（一个数组元素）所占空间的字节数，其意义是表示 q 所指元素与 p 所指元素之间差两个元素。

☞注意：确保两个指针相减有意义的前提是这两个指针的基类型应该相同。

（2）指针的关系运算

在图 9.4.1 中，指针的关系运算如表 9.4.1 所示。

表 9.4.1　指针的关系运算

表达式	值	含义	表达式	值	含义
p>q	假	判断 p 所指元素是否在 q 所指元素之后	p<=q	真	判断 p 所指元素是否在 q 所指元素之前，或指向同一元素
p<q	真	判断 p 所指元素是否在 q 所指元素之前	p==q	假	判断 p 与 q 是否指向同一元素
p>=q	假	判断 p 所指元素是否在 q 所指元素之后，或指向同一元素	p!=q	真	判断 p 与 q 是否指向不同一元素

3．通过指针引用一维数组元素

（1）指针法

在图 9.4.1 中，数组名 a 的含义是 &a[0]，可以将一维数组名 a 理解为基类型为 int 的一个**指针常量**，它指向 a[0]。由指针运算符"*"的含义可知，"*(&a[0])"和"*a"表示数组元素 a[0]。

在图 9.4.1 中，指针变量 p 指向 a[0]，其值为 &a[0]，由指针运算符"*"的含义可知，"*(&a[0])"和"*p"表示数组元素 a[0]。

通过在表示数组元素地址的表达式前加上指针运算符引用数组元素的方法，称为引用数组元素的"指针法"方式。

在图 9.4.1 中，由指向数组元素时指针算术运算的含义可推导出如表 9.4.2 所示的关系。

表 9.4.2　指针法引用数组元素

数 组 元 素	通过数组名指向数组元素	通过指针变量指向数组元素	通过指针引用数组元素
a[0]	a	p	*a 或*p
a[1]	a+1	p+1	*(a+1)或*(p+1)
a[2]	a+2	p+2	*(a+2)或*(p+2)

数 组 元 素	通过数组名指向数组元素	通过指针变量指向数组元素	通过指针引用数组元素
a[3]	a+3	p+3	*(a+3)或*(p+3)
a[4]	a+4	p+4	*(a+4)或*(p+4)
a[i]	a+i	p+i	*(a+i)或*(p+i)

（2）下标法

在第 7 章中，已经学习过了使用数组的下标运算符"[ ]"来引用数组元素的方法。

在图 9.4.1 中，数组 a 中下标为 i 的元素可以使用"a[i]"的方式来引用，这种方式称为引用数组元素的"下标法"方式。

使用下标法方式"x[i]"引用数组元素的含义是：x 表示某个数组元素地址，"[i]"表示从 x 所指向的位置开始，向下数第 i 个元素，即 x+i 所指向元素。其中 x 可以是数组名及其表达式、指向某个数组元素的指针变量及其表达式。

【例 9.3】 在图 9.4.1 的基础上，请填写表 9.4.3。

表 9.4.3 通过指针引用一维数组元素示例

引 用 格 式	含 义	引 用 格 式	含 义
*(p+1)	指针法，表示 a[1]	q[1]	下标法，表示 a[3]
*(q-1)	指针法，表示 a[1]	a[2]	下标法，表示 a[2]
*(q+1)	指针法，表示 a[3]	(p+1)[0]	下标法，表示 a[1]
*(a+2)	指针法，表示 a[2]	(q-1)[0]	下标法，表示 a[1]
p[1]	下标法，表示 a[1]	(q-1)[2]	下标法，表示 a[3]
q[-1]	下标法，表示 a[1]	(a+1)[1]	下标法，表示 a[2]

从表 9.4.3 可以看出，在下标法引用方式中，"[ ]"前的表达式是基准地址，"[ ]"中的表达式是偏移量。

【例 9.4】编程实现输入输出图 9.4.1 所示的数组。

分析：使用一重循环控制 5 个数组元素的输入和输出。输入或输出每个数组元素时，可以使用下标法或指针法引用数组元素。

程序实现：

（1）下标法

```
1   #include<stdio.h>
2   int main()
3   {
4       int a[5];
5       int i,*p;
6       p=a;
7       printf("请输入数组的5个元素：");
8       for(i=0;i<5;i++)
9           scanf("%d",&p[i]);
10      printf("数组的5个元素是：");
11      for(i=0;i<5;i++)
12          printf("%d\t",p[i]);
13      printf("\n");
14      return 0;
15  }
```

第 9 行代码还可以写为：

```
scanf("%d",&a[i]);
```

第 12 行代码还可以写为：

```
printf("%d\t",a[i]);
```

（2）指针法

```
1    #include<stdio.h>
2    int main()
3    {
4        int a[5];
5        int i,*p;
6        p=a;
7        printf("请输入数组的5个元素: ");
8        for(i=0;i<5;i++)
9            scanf("%d",p+i);
10       printf("数组的5个元素是: ");
11       for(i=0;i<5;i++)
12           printf("%d\t",*(p+i));
13       printf("\n");
14       return 0;
15   }
```

第 9 行代码还可以写为:

```
scanf(" %d ",a+i);
```

第 12 行代码还可以写为:

```
printf(" %d\t ",*(a+i));
```

（3）使用指针变量控制循环

```
1    #include<stdio.h>
2    int main()
3    {
4        int a[5];
5        int *p;
6        printf("请输入数组的5个元素: ");
7        for(p=a;p<a+5;p++)
8            scanf("%d",p);
9        printf("数组的5个元素是: ");
10       for(p=a;p<a+5;p++)
11           printf("%d\t",*p);
12       printf("\n");
13       return 0;
14   }
```

第 11 行代码还可以写为:

```
printf(" %d\t ",p[0]);
```

表 9.4.4　删除序号为 7 的数组元素的过程

步骤	x[0]	x[1]	x[2]	x[3]	x[4]	x[5]	x[6]	x[7]	x[8]	x[9]	说明
1	10	15	20	25	30	35	☐40	◯45	50	55	x[6]←x[7]
2	10	15	20	25	30	35	45	☐45	◯50	55	x[7]←x[8]
3	10	15	20	25	30	35	45	50	☐50	◯55	x[8]←x[9]
结果	10	15	20	25	30	35	45	50	55	55	元素的个数由 10 变为 9

注：每一行中，方框表示要被"挤掉"的元素，圆圈表示要被向前移动的元素。

4．用一维数组名作函数参数

【例 9.5】编写一个函数删除数组中的一个元素，并编程验证该函数的有效性。

确定问题：定义一个名为 Delete 的函数，其功能是删除具有 10 个元素的一维数组中序号为 pos 的元素，并在主函数输出调用 Delete 函数前后数组的内容，从而验证 Delete 函数的有效性。

分析问题：本题的关键是根据给定的要删除的元素的序号 pos（其下标为 pos-1），依次将下标为 pos 至 9 的所有元素，向前（下标小的方向）移动一个位置，从而"挤掉"序号为 pos 的元素。删除的过程如表 9.4.4 所示。

算法设计：算法描述如下。

步骤 1：输入要删除元素的序号 pos。

步骤 2：输出删除前数组所有 10 个元素。

步骤 3：依次将下标为 pos 至 9 的所有元素前移一个位置，删除序号为 pos 的元素。

步骤 4：输出删除后数组所有 9 个元素。

程序实现：

（1）使用一维数组名作函数参数

```
1    #include<stdio.h>
2    int main()
3    {
4        void Delete(int x[],int pos);
5        int i,pos,a[10]={10,15,20,25,30,35,40,45,50,55};
6        printf("请输入要删除元素的序号（1~10）: ");
7        scanf("%d",&pos);
8        printf("删除操作前: ");
9        for(i=0;i<10;i++)
10           printf("%5d",a[i]);
11       printf("\n");
12       Delete(a,pos);
13       printf("删除操作后: ");
14       for(i=0;i<9;i++)
15           printf("%5d",a[i]);
16       printf("\n");
17       return 0;
18   }
19   void Delete(int x[],int pos)
20   {
21       int i;
22       for(i=pos-1;i<9;i++)
23           x[i]=x[i+1];
24       return;
25   }
```

程序运行结果：

```
请输入要删除元素的序号（1~10）: 7
删除操作前:    10   15   20   25   30   35   40   45   50   55
删除操作后:    10   15   20   25   30   35   45   50   55
Press any key to continue
```

程序分析：为什么以上代码通过传递一维数组名，能够达到修改形参数组 x 中的元素，实参数组 a 中的对应元素会随之改变的目的？

第 12 行代码调用了 Delete 函数，以数组名 a 作为实参，它代表数组元素 a[0]的地址。第 19 行代码定义了 Delete 函数，以数组 x 作为形参，它用来接收从实参传递过来的数组 a 的首元素地址。a 是数组名，它是一个指针常量，而形参数组名 x 要被赋予指针常量 a 的值，因此，它是一个指针变量（只有指针变量才能存放地址），它们都指向 a[0]。在此基础上，根据前面介绍的指针的算术运算、引用数组元素的指针法和下标法，得到如下结论（如图 9.4.2 所示）：

① a 指向 a[0]，x 指向 a[0]；

② (a+i)指向 a[i]，(x+i)也指向 a[i]；

③ a[i]元素可以表示为*(a+i)，由②可知，还可表示为*(x+i)；

④ 由③可知，*(a+i)和*(x+i)表示同一个元素 a[i]；

⑤ *(x+i)对应的下标法表示为 x[i]。

综上所述，第 23 行代码中的 x[i]就是 a[i]，对 x[i] 的引用就是对 a[i]引用。因此，在 Delete 函数中修改了数组 x 的元素，实参数组 a 中的对应元素会随之改变。

（2）调用函数时使用数组名作函数实参，定义函数时使用指针变量作函数形参。

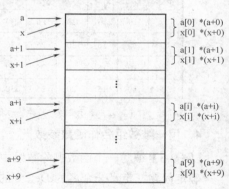

图 9.4.2　数组名作函数参数分析图

形参数组可理解为指针变量，因此可以使用指针变量作函数形参，示意性代码如下：

```
1    #include<stdio.h>
2    int main()
3    {
4        void Delete(int *x,int pos);
5        int i,pos,a[10]={10,15,20,25,30,35,40,45,50,55};
6        ……
7        Delete(a,pos);
8        ……
9        return 0;
10   }
11   void Delete(int *x,int pos)
12   {
13       ……
14       return;
15   }
```

（3）调用函数时使用指针变量作函数实参，定义函数时使用数组作函数形参数组名可以理解为指针常量，可以将它赋给指针变量，然后使用指针变量作为函数实参进行传递，示意性代码如下：

```
1   #include<stdio.h>
2   int main()
3   {
4       void Delete(int x[],int pos);
5       int i,pos,a[10]={10,15,20,25,30,35,40,45,50,55};
6       int *p=a;
7       ......
8       Delete(p,pos);
9       ......
10      return 0;
11  }
12  void Delete(int x[],int pos)
13  {
14      ......
15      return;
16  }
```

（4）调用函数时使用指针变量作函数实参，定义函数时使用指针变量作函数形参。

```
1   #include<stdio.h>
2   int main()
3   {
4       void Delete(int *x,int pos);
5       int i,pos,a[10]={10,15,20,25,30,35,40,45,50,55};
6       int *p=a;
7       ......
8       Delete(p,pos);
9       ......
10       return 0;
11  }
12  void Delete(int *x,int pos)
13  {
14      ......
15      return;
16  }
```

9.4.2 二维数组与指针

用指针变量可以指向一维数组中的元素，也可以指向二维数组中的元素，但是使用指针变量来处理二维数组比处理一维数组要复杂得多。

1. 二维数组的行地址与列地址

通过第 7 章的学习可知，在 C 语言中，用一维数组来表示二维数组，即二维数组是以一维数组为元素的一维数组。例如，有如下的二维数组：

```
int a[3][4];
```

其存储结构如图 9.4.3 所示，其中：

数组 a 由 a[0]、a[1]、a[2]三个元素组成，每个元素是一个一维数组，即每个元素的基类型是"一维数组"。

数组名 a 是 a[0]的地址，即 a 是指向 a[0]的指针，其基类型是具有 4 个 int 型元素的一维数组，其值假设为 2000H。根据一维数组与指针的关系可知，a+1 表示 a 所指元素 a[0]下面那个元素 a[1]，即 a+1 是指向 a[1]的指针，因为 a 的基类型为具有 4 个 int 型元素的一维数组，所以 a+1 相当于以 a 为基准，向下"走" 4 个 int 型数据的距离（在 VC6.0 中，一个 int 型数据 4 个字节，共 16 个字节，即 10H 字节），即 2010H。同理，a+2 是指向 a[2]的指针，

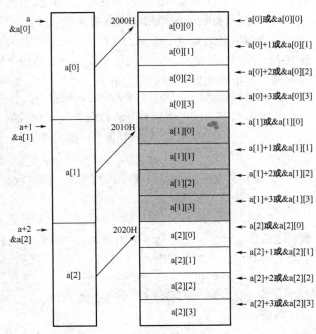

图 9.4.3　二维数组的行地址和列地址示意图

其基类型是具有 4 个 int 型元素的一维数组，其值为 2020H。

数组 a 中有 3 行，分别由 a、a+1、a+2 三个指针指向，其基类型是具有 4 个 int 型元素的一维数组，即二维数组的一行，所以这三个指针称为"行指针"。

a[0]可以看做由 a[0][0]、a[0][1]、a[0][2]、a[0][3]四个 int 型元素组成的一维数组的数组名，它是该数组的首地址，即&a[0][0]，是一个指向 a[0][0]的指针，其基类型为 int。根据一维数组与指针的关系可知，a[0]+1 指向 a[0][1]，a[0]+2 指向 a[0][2]，a[0]+3 指向 a[0][3]。同理，a[1]、a[2]与 a[0]性质相同。

数组 a 中 12 个 int 型元素，分别由 a[0]、a[0]+1、…、a[i]+j、…、a[2]+3 共 12 个指针指向，其基类型是 int。在 C 语言中，习惯将这种指向二维数组元素的指针称为"**列指针**"。

☞思考：在图 9.4.3 中，a+1、a[1]、&a[1][0]的值是相等的，都为 2010H，那它们有什么区别吗？

2．通过二维数组名引用二维数组元素

通过二维数组名引用二维数组元素的方法有指针法、下标法、混合法三种。下标法在数组一章已经介绍过了，不再赘述。

（1）指针法

由上面的分析可知：

① 二维数组元素 a[i][0]的地址为 a[i]，那么二维数组元素 a[i][j]的地址为 a[i]+j；

② a+i 是 a[i]的地址，a[i]等价*(a+i)；

③ 将*(a+i)去替换①中的 a[i]，a[i][j]的地址为*(a+i)+j。

综上所述，*(a+i)+j 是二维数组元素 a[i][j]的地址，根据指针运算符"*"的含义，a[i][j]的指针法引用格式为*(*(a+i)+j)。

（2）混合法

所谓混合法，是指在引用数组元素的格式中既包括指针运算符又包括下标运算符。以下是二维数组元素的混合法引用的两种可能的写法：*(a[i]+j)、(*(a+i))[j]。

3．通过行指针变量引用二维数组元素

二维数组名的实质是指向二维数组中一行的指针，即所谓的行指针。可以定义一种指向二维数组中一行的指针变量，它专门用于指向一维数组，即所谓的行指针变量。

（1）行指针变量的定义格式如下：

> 类型名　（*指针变量名）[常量表达式]；

按照运算符的优先级别和结合性理解定义格式的含义：

$$类型名\quad (*指针变量名)\quad [常量表达式]$$
$$②\qquad\qquad ①\qquad\qquad ②$$

① 圆括号与下标运算符优先级别相同，按照自左至右的结合性，圆括号先与"*指针变量名"结合，表示这是一个指针变量。

② 去掉①中的部分，剩下的"类型名 [常量表达式]"表示指针变量的基类型为"类型名 [常量表达式]"，即指针变量是一个指向具有"常量表达式"个元素的一维数组的指针，该数组的每个元素的类型为"类型名"。

【例 9.6】分析以下定义格式的含义。

> int　（*p)[4]；

解答：

$$int\quad (*p)\quad [4]$$

① p 是一个指针变量。

② p 的基类型为"int [4]"，即具有 4 个 int 型元素的一维数组。

综上所述，p 是指向一个有 4 个 int 型元素的一维数组的指针变量。

（2）通过指向一维数组的指针变量引用二维数组元素。

指向一维数组的指针变量与二维数组名的性质相同，即它们都是行指针，因此，通过指向一维数组的指针变量，可以使用下标法、指针法和混合法引用二维数组元素。例如，有以下的代码段：

```
int a[3][4];
int (*p)[4];
p=a;
```

则通过 p 引用二维数组元素 a[i][j]的形式如下：

```
p[i][j]    *(*(p+i)+j)    *(p[i]+j)    (*(p+i))[j]
```

☞思考：若有如下代码段：

```
int a[3][4];
int (*p)[4];
p=&a[1];
```

以下代码分别引用了二维数组 a 中的哪个元素？

```
p[-1][2]    *(*(p-1)+1)    *(p[0]+2)    (*(p+1))[2]
```

【例9.7】阅读并运行以下程序，理解使用指针引用二维数组元素的各种方法。

```
1   #include<stdio.h>
2   int main()
3   {
4       int a[3][4]={1,2,3,4,5,6,7,8,9,10,11,12};
5       int (*p)[4];
6       int *q;
7       int i,j;
8       p=a;
9       for(i=0;i<3;i++)
10      {
11          for(j=0;j<4;j++)
12              printf("%4d",*(*(p+i)+j));
13          printf("\n");
14      }
15      q=*a;
16      for(i=0;i<3;i++)
17      {
18          for(j=0;j<4;j++)
19              printf("%4d",*(q+4*i+j));
20          printf("\n");
21      }
22      for(q=a[0];q<a[0]+12;q++)
23      {
24          if(((q-a[0])%4==0)&&((q-a[0])/4))
25              printf("\n");
26          printf("%4d",*q);
27      }
28      printf("\n");
29      return 0;
30  }
```

程序运行结果：

```
   1    2    3    4
   5    6    7    8
   9   10   11   12
   1    2    3    4
   5    6    7    8
   9   10   11   12
   1    2    3    4
   5    6    7    8
   9   10   11   12
Press any key to continue
```

程序分析：第 5 行代码定义了一个指向具有 4 个 int 型数据的一维数组的指针变量 p（行指针变量），第 6 行代码定义了一个指向 int 型数据的指针变量 q（列指针）。第 8 至 14 行代码通过行指针引用了二维数组的元素（指针法）。第 15 至 21 行代码通过列指针引用二维数组的元素（通过求解 a[i][j] 相对于 a[0][0] 的偏移值来计算其地址）。第 22 至 27 行代码也通过列指针引用二维数组的元素（通过 q 指针，使其依次指向二维数组的 12 个元素）。

  第 8 行改为：p=a[0];

  第 15 行改为：q=a;

4．用二维数组名作函数参数

当用二维数组名作函数实参时，对应的形参类型可以是行指针变量、与实参基类型相同的二维数组。例如，有如下的代码段：

```
1  #include<stdio.h>
2  int main()
3  {
4      int a[3][4];
5      ……
6      Func(a);
7      ……
8  }
```

则 Func 函数首部可以是以下 3 种形式之一：

① void Func(int (*p)[4])

② void Func(int a[3][4])

③ void Func(int a[][4])

【例 9.8】　使用函数实现 M×M 矩阵转置，并验证其有效性。

确定问题：在一个 4 行 4 列的矩阵上完成转置操作。转置前后要将矩阵的内容显示在屏幕上，从而验证其有效性。

分析问题：定义一个二维数组来存储转置前后的矩阵：数组 a 为 4 行 4 列，存放 16 个整数。用二重循环完成转置操作。

设计算法：矩阵运算的算法在《线性代数》和例 8.4 中都已经介绍过了，详情不再赘述，这里只提一下关键点：假如用行指针变量 p 作为函数参数，变量 i 表示行，变量 j 表示列，转置操作的主要步骤可表示为：

```
temp=*(*(p+i)+j);
*(*(p+i)+j)= *(*(p+j)+i);
*(*(p+j)+i)=temp;
```

程序实现：

```
1   #include<stdio.h>
2   int main()
3   {
4       void MatrixTranspose(int (*p)[4],int r);
5       int a[4][4]={{1,2,3,4},
6                    {5,6,7,8},
7                    {9,10,11,12},
8                    {13,14,15,16}};
9       int i,j;
10      printf("转置前：\n");
11      for(i=0;i<4;i++)
12      {
13          for(j=0;j<4;j++)
14              printf("%4d",a[i][j]);
15          printf("\n");
16      }
17      MatrixTranspose(a,4);
18      printf("转置后：\n");
19      for(i=0;i<4;i++)
```

```
20      {
21          for(j=0;j<4;j++)
22              printf("%4d",a[i][j]);
23          printf("\n");
24      }
25      return 0;
26  }
27  void MatrixTranspose(int (*p)[4],int r)
28  {
29      int i,j,temp;
30      for(i=0;i<r;i++)
31          for(j=0;j<i;j++)
32          {
33              temp=*(*(p+i)+j);
34              *(*(p+i)+j)= *(*(p+j)+i);
35              *(*(p+j)+i)=temp;
36          }
37      return;
38  }
```

程序运行结果:

第 27 行代码中，定义了一个指向 4 个 int 型元素的一维数组的指针变量 p 作为函数形参，而第 5 行代码定义了一个 4 行 4 列的二维数组 a，其每一行是一个具有 4 个 int 型元素的一维数组，p 正好可以指向 a 数组中的一行。第 17 行调用 MatrixTranspose 函数时，使用二维数组名 a（行指针）作为实参。

☞思考：上例中的第 31 行代码还有其他写法吗？若有，如何写？

📖自主学习：请读者自主改写上例，在主调函数中使用 a[0]作为实参调用转置函数，在转置函数中使用列指针作为形参。

9.5　字符串与指针

在 C 语言中，除了可以使用字符数组存储、引用字符串之外，还可以通过字符指针变量来引用字符串。

9.5.1　通过指针访问字符串常量

可以在定义字符指针变量的同时，将其初始化为存放字符串的存储空间的起始地址；也可以在定义了一个字符指针变量后，使用赋值运算符将某个字符串的首地址赋给该字符指针变量。通过以上两种方法，将一个字符指针变量指向一个字符串。

【例 9.9】阅读并运行以下程序，理解通过字符指针访问字符串常量的方法。

```
1   #include<stdio.h>
2   #include<string.h>
3   int main()
4   {
5       char *p="C Language Programming";
6       char *q;
7       puts(p);
8       q="Java Language Programming";
9       for(;*q;q++)
10          putchar(*q);
```

```
11        printf("\n");
12        return 0;
13    }
```

程序运行结果:

```
C Language Programming
Java Language Programming
Press any key to continue
```

程序分析：第 5 行代码定义一个字符指针变量 p，初始化 p 指向字符串常量"C Language Programming"。第 6 行代码定义了一个字符指针变量 q，在第 8 行代码使用赋值的方式使 q 指向字符串常量"Java Language Programming"。第 7 行代码使用 puts 函数整体输出 p 所指字符串，第 9 至 10 行代码使用循环结构逐个输出 q 所指字符串常量的每个字符。

通过上面的例子可知，可使用初始化或赋值的方法，将字符指针变量指向字符串常量，然后可整体或逐个字符地访问字符串。

9.5.2　通过指针访问字符数组

通过字符指针变量除了可以访问字符串常量外，也可以处理存储在字符数组中的字符串。

【例 9.10】阅读并运行以下程序，理解通过字符指针访问字符数组的方法。

```
1    #include<stdio.h>
2    #include<string.h>
3    int main()
4    {
5        char s[80],d[80];
6        char *p,*q;
7        printf("请输入被复制的字符串：");
8        gets(s);
9        p=s;
10       q=d;
11       while(*p)
12       {
13           *q=*p;
14           p++;
15           q++;
16       }
17       *q='\0';
18       printf("复制后的字符串：%s\n",d);
19       return 0;
20   }
```

程序运行结果:

```
请输入被复制的字符串：C Language Programming
复制后的字符串：C Language Programming
Press any key to continue
```

程序分析：第 5 行代码定义两个字符数组 s 和 d，分别用来存储源和目标字符串。第 6 行代码定义两个字符指针变量 p 和 q，第 9、10 两行代码使 p 和 q 分别指向存储在数组 s 和 d 中的源和目标字符串。第 11 至 17 行代码，通过循环将源串赋值到目标串中。

注意，第 11 行中的"*p"的含义是 p 指向的字符不为'\0'；第 17 行的含义是为目标串加上字符串结束标志'\0'。

9.5.3　字符指针作函数参数

若想把一个字符串从主调函数传递给被调函数，除了使用字符数组名作参数外，还可以使用字符指针变量作参数。

【例 9.11】编写一个函数完成字符串复制的功能，并验证该函数的有效性。

分析问题：定义一个函数 CopyString，使用参数传递源和目标字符串，实现字符串的复制。

算法设计：

① 输入源字符串。

② 调用 CopyString 完成字符串的复制操作。

③ 输出目标字符串，从而验证函数的有效性。

程序实现：

```
1   #include<stdio.h>
2   #include<string.h>
3   int main()
4   {
5       void CopyString(char *s,char *d);
6       char s[80],d[80];
7       printf("请输入被复制的字符串: ");
8       gets(s);
9       CopyString(s,d);
10      printf("复制后的字符串: %s\n",d);
11      return 0;
12  }
13  void CopyString(char *s,char *d)
14  {
15      while(*s)
16      {
17          *d=*s;
18          s++;
19          d++;
20      }
21      *d='\0';
22      return;
23  }
```

程序运行结果：

```
请输入被复制的字符串: C Language Programming
复制后的字符串: C Language Programming
Press any key to continue
```

第 9 行代码调用函数 CopyString，将存放源和目标字符串的字符数组名作为实参，第 13 行代码开始定义函数 CopyString，将字符指针变量 s 和 d 作为形参。在 CopyString 被调用时，将存储在实参中的源和目标字符串首地址分别传递给字符指针变量 s 和 d，在函数体内使用循环完成字符串中逐个字符的复制。

9.5.4 使用字符指针变量和字符数组的比较

虽然使用字符数组和字符指针变量都能实现字符串的处理，但是二者之间还是有区别的，主要有以下几点。

（1）字符数组存放组成字符串的每一个字符，其所占空间至少要能存放下每个字符（包括字符串结束标志'\0'），而字符指针中存放的只是字符串的首地址，并不能存放字符串每个字符，其所占空间能够存放下一个指针即可。

（2）能够使用字符串常量初始化字符数组，而不能在定义字符数组后，使用赋值运算符对其赋值；使用字符串常量既可初始化也可赋值给字符指针变量。例如：

```
char str[] = "I love CUC";        (√)
char *p = "I love CUC";           (√)

char str[20];
str ="I love CUC";                (×)

char *p;
p = "I love CUC";                 (√)
```

（3）定义一个字符数组后，在使用该数组时系统已经为其分配了内存单元，因此它有确定的地址（但是其内容不确定）；而定义一个字符指针变量后，系统给指针变量分配内存单元，但其内容不确定，即字符指针没有确定的指向。例如：

```
char str[20];
scanf("%s",str);
```

是正确的，输入的字符串被写入分配给数组的内存空间里，而

```
char *p;
scanf("%s",p);
```

虽然也能执行，但是这种方法是危险的，因为输入的字符串不知被写入到哪块内存了。应当改为：

```
char str[20] , *p;
p=str;
scanf("%s",p);
```

（4）指针变量的值是可以改变的，而字符数组名是不可以改变的。例如：

```
char *p = "I love CUC";
p = p+2;
```

是正确的，指针变量是变量，其值可以被改变，改变后 p 指向"love"中的"1"。而

```
char str[ ]="I love CUC";
str = str +2 ;
```

是错误的，因为字符数组名虽然代表地址，但是它是地址常量，常量不能被改变。

9.6　指针与函数

凡是有一定计算机基本常识的读者都知道，数据与指令采用二进制的形式存储在计算机的内存中，因此指针不仅能够指向数据，而且也可以指向由指令组成的程序。在 C 语言中，程序由一个个函数组成，在编译时，编译器为每个函数代码分配一段存储空间，函数名就是这段存储空间的起始地址（入口地址），称为该函数的指针。

可以定义一个指针变量，将函数指针赋给该指针变量，然后通过指针变量调用该函数。

9.6.1　用函数指针变量调用函数

1．函数指针变量的定义

指向函数的指针变量称为**函数指针变量**，其定义格式如下：

```
类型名 (*指针变量名)(参数表);
```

例如：

```
int (*p)(int a,int b);
```

定义了一个名为 p 的函数指针变量，它可以指向具有两个 int 型参数、返回值为 int 型数据的函数，即 p 的基类型是"int (int a,int b)"。这个结论是如何得到的呢？分析过程如下：

① 在以上定义格式中，优先级别最高的是"(*p)"，它表示"*"先与变量名"p"结合，表示 p 是一个指针型变量；

② 在确定 p 是一个指针变量后，分析 p 的基类型。将定义格式中的"(*p)"去掉，剩下的"int (int a,int b)"就是指针变量 p 的基类型；

③ 分析基类型的含义。基类型中的一对圆括号表示其是一个函数，前面的"int"表示该函数的类型为 int 型；

④ 得到最后结论：p 是一个指向具有两个 int 型参数、返回 int 型数据的函数的指针变量。

2．使用函数指针变量调用函数

【例 9.12】阅读并运行以下程序，总结使用函数指针变量调用函数的基本步骤。

```
1    #include<stdio.h>
2    int main()
3    {
4        int MaxCommonDividor(int a,int b);
5        int m,n;
6        int (*p)(int a,int b);
7        printf("请输入两个正整数: ");
8        scanf("%d,%d",&m,&n);
9        p=MaxCommonDividor;
10       printf("%d和%d的最大公约数是%d\n",m,n,(*p)(m,n));
11       return 0;
12   }
13   int MaxCommonDividor(int a,int b)
14   {
15       int r;
16       while((r=a%b))
17       {
18           a=b;
19           b=r;
20       }
21       return b;
22   }
```

第 13 至 22 行定义函数 MaxCommonDividor，为通过函数指针变量调用函数做好准备。第 6 行代码定义了一个名为 p 的函数指针变量。第 9 行代码将要被调用的函数的名字 MaxCommonDividor 赋给函数指针变量 p（注意只是函数名，不包括参数表和返回值类型）。第 10 行代码使用函数指针变量 p 配合指针运算符调用函数，其中"(*p)"代表 p 所指向的函数 MaxCommonDividor，其后的"(m,n)"为参数表。

由上面分析总结使用函数指针变量调用函数的基本步骤如下。

① 定义函数指针变量。

② 将要被调用的函数的函数名赋给函数指针变量。

③ 使用函数指针变量配合指针运算符调用函数。

自主学习：请读者参考相关书籍或上网搜索相关资料，自主学习将函数指针变量作为函数参数传递给其他函数的方法。

9.6.2 返回指针值的函数

在 C 语言中，函数不仅能够返回 int、char 等基本类型的数据，也可以返回指针型数据，这种函数称为**指针型函数**。

指针型函数的定义格式如下：

类型名　*函数名(参数表);

例如：

int　*p(int a,int b);

定义了一个名为 p、具有两个 int 型参数、返回值为 int 型指针数据的函数。分析过程如下：

① 在以上定义格式中，p 的两侧分别是"*"和"( )"，后者的优先级别高，先与 p 结合，因此 p 是一个函数，它有两个 int 型参数。

② 在确定 p 是一个函数后，分析 p 的类型。将定义格式中的"p(int a,int b)"去掉，剩下的"int *"就是函数 p 的类型，其含义是 int 型指针数据。

【例 9.13】使用指针型函数完成从数组中找到最大值的功能，并验证其有效性。

确定问题：已知存储 10 个整数的一维数组，编写一个函数从其中找出最大值，并返回指向其的指针。

分析问题：定义一个存有 10 个 int 型元素的一维数组 a，编写一个名为 MaxValue 的函数，它使用数组作为参数，其功能是从参数指定的数组中找出最大者，使用 return 语句返回其地址。

算法设计：该例的关键是使用"打擂台"算法从 10 个整数中找出最大者，其算法思想在第 7 章已经介绍过了，在此不再赘述。

程序实现：

```
1    #include<stdio.h>
2    int main()
3    {
4        int *MaxValue(int *a);
5        int a[10]={4,6,2,8,0,5,3,9,7,1};
6        int *result;
7        result=MaxValue(a);
8        printf("10个整数中最大的是%d\n",*result);
9        return 0;
10   }
11
12   int *MaxValue(int *a)
13   {
14       int *p,*max;
15       for(max=a,p=a;p<a+10;p++)
16           if( *p > *max )
17               max=p;
18       return max;
19   }
```

程序运行结果：

```
10个整数中最大的是9
Press any key to continue
```

【例9.14】将上例中 MaxValue 改为如下的代码，总结使用指针型函数时常犯的错误。

```
1    int *MaxValue(int *a)
2    {
3        int i,max;
4        max=a[0];
5        for(i=0;i<10;i++)
6            if( a[i] > max )
7                max=a[i];
8        return &max;
9    }
```

程序分析：在编译修改后的代码时，VC6.0 会给出"warning C4172: returning address of local variable or temporary"的警告信息，意思是函数返回了局部或临时变量的地址。为什么返回 max 的地址会产生警告呢？

程序通常使用函数返回的指针或地址来访问其指向的数据，但是如果要访问的数据是局部或临时变量时，在访问这些变量时，它们可能已经被释放掉了，其占用的存储空间已经分配给其他变量使用，通过指针访问的数据已经是其他变量的值，导致程序结果错误的严重后果。

具体到这道题，函数 MaxValue 返回了局部变量 max 的地址，而当函数 MaxValue 调用结束后，局部变量 max 所占用空间被释放。而在 main 函数中使用 result 访问 max 时，max 变量已经不存在了。为了避免由此带来程序运行结果不正确的后果，在编译代码时，VC6.0 会发出上述的警告。

☞ 注意：使用指针型函数时常犯的错误：返回已经释放或不存在的变量的地址。

☞ 思考：本例在 VC6.0 下运行的结果不会出错，为什么？你能不能修改一下代码，使程序结果出错呢？注意，前提是不能修改函数 MaxValue 的代码。

9.7　指针数组和指向指针的指针

9.7.1　指针数组的概念

数组的元素可以是 int、char 等基本类型，也可以是指针型。数组元素类型为指针型的数组称为指针数组。指针数组的每一个元素都是一个指针，且这些元素的基类型相同（数组的同一性特点）。

1. 指针数组的定义格式

类型名　*数组名[常量表达式];

2. 说明

（1）类型名为数组每个元素的类型，即每个指针的基类型。

（2）按照运算符的优先级别和结合性理解定义格式的含义：

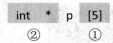

| 类型名 | * | 数组名 | [常量表达式] |

② ①

① 下标运算符优先级别最高，先与数组名结合，表示这是一个数组，该数组具有"常量表达式"个元素。

② 表示数组的基类型为"类型名 *"，即每个数组元素是一个基类型为"类型名"的指针。

【例 9.15】分析以下定义格式的含义。

```
int *p[5];
```

解答：

| int | * | p | [5] |

② ①

① p 是一个数组，该数组具有 5 个元素。

② p 的每个元素是基类型为 int 的指针。

综上所述，p 是一个有 5 个 int 型指针元素的数组。

☞思考：请比较 int *p[5]与 int (*p)[5]的含义。

【例 9.16】以下程序功能是使用选择法对给定的四个直辖市的名称进行排序。阅读并运行该程序，比较使用字符数组和字符指针数组存储、处理字符串方法的异同，总结指针数组的适用场合。

方法一：使用二维字符数组存储字符串。

```
1  #include<stdio.h>
2  #include<string.h>
3  #define LS 4
4  #define CS 10
5  int main()
6  {
7      char temp[CS];
8      char cityName[LS][CS]={"BEIJING","TIANJIN","SHANGHAI","CHONGQING"};
9      int i,j,k;
10     printf("排序前：\n");
11     for(i=0;i<LS;i++)
12         printf("%10s",cityName[i]);
13     printf("\n");
14     for(i=0;i<LS-1;i++)
15     {
16         k=i;
17         for(j=i+1;j<LS;j++)
18             if(strcmp(cityName[k],cityName[j])>0)
19                 k = j;
20         strcpy(temp,cityName[i]);
21         strcpy(cityName[i],cityName[k]);
22         strcpy(cityName[k],temp);
23     }
24     printf("排序后：\n");
25     for(i=0;i<LS;i++)
26         printf("%10s",cityName[i]);
27     printf("\n");
28     return 0;
29 }
```

第 20 至 22 行代码，使用字符串复制的方式交换了两个字符串的值，效率较低。

方法二：使用字符指针数组存储字符串。

```
1  #include<stdio.h>
2  #include<string.h>
3  #define LS 4
4  int main()
5  {
6      char *temp;
7      char *cityName[LS]={"BEIJING","TIANJIN","SHANGHAI","CHONGQING"};
8      int i,j,k;
9      printf("排序前：\n");
10     for(i=0;i<LS;i++)
11         printf("%10s",cityName[i]);
12     printf("\n");
```

```
13      for(i=0;i<LS-1;i++)
14      {
15          k=i;
16          for(j=i+1;j<LS;j++)
17              if(strcmp(cityName[k],cityName[j])>0)
18                  k = j;
19          temp=cityName[i];cityName[i]=cityName[k];cityName[k]=temp;
20      }
21      printf("排序后: \n");
22      for(i=0;i<LS;i++)
23          printf("%10s",cityName[i]);
24      printf("\n");
25      return 0;
26  }
```

程序运行结果:

```
排序前:
   BEIJING    TIANJIN  SHANGHAI CHONGQING
排序后:
   BEIJING CHONGQING  SHANGHAI   TIANJIN
Press any key to continue
```

第 19 行代码交换的是两个指针变量,效率较高。

(3)使用二维字符数组与使用字符指针数组存储、处理字符串的比较。

① 用二维字符数组存储多个字符串时,需按照最长的字符串长度来指定数组的列数。因此,不管每个字符串的实际长度是否相同,它们在内存中都占用相同大小存储空间。另外,由数组的连续性可知,这些字符串所占存储空间是连续的,如图 9.7.1 所示。而用指针数组处理字符串时,可以先定义若干个字符串,然后将指针数组的元素分别指向这些字符串。因此,各个字符串在内存中所占存储空间彼此之间可以连续也可以不连续,而且每个字符串所占存储空间的大小也可以不同,由字符串的实际长度决定,如图 9.7.2 所示。

相比较而言,使用二维字符数组来存储多个字符串会造成一定数量的存储空间的浪费。

图 9.7.1　使用二维字符数组存储多个字符串　　　图 9.7.2　使用字符指针数组处理多个字符串

② 在对多个字符串排序时,使用二维字符数组存储这些字符串,需要移动字符串以达到排序的目的,因此速度较慢;而使用字符指针数组存储每个字符串的首地址,只要改变指针数组中各元素的指向即可,而不需要移动字符串自身,因此程序执行的效率更高一些。

综上所述,指针数组比较适合处理多个字符串,比起字符数组更灵活、高效。

9.7.2　指向指针的指针

在图 9.7.2 中,cityName 是一个字符指针数组,它的每个元素是一个字符指针变量,其指向一个字符串。字符指针数组名 cityName 是数组所占用存储空间的首地址,即 cityName 是元素 cityName[0](一个指向字符串的指针变量)地址。根据指针的算术运算可知,cityName+i 是 cityName[i]的地址,即一个指向指针型数据的指针。可以定义一个指针变量 p,它可以指向 cityName 数组中元素,即 p 就是指向指针型数据的指针变量。

(1)指针的指针的定义格式:

类型名 **指针变量名;

指针的指针又称为二级指针。

（2）按照运算符的优先级别和结合性理解定义格式的含义。

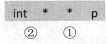

① 两个"*"的优先级别相同，其结合性是从右到左，因此，右边的"*"先与"指针变量名"结合，说明定义的变量是一个指针型变量。

② 表示指针变量的基类型为"类型名 *"，即指针变量指向的是一个基类型为"类型名"的指针。

【例 9.17】分析以下定义格式的含义。

```
int **p;
```

解答：

```
int  *  *  p
      ②     ①
```

① p 是一个指针变量。

② p 的基类型为"int *"，即 p 是一个指向 int 型指针的指针变量。

【例 9.18】分析以下代码的含义，并绘制代码执行过程中，各变量变化情况以及彼此之间的关系图。

```
1  int **p,*q,i;
2  i=10;
3  q=&i;
4  p=&q;
5  *q=20;
6  **p=30;
```

解答：第 1 行代码的含义是 p 是一个二级指针变量，q 是一个一级指针变量，i 是一个 int 型变量；第 3 行代码的含义是 q 指向 i；第 4 行代码的含义是 p 指向 q。第 4 行代码执行完成后，各变量之间的关系如图 9.7.3 所示。

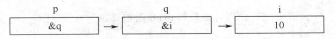

图 9.7.3　第 4 行代码执行后各变量之间的关系

第 5 行代码中"*q"表示 q 所指向的变量 i，因此，该行代码的含义是将 20 赋值给变量 i，此时各变量之间的关系如图 9.7.4 所示。

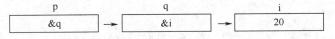

图 9.7.4　第 5 行代码执行后各变量之间的关系

在第 6 行代码中，根据"*"运算符的结合性，"**p"可以理解为"*(*p)"，其中"*p"表示 p 指向的变量 q，用 q 替换"*(*p)"中的"*p"，变为"*q"，表示 q 指向的变量 i，因此，该行代码的含义是将 30 赋值给变量 i，此时各变量之间的关系如图 9.7.5 所示。

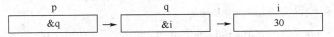

图 9.7.5　第 6 行代码执行后各变量之间的关系

9.7.3　指针数组作 main 函数的形参

在 Windows、UNIX、Linux 等流行操作系统中，除了 GUI 用户界面外，还提供了命令行用户界面，用户可以通过命令行向应用程序传递参数。例如，在 DOS 操作系统下有如下命令：

该命令的含义是将 source.dat 文件复制成 destination.dat 文件。其中"copy"是命令名，"source.dat"指定被复制的源文件，"destination.dat"指定复制到的目标文件。上述的三部分内容使用一个或多个空格来分隔。使用这种形式给出的命令称为**命令行**，"copy"、"source.dat"、"destination.dat"称为**命令行参数**。

对于使用 C 语言编写的程序，命令行参数传递给了 main 函数，main 函数的形参负责接收命令行参数，即 main 函数除了前面章节不带参数的形式外，还有带参的形式。

带形参 main 函数定义形式如下：

```
1  int main(int argc, char *argv[])
2  {
3      ......
4      return 0;
5  }
```

其中，形参 argc 用来存放命令行中参数的个数。形参 argv 是一个字符指针数组，其每一个元素指向一个命令行参数，每个命令行参数是一个字符串。习惯上，形参的名字写为 argc 和 argv，只要符合标识符的命名规则，可以使用其他的名字来命名这两个形参。

对于上面提到的命令行"copy   source.dat   destination.dat"，因为其有 3 个命令行参数，所以 argc 的值为 3，argv[0]指向字符串"copy.exe"（假设我们使用 C 语言编写了一个复制文件的程序，编译、连接后的可执行文件为 copy.exe），argv[1]指向字符串"source.dat"，argv[2]指向字符串"destination.dat"，如图 9.7.6 所示。

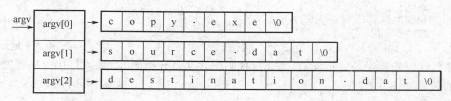

图 9.7.6   命令行参数与 main 函数形参关系示意图

【例 9.19】阅读并运行以下程序，加深对命令行参数与函数 main 各形参之间的关系。

```
1   #include<stdio.h>
2   int main(int argc, char *argv[])
3   {
4       int i;
5       printf("命令行参数个数：%d\n",argc);
6       printf("命令行各参数：\n");
7       for(i=0;i<argc;i++)
8           printf("\t%s\n",argv[i]);
9       return 0;
10  }
```

以下是在 Windows 7 下，程序编辑、编译、连接和运行的过程：

① 在"E:\"下建立一个名为"copy"的 VC6.0 工程，并在其中添加一个名为"1.c"的源程序文件，输入以上代码。

② 成功编译、连接后，在"E:\copy\Debug"文件夹下生成名为"copy.exe"的可执行文件。

③ 依次单击"开始按钮"→"所有程序"→"附件"→"命令提示符"，打开命令行窗口。

④ 将当前文件夹设置为"E:\copy\Debug"。

⑤ 输入命令行"copy.exe source.dat destination.dat"，按下 Enter 键。

程序运行结果：

```
命令行参数个数：3
命令行各参数：
        copy.exe
        source.dat
        destination.dat
```

命令行参数与 main 函数形参关系如图 9.7.6 所示。

9.8 动态内存分配

9.8.1 C 程序存储空间布局

由 8.7.1 节的介绍可知，一个 C 语言源程序经过编译后，在内存中供用户使用的存储空间大致分为程序区和数据区两部分。其中数据区又因存放不同性质的数据分为静态存储区和动态存储区。静态存储区用于存放全局变量和静态变量。动态存储区又分为**栈（Stack）**和**堆（Heap）**两个区域。栈用于保存函数调用时的返回地址、函数参数、函数内局部变量和 CPU 的当前运行状态等程序运行信息，这些信息在函数调用时，由系统在栈上分配存储空间保存它们，在函数调用结束时自动释放。堆是一个自由存储区，用于存放一些临时用的数据，这些数据不必在程序的声明部分定义，也不必等到函数执行结束时才释放，而是需要时利用 C 语言的动态内存分配函数在堆上开辟空间，不需要时使用 free 函数释放，否则在程序运行期间将一直被占用。由于未在声明部分定义这些数据为变量或数组，因此不能通过变量名或数组名来引用它们，可以通过指针来引用。具体分类情况如图 9.8.1 所示。

综上所述，C 程序中内存分配方式主要有从静态存储区分配、在栈上分配、从堆上分配（动态内存分配）三种。

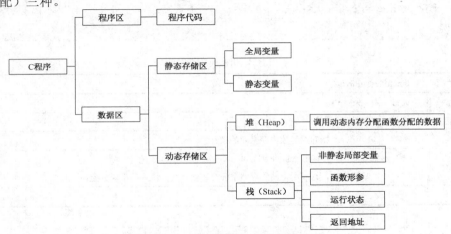

图 9.8.1　C 程序存储空间布局分类图

9.8.2 动态内存分配函数

在编程解决实际问题时，有些数据占用内存空间的数量只有到程序运行时才能够确定。在这种情况下，如何给这些数据分配适当的存储空间呢？既不能造成空间的浪费，又不要不够用。在 C 语言中，可以使用动态内存分配函数来实现。由于没有在数据声明部分定义这些数据为变量或数组，因此不能通过变量名或数组名来引用这些数据，因此只能通过指针来间接引用它们。

ANSI C 标准定义了 malloc、calloc、free 和 realloc 四个动态分配函数。这些函数的详情如表 9.8.1～表 9.8.4 所示。

表 9.8.1　malloc 函数说明

头 文 件	#include<stdlib.h>
函数原型	void *malloc(unsigned size);
功　　能	分配 size 字节的连续内存空间

参　　数	size	无符号整型，指定要分配内存空间的字节数
说　　明		（1）该函数分配的空间位于堆（Heap）中，其内容分配前是多少，分配后还是多少，并没有设置为一个特定值。 （2）不再使用分配到的内存空间时，应使用 free 函数释放掉
返回值		分配成功，返回所分配内存区的起始地址；若分配不成功，返回 NULL

表 9.8.2　calloc 函数说明

头 文 件	#include<stdlib.h>	
函数原型	void *calloc(unsigned num, unsigned size);	
功　　能	分配 num 个长度为 size 字节的连续内存空间	
参　　数	num	无符号整型，指定要分配内存空间的数据项的个数
	size	无符号整型，指定要分配内存空间的每个数据项的字节数
说　　明		（1）该函数分配的空间位于堆（Heap）中，其每一个字节都被设置为 0 （2）不再使用分配到的内存空间时，应使用 free 函数释放掉
返回值		若分配成功，返回所分配内存区的起始地址；若分配不成功，返回 NULL

☞思考：函数 malloc 与 calloc 都可用来动态分配内存高空间，它们等价吗？它们有什么相同点和不同点呢？

表 9.8.3　free 函数说明

头 文 件	#include<stdlib.h>	
函数原型	void free(void *p);	
功　　能	释放 p 所指的内存区	
参　　数	p	指向要释放内存空间的指针
说　　明		（1）参数 p 只能是由函数 malloc 或 calloc 申请空间时返回的地址 （2）函数执行完后，将 p 所指向的存储空间交还给系统，由系统重新分配
返回值		无

📖自主学习：用动态存储分配函数动态开辟的空间，在使用完毕后应使用 free 函数释放，若没有释放，就会导致该内存区域一直被占据，直到程序结束。这就是所谓的"**内存泄露**"。请读者参考相关书籍或上网查阅相关资料，自主学习内存泄露的种类、危害、表现及检测。

表 9.8.4　realloc 函数说明

头 文 件	#include<stdlib.h>	
函数原型	void *realloc(void *p, unsigned size);	
功　　能	将 p 所指向的已经分配内存区的大小改为 size	
参　　数	p	指向要修改大小的内存区域的指针
	size	无符号整型，指定内存区域修改后的字节数
说　　明		size 可以比原来分配的空间大或小
返回值		若成功，返回新分配的内存区的起始地址；否则，返回 NULL

以上 4 个函数中都使用到了 **void** 类型指针，称为**无类型指针**，即其不指向某种具体的类型数据，仅提供一个纯地址。因此，若将无类型指针赋给具有某种具体基类型的指针变量时，需要进

行强制类型转换。例如：

```
1  ......
2  int *p=NULL;
3  p=(int *)malloc(sizeof(int));
4  ......
```

因为指针变量 p 的基类型为 int，所以第 3 行代码中将 malloc 函数的返回值强制类型转换为 int *后，再赋给指针变量 p。另外，注意 malloc 函数的参数不是直接给出一个常数，如 2，而是使用 sizeof()运算符求得 int 型数据所占内存空间的字节数。为什么要这样做呢？因为不同的 C 实现版本，int 型数据占用内存空间不同，如 TC2.0 中 int 型数据占用 2 字节，而在 VC6.0 中则占用 4 字节。如果将 malloc 函数的参数写成常数，如 2，那么该段代码只能在 TC2.0 下正确运行，而在 VC6.0 下就不行了。而使用 sizeof()运算符可以求得在当前系统下 int 型数据占用内存空间的字节数，这样编写的源程序既可在 TC2.0 下正常运行，也可在 VC6.0 下正常运行（需重新编译、连接），从而提高了程序的可移植性。

【例 9.20】请说明以下代码段中第 5、6、8 行代码的含义。

```
1   ......
2   int *pi=NULL;
3   float *pf=NULL;
4   ......
5   pf=(float *)malloc(sizeof(float));
6   pi=(int *)calloc(10,sizeof(int));
7   ......
8   pi=realloc(pi,5*sizeof(int));
9   ......
10  free(pf);
11  free(pi);
12  ......
```

解答：第 5 行代码调用 malloc 函数分配 1 个 float 型数据所占用连续内存空间，并用指针 pf 指向该块内存空间的起始位置；第 6 行代码调用 calloc 函数分配 10 个 int 型数据所占用连续内存空间，并用指针 pi 指向该块内存空间的起始位置；第 8 行代码调用 realloc 函数将 pi 所指向的内存空间的大小调整为 5 个 int 型数据所占用连续内存空间，并用指针 pi 指向该块内存空间的起始位置。

【例 9.21】请编程生成一个能够存储 5 个整数的动态数组，然后输入数组的 5 个元素，最后输出数组所有元素的值。

解题思路：使用 malloc 函数申请能够容纳 5 个整数的数组所需的空间；然后使用 7.2.4 节中介绍的方法完成一维数组的输入输出。

程序：

```
1   #include<stdio.h>
2   #include<stdlib.h>
3   int main()
4   {
5       int *p,i;
6       p=(int *)malloc(5*sizeof(int));      //为动态数组申请内存空间
7       printf("请输入5个整数\n");
8       for(i=0;i<5;i++)             //输入5个整数
9           scanf("%d",p+i);
10      printf("5个整数为\n");
11      for(i=0;i<5;i++)             //输出5个整数
12          printf("%d\t",p[i]);
13      printf("\n");
14      return 0;
15  }
```

程序运行结果：

```
请输入5个整数
1 2 3 4 5
5个整数为
1       2       3       4       5
Press any key to continue
```

☞思考：上例中的第 6 行代码还有哪些写法？

除了可以构造动态数组外，使用指针结合动态内存分配函数，还可以构造如链表、树等复杂的数据结构。

9.9 案例——以指针为编程手段改写"学生成绩管理系统"

任务描述

在上一步以函数为模块化设计手段改写"学生成绩管理系统"的基础上，使用"指针"作为手段实现"创建成绩单"、"删除学生"、"浏览成绩单"三个模块。其中，本书介绍前两个模块，学生自主完成第三个模块。

数据描述

与第 8 章使用的相同，在此不再赘述。

算法描述

1."创建成绩单"模块伪代码算法描述

与第 8 章的相同，在此不再赘述

2."删除学生"模块伪代码算法描述

"删除学生"模块的算法步骤如下：

（1）一级算法

Step1 输入要删除学生的学号。

Step2 调用上一版中的查找函数查找要删除学生在数组中的位置 found，即下标。

Step3 依据得到的下标删除学生。

（2）细化 Step3

```
if(找到)
{
    Step3.1 删除下标为found的学生；
}
else
{
    Step3.2 显示查找失败信息；
}
```

（3）细化"删除下标为 found 的学生

Step 3.1.1 将下标在[found+1，stuListSize-1]区间的学生向前移动一个位置。

Step 3.1.2 表长减 1。

程序实现

1."创建成绩单"模块代码

使用一个函数封装上一版的"创建成绩单"模块代码。

（1）"创建成绩单"函数接口设计

① 确定函数名。给函数起一个有意义的名字：CreateStudentList。

② 形参设计。若想使用函数创建学生成绩单，需要将学生成绩单传递给函数。学生成绩单包括学号、姓名、成绩、成绩单长度等信息，其中前三个的数据类型为二维数组，因此函数首部中与其对应的形参可以使用指向一维数组的指针变量，即行指针。成绩单长度对应的形参为 int

型指针变量。为什么是指针变量而不是一个 int 变量呢？因为当函数执行完毕后，成绩单长度发生了变化，如果与成绩单长度对应的形参为 int 型变量，改变其值后，对应的实参并不发生任何变化（深层原因参考例 9.2）。

③ 确定函数类型。因为创建的学生成绩单由参数带回，所以函数类型定为 void。

按照上面分析设计的函数原型为：

```
int CreateStudentList(char (*number)[10],char (*name)[11],float (*score)[4],int
*pStuListSize);
```

使用上面确定的函数原型替换 stulist.h 文件中原来 CreateStudentList 函数的原型。

（2）"创建成绩单"函数体设计。参考最后给出的代码。

（3）"创建成绩单"函数最终代码。替换 stulist.c 文件中的 CreateStudentList 函数。

```
1   void CreateStudentList(char (*number)[10],char (*name)[11],float (*score)[4],int *pStuListSize)
2   {
3       int n;
4       if(*pStuListSize>0)      //非空表
5       {
6           printf("\n不能重新创建学生成绩单\n");
7       }
8       else      //空表
9       {
10          printf("请输入学生人数：");   //输入学生人数
11          scanf("%d",&n);
12
13          if(n>0&&n<=MAX_SIZE)      //学生人数合法，[1,MAX_SIZE]
14          {
15              InputStudentList(number,name,score,n);   //输入n个学生
16              *pStuListSize=n;
17              printf("创建%d条学生记录成功！\n",*pStuListSize);
18          }
19          else
20          {
21              printf("学生人数范围应在[1,%d]之间，创建学生成绩单失败！\n",MAX_SIZE);
22          }
23      }
24  }
```

第 15 行代码调用了函数 InputStudentList 来输入 n 个学生，其算法思想与以数组为数据结构实现"学生成绩管理系统"版本中的思想相同。

使用如下所示函数原型替换 stulist.h 中的同名函数原型：

```
void InputStudentList(char(*number)[10],char (*name)[11],float (*score)[4],int
numberOfStudent);
```

使用如下代码替换 stulist.c 文件中的同名函数：

```
1   void InputStudentList(char (*number)[10],char (*name)[11],float (*score)[4],int numberOfStudent)
2   {
3       int i;
4       for(i=0;i<numberOfStudent;i++)
5       {
6           fflush(stdin);   //清空键盘缓冲区
7           printf("请输入第%2d条记录\n",i+1);
8           InputStudent(number,name,score,i);          //输入一个学生成绩信息
9       }
10  }
```

第 8 行代码调用了函数 InputStudent 来输入一个学生。

使用如下所示函数原型替换 stulist.h 中的同名函数原型：

```
void InputStudent(char(*number)[10],char (*name)[11],float (*score)[4],int location);
```

使用如下代码替换 stulist.c 文件中的同名函数：

```
1   void InputStudent(char (*number)[10],char (*name)[11],float (*score)[4],int location)
2   {
3
4       printf("请输入学号：");             //输入学号
5       gets(*(number+location));
6       printf("请输入姓名：");             //输入姓名
7       gets(*(name+location));
8       printf("请输入数学成绩：");          //输入数学成绩
9       scanf("%f",*(score+location)+0);
10      printf("请输入语文成绩：");          //输入语文成绩
```

```
11      scanf("%f",*(score+location)+1);
12      printf("请输入英语成绩: ");           //输入英语成绩
13      scanf("%f",*(score+location)+2);
14      //计算平均成绩
15      *(*(score+location)+3)=(*(*(score+location)+0)+
16                              *(*(score+location)+1)+
17                              *(*(score+location)+2))/3;
18   }
```

（4）"创建成绩单"函数调用格式。使用二维数组名作为学号、姓名、成绩对应的实参，使用变量 stuListSize 的地址作为成绩单长度对应的实参，具体格式如下：

```
CreateStudentList(number,name,score,&stuListSize);
```

使用上面的函数调用语句替换 smssmain.c 文件中 main 函数 "case '1'" 处代码。

2．"删除学生"模块代码

使用一个函数完成删除学生操作。

（1）"删除学生"函数接口设计

① 确定函数名。给函数起一个有意义的名字：DeleteStudent。

② 形参设计。函数删除学生的形参设计方法和步骤与函数创建成绩单相同，在此不再赘述。

③ 确定函数类型。因为删除学生后所有的变化全部由参数带回，所以函数类型定为 void。

按照上面分析设计的函数原型为：

```
void DeleteStudent(char (*number)[10],char (*name)[11],float (*score)[4],int
*pStuListSize);
```

将上面确定的函数原型写入 stulist.h 文件。

（2）"删除学生"函数体设计。参考最后给出的代码。

（3）"删除学生"函数最终代码。将最终代码写入 stulist.c 文件。

```
1    void DeleteStudent(char (*number)[10],char (*name)[11],float (*score)[4],int *pStuListSize)
2    {
3        char tempnumber[10];
4        int found,i;
5
6        fflush(stdin);                              //输入要删除学生的学号
7        printf("请输入要删除学生的学号: ");
8        gets(tempnumber);
9        found=SearchStudent(number,*pStuListSize,tempnumber);    //查找
10       if(found>-1)    //找到
11       {
12           for(i=found+1;i<*pStuListSize;i++)      //移动元素，删除
13           {
14               strcpy(*(number+i-1),*(number+i));
15               strcpy(*(name+i-1),*(name+i));
16               *(*(score+i-1)+0)=*(*(score+i)+0);
17               *(*(score+i-1)+1)=*(*(score+i)+1);
18               *(*(score+i-1)+2)=*(*(score+i)+2);
19               *(*(score+i-1)+3)=*(*(score+i)+3);
20           }
21           (*pStuListSize)--;           //表长减一
22           printf("删除学号为%s的学生成功\n",tempnumber);
23       }
24       else            //未找到
25       {
26           printf("查找学号为%s的学生失败\n",tempnumber);
27       }
28   }
```

第 9 行代码调用了函数 SearchStudent 来查找学号为 tempnumber 的学生。

（4）"删除学生"函数调用格式。使用二维数组名作为学号、姓名、成绩对应的实参，使用变量 stuListSize 的地址作为成绩单长度对应的实参，具体格式如下：

```
DeleteStudent(number,name,score,&stuListSize);
```

使用上面的函数调用语句替换 smssmain.c 文件中 main 函数 "case '4'" 处代码。

3．最终代码结构描述

该代码主要包括 stulist.h、stulist.c、smssmain.c 三个文件。

stulist.h 文件包括 CreateStudentList、InputStudentList、InputStudent、DeleteStudent、SearchStudent 等函数的原型。

```
#define MAX_SIZE 30        //学生成绩单最大长度
void CreateStudentList(char (*number)[10],char (*name)[11],float (*score)[4],int *pStuListSize);
void InputStudentList(char (*number)[10],char (*name)[11],float (*score)[4],int numberOfStudent);
void InputStudent(char (*number)[10],char (*name)[11],float (*score)[4],int location);
int SearchStudent(char number[][10],int stuListListSize,char tempnumber[]);
void DeleteStudent(char (*number)[10],char (*name)[11],float (*score)[4],int *pStuListSize);
```

stulist.c 文件包括 CreateStudentList、InputStudentList、InputStudent、DeleteStudent、SearchStudent 函数的定义，具体代码前面已经给出。

smssmain.c 文件包括 main、DisplayMenu 两个函数的定义。其中，在 main 函数中包含对 CreateStudentListt、DeleteStudent 等函数的调用。

```
#include<stdio.h>
#include<stdlib.h>
#include<conio.h>
#include<string.h>
#include"stulist.h"
int main(void)
{
    int stuListSize;                //学生成绩单实际长度
    char number[MAX_SIZE][10];      //学号
    char name[MAX_SIZE][11];        //姓名
    float score[MAX_SIZE][4];       //数学、语文、英语、平均成绩
    int statistics[4][5];           //统计结果

    char subject[4][5]={"数学","语文","英语","平均"};    //科目名称
                                                        //统计成绩模块使用

    char choice;
    int found;
    char tempnumber[10];
    stuListSize=0;                  //创建空表
    do                              //重复选择菜单
    {
        DisplayMenu();              //显示菜单
        choice=getche();            //接收选项
        printf("\n");
        switch(choice)              //实现点菜
        {
        //由于篇幅限制，略去case '2'、'3'、'5'、'6'、'7'、'8'部分代码
        case '1':                   //创建成绩单
            CreateStudentList(number,name,score,&stuListSize);
            break;
        case '4':                   //删除学生
            DeleteStudent(number,name,score,&stuListSize);
            break;
        case '0':
            printf("您将退出学生成绩管理系统，谢谢使用！\n");
            break;
        default:
            printf("非法输入\n");
            break;
        }
        system("pause");
    }while(choice!='0');
    return 0;
}
```

本 章 小 结

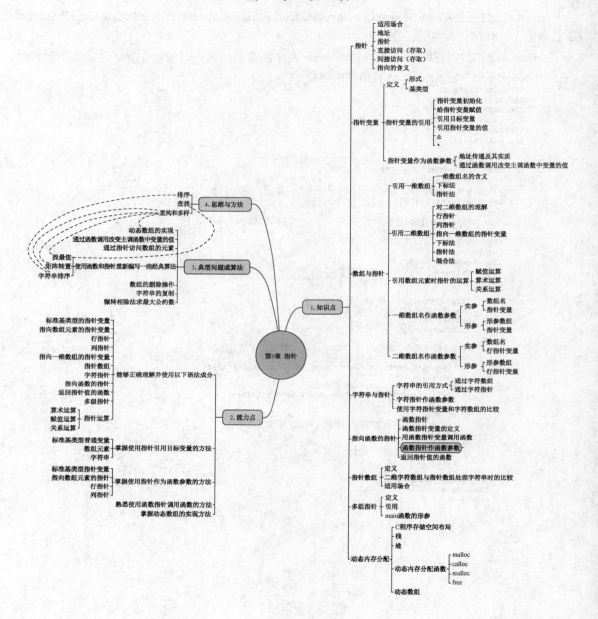

探究性题目：使用 C 语言实现动态数组

题目	从键盘输入一个正整数 n（n≤1000），计算 n!的位数 m，为其精确分配存储空间，并在其中存储一个随机生成的 m 位正整数，最后将这个 m 位的正整数显示在屏幕上
引导	由于 n 的范围是 1≤n≤1000，因此该问题是一个"高精度阶乘"问题，按照高精度运算相关的理论应使用数组来存储 n!，那么应定义多大的数组呢？这里应该考虑以下问题： 1．n 的值是由键盘输入的，n 和 n! 的位数是可变的 2．C 语言中的数组是静态的，即一旦定义了数组，其元素个数也就确定了，不能动态改变数组的大小 解决之道： 1．定义一个足够大的数组，如 char a[5000]; 这种方法的缺点是存储空间利用率较低。例如，当 n=5 时，n! 只有 3 位，浪费了 4997 个字节的存储空间。因此，该种方法不可取。 2．使用"动态数组" （1）计算 n! 的位数 m 提示：使用对数函数与求和算法计算 n! 的位数 （2）使用动态内存分配函数 malloc 和指针变量及其运算实现动态数组
阅读 资料	1．VC6.0 帮助系统 2．百度百科：http://baike.baidu.com/ 3．任何一本全国青少年信息学奥林匹克竞赛相关教程
相关知 识点	1．对数运算 2．C 语言中数学函数和动态内存分配函数 3．指针变量及其运算 4．求和算法 5．高精度计算的基础知识
参考研 究步骤	1．通过复习中学数学知识，设计计算 n! 位数的算法 2．阅读教师提供的资料，熟悉以下内容： （1）log10 库函数的使用方法 （2）malloc 库函数的使用方法 （3）指针变量及其运算 3．编写程序，完成题目要求 （1）利用求和算法和 log10 函数计算 n! 的位数 m （2）利用指针变量和 malloc 函数"构造"一个动态数组，该数组可存储 m 个字节，每个字节中存储一位数字 （3）利用 srand 和 rand 函数生成 0～9 之间的 m 个伪随机数填写在该动态数组中，注意该数的最高位不能为 0。 （4）利用输出函数、指针变量及其运算，将存储在动态数组中的 m 位正整数显示在屏幕上
具体 要求	1．完成并提交程序 2．撰写研究报告 3．录制视频（录屏）向教师、学生或朋友讲解探究的过程
拓展与 进阶	在研究本题目的基础上，编写程序完成计算 n! 的功能，其中 1≤n≤1000。

第 10 章　结构体与共用体

10.1　引例

通过前面几章的学习，我们已经掌握了 C 语言一些常用的基本数据类型、数组和指针的使用方法。在编写程序时，简单的变量类型不能满足程序中各种复杂数据的需求。

如表 10.1.1 所示的学生成绩单，在学生成绩管理系统中，每一个学生的信息都需要使用变量来记录，并且要根据学生成绩单中的数据信息特征选择合适的数据类型。当要批量处理相同类型的数据时，我们选择使用数组。

表 10.1.1　学生成绩单

学　号	姓　名	数　学	语　文	英　语	平　均　分
201315123001	王彤彤	65.0	86.0	82.5	77.8
201315123002	李明宇	74.0	70.0	66.0	70.2
201315123003	白雯雯	45.0	66.5	78.0	63.2
201315123004	高博雅	65.0	55.0	77.0	65.7
201315123005	李文亮	75.0	84.5	80.5	80.0
201315123006	前多多	56.0	75.0	73.0	68.0
201315123007	王玉娜	94.0	71.0	79.5	81.5
201315123008	孙小丽	76.0	46.0	56.0	59.3
201315123009	梁书函	86.0	89.5	98.0	91.2
201315123010	吴成林	62.0	74.0	81.0	72.3

例如：

```
char number[13];          //学号
char name[12];            //姓名
float score[4];           //三门课成绩及平均分
```

使用以上三个数组可以表示一个学生的三个属性，如果表示 10 个学生的信息，需要 10 组这样的变量（名字不能相同）或者学号、姓名、成绩都采用二维数组。

例如：

```
char number[10][13];      //学号
char name[10][12];        //姓名
float score[10][4];       //三门课成绩及平均分
```

采用数组的形式组织一组学生信息，需要多个数组。根据数组的存储形式，每一种属性是连续存储的，这样会引起分配内存不集中，从而寻址效率不高；对数组进行赋初值时，容易发生错位；结构显得比较零散，不容易管理。以三个学生的信息存储为例，如果采用数组的形式进行管理，学生信息的存储形式如图 10.1.1 所示。这样的组织形式使得对学生班级成绩的管理操作很复杂，比如排序，要涉及三个数组的排序。如果要想实现如图 10.1.2 所示的存储形式，将每一个学生的信息看成一个整体处理，这样就使得排序、删除、添加等操作的处理变得比较容易。应该选择什么样的数据类型来描述学生信息呢？

显然之前学习的数据类型是不能实现的，并且 C 语言中也没有一种数据类型可以表示这样的学生信息。用户可以抽象或创建一种数据类型来描述这样的信息吗？答案是肯定的，C 语言允许用户根据具体问题利用已有的基本数据类型来构造自己所需的数据类型，前面学习的数组，以及本章要学习的结构体和共用体都属于构造类型。这几种构造类型各有特征，比如数组是由相同类型的数据构成的一种数据结构，数组适用于对相同属性的数据进行批量处理。结构体和共用体具有什么样的特征呢？本章将会进行详细讲解。将指针和结构体联合使用，可以实现更复杂的数据结构，如链表、队列、堆栈和树等。

| 201315123001 |
| 201315123002 |
| 201315123003 |
| 王彤彤 |
| 李明宇 |
| 白雯雯 |
| 65.0 |
| 86.0 |
| 82.5 |
| 77.8 |
| 74.5 |
| 70.0 |
| 66.0 |
| 70.2 |
| 45.0 |
| 66.5 |
| 78.0 |
| 63.2 |

图 10.1.1　存储形式（1）

| 201315123001 |
| 王彤彤 |
| 65.0 |
| 86.0 |
| 82.5 |
| 77.8 |
| 201315123002 |
| 李明宇 |
| 74.5 |
| 70.0 |
| 66.0 |
| 70.2 |
| 201315123003 |
| 白雯雯 |
| 45.0 |
| 66.5 |
| 78.0 |
| 63.2 |

图 10.1.2　存储形式（2）

10.2　结构体类型与结构体变量

10.2.1　结构体类型的声明

结构体是一种构造类型，它由若干"成员"组成。每一个成员可以是一个基本数据类型或者又是一个构造类型。结构体既然是一种"构造"而成的新的数据类型，那么在说明和使用之前必须先声明它，也就是构造它。如同在声明和调用函数之前要先定义函数一样。声明结构体的过程也好比制造产品模具的过程，只有把模具制造出来才可以使用该模具。

声明结构体类型时使用的关键字是 struct（英文单词 structure 的缩写），结构体类型声明的一般形式为：

```
struct 结构体名
{
成员表列
};
```

关于结构体类型的声明形式需要说明以下几点。

（1）首先是结构体名，这里的名字要遵循 C 语言标识符的命名原则，结构体类型是 struct 结构体名。用户可以根据程序需要设计出许多种结构体类型，如 struct Person, struct Date 等结构体类型，每一种结构体类型各自包含不同的成员。

（2）结构体类型声明需要一对花括号，并且在声明结束之后必须有一个分号作为结束标识，分号一定不能漏掉。

（3）花括号内是成员表列。成员表列的形式如下：

```
数据类型　成员名;
```

由多个这样的成员（至少两个或两个以上成员才值得构造结构体），就组成了成员表列，表列中的每一个成员分别定义类型。可以把结构体类型的声明形式进一步展开，如下形式：

```
struct 结构体名
{
数据类型    成员1;
数据类型    成员2;
数据类型    成员3;
………….
};
```

结构体中有多少个成员变量，就可以用它保存多少个不同类型的数据。定义了一个结构体类型，就相当于告诉计算机按照某种格式去保存信息。这个格式就是结构体的成员变量。

例如，引题中的学生信息管理系统中要管理学生信息，学生的属性包括学号、姓名、三门课成绩、平均分，可以声明一个 student 结构体类型，这个类型可以有多种方式。

方式一如下：

```
struct student
{
char number[13];         //学号
char name[12];           //姓名
float score[4];          //三门课成绩及平均分
};
```

方式二如下：

```
struct student
{
char number[13];         //学号
char name[12];           //姓名
float score[3];          //三门课成绩
float average;           //平均分
};
```

方式三如下：

```
struct student
{
char number[13];         //学号
char name[12];           //姓名
float math;              //数学成绩
float Chinese;           //语文成绩
float English;           //英语成绩
float average;           //平均分
};
```

以上三种方式都可以声明一个 student 结构体，区别在于成员的个数不同。如果为了尽量少地使用成员，可以采用方式一，方式一更为简洁，使用起来更灵活。如果为了在程序代码中更直观、更清楚地表示成绩，可以选择后两种方式。

（4）结构体成员的数据类型可以是基本数据类型，也可以是构造类型，如数组、结构体、共用体。这个构造好的 student 与 struct 结合的 struct student 就是一个结构体类型，struct student 可以像之前学过的基本类型 int、float、char 等一样定义结构体类型变量。

例如，要给学生信息增加出生日期的属性，学生的属性列表如表 10.2.1 所示。

表 10.2.1   学生属性列表

| 学号 | 姓名 | 出生日期 | | | 数学 | 语文 | 英语 | 平均分 |
| | | 年 | 月 | 日 | | | | |

需要先构造一个表示出生日期的结构体 date，可以采用如下形式：

```
struct date
{
int year;                //年
int month;               //月
int day;                 //日
};
```

student 结构体比原来多了一个成员，比如可以在上述 student 结构体类型的方式一中做如下修改：

```
struct student
{
char number[13];         //学号
char name[12];           //姓名
struct date birthday;    //出生日期
float score[4];          //三门课成绩及平均分
};
```

结构体类型与其他类型比较的优点在于它可以规定计算机去按怎么样的格式来保存数据。想要保存学生的有关信息，可以构造一个 student 结构体，想要保存图书的信息可以定义一个 book 结构体，想要保存有关汽车的信息，可以构造一个 car 结构体。

☞拓展：请声明一个 person 结构体类型，person 的属性列表如表 10.2.2 所示。

提示：这里的姓名用字符数组表示，年龄使用整型表示，性别使用字母表示，体重和身高均使用实数表示。

表 10.2.2　person 的属性列表

姓名	年龄	性别	体重	身高

10.2.2　结构体变量的定义

结构体类型的声明仅仅是声明了一种数据类型，它相当于一个模型，定义了数据的组织形式，并未声明结构体类型的变量，因此编译器不为结构体类型分配内存，如同编译器不为 int、float、char 型分配内存是一个道理。为了能在程序中使用结构体类型的数据，应当定义结构体类型的变量，并在其中存放具体的数据。下面介绍如何定义结构体变量。

在 C 语言中定义结构体变量的方式有三种。

（1）在声明结构体类型的同时定义结构体变量。

例如，在声明 student 结构体类型的同时定义两个 struct student 类型的结构体变量 stuA 和 stuB。

```
struct student
{
  char number[13];    //学号
  char name[12];      //姓名
  float score[4];     //三门课成绩及平均分
} stuA,stuB;
```

（2）先声明结构体类型，再定义结构体变量。

例如，已经声明了 student 结构体类型，可以定义该类型的结构体变量，方式如下：

```
struct student stu1;              //定义一个stu1结构体变量
sturct student stuA,stuB,stuC;    //定义stuA、stub、stuC三个结构体变量
```

（3）声明结构体类型时，不指定类型名，而直接定义结构体类型变量。

一般形式为：

```
    struct
    {
成员表列
    }变量名表列;
```

例如，定义 studentA、studentB 两个结构体变量可以采用如下方法。

```
    struct
    {
    char number[13];                        //学号
    char name[12];                          //姓名
    float score[4];                         //三门课成绩及平均分
    } studentA,studentB;
```

这种形式相当于构造了一个无名的结构体类型，适用于结构体类型使用频率比较小的情况。因为没有指定结构体类型名，所以不能在程序中其他地方定义结构体变量，因此这种方式不常用。

☞注意：区分结构体类型和结构体变量。结构体类型与结构体变量是不同的概念，不要混淆。在程序中只能对变量赋值、存取或运算，而不能对一个类型赋值、存取或运算。在编译时，对类型是不分配空间的，只对变量分配空间。

10.2.3 结构体变量的引用和初始化

定义好结构体变量之后，如何引用结构体变量呢？例如，上面定义的 student 结构体类型变量 stu1，如何使用这个 stu1 变量？

在 C 语言中规定，不能将一个结构体变量作为一个整体引用。在 ANSI C 中除了允许具有相同类型的结构变量相互赋值以外，一般对结构变量的使用，包括赋值、输入、输出、运算等都是通过结构变量的成员来实现的。比如不能进行整体输入、输出等，因此下面的语句是错误的。

```
    printf("%s  %s  %f ", stu1);
```

访问结构体变量的成员必须使用结构体成员运算符（也称为圆点运算符）。这个运算符的优先级 1，结合性是自左至右。使用形式如下：

```
    结构体变量名.成员名
```

可以把结构体比做一个大盒子，成员是大盒子中的小盒子。定义一个结构体变量，相当于向计算机申请了一个包含若干小盒子的大盒子。如果想往这样的盒子里放东西，必须首先打开大盒子，然后打开小盒子，才能把东西放到小盒子里。

如何往小盒子里放东西，可以采用普通的赋值，或者输入数据等。如果采用赋值运算，则一般形式为：

```
    结构体变量名.成员名=值;
```

例如，要对结构体变量 stu1 的各个成员进行赋值。

```
    strcpy(stu1.number,"201315123001");     //为stu1的学号赋值
    strcpy(stu1.name,"王彤彤");              //为stu1的姓名赋值
    stu1.score[0]=80;                       //为stu1的数学成绩赋值
    stu1.score[1]=90;                       //为stu1的语文成绩赋值
    stu1.score[2]=76;                       //为stu1的英语成绩赋值
    stu1.score[3]=(stu1.score[0]+stu1.score[1]+stu1.score[2])/3;
                                            //计算平均成绩
```

因为学号和姓名是字符数组，所以不能直接用字符串常量赋值，需要使用 strcpy 字符串复制函数来实现赋值。

把数据保存到结构体变量之后，在使用的时候就可以把它取出来。取出方法仍然是结构体成员运算，从成员变量中取出对应的数据，这个与使用普通的变量是一样的。也就是从盒子里取东西的过程，先打开大盒子，然后打开小盒子，从小盒子里才能取出东西。

如果要输出 stu1 变量的各成员可以使用下面的语句：

```
printf("number=%s\n",stu1.number);
printf("name=%s\n",stu1.name);
printf("score: %f,%f,%f,%f\n",stu1.score[0],stu1.score[1],stu1.score[2],stu1.score[3]);
```

当结构体的成员是结构体类型时，必须用级联的方式访问结构体的成员，即通过成员选择运算符逐级找到最终的成员时再引用。也就是大盒子中的小盒子里还有更小的盒子的情况，当然是一层层打开才能存取东西。

例如，若 student 结构体类型的声明形式如下：

```
struct date
{
int year;                      //年
int month;                     //月
int day;                       //日
};
struct student
{
char number[13];               //学号
char name[12];                 //姓名
struct date birthday;          //出生日期
float score[4];                //三门课成绩及平均分
}std;
```

如果要对 std 结构体变量的 birthday 成员进行赋值，要使用以下语句。

```
std.birthday.year=1992;
std.birthday.month=8;
std.birthday.day=15;
```

另外，特殊说明一下，C 语言允许对具有相同结构体类型的变量进行整体赋值。在对两个同类型的结构体变量赋值时，实际上是按照结构体成员的顺序进行赋值的，赋值的最终结果是两个结构体变量的成员具有相同的内容。

例如，已经对上面的 struct student stu1 各个成员进行了赋值操作，如果再定义一个 struct student stu2。可以通过执行以下语句对 stu2 进行赋值操作。

```
stu2=stu1;
```

这个赋值语句，相当于下面 6 个语句：

```
strcpy(stu2.number,stu1.number);
strcpy(stu2.name,stu1.name);
stu2.score[0]= stu1.score[0];
stu2.score[1]= stu1.score[1];
stu2.score[2]= stu1.score[2];
stu2.score[3]= stu1.score[3];
```

前面学习的基本数据类型已经知道，在定义变量的时候可以对变量赋初值，即初始化变量。结构体类型的变量也可以定义的时候赋初值。

例如，前面已经声明的 sturct student 结构体类型，如果按照方式一声明结构体类型并定义结构体变量 stuA，对 stuA 进行初始化的方法如下（为了简单处理，在初始化时，把平均分初始化为 0）：

```
struct student stuA={"201315123001","王彤彤",{80,90,76,0}};
```

也可以采用如下方法：

```
struct student stuA={"201315123001","王彤彤",80,90,76,0};
```

以上两种方法都可以初始化结构体变量 stuA，因为结构体的成员是一组数，是一个整体，所以初始化时要把所有成员的值用花括号括起来。以上两种方法的区别是最后一个成员是数组，可以用花括号括起来，也可以不括起来。因此后一种方法也适合对 struct student 的其他两种形式的变量进行初始化。

在初始化时，需要注意，一定要按照结构体成员的顺序和类型进行对应赋值。

初始化之后，相当于学生成绩管理系统中有一条学生记录，如表 10.2.3 所示。

表 10.2.3　学生记录 1

学　　号	姓　　名	数　　学	语　文	英　语	平　均　分
201315123001	王彤彤	80	90	76	0

如果结构体类型的成员是另外一个结构体类型，则对该结构体变量初始化时，把另外一个结构体类型的变量按整体对待，同样使用花括号括起来。

例如，对下面的结构体变量 stuB 进行初始化。

```
struct student
{
char number[13];              //学号
char name[12];                //姓名
struct date birthday;         //出生日期
float score[4];               //三门课成绩及平均分
};
struct student stuB= {"201315123001","王彤彤",{1992,8,15},80,90,76,0};
```

初始化之后的学生记录信息如表 10.2.4 所示。

表 10.2.4　学生记录 2

学　　号	姓　　名	出　生　日　期			数　　学	语　文	英　语	平　均　分
		年	月	日				
201315123001	王彤彤	1992	8	15	80	90	76	0

> 注意：使用了花括号是为了数据清晰易辨，更突出每个属性的值。实际上，如果能保证初始化成员值的顺序和类型是正确的，内层的花括号都可以省略，但是最外层的不能省略。

【例 10.1】程序员小张要做一个简单的图书管理系统，当前阶段的工作是要求把一本书的基本信息放在一个结构体变量中，然后输出这本书的信息。

图书的基本信息表如表 10.2.5 所示。

表 10.2.5　图书基本信息表

书　　名	作　者	出　版　社	出　版　年	单　　价	ISBN
数学之美	吴军	人民邮电出版社	2012	45.00	978-7-115-28282-8

（1）解题思路。

解决这个问题需要三个步骤：

① 需要构造一个结构体类型，结构体的成员要包括有关图书基本信息属性，并且每个成员都要选择合适的数据类型；

② 用定义结构体变量，同时赋初值；

③ 输出该结构体变量的各成员。

（2）程序实现：

```
#include<stdio.h>
int main()
{
    struct book              //声明book结构体
    {
```

```
        char name[20];          //书名
        char author[15];        //作者
        char publisher[20];     //出版社
        int year;               //出版年
        float price;            //单价
        char ISBN[20];          //ISBN编号
    };
    //初始化newbook变量
    struct book newbook={"数学之美","吴军","人民邮电出版社",2012,45.00,"978-7-115-28282-8"};
    printf("书名:%s\n",newbook.name);              //输出书名
    printf("作者:%s\n",newbook.author);            //输出作者
    printf("出版社:%s\n",newbook.publisher);       //输出出版社
    printf("出版年:%d\n",newbook.year);            //输出出版年
    printf("单价:%.2f\n",newbook.price);           //输出单价
    printf("ISBN:%s\n",newbook.ISBN);              //输出ISBN编号
    return 0;
}
```

（3）程序运行结果：

```
书名:数学之美
作者:吴军
出版社:人民邮电出版社
出版年:2012
单价:45.00
ISBN:978-7-115-28282-8
Press any key to continue
```

（4）总结。以上程序实现了 book 结构体类型的声明，newbook 结构体变量的定义和初始化，newbook 结构体变量成员的引用。在成员数据类型确定的时候，一定要分析数据特征，选择合适的类型。再次强调，不能整体输出结构体变量。

【例 10.2】程序员小张在例 10-1 的图书管理系统中要实现，输入两本图书的信息，输出单价较高的图书信息。

（1）分析问题。本题与输入两个整数，输出两个数中的最大值的求解思路相同。

（2）设计算法。可以使用 if-else 语句，做条件判断求出单价最高的图书，总体上可以分三步进行。

① 定义三个 book 结构体变量 newbook1、newbook2、maxpricebk；

② 分别输入两本图书的信息（书名、作者、出版社、出版年、单价、ISBN）；

③ 比较两本书的单价，如果图书 newbook1 的单价高于图书 newbook2，则将 newbook1 的值赋值给 maxpricebk，如果学生图书 newbook2 的单价高于图书 newbook1，则将 newbook2 的值赋值给 maxpricebk。

（3）程序实现：

```c
#include<stdio.h>
int main()
{
    struct book              //声明book结构体
    {
        char name[20];          //书名
        char author[15];        //作者
        char publisher[20];     //出版社
        int year;               //出版年
        float price;            //单价
        char ISBN[20];          //ISBN编号
    };
    struct book newbook1,newbook2,maxpricebk;      //定义三个book结构体变量
    //输入两本图书的信息
    scanf("%s%s%s%d%f%s",newbook1.name,newbook1.author,
          newbook1.publisher,&newbook1.year,&newbook1.price,newbook1.ISBN);
    scanf("%s%s%s%d%f%s",newbook2.name,newbook2.author,
          newbook2.publisher,&newbook2.year,&newbook2.price,newbook2.ISBN);
    if(newbook1.price>newbook2.price)              //比较两本图书的价格
        maxpricebk=newbook1;
    else maxpricebk=newbook2;
    printf("单价最高的图书信息: \n");
    printf("书名:%s\n",maxpricebk.name);           //输出书名
    printf("作者:%s\n",maxpricebk.author);         //输出作者
    printf("出版社:%s\n",maxpricebk.publisher);    //输出出版社
    printf("出版年:%d\n",maxpricebk.year);         //输出出版年
    printf("单价:%.2f\n",maxpricebk.price);        //输出单价
    printf("ISBN:%s\n",maxpricebk.ISBN);           //输出ISBN编号
    return 0;
}
```

（4）程序运行结果：

```
数学之美
吴军
人民邮电出版社
2012
45
978-7-115-28282-8
组合数学
卢开澄
清华大学出版社
2002
19.8
7-302-04581-X
单价最高的图书信息:
书名:数学之美
作者:吴军
出版社:人民邮电出版社
出版年:2012
单价:45.00
ISBN:978-7-115-28282-8
Press any key to continue
```

（5）总结。本题实际上是两个数求最大（或最小）的问题，只是这里的两个数比较特殊，是结构体变量。因此在比较的时候，实际上比较的是结构体的成员。作为相同类型的结构体变量之间可以相互赋值。

（6）优化。本题给出的程序不是最优的，只考虑了两本图书的价格不同，如果是两本图书的价格相同，应该如何对程序的算法和代码进行优化呢？请读者自行修改完成。

☞拓展：如果是三本图书信息，输出单价最高（或最低）的图书信息，如何实现？如果是 100 本图书或者更多本的图书如何实现呢?

10.3　结构体数组

10.3.1　结构体数组的定义和初始化

在学生信息管理系统中，一个结构体变量可以表示一个学生的信息，两个结构体变量可以表示两个学生的信息，如果要 10 个、100 个或更多的学生信息如何表示呢？这些学生信息具有相同结构体类型。在前面学习中已经知道数组是指一组相同类型数据的集合。那么多个相同学生的信息也可以构成一个集合，集合中的每一个元素都是 student 结构体类型，这就是结构体数组。结构体数组与之前学习的整型、字符型等数组没有太多的区别，唯一的不同就是数组的每一个元素都是结构体类型的数据，每一个元素都包含若干个成员。

前面介绍的数组有一维数组、二维数组和多维数组。在此以最简单的一维数组为例介绍结构体数组，其他道理和形式都基本类似。

根据结构体类型变量的定义有多种形式，因此一维结构体数组的定义形式也有多种。

第一种形式如下：

```
结构体类型 数组名[常量表达式];
```

第二种形式如下：

```
struct 结构体名
{
成员表列
}数组名[常量表达式];
```

第三种形式如下：

```
struct
{
成员表列
}数组名[常量表达式];
```

有关数组定义的规则，在数组一章已经介绍，本章不再赘述。下面定义一个 student 结构体类型的数组，形式如下：

```
struct student stu[10];                    //stu是数组名
```

这个语句定义了 10 个元素的结构体数组，每一个元素都是 student 结构体类型。如果要访问数组的第 1 个元素的学号要使用 stu[0].number，第 3 个学生的姓名要使用 stu[2].name。

与普通数组一样，结构体数组也可以在定义的同时对其进行初始化。初始化的形式是在定义的结构体数组后加上：

```
={初始化表列};
```

例如，要对 stu 数组定义的同时初始化，可以对所有元素进行初始化，也可以部分元素进行初始化，其他未初始化的元素系统会自动赋值为 0。

```
struct student stu[10]={ {"201315123001","王彤彤",{65,86,82.5,77.8}},
                         {"201315123002","李明宇",{74.5,70,66,70.2}},
                         {"201315123003","白雯雯",{45,66.5,78,63.2}},
                         };
```

经过初始化后的结构体数组 stu 可以对应表 10.3.1 中的学生信息表。

表 10.3.1　学生信息表

	学号	姓名	数学	语文	英语	平均分
stu[0]	201315123001	王彤彤	65	86	82.5	77.8
stu[1]	201315123002	李明宇	74.5	70	66	70.2
stu[2]	201315123003	白雯雯	45	66.5	78	63.2
…	……	……	……	……	……	……
…	……	……	……	……	……	……

10.3.2　结构体数组应用举例

【例 10.3】程序员小张要编程实现 5 本图书信息的录入，并按照图书的出版年按照从高到低的顺序（新出版的在前，后出版的在后）输出每一本图书的信息。

（1）分析问题。本题实质上是一维数组元素的输入和排序问题。

（2）设计算法。可以使用冒泡或简单选择法进行批量元素的排序，这两种算法的思想在前几章已经介绍，本章不再详细介绍。下面给出使用简单选择法的程序代码。

（3）程序实现：

```c
#include<stdio.h>
#define NUM 5
int main()
{
    struct book                //声明book结构体
    {
        char name[20];         //书名
        char author[15];       //作者
        char publisher[20];    //出版社
        int year;              //出版年
        float price;           //单价
        char ISBN[20];         //ISBN编号
    };
    struct book newbk[NUM],temp;    //定义一个book结构体数组newbk和一个变量temp
    int i,j,k;
    //循环输入5本图书的信息
    for(i=0;i<5;i++)
    {
        printf("请输入第%d本图书的信息:\n",i+1);
        scanf("%s%s%s%d%f%s",newbk[i].name,newbk[i].author,
            newbk[i].publisher,&newbk[i].year,&newbk[i].price,newbk[i].ISBN);
    }
    //简单选择法排序
    for(i=0;i<NUM-1;i++)
    {
        k=i;
        for(j=i+1;j<NUM;j++)
        {
            if(newbk[j].year>newbk[k].year)
                k=j;
        }
```

```
            if(i!=k)
            {
                temp=newbk[i];
                newbk[i]=newbk[k];
                newbk[k]=temp;
            }
    }
    //输出排序后的图书信息
    printf("%20s%15s%20s%10s%10s%20s\n","书名","作者","出版社","出版年","单价","ISBN");
    for(i=0;i<NUM;i++)
    {
        printf("%20s",newbk[i].name);           //输出书名
        printf("%15s",newbk[i].author);         //输出作者
        printf("%20s",newbk[i].publisher);      //输出出版社
        printf("%10d",newbk[i].year);           //输出出版年
        printf("%10.2f",newbk[i].price);        //输出单价
        printf("%20s\n",newbk[i].ISBN);         //输出ISBN编号
    }
    return 0;
}
```

（4）运行结果。程序执行，输入 5 本图书信息之后，按照图书的出版年从高到低排序。

书名	作者	出版社	出版年	单价	ISBN
C语言入门经典（第5版）	[美]霍尔顿	清华大学出版社	2013	69.80	9787302343417
征服指针	[日]前桥和弥	人民邮电出版社	2013	49.00	9787115301215
C语言深度解剖（第3版）	陈正冲	北京航空航天大学出版社	2012	29.00	9787512408371
数据结构（C语言版）	严蔚敏	清华大学出版社	2011	35.00	9787302147510
Java编程思想（第4版）	[美]埃克尔	机械工业出版社	2007	108.00	9787111213826

（5）总结。本题实际上是数组排序问题，只是这里的数组比较特殊，是结构体数组。因此在排序的时候，实际上比较的是结构体的成员，数组元素的交换也是结构体数据之间的交换。

（6）优化。本题给出的程序不是最优的，因为输入信息比较多，容易输错，所以在输入的时候可以给出提示信息，应该如何对程序的算法和代码进行优化呢？请读者自行修改完成。

☞拓展：如何实现多条件的排序？比如先按照出版年的降序，再按照单价的升序。

10.4　指向结构体类型数据的指针

一个变量的地址称为该变量的指针，指针变量专门用来保存另外一个变量的地址（指针）。结构体类型的变量在内存中的地址也可用指针变量来保存。

10.4.1　指向结构体变量的指针

指向结构体变量的指针变量和指向一般变量的指针变量的声明是一样的，也存在一重指针和多重指针。本章只介绍一重结构体指针。一重结构体指针的声明形式如下：

> 结构体类型 * 结构体指针名;

需要说明的是，这里的结构体类型就是已经定义好的结构体类型的名字，例如上面定义的struct student、struct book 等，所有的名字都遵循 C 语言标识符的命名规范。

例如，定义个 struct student 结构体类型的指针变量，表示形式：

> struct student *pstu;

结构体指针变量就是用来保存结构体数据的地址，要得到一个结构体变量的地址，就要使用取地址运算。这个和将一般变量中数据的地址保存到指针变量中没有太大的区别。

例如，要将 struct student 结构体变量 stu1 的地址保存到结构体指针变量 pstu 中，可以采用如下语句实现：

> struct student stu1;
> struct student *pstu;
> pstu=&stu1;

根据指针运算的特点 pstu 是结构体变量的地址（指针），则*pstu 则表示结构体变量，所以使用*pstu 可以访问结构体变量的成员。因为 "*" 运算符的优先级是 2，而 "."（圆点运算符）的优先级是 1，所以需要使用（）来提升*运算符的优先级，这实质上是取指针变量指向的内容运算与取结构体成员运算的结合。因此使用结构体指针变量访问成员的形式如下：

```
(*结构体指针变量).成员变量名
```

例如，要取出 pstu 所指向的结构体变量中的成员 name 的值，可以使用下面的表示方法：

```
(*pstu).name
```

用上面的表示方法来取结构体变量中的成员，需要三个运算符，显得比较麻烦。因此 C 语言提供了一个更简单地使用指针取结构体成员变量的运算，形式如下：

```
结构体指针变量->成员变量名
```

这里用到了一个"->"运算符，该运算符是指向结构体成员运算符，使用它可以取结构体指针变量所指向的结构体成员变量。其优先级是 1，比圆点运算符还要高，结合性是自左至右。例如，要取出 pstu 所指向的结构体变量中的成员 name 的值，也可以使用下面的表示方法：

```
pstu->name
```

上面介绍的(*pstu).name 和 pstu->name 所达到的效果是一样的，只不过是将取指针运算符"*"和取结构体成员运算符"."，换成了结构体成员变量运算符"->"，这也可以说是结构体指针与其他一般指针的最大区别。

【例 10.4】使用指向结构体变量的指针访问结构体成员。

（1）确定问题。使用 book 类型的结构体指针变量*pbook，访问 book 类型结构体变量 newbook。

（2）程序实现：

```
#include<stdio.h>
#include<string.h>
int main()
{
    struct book                    //声明book结构体
    {
        char name[20];         //书名
        char author[15];       //作者
        char publisher[20];    //出版社
        int year;              //出版年
        float price;           //单价
        char ISBN[20];         //ISBN编号
    };
    struct book newbook,*pbook;    //定义一个book结构体变量和一个指针变量
    pbook=&newbook;                     //pbook指向newbook结构体变量
    strcpy((*pbook).name,"数据结构（C语言版）");     //使用*和.访问成员
    strcpy((*pbook).author,"严蔚敏");
    strcpy((*pbook).publisher,"清华大学出版社");
    (*pbook).year=2011;
    (*pbook).price=35;
    strcpy((*pbook).ISBN,"9787302147510");
    printf("图书信息: \n");                  //使用->访问成员
    printf("书名:%s\n",pbook->name);         //输出书名
    printf("作者:%s\n",pbook->author);       //输出作者
    printf("出版社:%s\n",pbook->publisher);  //输出出版社
    printf("出版年:%d\n",pbook->year);       //输出出版年
    printf("单价:%.2f\n",pbook->price);      //输出单价
    printf("ISBN:%s\n",pbook->ISBN);         //输出ISBN编号
    return 0;
}
```

（3）程序运行结果：

```
图书信息:
书名:数据结构（C语言版）
作者:严蔚敏
出版社:清华大学出版社
出版年:2011
单价:35.00
ISBN:9787302147510
Press any key to continue
```

（4）总结。该程序使用 pbook 指针变量指向了结构体变量 newbook，如图 10.4.1 所示。程序中使用了上面介绍的两种方式间接访问结构体变量成员，程序测试结果可以证明这两者方法是等效的。如果 pbook 指向一个结构体变量 newbook，以下等价：

① newbook.成员名（如 newbook.name）

② (*pbook).成员名（如(*pbook).name）

③ pbook->成员名（如 pbook->name）

newbook		
pbook →	数据结构（C语言版）	
	严蔚敏	
	清华大学出版社	
	2011	
	35	
	9787302147510	

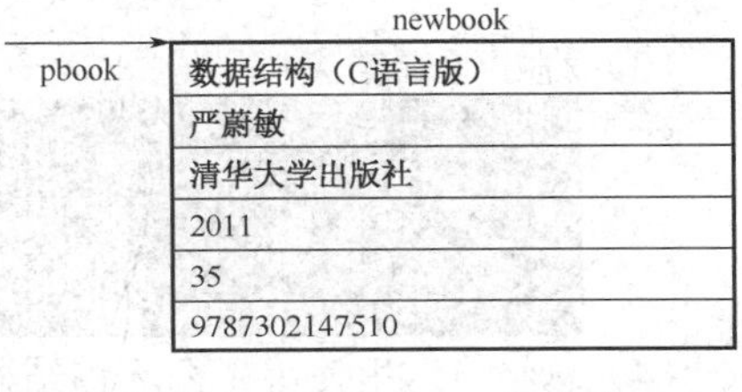

图 10.4.1　newbook 的存储

10.4.2 指向结构体数组的指针

结构体指针变量不但可以指向结构体变量,还可以指向结构体数组,此时指针变量的值就是结构体数组的首地址。当然结构体指针变量也可以直接指向结构体数组中的元素,这时,指针变量的值就是该结构体数组元素的首地址。

假如已经声明了 student 结构体类型,并且已经定义了一个有 20 个元素的结构体数组 stu,则定义指向该数组的结构体指针变量 pstu 的方法如下:

```
struct student stu[20];
struct student *ptu;
pstu=stu;
```

在数组一章中已经有介绍,数组名代表数组第一个元素的地址,所以 ptu 指向的是结构体数组的首地址,与下面的赋值是等价的:

```
pstu=&stu[0];
```

如果要指向数组的第 5 个元素,则使用 pstu=&stu[4]。如图 10.4.2 所示,pstu 指向了 stu 数组的第一个元素 stu[0],根据数组指针的特点,pstu+1 则指向了 stu[1],pstu+2 指向 stu[2],以此类推。

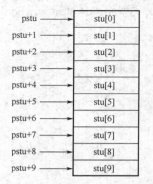

图 10.4.2 使用指针变量访问数组

根据前面的知识,pstu->name、(*pstu).name、stu[0].name 三者是等价的。并且 pstu 本身可以通过进行自加 1 和自减 1 的操作来实现指针的移动,从而可以高效地访问结构体数组元素。

【例 10.5】使用指向结构体数组的指针变量,来访问结构体数组元素。

(1)确定问题。本例中,声明一个 student 结构体类型,定义一个 student 类型的结构体数组 stu[3],再定义一个 student 类型的结构体类型指针变量 pstu,使用指针变量 pstu 访问数组 stu。

(2)程序实现:

```c
#include<stdio.h>
int main()
{
    struct student
    {
        char number[13];            //学号
        char name[12];              //姓名
        float score[4];             //三门课成绩及平均分
    };
    struct student stu[3]={{"201315123001","王彤彤",{65,86,82.5,77.8}},
                   {"201315123002","李明宇",{74.5,70,66,70.2}},
                   {"201315123003","白雯雯",{45,66.5,78,63.2}},
                           };
    struct student *pstu;
    printf("%15s %12s %7s %7s %7s %7s\n","学号","姓名","数学","语文","英语","平均分");
    for(pstu=stu;pstu<stu+3;pstu++)  //使用指针变量,循环输出数组元素的每一个成员
        printf("%15s %12s %7.2f %7.2f %7.2f %7.2f\n",pstu->number,
               pstu->name, pstu->score[0], pstu->score[1],
               pstu->score[2],pstu->score[3]);
    return 0;
}
```

(3)程序运行结果:

```
        学号          姓名      数学      语文      英语    平均分
201315123001      王彤彤      65.00    86.00    82.50    77.80
201315123002      李明宇      74.50    70.00    66.00    70.20
201315123003      白雯雯      45.00    66.50    78.00    63.20
Press any key to continue
```

(4)总结。这里使用了循环和结构体数组指针相结合,很方便和高效地访问结构体数组的每一个元素。其实与之前讲到的使用普通数组指针的使用方法是一样的,不同的地方就在于访问元素的时候,实质上是逐个访问元素的每一个成员。

10.4.3　结构体变量和指向结构体的指针作函数参数

在函数一章已经介绍，函数的参数可以是基本数据类型、数组、指针等。既然结构体也是一种数据类型，也可以定义结构体类型的变量、数组、指针，同时可以把结构体类型作为函数参数的类型和返回值的类型。结构体类型作函数参数常见的有三种形式。

（1）用结构体变量的单个成员作函数参数。

例如，用 stu[1].number 或 stu[2].name 作函数实参，将实参值传给形参。该用法和使用普通变量作实参是一样的，属于单向"值传递"方式，在函数内部对其进行操作，不会引起结构体成员值的变化。在使用的时候应当注意实参与形参的类型保持一致。这种情况向函数传递的是单个成员。这种传递形式在程序设计中使用得比较少。

（2）用结构体变量作函数参数。

用结构体变量作实参时，将结构体变量所占的内存单元的内容全部按顺序传递给形参，形参也必须是同类型的结构体变量，在函数调用期间形参也要占用内存单元。在被调用函数期间改变形参（也是结构体变量）的值，不能返回主调函数，也是传值调用。虽然这种方式更直观，但是因其占用的内存空间比较大。这种传递方式在空间和时间上开销较大，因此一般也较少用这种方法。

（3）用结构体指针或结构体数组作函数参数，向函数传递结构体的地址。

既然以上两种方式在时间和空间上的开销比较大，有没有一种更好的方式呢？答案是肯定的。使用结构体指针或结构体数组作函数实参的实质是向函数传递结构体的地址。因为是地址调用，所以在函数内部对形参结构体成员值的修改，将影响到实参结构体成员的值。实现了所谓的双向值传递。

因为在调用的过程中，只需要传递地址，所以这种方式与第2种方式相比，传递方式更好一些。

【例 10.6】使用结构体变量作函数参数。

（1）确定问题。程序员小张要继续完善图书管理系统，现在要实现一个图书价格优惠活动，要求对某些图书的价格在原价的基础上打 75 折，修改图书原来的价格。

（2）分析问题。本问题需要定义一个函数来实现价格的修改。若某本图书要参加活动，则调用函数，修改出售价格即可。

（3）设计算法。定义一个函数，要求使用结构体变量作函数参数。

（4）程序实现：

```c
#include<stdio.h>
/*声明book结构体,放在所有函数之上以方便共享*/
struct book
{
    char name[30];        //书名
    char author[15];      //作者
    char publisher[30];   //出版社
    int year;             //出版年
    float price;          //单价
    char ISBN[20];        //ISBN编号
};
/*定义SetSale函数,用来实现打折价格求解*/
void SetSale(struct book bk)
{
    bk.price=(float)(bk.price*0.75);
}
int main()
{
    struct book goodbook={"数学之美","吴军","人民邮电出版社",
                    2012,45,"9787115282828"};  //定义和初始化
    printf("图书的原价:%.2f\n",goodbook.price);      //输出原始价格
    SetSale(goodbook);                             //调用打折函数
    printf("打75折之后的价格:%.2f\n",goodbook.price); //输出打折之后的价格
    return 0;
}
```

（5）程序运行结果：

```
图书的原价:45.00
打75折之后的价格:45.00
Press any key to continue
```

（6）总结。函数 SetSale 的形式参数是 book 结构体类型的变量 bk。在主函数中调用 SetSale 函数时用的是 book 结构体类型变量 goodbook 作为实际参数，向函数传递的是结构体变量的所有成员值。因为是单向值传递，所以在传递过程中，goodbook 和 bk 两个结构体变量分别占用不同的存储单元，因此在 SetSale 函数中对 bk 变量的成员值的修改不会影响主函数中 goodbook 变量的成员值。

（7）优化。如何定义函数 SetSale，使得函数调用之后，能修改主函数中 goodbook 的成员值呢？显然本题中给出的函数定义方法是不可以实现的。因此，需要对函数的参数进行修改。改进的程序请参考下一个例子。

【例 10.7】使用结构体指针变量作函数参数。

（1）确定问题。与上一个例题中的问题相同，程序员小张要继续完善图书管理系统，现在要实现一个图书价格优惠活动，要求对某些图书的价格在原价的基础上打 75 折，修改图书原来的价格。

（2）设计算法。定义一个函数，要求使用结构体指针变量作函数参数。

（3）程序实现：

```c
#include<stdio.h>
/*声明book结构体,放在所有函数之上以方便共享*/
struct book
{
    char name[30];      //书名
    char author[15];    //作者
    char publisher[30]; //出版社
    int year;           //出版年
    float price;        //单价
    char ISBN[20];      //ISBN编号
};
/*定义SetSale函数,用来实现打折价格求解*/
void SetSale(struct book *bk)     //使用结构体指针变量做函数参数
{
    bk->price=(float)(bk->price*0.75);
}
int main()
{
    struct book goodbook={"数学之美","吴军","人民邮电出版社",
                  2012,45,"9787115282828"}; //定义和初始化
    struct book *pbook=&goodbook;      //定义一个结构体指针变量指向goodbook
    printf("图书的原价:%.2f\n",goodbook.price);      //输出原始价格
    SetSale(pbook);                                 //调用打折函数
    printf("打75折之后的价格:%.2f\n",goodbook.price);  //输出打折之后的价格
    return 0;
}
```

（4）程序运行结果：

```
图书的原价:45.00
打75折之后的价格:33.75
Press any key to continue
```

（5）总结。本题实现了题目的要求，与上例中的程序主要区别在于函数的定义和调用。本题中的 SetSale 的形式参数是结构体指针变量，因此在调用的时候实际参数是 pbook，而 pbook 是一个结构体指针变量，保存的是 goodbook 结构体变量的地址。所以 bk 和 pbook 都是 goodbook 结构体变量的地址，因此当使用 bk 访问结构体成员的时候，就相当于使用 pbook 访问结构体成员，也就实现了对结构体变量 goodbook 结构体变量的成员的修改。

【例 10.8】程序员小张需要继续优化那套图书管理系统，为了体现模块化设计的思想，要求系统的图书信息的输入、输出和求单价最高的图书信息的功能都使用函数来完成。

（1）分析问题。本题主要是使用函数实现结构体数组的相关操作，包括输入、输出和求成员最值。

（2）设计算法。需要设计 4 个函数分别是 InputInfo（实现图书信息的输入），OutputInfo（实现图书信息的输出），MaxPrice（实现最高图书单价的求解），PrintOne（实现单个数组元素的输

出）。主要的步骤分以下几步。

① 构造结构体类型 book。

② 定义 void InputInfo(struct book newbook[],int n)函数，函数的形式参数使用结构体数组，用来实现结构体数组的输入。

③ 定义 void OutputInfo(struct book *pb,int n)函数，函数的形式参数使用结构体指针变量，用来实现结构体数组的输出。

④ 定义 struct book MaxPrice(struct book newbook[],int n)函数，函数的形式参数使用结构体数组，用来实现求最高单价。

⑤ 定义 void PrintOne(struct book onebook)函数，函数的形式参数是结构体变量，可以用来实现输出结构体数组中一个元素。

⑥ 在 main 函数中按照输入、输出、求解最高单价的顺序，调用以上几个函数。

（3）程序实现：

```c
#include<stdio.h>
#define NUM 3
struct book                    //声明book结构体
{
    char name[30];          //书名
    char author[15];        //作者
    char publisher[30];     //出版社
    int year;               //出版年
    float price;            //单价
    char ISBN[20];          //ISBN编号
};
/*定义结构体数组输入函数*/
void InputInfo(struct book newbook[],int n)
{
    int i;
    for(i=0;i<n;i++)           //循环输入
    {
        printf("请输入第%d本图书信息\n",i+1);
        printf("书名:");
        scanf("%s",newbook[i].name);
        printf("作者:");
        scanf("%s",newbook[i].author);
        printf("出版社:");
        scanf("%s",newbook[i].publisher);
        printf("出版年:");
        scanf("%d",&newbook[i].year);
        printf("单价:");
        scanf("%f",&newbook[i].price);
        printf("ISBN编号:");
        scanf("%s",newbook[i].ISBN);
    }
}
/*定义输出结构体数组函数*/
void OutputInfo(struct book *pb,int n)
{
    int i;
    printf("\n%30s%15s%30s%10s%10s%20s\n","书名",
                    "作者","出版社","出版年","单价","ISBN");
    for(i=0;i<NUM;i++)
    {
        printf("%30s",pb->name);           //输出书名
        printf("%15s",pb->author);         //输出作者
        printf("%30s",pb->publisher);      //输出出版社
        printf("%10d",pb->year);           //输出出版年
        printf("%10.2f",pb->price);        //输出单价
        printf("%20s\n",pb->ISBN);         //输出ISBN编号
        pb++;
    }
}
/*定义求最高单价函数*/
struct book MaxPrice(struct book newbook[],int n)
{
    int i,m=0;
    for(i=1;i<n;i++)
    {
        if(newbook[i].price>newbook[m].price)
        {
            m=i;
        }
    }
    return newbook[m];
}
```

```
/*定义输出结构体数组中一个元素的函数*/
void PrintOne(struct book onebook)
{
    printf("\n%30s%15s%30s%10s%10s%20s\n","书名",
                    "作者","出版社","出版年","单价","ISBN");
    printf("%30s",onebook.name);            //输出书名
    printf("%15s",onebook.author);          //输出作者
    printf("%30s",onebook.publisher);       //输出出版社
    printf("%10d",onebook.year);            //输出出版年
    printf("%10.2f",onebook.price);         //输出单价
    printf("%20s\n",onebook.ISBN);          //输出ISBN编号
}
int main()
{
    struct book newbk[NUM];    //定义一个book结构体数组newbk
    InputInfo(newbk,NUM);      //输入图书信息
    OutputInfo(newbk,NUM);     //输出所有图书信息
    printf("单价最高的图书信息如下:\n");
    PrintOne(MaxPrice(newbk,NUM)); //输出单价最高图书信息
    return 0;
}
```

（4）程序运行结果：

（5）总结。本程序定义了多个函数，形式参数均于结构体类型相关。

① 调用 InputInfo 函数时，实参是结构体数组首地址，形参是结构体数组，传递的是结构体数组首元素的地址，函数无返回值。

② 调用 OutputInfo 函数时，实参是结构体数组首地址，形参是结构体指针变量，传递的是结构体数组首元素的地址，函数无返回值。

③ 调用 MaxPrice 函数时，实参是结构体数组首地址，形参是结构体数组，传递的是结构体数组首元素的地址，函数返回值是结构体类型。

④ 调用 PrintOne 函数时，实参是结构体变量，形参是结构体变量，传递的结构体变量的值，因为要输出的是单价最高的结构体数组元素，所以实参直接使用了 MaxPrice 函数的返回值。

（6）优化。以上 4 个函数中优化 PrintOne 函数的形参和实参使用的都是结构体变量，请改进 PrintOne 函数，使用结构体指针作为形式参数。

☞拓展：本题实现了图书信息的输入、输出和最高单价的求解，请尝试使用函数实现图书信息的删除、排序等基本操作。另外本题中使用结构体数组来存储图书信息，因为数组的大小是固定的，一个系统管理的图书书目肯定是未知的，那数组应该定义多大是合适的呢？如果定义小了，而图书量超过了数组的大小？怎么办？重新定义数组？如果定义非常大，目前又没有这么多图书，则会导致系统内存资源的浪费。这个问题怎么解决呢？

10.5　线性表

10.5.1　线性表概述

　　线性表是最基本、最简单，也是最常用的一种数据结构。线性表中数据元素之间的关系是一对一的关系，即除了第一个和最后一个数据元素之外，其他数据元素都是首尾相接的。线性表的逻辑结构简单，便于实现和操作。因此，线性表这种数据结构在实际应用中是广泛采用的一种数据结构。

　　在日常生活中，线性表的例子很多，比如我们最熟悉的 26 个英文字母的字表就是一个线性表，表中的数据元素是单个字母。在稍微复杂的线性表中，一个数据元素可以包含若干个数据项。例如，在学生成绩管理系统中的学生信息表，每个学生的基本信息为一个数据项，包括学号、姓名、数学、语文、英语、平均分。

　　从上面两个例子可以看出，同一线性表中的元素必定具有相同的特性，即属于同一数据类型，相邻数据元素之间存在着序偶关系。

　　诸如此类由 n（n≥0）个数据特性相同的元素构成的有限序列称为线性表。线性表中元素的个数 n（n≥0）定义为线性表的长度，n=0 时称为空表。

　　对于非空的线性表或线性结构，其特点如下。

　　（1）结构中必须存在唯一的一个"第一元素"。

　　（2）结构中必须存在唯一的一个"最后元素"。

　　（3）除第一个元素之外，结构中的每一个元素均有唯一的"前驱"。

　　（4）除最后一个元素之外，结构中的每一个元素均有唯一的"后继"。

10.5.2　线性表的顺序表示和实现

　　线性表的顺序表示指的是用一组地址连续的存储单元依次存储线性表的数据元素，这种表示也称为线性表的顺序存储或顺序映像。通常，称这种存储结构的线性表为顺序表。其特点是，逻辑上相邻的数据元素，其物理存储次序上也是相邻的。

　　线性表的顺序存储结构是一种随机存取的存储结构，只要确定了存储线性表的起始位置，线性表中任意数据元素都可以随机存取。由于高级语言中的数组类型也有随机存取的特性，因此通常用数组来描述数据结构中的顺序存储结构。

　　在 C 语言中，可以使用结构体来描述线性表的顺序存储：

```
#define MAXSIZE 100          //顺序表的最大长度
struct SqList
{
    ElemType elem[MAXSIZE];  //数组的定义
    int length;              //当前长度
};
```

　　ElemType 和 MAXSIZE 可以根据问题需要来选择，ElemType 是数组的数据类型，数组可以是任意数据类型，也可以是基本数据类型，还可以是结构体等构造类型。如果数组是整型数组，则一个最多有 100 个元素的线性表可以如下描述：

```
#define MAXSIZE 100          //顺序表的最大长度
struct SqList
{
    int data[MAXSIZE];       //数组的定义
```

```
    int length;                          //当前长度
};
```

如果数组是 struct student 结构体数组，则一个最多有 100 个元素的线性表可以如下描述：

```
#define MAXSIZE 100                      //顺序表的最大长度
struct SqList
{
    struct student stu [MAXSIZE];        //数组的定义
    int length;                          //当前长度
};
```

以上给出的描述方法中数组采用的是静态的一维数组，由于线性表的长度可变，并且所需的最大存储空间随问题的不同而异，也可以在 C 语言中采用动态分配数组的方法，则线性表的顺序存储可以如下描述：

```
#define MAXSIZE 100                      //顺序表的最大长度
struct SqList
{
    ElemType *elem;                      //存储空间的基地址
    int length;                          //当前长度
};
```

简单起见，以静态数组为例来进一步认识线性表的顺序存储相关的操作。

有关线性表的顺序存储的常见的基本操作就是初始化，查找给定元素、插入元素、删除元素等。这些操作的算法与一维数组中元素的查找、插入和删除算法很相似，以最简单的查找为例，看一下线性表的顺序存储的查找算法。

查找可以根据给定元素的序号查找，也可以根据给定的数据值进行查找，对于前者，根据顺序存储结构的随机存取的特点，可以直接通过数组的下标定位得到。下面看一下按给定值查找。

【例 10.9】线性表的顺序存储的查找算法

算法思想：在顺序表中查找与给定值相等的数据元素，如果找到一个与 e 相等的元素，则返回其在表中的位置（位序），如果找不到，则返回 0。

（1）从第一个元素起，依次和 e 相比较。

（2）若第 i 个元素的值等于 e，则查找成功，返回该元素的位序 i+1。

（3）若查遍整个顺序表都没有找到，则查找失败，返回 0。

算法描述：以线性表的数据元素都是整型为例，假如已经初始化好线性表。

```
#define MAXSIZE 100   //顺序表的最大长度
struct SqList
{
    int data[MAXSIZE];          //数组的定义
    int length;                 //当前长度
};
int LocateData(struct SqList L,int e)   //定义查找函数
{
    int i;
    for(i=0;i<L.lengh;i++)              //遍历数组元素
    if(L.data[i]==e) return i+1;        //若找到返回位序
    return 0;
}
```

算法分析：在顺序查找时，时间主要耗费在数据比较上，且比较的次数取决于查找元素的位置。

有关线性表的顺序存储的初始化、插入（添加元素）、删除等操作，请自行尝试完成。

数组的优点是使用直观，便于快速、随机地存取线性表中的任一元素。但缺点是对其进行插入或删除操作时需要移动大量数组元素。同时由于数组属于静态内存分配，定义数组时必须指定数组的长度，程序一旦运行，其长度就不能再改变，只能修改程序。实际使用的数组元素个数不能超过数组元素最大长度的限制，否则就会发生下标越界错误，而低于所设定的最大长度时，又会造成系统资源的浪费，因而空间效率差。即便是采用动态数组的方式，其插入和删除操作同样

比较复杂。解决这些问题，可以通过线性表的另外一种表示方法——线性表的链式存储。

10.5.3 线性表的链式表示和实现

线性表的链式存储结构的特点是：用一组任意的存储单元存储线性表的数据元素，这组存储单元可以是连续的，也可以是不连续的。这种存储与线性表的顺序存储不同，每一个数据元素除了存储其本身的信息之外，还要存储其后继的位置。这两部分信息构成数据元素的存储映像，称

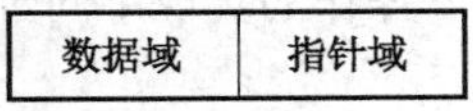

数据域	指针域

图 10.5.1　结点结构

为"结点（node）"。一个结点包括两个域：存储数据元素信息的域称为数据域；存储直接后继存储位置的域称为指针域。结点结构如图 10.5.1 所示。指针域中存储的信息称为指针或链。n 个结点链接成一个链表，即线性表的链式存储结构。

根据链表结点所含指针个数、指针指向和指针链接方式，可将链表分为单链表、循环链表、双向链表、二叉链表、十字链表、邻接表等。其中单链表、循环链表和双向链表用于实现线性表的链式存储，其他形式多用于实现树、图等非线性结构。

本节主要介绍单链表，链表的每个结点中只包含一个指针域，故又称为线性链表。

单链表的结构特点：①整个链表的存取必须从头指针开始进行；②头指针指示链表中第一个结点的存储位置；③线性链表中最后一个结点的指针为"空"（NULL）。

线性表的单链表存储结构在 C 语言中可以使用结构体和指针结合来描述，其形式如下：

```
struct  LNode
{
ElemType data;              //结点的数据域
struct LNode *next;         //结点的指针域
}*LinkList;                  // LinkList为指向结构体LNode的指针类型
```

线性表的带头结点的单链表存储结构的抽象表示如图 10.5.2 所示。

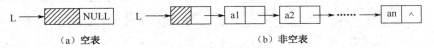

（a）空表　　　　　　　　（b）非空表

图 10.5.2　带头结点的单链表

为了形象理解单链表，可以想象火车的结构，或者由火车头和若干车厢组成，火车头连接第 1 个车厢，第 1 个车厢连接第 2 个车厢，第 2 个车厢连接第 3 个车厢，以此类推，也就是一个单链表结构，如图 10.5.3 所示。

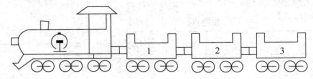

图 10.5.3　火车的结构

例如，线性表（A、B、C、D、E、）共 5 个数据元素，其链式存储结构如图 10.5.4 所示。

头指针L

7

存储地址	数据域	指针域
1	C	30
5	B	1
7	A	5
12	E	NULL
30	D	12

图 10.5.4　线性表的链式存储结构

该单链表可以用图 10.5.5 所示的链表来形象表示。

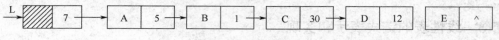

图 10.5.5　单链表

由以上例子可以看出，在单链表中，任何两个元素的存储位置之间没有固定的联系，而每个元素的存储位置都包含在其直接前驱结点的信息中。假设 p 是指向单链表中数据元素 a_{i+1} 的指针，即 p->data=a_i，则 p->next->data= a_{i+1}。由于单链表是非随机存储的存储结构，因此要取得第 i 个元素必须从头指针出发顺序进行寻找，也称为顺序存取的存储结构，所以其基本操作的实现不同于顺序表。

单链表也有不带头结点的单链表，如图 10.5.6 所示。不带头结点的单链表，需要一个头指针指向链表的第一个结点。

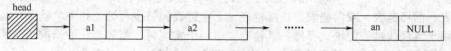

图 10.5.6　不带头结点的单链表

下面介绍一下不带头结点的单链表的常见操作。

1. 单链表的建立

链表的建立过程是向链表添加结点的过程。在程序执行过程中从无到有地建立起一个链表，为了向链表中添加一个新的结点，首先要为新建结点动态申请内存，让指针变量 p 指向这个新结点，然后将新结点添加到链表中。有以下两种情况：

（1）若链表为空表，则将新结点置为头结点，如图 10.5.7 所示。需要执行三个步骤：

```
head=p; q=p; q->next=NULL;
```

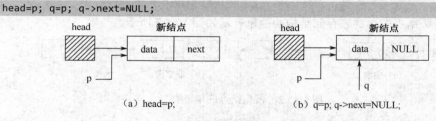

（a）head=p;　　　　　　　　（b）q=p; q->next=NULL;

图 10.5.7　添加结点（1）

（2）若原链表不为空，则将新结点添加到表尾，如图 10.5.8 所示。需要执行三个步骤：

```
q->next=p;q=p;q->next=NULL
```

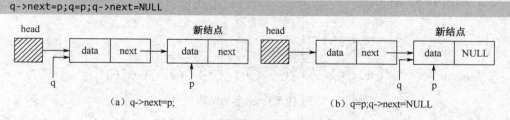

（a）q->next=p;　　　　　　　　（b）q=p;q->next=NULL

图 10.5.8　添加结点（2）

【例 10.10】建立一个简单的单链表并输出链表。

（1）确定问题。为由字母（A、B、C、D、E、F……）组成的线性表建立链表，并输出该链表。

（2）分析问题。本题首先需要构造一个链表结构体，用来表示链表的每一个结点，然后创建头指针，并不断地把输入的字母加入到链表中。链表的输出，是从头指针开始，逐个输出各个结点的数据。

（3）设计算法。

首先是单链表的创建过程：

① 构造结构体类型 link

```
struct link
{
    char data;
    struct link *next;
};
```

② 定义三个指针变量 head、p 和 q，它们都是用来指向 link 类型数据。

③ 用 malloc 函数开辟第一个结点，并使 p 和 q 指向它。

④ 输入第一个字母数据给 p 所指的第一个结点。

⑤ 使 head 也指向新开辟的结点。

⑥ 再开辟另一个结点并使 p 指向它，接着输入该结点的数据。

⑦ 使第一个结点的 next 成员指向第二个结点，即连接第一个结点与第二个结点。

⑧ 使 q 指向刚才建立的结点。

⑨ 重复以上结点开辟、赋值和链接过程，直到输入的字母为 '#' 时，表示建立链表的过程完成，该结点不连接到链表中。

单链表的输出过程：

① 指针变量 p 指向 head 所指向的结点。

② 判断 p 是否为 NULL，若不为空，输出 p->data，然后 p 指向下一个结点即 p->next。

③ 循环②直到 p 为 NULL。

（4）程序实现：

```
#include<stdio.h>
#include <stdlib.h>
#define LEN sizeof(struct link)          //用LEN表示结构体类型的长度
struct link    //构造结构体类型link
{
    char data;
    struct link *next;
};
int main()
{
    struct link *head,*p,*q;      //定义三个指针变量
    /*创建单链表*/
    head=NULL;                    //头指针初始化
    p=q=(struct link*) malloc(LEN);      //开辟结点空间，p和q指向结点
    scanf("%c",&p->data);                //输入字母
    while(p->data!='#')                  //判断字母是否为#
    {
        if(head==NULL)           //如果是空表
        {
            head=p;              //head指向第一个结点
            q=p;                 //q指向第一个结点
            q->next=NULL;        //设置第一个结点的next为NULL
        }
        else                     //若非空表，添加结点
        {
            q->next=p;           //q->next指向p所指向的结点
            q=p;                 //q指向p所指向的结点
            q->next=NULL;        //q的next为NULL
        }
        p=(struct link*) malloc(LEN);        //开辟下一个结点
        scanf("%c",&p->data);                //继续输出字母
    }
    /*输出链表*/
    p=head;                  //指针变量p指向head所指向的结点。
    while(p!=NULL)           //判断p是否为NULL
    {
        printf("%c",p->data);    //循环输出结点数据
        p=p->next;               //p指向下一个结点
    }
    printf("\n");
    return 0;
}
```

（5）程序运行结果：

```
ABCDEFGKLMN#
ABCDEFGKLMN
Press any key to continue
```

（6）总结。以上程序实现了动态创建简单链表以及输出链表内容。在创建的过程中，是根据需要逐个开辟空间。所以，这种动态链表的线性表，在很大程度上节约了内存空间。关键是理解链表创建的过程，三个指针 head、p 和 q 的作用，head 始终指向链表的头，p 是指向新开辟的结点，q 指向链表的最后一个结点，用来链接 p 所指向的新结点。

（7）优化。本程序在主函数中实现单链表的创建和输出，实际上把创建和输出模块化更实用一些。

☞拓展：请把创建和输出使用函数模块化。

2．单链表的删除

单链表的删除也是链表的一个常用操作，单链表的删除，就是将待删除的点从链表中断开，不再与其他结点有联系，就像火车中去掉一个车厢的操作一样。在线性表的顺序表示中，使用数组删除元素，需要大批量数据的移位。在单链表中，实现删除就不存在这个问题。

在链表中删除一个结点，需要考虑以下 4 种情况：

（1）链表为空，则不需要删除，直接退出。

（2）若待删除的结点 p 是头结点（第一个数据结点），则将 head，指向当前结点的下一个结点（head=p->next），即可删除当前结点。

（3）若待删结点不是头结点，则将前一结点 q 的指针域指向当前结点 p 的下一结点（q->next=p->next），即可删除当前结点，如图 10.5.9 所示。

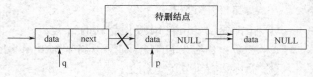

图 10.5.9　删除结点

（4）若已经搜索到链表尾（p->next==NULL）仍未找到待删结点，则输出"没有找到"。

需要注意：结点被删除后，只是表示结点从链表中断开而已，结点仍占用内存，必须释放所占的内存，否则将可能出现内存泄露。

下面给出删除上例链表中结点的函数。

```
struct link *DelNode(struct link *head, char node)
{
    struct link *p,*q;              //定义指针变量
    p=q=head;                       //p和q都指向head所指向的结点
    if(head!=NULL)                  //如果链表不空
    {
        while(node!=p->data&&p->next!=NULL)  //找结点
        {
            q=p;
            p=p->next;
        }
        if(p->data==node)           //找到结点
        {
            if(p==head)             //如果是头结点
            {
                head=p->next;
            }
            else                    //如果不是头结点
            {
                q->next=p->next;
            }
            free(p);                //释放空间
        }else                       //如果没有找到
        {
            printf("没有找到结点!\n");
        }
        return head;                //返回头结点指针
    }
    else                            //链表若为空,则返回头指针
    {
        printf("链表为空!\n");
        return head;
    }
}
```

可以在上例的程序中，调用该函数，实现链表中结点的删除操作。其实在实现删除的过程中，也用到了结点的查找过程。有关链表的结点插入，需要考虑插入点的位置，位置不同，插入的方法则不同。本章不再详细介绍，如果需要了解，请查阅数据结构相关书籍。

10.6　共用体

10.6.1　共用体的概念

前面学习的结构体类型可以组合多种类型的变量，体现一组信息的整体性，但是结构体也有弱点。如果一个变量一次只能保存一种类型数据，并且每次保存的数据类型又都不同，这个时候，如果采用结构体，显然有些空间浪费。C 语言提供了另外一种用户自定义类型——共用体，可以克服结构体的这个弱点。

共用体，也称为联合体，是将不同类型的数据组织在一起共同占用同一段内存的一种构造数据类型。在进行某些算法的 C 语言编程时，需要使几种不同类型的变量存放到同一段内存单元中。也就是使用覆盖技术，几个变量互相覆盖。这种几个不同的变量共同占用一段内存的结构，在 C 语言中，被称为"共用体"类型结构，简称共用体。与"联合体"名字相比较，"共用体"更能反映该类型在内存的特点。

可以把一个通用水果包装盒看做是一个共用体，这个盒子可以用来装一个苹果，也可以用来

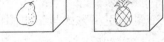

图 10.6.1　包装盒

装一个梨，还可以用来装一个菠萝或其他水果，但是这个包装盒某一时刻只能装一种水果，放了苹果，不能再放梨或其他的水果，如图 10.6.1 所示。

共用体与结构体的声明方法类似，只是关键字要用 union（联合），在 C 语言中，声明共用体类型的一般形式为：

```
union  共用体名
{
成员表列
};
```

这里的成员表列与结构体中的成员表列一样，多个成员就组成了成员表列，表列中的每一个成员分别定义类型。也可以把共用体类型的声明形式进一步展开，如下形式：

```
union结构体名
{
数据类型    成员1;
数据类型    成员2;
数据类型    成员3;
………….
};
```

例如，声明一个 data 共用体：

```
union data
{
    int i;
    float f;
    char ch;
};
```

共用体变量的定义与结构体相同，不再重复讲解。

union data 就是构造的共用体类型，在 Visual C++ 6.0 编译环境下，使用 sizeof(union data)求解 union data 共用体的字节数为 4。根据基本数据类型的特点，大家知道 Visual C++ 6.0 编译环境下，int 类型占 4 个字节、float 类型占 4 个字节、ch 类型占 1 个字节。那么 union data 怎么不是 4+4+1=9 个字节呢？这就是共用体数据类型的特点。共用体是从同一起始地址开始存放成员的值，因为共用体中的成员要共用一段存储单元，所以必须有足够大的内存空间来存储占据内存空间最多的那个成员，因此，共用体类型所占内存空间大小取决于其成员中占内存空间最多的那个成员变量，如图 10.6.2 所示。

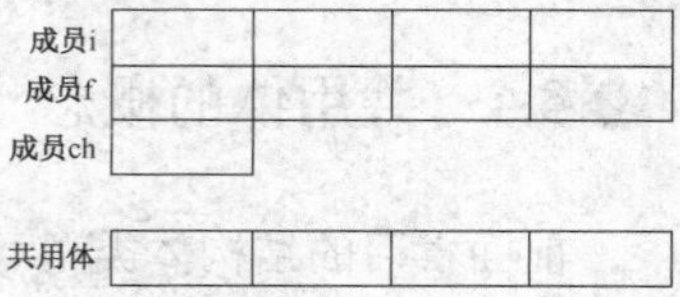

这个与通用水果合的道理是一样的，既然是通用，那么盒子的大小要足以容纳体型最大类型的水果。

由图 10.6.2 可知，共用体的前 1 个字节为 ch 变量分配，前 4 个字节为成员 i 和 f 分配。那怎么共用这 4 个字节呢？下面来看一下共用体的引用方式。

图 10.6.2　共用体

10.6.2　共用体变量的引用方式

下面定义一个共用体类型的变量。

```
union data
{
        int i;
        float f;
        char ch;
    } vardata;
```

如何引用共用体变量 vardata 的成员呢？共用体变量的引用方式与结构体相同，如下形式：

```
共用体变量名.成员名
```

【例 10.11】共用体变量引用例子。

（1）程序实现：

```c
#include <stdio.h>
int main()
{
    union data    //声明共用体data并定义变量vardata
    {
        int i;
        float f;
        char ch;
    }vardata;
    vardata.i=65;    //为成员变量i赋值65
    printf("f=%f\n",vardata.f);        //输出变量的成员f的值
    printf("i=%d\n",vardata.i);        //输出变量的成员i的值
    printf("ch=%c\n",vardata.ch);        //输出变量的成员ch的值
    vardata.f=65;    //为成员变量f赋值65
    printf("f=%f\n",vardata.f);
    printf("i=%d\n",vardata.i);
    printf("ch=%c\n",vardata.ch);
    vardata.ch='A';    //为成员变量ch赋值A
    printf("f=%f\n",vardata.f);
    printf("i=%d\n",vardata.i);
    printf("ch=%c\n",vardata.ch);
    return 0;
}
```

（2）程序运行结果：

```
f=0.000000
i=65
ch=A
f=65.000000
i=1115815936
ch=
f=65.000496
i=1115816001
ch=A
Press any key to continue
```

（3）总结。以上程序使用了共用体成员的引用，同时验证了共用体内存覆盖技术。由共用体的概念已经得知，共用体使用覆盖技术来实现内存的共用，即当对成员 i 进行赋值时，成员 f 和 ch 的内容将被改变，于是成员 f 和 ch 就失去了自身的意义，同样如果对成员 ch 进行赋值，成员 i 和 f 内容也将被改变，也失去了它们自身的意义。由于同一个内存单元在每一个瞬时只能存放其中一种类型的成员，也就是说同一时刻只有一个成员有意义。因此，在每一个瞬时起作用的成员是最后一次被赋值的成员。

10.6.3 共用体的数据类型的数据特征

在使用共用体的时候，要掌握共用体的数据特征。

（1）共用体的内存覆盖技术，即同一段内存可以用来存放多种不同类型的成员，但在每一个瞬时只能存放其中一个成员，共用体变量中起作用的成员是最后一次被赋值的成员。这个在上面的例子中已经得到验证。

（2）可以对共用体的成员进行初始化，不能为共用体的所有成员同时进行初始化，只能对第一个成员进行初始化。

例如，下面的初始化方式是错误的。

```
union data
    {
        int i;
        float f;
        char ch;
    }vardata={100,55,'a'};
```

按照 C99 标准，可以指定初始化成员，但是在 Visual C++6.0 编译环境下，仍认为是语法错误。

```
union data vardata={.ch='a'};        //初始化ch成员。
```

（3）共用体变量的地址和它的各成员的地址都是同一地址。这个道理很简单，它们使用的是同一段内存，所以地址肯定相同。

（4）与结构体相同，不能对共用体变量名赋值，也不能企图引用变量名来得到一个值。共用变量之间也不能直接进行比较。

（5）以前的 C 规定不能把共用体变量作为函数参数，但可以使用指向共用体变量的指针作函数参数。C99 允许用共用体变量作为函数参数。例如，在 Visual C++6.0 下，是可以用共用体变量作函数参数的，只是在调用函数时，传递的实际参数也存在成员的瞬时有效的特点。通过以下程序可以验证。

```
#include <stdio.h>
union data    //声明共用体data
{
        int i;
        char ch;
        float f;
};
void PrintUnion(union data x) //定义函数
{
    printf("f=%f\n",x.f);
    printf("i=%d\n",x.i);
    printf("ch=%c\n",x.ch);
}
int main()
{
    union data  vardata;      //定义共用体变量
    vardata.f=68;             //初始化
    PrintUnion(vardata);      //调用函数
    return 0;
}
```

程序运行结果：

```
f=68.000000
i=1116209152
ch=
Press any key to continue
```

（6）共用体类型也是一种数据类型，可以出现在结构体类型定义中，也可以定义共用体数组。反之，结构体也可以出现在共用体类型定义中，数组也可以作为共用体的成员。

10.7　枚举类型

在实际问题中，有些变量的取值被限定在一个有限的范围内。例如，一个星期内只有 7 天、一年只有 12 个月、一年有四个季度等。如果把这些量说明为整型、字符型或其他类型显然是不妥当的。为此，C 语言提供了一种称为"枚举"的类型。"枚举"（Enumeration）即一一列举的意思。当有些变量仅有有限个取值时，通常使用枚举类型，被说明为该"枚举"类型的变量取值不能超过定义的范围。

声明枚举类型用 enum 开头，枚举类型声明的一般形式如下：

```
enum  枚举名{ 枚举值表 };
```

在枚举值表中应罗列出所有可用值，这些值也称为枚举元素。

例如，声明一个枚举类型 enum weekday：

```
enum weekday{sun,mon,tue,wed,thu,fri,sat};
```

该枚举名为 weekday，枚举值共有 7 个，即一周中的 7 天。凡被说明为 weekday 类型变量的取值只能是 7 天中的某一天。

同样可以声明一个枚举类型 enum season：

```
enum season{ spring, summer, autumn, winter };
```

声明了枚举类型以后，可以定义枚举变量，比如要定义一个 enum weekday 枚举类型的变量 workday，形式如下：

```
enum weekday workday;
```

那么 workday 的取值只能是 sun、mon、tue、wed、thu、fri、sat7 个值中的任意一个，比如可以为 workday 变量赋值：

```
workday=mon;
workday=wed;
```

下面的赋值是错误的：

```
workday=monday;
```

因为 Monday 不是 enum weekday 枚举类型的枚举元素。

枚举类型数据在使用的时候，还要注意以下几方面。

（1）除非特别指定，一般情况下第一个枚举元素的值为 0，第二个枚举元素的值为 1，第三个枚举元素的值为 2，以后以此递增 1。使用枚举元素的目的是提高程序的可读性。避免使用不易理解的数字，用有意义的标识来替代。例如，上面定义的 workday 变量的值，使用 sun、mon、tue 等，比使用 0，1，2，3，....的程序可读性好。

C 语言允许在枚举类型定义的时候明确指定每个枚举元素的值。例如：

```
enum weekday{sun=7,mon=1,tue,wed,thu,fri,sat}workday;
```

指定枚举常量 sun 的值为 7，mon 为 1，以后顺序加 1，sat 为 6。如果只对一个常量赋值，而没有对后面的常量赋值，那么这些后面的常量会被赋予后续的值。

（2）枚举元素可以用来作判断比较。例如：

```
if(workday==mon)...
if(workday>sun)...
```

枚举元素的比较规则是按其在初始化时指定的整数来进行比较的。如果定义时未人为指定，则按上面的默认规则处理，即第一个枚举元素的值为 0，故 mon>sun，sat>fri。

（3）C 编译对枚举类型的枚举元素按常量处理，故称为枚举常量。不要因为它们是标识符(有名字)而把它们看做变量，不能对它们赋值。例如，对枚举元素进行这样的赋值是错误的：

```
sun=0; mon=1;
```

（4）虽然枚举元素代表枚举变量的可能取值，但其值是整型常数，不是字符串，因此只能作为整型值，而不能作为字符串来使用。

例如，下面的输出是正确的。

```
workday=mon;
printf("%d",workday);
```

如果使用 "printf(" %s " ,workday);" 则是错误的。

（5）枚举也是一种数据类型，因此也有枚举类型的数组和指针。

【例 10.12】从键盘上输入 1～4 的数字，在屏幕上输出 4 个季节的提示信息。

① 分析问题。本题需要声明一个 season 枚举类型，并定义枚举变量。

② 程序实现：

```
#include <stdio.h>
int main()
{
    enum season { spring=1, summer, autumn, winter }; //声明枚举类型
    enum season myseason;                 //定义变量
    printf("please input the code of season:");
    scanf("%d",&myseason);                //输入变量值
    switch(myseason)                      //根据输入的变量值选择
    {
    case spring: printf("It's spring! A beautiful season!\n");break;
    case summer: printf("It's summer! A hot season!\n");break;
    case autumn: printf("It's autumn! A harvest season!\n");break;
    case winter: printf("It's winter! A cold season!\n");break;
    default: printf("the code is wrong!\n");
    }
    return 0;
}
```

③ 程序运行结果：

```
please input the code of season:4
It's winter! A cold season!
Press any key to continue
```

④ 总结。在程序中使用了枚举类型的变量，在 switch 语句中使用枚举元素作为常量，显然比使用数字可读性要强。

10.8　用 typedef 声明新类型名

C 语言的特点之一是灵活，它的灵活体现在很多方面。在数据类型方面主要体现在任何已有的数据类型名（无论是基本数据类型还是用户自定义的类型）都可以重新定义新的名字。

要重新定义一个已有的类型名，需要用到 C 语言的一个关键字 typedef，这个关键字被称为是类型重定义关键字，像 int、float、double、struct student、union data、enum weekday 等都可以重新取名。

使用 typedef 对已有类型进行重新定义的形式如下：

```
typedef 已有类型名 重定义类型名;
```

新类型名一般用大写表示，以便于区别。"重新定类型名"是我们想要给已有类型名重新取的名字，可以是任何在程序中没有使用的 C 语言标识符，必须遵循标识符的命名规范。注意语句最后的分号不能丢。例如：

```
typedef int Integer;
typedef float  Real;
```

```
typedef struct student STUDENT;
```
　　为什么要对已用的类型名进行重命名呢？主要原因有两方面：

　　（1）丰富和形象化已用的数据类型。系统规定的类型名只有有限的几种，若要使用更多的类型名，只有自己重新定义新名字。新名字一般本着形象易记的原则。例如，上面把int重新定义为Integer，则同样都表示整型，在作用上是一样的，整型就多了一个名字，并且Integer更形象一些。

　　（2）简化复杂类型名的标识。本章学习的结构体、共用体、枚举类型在表示类型时都要分别在名字前加关键字 struct、union、enum，与使用一个名字做比较，这样的类型显然比较复杂。如果要简化这种表示方法，可以使用 typedef 进行重新定义类型名。例如，上面介绍的"typedef struct student STUDENT;"，使用 STUDENT 来代替 struct student 定义变量，使得类型名更简单。例如，重新定义类型名之后，使用下面两种方法定义 stu1 结构体变量的方法是等价的。

```
STUDENT stu1;
struct student stu1
```

　　声明一个新的类型名的方法和步骤如下。

　　① 先按定义变量的方法写出定义体（int i;）。

　　② 将变量名换成新类型名（将 i 换成 Count）。

　　③ 在最前面加 typedef（typedef int Count）。

　　④ 用新类型名去定义变量。

　　以定义数组类型为例，看以下几个步骤。

　　① 先按定义数组变量形式书写：

```
int a[100];
```

　　② 将变量名 a 换成自己命名的类型名：

```
int Num[100];
```

　　③ 在前面加上 typedef，得到

```
typedef int Num[100];
```

　　④用来定义变量：Num a; 相当于定义了：

```
int a[100];
```

　　使用 typedef 声明新类型名时，需要说明以下几点：

　　（1）使用 typedef 声明新类型名实际上是为特定的类型指定了一个同义字(synonyms)。

　　（2）用 typedef 只是对已经存在的类型指定一个新的类型名，而没有创造新的类型。

　　（3）用 typedef 声明数组类型、指针类型、结构体类型、共用体类型、枚举类型等，使得类型名更简单，编程更加方便。

　　（4）typedef 与#define 表面上有相似之处，有时也可用宏定义来代替 typedef 的功能，但是宏定义是由预处理完成的，而 typedef 则是在编译时完成的，后者更为灵活方便。

　　（5）当不同源文件中用到同一类型数据时，常用 typedef 声明一些数据类型。可以把所有的typedef 名称声明单独放在一个头文件中，然后在需要用到它们的文件中用#include 指令把它们包含到文件中。这样编程者就不需要在各文件中再重复定义新名字了。

　　（6）使用 typedef 名称有利于程序的通用与移植。有时程序会依赖于硬件特性，用 typedef 类型就便于移植。

10.9　案例——以线性表为数据结构改写"学生成绩管理系统"

任务描述

　　在上一步以指针为编程手段改写"学生成绩管理系统"的基础上，使用线性表作为数据结构完成所有模块。其中，本书介绍"创建成绩单"和"浏览成绩单"两个模块；"排序成绩单"及其他模块由学生自主完成。

数据描述

要使用线性表对学生成绩单中的学生属性进行重新描述。为了清晰地描述线性表的结构，在本步骤创建了成绩结构体类型、学生成绩结构体类型和学生成绩单三个结构体类型，同时使用typedef对结构体名重新声明新的类型名。

```
#define MAX_SIZE 30              //学生成绩单最大长度

typedef struct tagScore          //成绩结构体类型
{
    float maths;
    float chinese;
    float english;
    float average;
}SCORE;

typedef struct tagStudent        //学生成绩结构体类型
{
    char number[10];
    char name[11];
    SCORE score;
}STUDENT;

typedef struct tagStuList        //学生成绩单结构体类型
{
    STUDENT student[MAX_SIZE];
    int length;                  //成绩单实际当前实际长度
}STULIST;
```

将上述有关结构体类型声明的代码写入到 stulist.h 文件。

算法描述

1."创建空学生成绩单"模块算法描述

（1）使用 malloc 函数，动态生成学生成绩单；

（2）初始化学生成绩单线性表的长度为 0。

2."创建成绩单"模块伪代码算法描述

与第 7 章的相同，在此不再赘述。

3."浏览成绩单"模块伪代码算法描述

与第 7 章的相同，在此不再赘述。

程序实现

1."创建空学生成绩单"模块代码

（1）"创建空学生成绩单"函数接口设计。

① 确定函数名。给函数起一个有意义的名字：CreateEmptyStudentList。

② 形参设计。因为要给线性表申请空间，空间返回值应该是线性表的第一个元素的指针，因此使用 STULIST **stuList 作为函数的参数。

③ 确定函数类型。因为创建的学生成绩单由参数带回，所以函数类型为 void。

按照上面分析设计的函数原型为：void CreateEmptyStudentList(STULIST **stuList)。

将上面确定的函数原型写入 stulist.h 文件。

```
/****************************************************************/
/*功能：          创建空学生成绩单                              */
/*参数：          指向学生成绩单指针的指针                       */
/*返回值：        无                                            */
/****************************************************************/
void CreateEmptyStudentList(STULIST **stuList);
```

（2）"创建空学生成绩单"函数体设计。参考最后给出的代码。

（3）"创建空学生成绩单"函数最终代码。将最终代码写入 stulist.c 文件。

```c
void CreateEmptyStudentList(STULIST **stuList)
{
    *stuList = (STULIST *)malloc(sizeof(STULIST));   //动态生成学生成绩单
    (*stuList)->length=0;                            //初始化空表
    return;
}
```

2. "创建成绩单"模块代码

（1）"创建成绩单"函数接口设计。

① 函数名仍然使用上一章中的 CreateStudentList。

② 形参设计。学生成绩单是线性表结构，因此可以使用学生成绩单结构体指针 STULIST *stuList 作为函数参数。

③ 确定函数类型。因为创建的学生成绩单由参数带回，所以函数类型为 void。

按照上面分析设计的函数原型为：void CreateStudentList(STULIST *stuList)。

将上面确定的函数原型写入 stulist.h 文件。

```c
/*****************************************************************/
/*功能：          创建学生成绩单                                 */
/*参数：          stuList——指向学生成绩单的指针                   */
/*返回值：        无                                             */
/*****************************************************************/
void CreateStudentList(STULIST *stuList);
```

（2）"创建成绩单"函数体设计。参考最后给出的代码。

（3）"创建成绩单"函数最终代码。将最终代码写入 stulist.c 文件。

```c
void CreateStudentList(STULIST *stuList)
{
    int n;
    if(stuList->length>0)        //非空表
    {
        printf("\n不能重新创建学生成绩单！\n");
    }
    else    //空表
    {
        printf("请输入学生人数：");     //输入学生人数
        scanf("%d",&n);
        if(n>0&&n<=MAX_SIZE)             //学生人数合法，[1,MAX_SIZE]
        {
            InputStudentList(stuList,n);   //输入n个学生成绩信息
            stuList->length=n;
        }
        else
        {
            printf("学生人数范围应在[1,%d]之间，创建学生成绩单失败！\n",MAX_SIZE);
        }
    }
    return;
}
```

上面的 CreateStudentList 函数中通过调用 InputStudentList 来实现输入 n 个学生，其算法思想与以数组为数据结构实现"学生成绩管理系统"版本中的思想相同，具体代码如下，把这部分代码写入到 stulist.c 文件。

```c
void InputStudentList(STULIST *stuList,int numberOfStudent)
{
    int i;
    for(i=0;i<numberOfStudent;i++)
    {
        fflush(stdin);                       //清空键盘缓冲区
        printf("请输入第%2d条记录\n",i+1);
        InputStudent(&stuList->student[i]);  //输入一个学生记录
    }
    return;
}
```

上面的 InputStudentList 函数中调用了函数 InputStudent 来实现输入一个学生，具体代码如下，把这部分代码写入到 stulist.c 文件。

```c
void InputStudent(STUDENT *student)
{
    printf("请输入学号: ");              //输入学号
    gets(student->number);
    printf("请输入姓名: ");              //输入姓名
    gets(student->name);
    printf("请输入数学成绩: ");          //输入数学成绩
    scanf("%f",&student->score.maths);
    printf("请输入语文成绩: ");
    scanf("%f",&student->score.chinese);  //输入语文成绩
    printf("请输入英语成绩: ");
    scanf("%f",&student->score.english);  //输入语文成绩
    //计算平均成绩
    student->score.average=(student->score.maths+student->score.chinese+student->score.english)/3;
    return ;
}
```

（4）"创建成绩单"函数调用格式。使用学生成绩单指针 stuList 作实参，具体格式如下：

```c
CreateStudentList(stuList);
```

使用上面的函数调用语句替换 smssmain.c 文件中 main 函数 "case '1'" 处代码。

3. "浏览成绩单"模块代码

使用一个函数完成浏览成绩单的操作。

（1）"浏览成绩单"函数接口设计。

① 确定函数名。给函数起一个有意义的名字：BrowseStudentList。

② 形参设计。"浏览成绩单"函数的形参与"创建成绩单"的函数相同，在此不再赘述。

③ 确定函数类型。因为浏览成绩单不需要返回值，所以函数类型为 void。

按照上面分析设计的函数原型为：void BrowseStudentList(STULIST *stuList)。

将上面确定的函数原型写入 stulist.h 文件。

```c
/*************************************************************/
/*功能:          浏览学生成绩单中所有学生信息                    */
/*参数:          stuList——指向学生成绩单的指针                  */
/*返回值:        无                                          */
/*************************************************************/
void BrowseStudentList(STULIST *stuList);
```

（2）"浏览成绩单"函数体设计。参考最后给出的代码。

（3）"浏览成绩单"函数最终代码。将最终代码写入 stulist.c 文件。

```c
void BrowseStudentList(STULIST *stuList)
{
    int i;
    if( 0==stuList->length )   //表空
    {
        printf("无学生记录, 请创建成绩单或添加学生! \n");
    }
    else               //表不空
    {
    PrintTitle();                //输出表头
    for(i=0;i<stuList->length;i++)  //输出表体
    {
        PirntStudent(&stuList->student[i],i+1); //输出一个学生成绩信息
    }
    }
}
```

上面的 BrowseStudentList 函数中通过调用 PirntStudent 来实现输出一个学生，其算法思想与以数组为数据结构实现"学生成绩管理系统"版本中的思想相同，具体代码如下，把这部分代码写入到 stulist.c 文件：

```c
void PirntStudent(STUDENT *student,int n)
{
    printf("%4d%12s%12s%10.1f%10.1f%10.1f%10.1f\n",n,student->number,student->name,
        student->score.maths,student->score.chinese,
        student->score.english,student->score.average);
    return ;
}
```

（4）"浏览成绩单"函数调用格式。使用学生成绩单指针 stuList 作实参，具体格式如下：

```c
BrowseStudentList(stuList);
```

使用上面的函数调用语句替换 smssmain.c 文件中 main 函数 "case '6'" 处代码。

4．最终代码结构描述

该代码主要包括 stulist.h、stulist.c、smssmain.c 三个文件。

stulist.h 文件包括结构体类型的声明以及 CreateEmptyStudentList、CreateStudentList、InputStudentList、InputStudent、PirntStudent、BrowseStudentList 等函数的原型。

```
#define MAX_SIZE 30            //学生成绩单最大长度
typedef struct tagScore        //成绩结构体类型
{
    float maths;
    float chinese;
    float english;
    float average;
}SCORE;
typedef struct tagStudent      //学生成绩结构体类型
{
    char number[10];
    char name[11];
    SCORE score;
}STUDENT;
typedef struct tagStuList      //学生成绩单结构体类型
{
    STUDENT student[MAX_SIZE];
    int length;                //成绩单实际当前实际长度
}STULIST;
void CreateEmptyStudentList(STULIST **stuList);
void CreateStudentList(STULIST *stuList);
void InputStudentList(STULIST *stuList,int numberOfStudent);
void InputStudent(STUDENT *student);
void PirntStudent(STUDENT *student,int order);
void BrowseStudentList(STULIST *stuList);
```

stulist.c 文件包括 CreateEmptyStudentList、CreateStudentList、InputStudentList、Input Student、PirntStudent、BrowseStudentList 函数的定义，具体代码前面已经给出。

smssmain.c 文件包括 main、DisplayMenu 两个函数的定义。其中，在 main 函数中包含对 CreateStudentList、BrowseStudentList 等函数的调用。

```
#include<stdlib.h>
#include<conio.h>
#include<string.h>
#include"stulist.h"
void DisplayMenu();
int main(void)
{
    STULIST *stuList;          //学生成绩单指针
    int statistics[4][5];      //统计结果
    char subject[4][5]={"数学","语文","英语","平均"};   //科目名称
    char choice;
    CreateEmptyStudentList(&stuList);      //创建空学生成绩单
    do                         //重复选择菜单
    {
        DisplayMenu();         //显示菜单
        choice=getche();       //接收选项
        printf("\n");
        switch(choice)//实现点菜,由于篇幅限制, 仅仅列出了case '1','6','0'部分
        {
        case '1':              //创建成绩单
            CreateStudentList(stuList);
            break;
        case '6':              //浏览成绩单
            BrowseStudentList(stuList);
            break;
        case '0':
            printf("您将退出学生成绩管理系统, 谢谢使用! \n");
            break;
        default:
            printf("非法输入\n");
            break;
        } system("pause");
    }while(choice!='0');
    return 0;
}
```

本 章 小 结

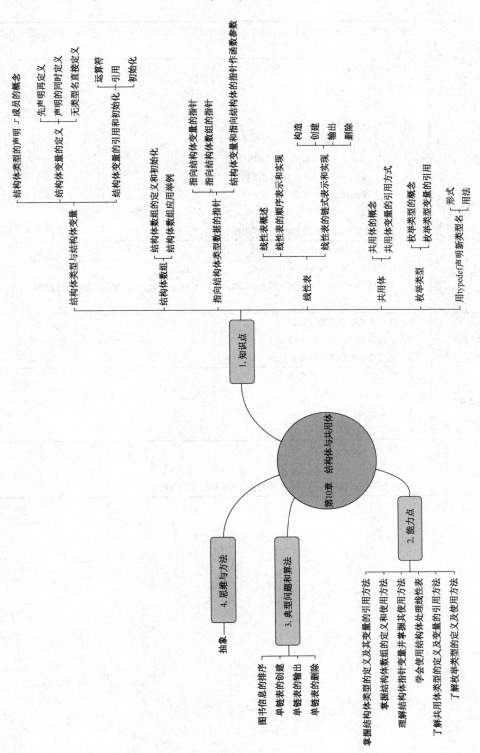

探究性题目：用 C 语言实现 Excel 中多字段排序

题　　目	编程实现图书按照出版年和价格排序，要求按照图书出版年降序排序，同一出版年的图书再按照图书价格排序

引　　导	图书信息可以定义为结构体，例如：
	
	struct book
	　　{
	　　　　char name[20];　　　　//书名
	　　　　char author[15];　　　　//作者
	　　　　char publisher[20];　　　//出版社
	　　　　int year;　　　　　　　//出版年
	　　　　float price;　　　　　　//单价
	　　};
	
	本题是实现结构体数组的多成员排序问题

阅 读 资 料	1. 百度百科：http://baike.baidu.com/ 2. 维基百科：http://www.wikipedia.org/ 3. 上学期"计算机应用基础"课程，Office 办公软件中有关 Excel 数据清单的实验文档。 4. Excel 帮助文档
相关知识点	1. 结构体类型的构造 2. 结构体数组的定义和使用 3. 冒泡排序和简单选择排序算法
参考研究步骤	1. 阅读教师提供的阅读资料 2. 查阅其他相关资料 3. 完成研究报告 4. 编写相应程序
具 体 要 求	1. 撰写研究报告 2. 提交程序 3. 录制视频（录屏）向教师、学生或朋友讲解探究的过程

第11章　文件

11.1　引例

大家在使用台式计算机上的记事本程序来编辑一个文档时，如果突然断电导致计算机被迫关机，那么当再次打开计算机的记事本程序后，发现原来编辑的内容已经丢失。这是为什么呢？

我们使用前面章节开发的"学生成绩管理系统"辛辛苦苦建立起来的学生成绩在退出"学生成绩管理系统"后将不复存在，不能保存最近所做的修改。这又是为什么呢？

以上两个问题主要是因为无论是记事本中的文档内容还是"学生成绩管理系统"中的学生成绩表都是存储在计算机的内存中，具体一点说就是存储在 RAM 中，所以当程序结束运行或机器突然掉电后，RAM 中的内容将丢失。

那么如何避免这种情况发生呢？一个最简单的方法就是将存储在计算机内存中的数据以文件的形式存储到计算机的外存中，最常见的是存储在硬盘中。

在 C 语言程序设计中，何时需要使用文件呢？

（1）需要多次反复对程序的输出结果查看或研究，且程序结果较多，一屏显示不下。

（2）输入数据量非常大，且每次输入的数据都相同。

（3）多个程序需要共享大量的数据（文件是不同函数、程序间共享数据的一种方法）。

（4）需要长期保存数据。

11.2　C 文件概述

11.2.1　文件

1．文件的概念

文件通常是指存储在外部存储介质（如磁盘、光盘、磁带等）上的数据的集合。操作系统以文件为单位对数据进行管理。

文件是一个逻辑概念，除了大家最熟悉的磁盘文件之外，操作系统把诸如显示器、打印机、键盘等外部设备也当做文件来处理，把对它们的输入/输出操作等同于对磁盘文件的读和写，我们将这些特殊的文件称为设备文件。

2．流

在当前比较流行的计算机语言中，如 Java、C++、C#等，把不同对象，如键盘、文件、显示器、打印机、网络连接等的输入/输出，抽象表述为"流（Stream）"，通过流的方式允许程序使用相同的方式来完成不同对象的输入/输出操作。

流是一种抽象，它负责在数据的源（数据的生产者）和数据的目的（数据的消费者）之间建立联系，并管理数据的流动。

例如，在如图 11.1.1 所示的程序段中，scanf 函数和 printf 函数都使用了流：printf 函数将字符'a'、'b'、'c'输出到连接显示器的流。而从键盘输入的字符串"3.14"会进入流中，scanf 函数会将它们的值保存到变量 pi 中。图中箭头部分就是流，我们可将它想象为流淌着无数水滴的河，每个水滴是一个字符或字节。

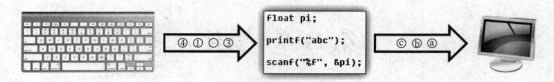

图 11.1.1　流式输入/输出示例

程序开始运行时，系统自动打开 3 个标准流：标准输入流、标准输出流、标准错误输出流。

（1）标准输入流（standard input stream，stdin）是指从终端的输入，在大多数系统中是从键盘输入。scanf 和 getchar 等函数就是从这个流中读取输入数据。

（2）标准输出流（standard output stream，stdout）是向终端的输出，在大多数系统中是向显示器输出数据，printf、puts 和 putchar 等函数就是将输出数据写入这个流。

（3）标准错误输出流（standard error stream，stderr）是指当程序出错时将出错信息输出到终端，大多数系统中是向显示器输出错误信息。

11.2.2　文件标识

一台计算机的存储设备中拥有众多文件，每个文件要有一个唯一的文件标识。文件标识包括 3 部分：盘符、路径、文件名。

下面以 "C:\CPROGRAM\CH01\Hello.c" 为例说明以上各个概念。

（1）盘符：用来表示文件存储的驱动器，通常用一个字母加冒号来标识。上例中的 "Hello.c" 文件存放在盘符为 "C:" 的驱动器上。

（2）路径：从盘符指定的驱动器的根目录（盘符下的第一个目录，用反斜线 "\" 表示）出发，一直到目标文件，把途经的各个子目录名（子文件夹名）连接在一起而形成的目录序列。子目录名之间用分隔符（反斜线 "\"）分开。在上例中，"Hello.c" 文件存放在 "C:" 驱动器上，路径是 "\CPROGRAM\CH01"，第一个 "\" 表示根目录，其余 "\" 表示分隔符。

（3）文件名：包括文件主名和文件扩展名，两者使用 "." 来分隔。其中，文件扩展名又称为文件后缀，用于说明文件所属类别，通常由创建文件的应用程序自动添加，不需要用户强行添加。常见的扩展名及其所属类别如表 11.2.1 所示。在上例中，"Hello.c" 文件的主名为 "Hello"，扩展名为 "c"

表 11.2.1　常见文件扩展名及其所属类别

扩 展 名	类 型	扩 展 名	类 型
exe	可执行文件	sys	系统文件
docx（或 doc）	Microsoft Word 文档	htm（l）	网页文件
txt	文本文件	pdf	Acrobat 文档
rar	压缩文件	c	C 语言源程序文件
bmp	位图文件	mp3	一种常见声音文件
avi	一种常见视频文件	swf	一种常见动画文件

11.2.3　文件的分类

从不同的角度可对文件进行不同的分类。

（1）按文件的逻辑结构：可分为记录文件和流式文件。

记录文件：由具有一定结构的记录组成。如每个学生的成绩信息就是一个记录，一份学生成绩单由多个记录组成，存储该成绩单的文件就是一个记录文件。

流式文件：由一个个字符或字节顺序组成，即该种文件没有明显的逻辑结构，其构成单位是字节或字符。

（2）按照文件的存储介质：可分为普通文件和设备文件。

普通文件：存储在不同种类的存储介质，如磁盘、磁带、U盘、光盘等上，。

设备文件：操作系统把诸如显示器、打印机、键盘等外部设备当做文件来处理，把对它们的输入/输出操作等同于对磁盘文件的读和写，这些特殊的文件称为设备文件。

（3）按照数据的组织形式：可分为文本文件和二进制文件。

数据在内存中是以二进制形式存储的，将内存中的这些数据不加任何转换，直接输出到文件中，这个文件就是二进制文件，我们可以把它比喻为内存数据的"克隆"。如果想将内存中的数据以 ASCII 码的形式存储到外存，就需要在存储前对数据进行转换，然后再输出到文件中，这个文件就是文本文件，也称为 ASCII 文件，其中的每一个字节存储一个字符的 ASCII 码。

不同类型的数据在文件中是以何种形式存储的呢？字符以 ASCII 码的形式存储，数值型数据既可以用二进制形式，也可以用 ASCII 码形式存储。例如，一个 int 型变量 x 中存储了一个整数 12345，在 VC6.0 中其以补码形式存储，占用 4 个字节的内存空间。若使用 ASCII 码形式将变量 x 输出到外存中，在输出前，先将 12345 转换为'1'、'2'、'3'、'4'、'5'五个字符，然后再输出到文件中，一个字符占用一个字节，共占用 5 个字节；若使用二进制形式将变量 x 输出到外存中，在输出前，不做任何转换操作，直接将 12345 的机器数直接"克隆"到文件中，因为在内存中占用 4 个字节，所以在文件中也占用 4 个字节，如图 11.2.1 所示。

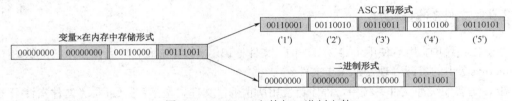

图 11.2.1　ASCII 文件与二进制文件

📖 **自主学习**：请读者比较一下文本文件与二进制文件，并在一个表格中列出两者的异同。

11.2.4　文件缓冲区

1．缓冲技术

由于 CPU 与内存的工作速度非常快，而对磁盘、光盘等外存的读写速度很慢，当访问外存时，主机必须等待慢速的外存操作完成后才能继续工作，严重影响了 CPU 效率的发挥，解决二者速度不匹配的方法是采用所谓的缓冲技术。

缓冲技术作为一种缓冲机制，主要用来解决速度不匹配的问题。这种技术不仅用于计算机领域，在现实世界中应用也很广泛，例如为了缓解地铁运送乘客速度和乘客进站速度之间的差异，地铁部门在建设了宽广的站台的基础上，引入了较长的"之"字形进站通道，本质上讲，该措施也是一种缓冲机制。

☞ **思考**：除了上面地铁的例子，日常生活、工作和学习中还有没有其他的缓冲机制？

缓冲分为硬件缓冲和软件缓冲两种。硬件缓冲用专用的存储器作为缓冲器，如高速缓冲存储器（Cache）。软件缓冲是指在操作系统的管理下，在内存中划出若干存储单元作为缓冲区。

按照缓冲区个数的多少和结构不同，缓冲区又可分为单缓冲、双缓冲、多缓冲、循环缓冲与缓冲池等。

计算机常用的输入输出缓冲区主要包括键盘缓冲区、打印缓冲区、文件缓冲区等。

2．缓冲文件系统

文件的缓冲读写操作可使磁盘得到高效利用。ANSI C 标准采用"缓冲文件系统"处理文件。缓冲文件系统是指系统自动地在内存中为每一个正在使用的文件开辟一个文件缓冲。缓冲区的大小由 C 的具体版本来确定。缓冲区的作用如下：

当需要向文件中写入数据时，并不是每次都直接写入外存，而是先写入到输出文件缓冲区，只有当缓冲区的数据存满或关闭文件时，才自动将缓冲区中的数据一次性写入文件；当需要从文件读取数据时，也是一次性将一个数据块读入输入文件缓冲区，然后再从缓冲区逐个地将数据送到程序数据区，如图 11.2.2 所示。缓冲区可有效减少访问外存的次数。

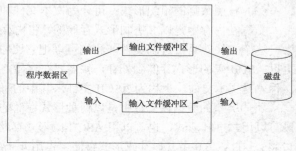

图 11.2.2　缓冲文件系统

📖**自主学习**：请有兴趣和余力的读者参考相关书籍或上网查阅相关资料，自主学习键盘缓冲区、打印缓冲区的工作原理。

11.2.5　文件类型指针

在操作系统中，用户使用 11.2.2 节中的"文件标识"来标识文件，使用操作系统提供的工具，如 Windows 7 中的资源管理器来操作文件。

在 C 语言的缓冲文件系统中，程序员使用所谓的"文件类型指针"（简称"文件指针"）作为"抓手"（Handle）来操作文件。这个"抓手"就有点像推拉抽屉的拉手、驾驭骏马的缰绳，程序员只有获得该"抓手"才能驾驭文件这匹"骏马"。

系统为每个打开的文件都在内存中开辟一块相应的文件信息区，用来存放诸如文件名、文件所允许的操作方式、文件状态和文件当前读写位置等信息。这些信息保存在 FILE 型结构体变量中，该结构体类型的定义包含在 stdio.h 文件中。FILE 结构体类型的具体实现方法因编译器而异。

📖**自主学习**：请读者找到所使用 C 编译系统的 stdio.h 文件，查看 FILE 结构体类型的详情。

有了 FILE 类型后，每当打开一个文件时，操作系统自动为该文件建立 FILE 类型的结构体数据，并返回指向它的指针。系统将被打开文件及缓冲区的各种信息都存入这个 FILE 型数据区域中，程序通过该文件类型指针获得文件信息并访问文件，如图 11.2.3 所示。

图 11.2.3　文件操作

文件关闭后，它对应的文件结构体被释放。

如前所述，在 C 语言中并不是通过 FILE 类型的变量的名字来引用文件相关信息，而是设置一个 FILE 类型的指针变量，通过它来引用文件相关信息。例如，下面是一个文件类型指针变量的定义：

```
FILE  *fp;
```

☞注意：

① FILE 指针不是真正指向存储在磁盘上的文件的开始位置，而是指向内存中文件信息区的开始位置。

② 前面介绍的 stdin、stdout、stderr 也是 FILE 型的类型指针。

11.2.6　C 语言中文件操作的基本步骤

文件操作的过程可以形象地总结为文件读写的“三部曲”，即打开、读写、关闭。

1．打开

所谓打开文件，实际上是在内存中开辟一块相应的文件信息区，并使文件指针指向该区域，以便进行进一步的操作。

也就是说，在 C 中访问文件前一定要打开该文件，即通过文件信息区，将一个 FILE *指针与磁盘上的文件建立一种关联，在 C 中使用该 FILE *指针变量访问文件。我们可做如下这样的比喻：文件就像驰骋在草原上、不受羁绊的骏马。当打开一个文件后，就像是给这匹“骏马”套上了笼头，安上了缰绳，这条缰绳就是指向被打开文件的文件指针，程序员通过它就可以自如地“驾驭”文件这匹“骏马”了。

在 C 语言中，使用库函数 fopen 打开文件。

2．读写

在文件的操作中，经常会涉及文件的读写操作，通常把数据从文件“流”到内存称为“读”（Read），数据从内存“流”到文件称为“写”（Write）。

（1）文件读写函数

C 语言中，没有输入输出语句，文件操作都是由库函数来完成的。常见的文件读写函数有 fgetc/fputc、fgets/fputs、fscanf/fprintf、fread/fwrite 等。

（2）文件读写位置标记

文件读写位置标记简称为文件位置标记，用来表示在某文件中要读写的下一个字符的位置。该标记会随着文件的读写操作而改变。以文件的读操作为例，在图 11.2.4 中，第一种情况，读操作前文件位置标记位于 a 处，读 1 个字符后，文件位置标记向后（文件尾方向）移动 1 个字符，位于 b 处；第二种情况，读操作前文件位置标记位于 a 处，读一行字符后，文件位置标记向后（文件尾方向）移动一行字符，位于下一行的开始位置 c 处。

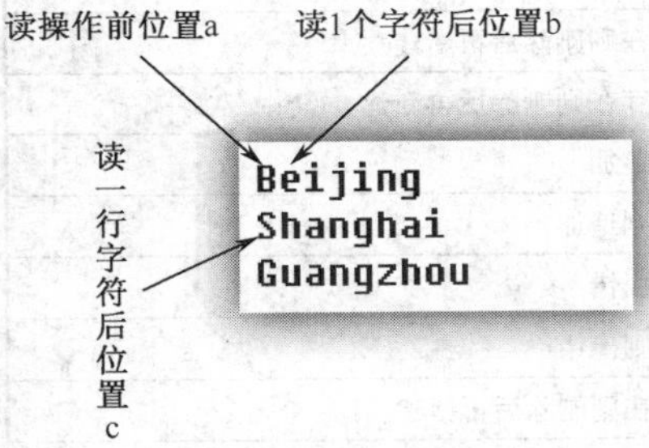
读操作前位置a
读1个字符后位置b
读一行字符后位置c
Beijing
Shanghai
Guangzhou

图 11.2.4　文件读写位置标记示例

（3）顺序读写

按照数据在数据文件中的物理存放顺序读写文件中的数据，既不能颠倒，也不能跳跃。

（4）随机读写

并不按照数据在数据文件中的物理存放顺序读写文件，而是可以对任何位置上的数据进行访问。随机读写操作除了文件读写函数外，还需要文件读写位置定位函数，如 rewind、fseek 的配合。

3．关闭

当文件使用结束后，要使用 fclose 函数关闭文件，断开文件指针与文件之间的联系。文件关闭后，就不能再对该文件进行读写操作了。

11.3　文件的打开与关闭

如前所述，文件在进行读写操作之前要先打开，使用完毕后要关闭。

11.3.1　文件的打开

在 C 语言中，使用库函数 fopen 打开文件。其详细说明如表 11.3.1 所示。

表 11.3.1　fopen 函数说明

头 文 件	#include<stdio.h>	
函数原型	FILE *fopen(const char *filename, const char *mode);	
功　　能	以 mode 指定的方式打开名为 filename 的文件	
参　　数	filename	字符串常量、字符数组名或字符指针，指定要打开文件的文件标识，包括盘符、路径、文件名
	mode	字符串常量、字符数组名或字符指针，指定文件打开的方式。文件打开的方式有 4 种： ● 只读，只从文件输入（读取）数据 ● 只写，只向文件输出（写入）数据 ● 读写，既可从文件输入（读取），也可向文件输出（写入）数据 ● 追加，从文件末尾处开始向文件输出（写入）数据 详细描述见表 11.3.2 文本文件使用"t"来表示（可省略），二进制文件使用"b"来表示
说　　明	文件打开后，文件位置标记指向文件的开头（追加方式下，指向文件的末尾）	
返 回 值	成功，返回与打开的文件相关联的文件指针；失败，返回 NULL	

表 11.3.2　文件打开方式

文件打开用方式		含　　义
只读	"r"	以只读方式打开一个已存在的文本文件，不存在则出错
	"rb"	以只读方式打开一个已存在的二进制文件，不存在则出错
只写	"w"	以只写方式打开一个文本文件，不存在则新建，存在则删除后再新建
	"wb"	以只写方式打开一个二进制文件，不存在则新建，存在则删除后再新建
追加	"a"	向文本文件尾部增加数据，不存在则新建，存在则追加
	"ab"	向二进制文件尾部增加数据，不存在则新建，存在则追加
读写	"r+"	以读写方式打开一个已存在的文本文件，不存在则出错
	"rb+"	以读写方式打开一个已存在的二进制文件，不存在则出错
	"w+"	以读写方式打开一个文本文件，不存在则新建，存在则删除后再新建
	"wb+"	以读写方式打开一个二进制文件，不存在则新建，存在则删除后再新建
	"a+"	以读写方式打开一个文本文件，不存在则新建，存在则追加
	"ab+"	以读写方式打开一个二进制文件，不存在则新建，存在则追加

打开文件的常用方法有如下几种：

方法一：

```
FILE *fp;
fp = fopen("file1.txt","r");
/*文件读写操作*/
fclose(fp);
```

方法二：

```
FILE *fp;
fp = fopen("file1.txt","r");
if(NULL == fp)
{
    printf("文件打开失败！！！\n");
}
else
{
    /*文件读写操作*/
    fclose(fp);
}
```

方法三：

```
FILE *fp;
if((fp = fopen("file1.txt","r")) == NULL)
{
    printf("文件打开失败！！！\n");
    exit(1);
}
/*文件读写操作*/
fclose(fp);
```

方法一没有考虑 fp 为 NULL 的情况，即文件无法正常打开的情况；方法二虽然考虑了文件无法正常打开的情况，但是代码相对冗长，而且没有做文件打开失败后的善后工作；方法三代码相对精练，同时考虑了文件打开失败的情况，并做了相应的善后工作。建议读者使用第三种方法来打开文件。

11.3.2 文件的关闭

在程序完成文件的读写操作后，必须正常关闭文件。关闭文件可调用库函数 fclose 来实现。其详细说明如表 11.3.3 所示。

表 11.3.3　fclose 函数说明

头 文 件	#include<stdio.h>	
函数原型	int　fclose(FILE　*fp);	
功　　能	关闭 fp 所指的文件，释放文件缓冲区	
参　　数	fp	文件类型指针，它指向要关闭的文件
说　　明	释放文件信息区和文件缓冲区，断开文件指针 fp 与文件之间的关联	
返 回 值	成功，返回 0；检查到错误时返回 EOF	

☞思考：根据前面所学的缓冲文件系统的工作原理，请读者思考：
文件读写操作完成后，如果没有正常关闭文件会产生什么严重的后果？

11.4　文件的顺序读写

在成功打开文件后，就可以使用 fgetc/fputc、fgets/fputs、fscanf/fprintf、fread/fwrite 等函数对文件进行顺序读写了。

11.4.1 字符的读写

使用库函数 fgetc 或 fputc 可以从指定文件中读出或向指定文件写入一个字符。fgetc 函数的详情如表 11.4.1 所示，fputc 函数的详情如表 11.4.2 所示。

表 11.4.1　fgetc 函数说明

头　文　件	#include<stdio.h>	
函数原型	int fgetc(FILE *fp);	
功　　能	从 fp 所指定的文件中取得下一个字符	
参　　数	fp	文件类型指针，指定要读取的文件
说　　明	（1）读取的文件应该是以只读或读写方式打开 （2）读取字符成功后，文件位置标记向后（文件尾方向）移动一个字符的位置	
返　回　值	返回得到的字符，若读入出错，返回 EOF	

表 11.4.2　fputc 函数说明

头　文　件	#include<stdio.h>	
函数原型	int fputc(int ch, FILE *fp);	
功　　能	将字符 ch 输出到 fp 指向的文件中	
参　　数	ch	要写入 fp 的字符
	fp	文件类型指针，指定要写入的文件
说　　明	（1）被写入的文件应该是以只写、读写或追加方式打开 （2）将 ch 中存储的字符输出到 fp 指定文件的文件位置标记所指位置，并将文件位置标记向后（文件尾方向）移动一个字符的位置	
返　回　值	返回写入的字符；如果发生错误，返回 EOF	

【例 11.1】将命令行参数指定文件的内容显示在屏幕上。

（1）确定问题：使用命令行参数（文件标识，即盘符、路径、文件名）指定文件，使用字符级输入/输出函数将文件内容显示在屏幕上。

（2）分析问题：可以使用以下步骤来完成该题目：

① 使用 Windows 7 的记事本建立一个文本文件，内容自定，按照默认格式将新建的文件存为 "e:\file1.txt"。

② 使用文件读写的"三部曲"完成文件的读写操作，其间将读取到的文件内容输出到屏幕上。

③ 在 Windows 7 的"命令提示符"下执行程序，验证结果。

（3）设计算法：完成该题目的算法流程图如图 11.4.1 所示。

其中，"打开文件"和"关闭文件"分别使用 fopen 和 fclose 函数完成；判断"文件是否结束"使用 feof 函数完成；"从文件读取一个字符"使用 fgetc 函数来完成；"将字符显示在屏幕上"使用 fputc 函数完成。

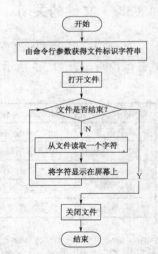

图 11.4.1　显示文件流程图

（4）程序实现：

```
1   #include <stdio.h>
2   #include <stdlib.h>
3   int main(int argc,char *argv[])
4   {
5       FILE *fpIn;
6       char  *fileName;
7       char ch;
8
9       if(argc<2)          //由命令行参数获得文件标识
10      {
11          printf("命令行参数错误\n");
12          exit(1);
```

```
13        }
14        fileName=argv[1];
15
16        if((fpIn=fopen(fileName,"r"))==NULL)    //打开fileName指定的文件
17        {
18            printf("无法打开此文件\n");
19            exit(2);
20        }
21
22        while(!feof(fpIn))          //循环读fpIN文件
23        {
24            ch=fgetc(fpIn);         //读取一个字符
25            fputc(ch,stdout);       //将字符输出到屏幕
26        }
27        fclose(fpIn);               //关闭fpIN
28        system("pause");            //暂停程序运行，按任意键继续
29        return 0;
30    }
```

其中，第 22 行的函数 feof 是检查指定文件（在本例中是 fpIn 所指向的文件）是否结束。如果文件结束了，则函数返回 1（真），否则返回 0（假）。代码中表达式 "!feof(fpIn)" 的含义是：当 fpIn 指向的文件未结束时，表达式的值为 1（真），配合 while 语句循环读取字符；否则，表达式的值为 0（假），循环结束。

📖自主学习：请读者参考相关书籍或上网搜索相关资料，自主学习 feof 函数，并仿照表 11.3.1 制作一张表格。

☞思考：第 25 行代码还有没有其他的写法。

（5）运行结果：

① 使用 Windows 7 的记事本建立一个文件标识为 "e:\file1.txt" 的文本文件，内容如图 11.4.2（a）所示。

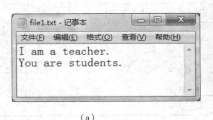

（a）

（b）

图 11.4.2　显示文件运行过程和结果

② 单击"开始"按钮，在搜索框中输入"cmd"命令，按 Enter 键。

③ 在命令行提示符后输入命令行 "e:\printfile.exe e:\file1.txt"，按 Enter 键。其中，假设生成的可执行文件为 "e:\printfile.exe"，它是第一个命令行参数（由 argv[0]指向）；使用记事本生成的文件标识为 "e:\file1.txt"，它是第二个命令行参数（由 argv[1]指向）。运行结果如图 11.4.2（b）所示。

📖自主学习：请读者参考相关书籍或上网搜索相关资料，自主学习在 VC6.0 集成开发环境中执行接收命令行参数的程序的方法。

11.4.2　字符串的读写

如果要处理的字符较多，使用 fgetc/fputc 函数一次读写一个字符，则略显烦琐、麻烦。C 语言允许使用函数 fgets/fputs 一次读写一个字符串。fgets 与 fputs 函数的详情分别如表 11.4.3 和表 11.4.4 所示。

表 11.4.3 fgets 函数说明

头 文 件	#include<stdio.h>	
函数原型	char *fgets(char *str, int n, FILE *fp);	
功　　能	从 fp 指向的文件读取一个最长为 (n-1) 的字符串，存入起始地址为 str 的空间	
参　　数	str	从文件读取的字符串存入空间的起始地址
	n	从文件读取最多字符数+1
	fp	文件类型指针，指定要读取的文件
说　　明	（1）读取的文件应该是以只读或读写方式打开 （2）若遇到如下情况之一（除去出错的情况）后，读取操作结束。 ● 读取 n-1 个字符 ● 读完 n-1 个字符之前遇到 '\n'（读入 '\n'，'\n' 是读入字符序列的最后一个字符） ● 读完 n-1 个字符之前遇到文件结束符 EOF （3）本次读取操作后，在读取到的字符序列最后添加一个字符串结束标志 '\0'，使之构成一个字符串，最后将其放到 str 指向的内存空间 （4）读取成功后，文件位置标记向后（文件尾方向）移动到最后读取到的字符所处位置之后的位置	
返 回 值	返回字符指针 str 的值，若遇文件结束或出错，返回 NULL	

表 11.4.4 fputs 函数说明

头 文 件	#include<stdio.h>	
函数原型	int fputs(const char *str, FILE *fp);	
功　　能	将 str 指向的字符串输出到 fp 所指定的文件中	
参　　数	str	字符串常量、字符数组名或字符指针，指向要写入文件的字符串
	fp	文件类型指针，指定要写入的文件
说　　明	（1）被写入的文件应该是以只写、读写或追加方式打开 （2）将 str 所指向的字符串输出到 fp 指定文件的文件位置标记所指位置，并将文件位置标记向后（文件尾方向）移动到写入字符串之后的位置	
返 回 值	成功，返回 0；否则，返回 EOF	

☞拓展：fgets/fputs 比较适合于以"行"为单位的文本文件的读写。以 '\n' 结尾的字符序列称为"行"。因此，在使用 fputs 函数向文件中写入字符串后，最好紧接着写入 '\n'（除非字符串最后的有效字符为 '\n'），以便将来使用 fgets 函数读取文件中的"行"。

【例 11.2】使用字符串读写方式完成文件的复制功能。

（1）确定问题：以字符串为单位从已存在的文本文件中读取数据，将这些数据显示在屏幕上，并复制到另一个文本文件中。

（2）分析问题：可以使用以下步骤来完成该题目：

① 使用 Windows 7 的记事本建立一个文本文件，内容自定，按照默认格式将新建的文件存为"e:\file1.txt"。注意该文件由多行文本组成。

② 使用文件读写的"三部曲"完成文件的读写操作，将读取到的文件内容输出到屏幕上，同时复制一份到另一个文件标识为"e:\file2.txt"的文本文件中。

③ 在 VC6.0 集成开发环境中执行程序，验证结果。

④ 使用 Windows 7 的记事本打开文件标识为"e:\file2.txt"的文本文件，将其内容与文件标识为"e:\file1.txt"的文本文件的内容进行比较，验证结果。

（3）设计算法：完成该题目的算法流程图如图 11.4.3 所示。

· 286 · PAGE

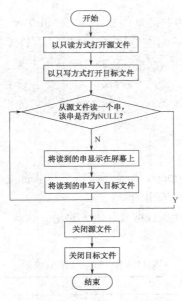

图 11.4.3　文件复制流程图

其中，使用 fgets 函数从文件读取字符串，使用 fputs 函数向文件写入字符串。

（4）程序实现：

```c
#include <stdio.h>
#include <stdlib.h>
int main()
{
    FILE *fpIn,*fpOut;
    char  inFileName[50]="e:\\file1.txt",outFileName[50]="e:\\file2.txt";
    char str[255];
    if((fpIn=fopen(inFileName,"r"))==NULL)   //打开文件inFileName, 由fpIn指向
    {
        printf("无法打开文件\n");
        exit(1);
    }
    if((fpOut=fopen(outFileName,"w"))==NULL)   //打开文件outFileName, 由fpOut指向
    {
        printf("无法创建文件\n");
        exit(2);
    }
    while(fgets(str,255,fpIn))   //非NULL
    {
        printf("%s",str);          //将str显示在屏幕上
        fputs(str,fpOut);          //将str写入fpOut所指文件
    }
    fclose(fpIn);                  //关闭fpIn所指文件
    fclose(fpOut);                 //关闭fpOut所指文件
    return 0;
}
```

其中，第 18 至 22 行代码的含义是：当 fgets 函数读取字符串成功时，while 循环条件成立，将读取到的字符串显示在屏幕上，并复制到 fpOut 所指向的文件；否则，循环结束。

☞思考：第 6 行代码中 "e:" 后为什么是 "\\" 而不是 "\" ？

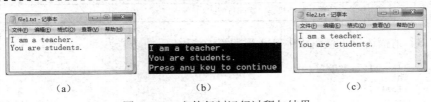

　　（a）　　　　　　　　　（b）　　　　　　　　　（c）

图 11.4.4　文件复制运行过程与结果

（5）运行结果：

① 使用 Windows 7 的记事本建立一个文件标识为 "e:\file1.txt" 的文本文件，内容如图 11.4.4（a）所示。

② 在 VC6.0 集成开发环境中执行程序，结果如图 11.4.4（b）所示。

③ 使用 Windows 7 的记事本打开文件标识为 "e:\file2.txt" 的文本文件，将其内容与文件标识为 "e:\file1.txt" 的文本文件的内容进行比较，结果如图 11.4.4（c）所示。

☞ **拓展**：Windows 操作系统与 UNIX/Linux 操作系统上文本文件中的换行符。
默认情况下，在 Windows 平台下的文本文件中的换行符由回车符和换行符（'\r'和'\n'，十六进制 0x0A 和 0x0D）组成，而在 UNIX/Linux 平台下的文本文件中的换行符是'\n'（十六进制 0x0D）。

11.4.3 格式化读写

无论是 fgetc/fputc 还是 fgets/fputs，都是字符或字符串的输入输出，那么其他类型的数据，如整型、浮点型等数据又是如何输入输出的呢？

可以使用 fscanf/fprintf 对文件进行格式化输入输出。这两个函数的详情分别如表 11.4.5 和表 11.4.6 所示。

表 11.4.5　fscanf 函数说明

头 文 件	#include<stdio.h>	
函数原型	int fscanf(FILE *fp, const char *format , args , ...);	
功　　能	从 fp 所指定的文件中按 format 给定的格式将输入数据送到 args 所指向的内存单元	
参　　数	fp	文件类型指针，指定要读取的文件
	format	字符串常量、字符数组名或字符指针，格式字符串
	args	指针类型，指向输入数据将要存放到的内存区域的起始位置
说　　明	（1）读取的文件应该是以只读或读写方式打开	
	（2）此函数是从文件中读取数据，而不是从键盘输入数据，除此之外与 scanf 函数完全相同	
	（3）读取成功后，文件位置标记向后（文件尾方向）移动到最后读取的数据所处位置之后的位置	
返 回 值	成功，返回已输入的数据个数；否则，返回 EOF	

表 11.4.6　fprintf 函数说明

头 文 件	#include<stdio.h>	
函数原型	int fprintf(FILE *fp, const char *format , args,...);	
功　　能	把 args 的值以 format 指定的格式输出到 fp 所指定的文件中	
参　　数	fp	文件类型指针，指定要写入的文件
	format	字符串常量、字符数组名或字符指针，格式字符串
	args	各种类型，要输出的数据
说　　明	（1）被写入的文件应该是以只写、读写或追加方式打开	
	（2）此函数是向文件写入数据，而不是向显示器输出数据，除此之外与 printf 函数完全相同	
	（3）将 args 标识的数据以 format 指定的格式输出到 fp 所指定文件的文件位置标记所指位置，并将文件位置标记向后（文件尾方向）移动到最后写入数据之后的位置	
返 回 值	返回实际输出的字符数；错误，返回负值	

【例 11.3】请描述以下代码段中第 8 行和第 10 行代码的功能。

```
1  ......
2  FILE *fp1,*fp2;
3  int i;
4  float f;
5  ......
6  i=3;
7  f=4.5;
8  fprintf(fp1,"%d,%6.2f",i,f);
9  ......
10 fscanf(fp2,"%d,%f",&i,&f);
11 ......
```

解答：第 8 行代码的功能是将 int 型变量 i 和 float 型变量 f 的值分别按照%d 和%6.2f 格式输

出到 fp1 指向的文件中，输出到文件上的内容是：

```
3,□ □ 4.50
```

其中，"□"代表空格。

第 10 行代码的功能是到 fp2 所指向的文件的当前位置读取 ASCII 字符。如果 fp2 所指文件当前位置上有字符"3,4.5"，则从文件读取字符"3"的 ASCII 码，转换为整数 3 后送给 int 型变量 i；从文件读取字符序列"4.5"，转换为实数 4.5 送给 float 型变量 f。

☞注意：fscanf/fprintf 函数的效率问题。

在使用 fprintf 函数输出数据时，要将二进制形式的数据转换为字符后，再输出到文件中；在使用 fscanf 函数输入数据时，要将文件中的字符数据转换为二进制形式后，再保存到内存变量中。因此这两个函数的输入输出效率较低，读者慎用。

11.4.4　数据块的读写

在 C 语言中，使用函数 fread/fwrite 用于整块数据的读写操作。这里所说的数据块主要是指数组或结构体变量等。

☞注意：如何正确理解数据块读写函数中的"一块数据"？

在内存中，n 个字节数据（n≥1）都可以认为是"一块数据"，使用其的起始地址来标识该数据块。理论上，除了数组或结构体变量外，一个 char、int、float、double 型变量也都可以被认为是"一块数据"，都可以使用数据块读写函数来处理。

fread/fwrite 这两个函数的详情分别如表 11.4.7 和表 11.4.8 所示。

表 11.4.7　fread 函数说明

头 文 件	#include<stdio.h>	
函数原型	unsigned fread(void *ptr, unsigned size, unsigned count, FILE *fp);	
功　　能	从 fp 所指定的文件中读取长度为 size 的最多 count 个数据项，存到 ptr 所指向的内存区	
参　　数	ptr	指针类型，指向用来存放从文件读取的数据项的内存区的指针
	size	无符号整型，每个数据项的长度或尺寸
	count	无符号整型，数据项的个数
	fp	文件类型指针，指定要读取的文件
说　　明	（1）读取的文件应该是以只读或读写方式打开	
	（2）实际读取的数据项个数可能小于 count	
	（3）读取成功后，文件位置标记向后（文件尾方向）移动实际读取数据项个数与 size 的乘积个字节	
	（4）该函数以二进制方式进行文件读取操作	
返 回 值	返回实际读取的数据项个数，如遇文件结束符或出错返回 0	

表 11.4.8　fwrite 函数说明

头 文 件	#include<stdio.h>	
函数原型	unsigned fwrite(const void *ptr, unsigned size, unsigned count, FILE *fp);	
功　　能	把 ptr 所指向的最多 count×size 个字节的数据输出到 fp 所指向的文件中	
参　　数	ptr	指针类型，指向存放要输出的数据项的内存区的指针
	size	无符号整型，每个数据项的长度或尺寸
	count	无符号整型，数据项的个数
	fp	文件类型指针，指定要写入的文件

说　明	（1）写入的文件应该是以只写、读写或追加方式打开
	（2）实际输出的数据项个数可能小于 count
	（3）输出成功后，文件位置标记向后（文件尾方向）移动实际输出数据项个数与 size 的乘积个字节
	（4）该函数以二进制方式进行写入文件操作
返 回 值	返回实际写入文件的数据项个数

【例 11.4】　使用数据块读写函数完成学生结构体数据的读写操作。

（1）确定问题：将 2 个学生的数据写入磁盘文件，然后再从该文件中读出刚写入的学生数据，并将之显示在屏幕上。

（2）分析问题：可以使用以下步骤来完成该题目：

① 使用文件读写的"三部曲"完成文件的写操作，即使用 fwrite 函数将 2 个学生的数据写入文件标识为 "e:\stu.dat" 磁盘文件。

② 使用文件读写的"三部曲"完成文件的读操作，即使用 fread 函数从文件标识为 "e:\stu.dat" 的磁盘文件读取 2 个学生的数据，并将之显示在屏幕上。

③ 在 VC6.0 集成开发环境中执行程序，验证结果。

（3）设计算法：完成该题目的算法流程图如图 11.4.5 所示。

（4）程序实现：

```
1    #include <stdio.h>
2    #include <stdlib.h>
3    struct student
4    {
5        int num;
6        char name[21];
7        int score[3];
8    };
9    struct student stu1[2]={{111,"Zhangsan",78,88,63},
10                           {222,"Lisi",99,65,86}};
11   struct student stu2[2];
12   int main()
13   {
14       FILE *fp;
15       int i;
16       if((fp=fopen("e:\\stu.dat","wb"))==NULL)    //打开文件
17       {
18           printf("无法创建文件\n");
19           exit(1);
20       }
21       fwrite(stu1,sizeof(struct student),2,fp);   //写入学生数据
22       fclose(fp);    //关闭文件
23       if((fp=fopen("e:\\stu.dat","rb"))==NULL)    //打开文件
24       {
25           printf("无法打开文件\n");
26           exit(2);
27       }
28       fread(stu2,sizeof(struct student),2,fp);    //读出学生数据
29       for(i=0;i<2;i++)    //输出学生数据至屏幕
30       {
31           printf("%10d%20s%10d%10d%10d\n",
32               stu2[i].num,
33               stu2[i].name,
34               stu2[i].score[0],
35               stu2[i].score[1],
36               stu2[i].score[2]);
37       }
38       fclose(fp);    //关闭文件
39       return 0;
40   }
```

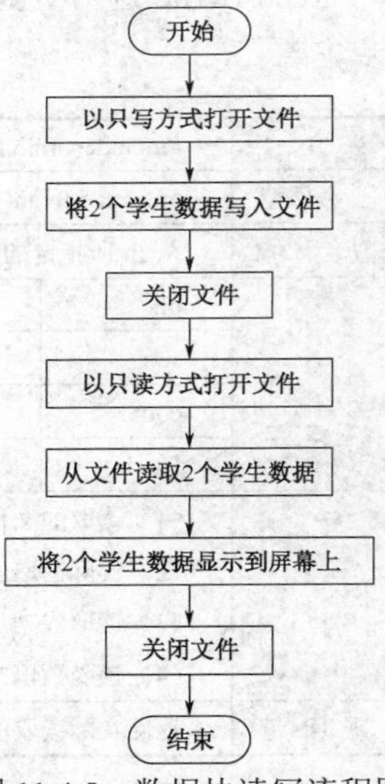

图 11.4.5　数据块读写流程图

其中，第 21 行代码的功能是将 stu1 数组中的两个学生的信息写入文件标识为 "e:\stu.dat" 磁盘文件；第 28 行代码的功能从文件标识为 "e:\stu.dat" 磁盘文件读取 2 个学生的信息到 stu2 数组中；当程序执行到 21 行后，文件读写位置标记位于文件末尾，无法进行读取刚写入文件的 2 个学生数据的操作，需将文件位置标记置于文件开头，然后再读取数据。但是，到此为止，我们还没有讲述如何定位文件位置标记，因此我们采取另外一种方法来完成任务：关闭文件后（第 22 行代码），重新以只读方式打开文件（第 23 行至 27 行代码），使文件位置标记定位于文件开头，

然后再读取所需数据（第 28 行代码）。

☞注意：例 11.4 中两次打开文件、两次关闭文件，不但代码冗长，而且效率较低。

（5）程序运行结果：

```
      111          Zhangsan        78         88          63
      222          Lisi            99         65          86
Press any key to continue
```

📖自主学习：请读者参考相关书籍或上网搜索相关资料搞清楚如下问题：在 C 语言的缓冲文件系统中，将一个文件按文本方式处理和按二进制方式处理有何异同，并将其归纳总结在一个表格中。

11.5 文件的随机读写

若要实现文件的随机读写，除了上面同样适用于顺序读写的库函数外，关键是对文件读写位置标记的定位。使用 rewind 和 fseek 函数可以实现这一操作，二者的详情分别如表 11.5.1 和表 11.5.2 所示。

表 11.5.1　rewind 函数说明

头 文 件	#include<stdio.h>	
函数原型	void rewind(FILE *fp);	
功　　能	将 fp 指定的文件中的读写位置标记置于文件开头位置，并清除文件结束标志和文件错误标志	
参　　数	fp	文件类型指针，指定要定位文件读写位置标记的文件
返 回 值	无	

表 11.5.2　fseek 函数说明

头 文 件	#include<stdio.h>	
函数原型	int fseek(FILE *fp, long offset, int base);	
功　　能	将 fp 所指定的文件读写位置标记移到以 base 所给出的位置为基准，以 offset 为位移量的位置	
参　　数	fp	文件类型指针，指定要定位文件读写位置标记的文件
	offset	长整型，位移量。位移量的含义如下： （1）0，表示将文件位置标记移至基准处 （2）正数，表示将文件位置标记从基准开始向后（文件尾）方向移动位移量的距离 （3）负数，表示将文件位置标记从基准开始向前（文件头）方向移动位移量绝对值的距离
	base	整型，移动时参照的基准，可取以下三者之一： （1）SEEK_SET，相应的整数值为 0，表示文件开始位置 （2）SEEK_CUR，相应的整数值为 1，表示文件位置标记当前指向位置 （3）SEEK_END，相应的整数值为 2，表示文件末尾位置 既可使用如 SEEK_SET 这样的符号常量，也可直接给出与符号常量对应的整数值
说　　明	该函数不会清除文件结束标志和文件错误标志	
返 回 值	返回 0，失败则返回非 0 值	

【例 11.5】修改例 11.4 中的代码，使其更加精简和高效。

（1）分析问题：例 11.4 中两次打开文件、两次关闭文件，不但代码冗长，而且效率较低。之所以产生这样的结果，是因为使用 fopen 函数将文件读写位置标记定位在文件开头。这一功能可以使用 rewind 函数来完成。所以，修改例 11.4 中的代码，只打开和关闭文件一次，就可完成读写 2 个学生数据的功能。

（2）程序实现：

```
1    #include <stdio.h>
2    #include <stdlib.h>
3    struct student
4    {
5        int num;
6        char name[21];
7        int score[3];
8    };
9    struct student stu1[2]={{111,"Zhangsan",78,88,63},
10                            {222,"Lisi",99,65,86}};
11   struct student stu2[2];
12   int main()
13   {
14       FILE *fp;
15       int i;
16       if((fp=fopen("e:\\stu.dat","wb+"))==NULL)    //打开文件
17       {
18           printf("无法创建文件\n");
19           exit(1);
20       }
21       fwrite(stu1,sizeof(struct student),2,fp);    //写入学生数据
22       rewind(fp);            //将文件位置标记定位于文件开头
23       fread(stu2,sizeof(struct student),2,fp);    //读出学生数据
24       for(i=0;i<2;i++)            //输出学生数据至屏幕
25       {
26           printf("%10d%20s%10d%10d%10d\n",
27               stu2[i].num,
28               stu2[i].name,
29               stu2[i].score[0],
30               stu2[i].score[1],
31               stu2[i].score[2]);
32       }
33       fclose(fp);        //关闭文件
34       return 0;
35   }
```

第 22 行代码将文件位置标记置于文件开头。

☞注意：例 11.5 中只打开和关闭文件一次，就要完成读和写两种操作，所以以 "wb+" 方式打开文件（第 16 行代码）。

【例 11.6】　通过调用 fseek 函数的方法，完成下面定位文件位置标记的操作。已知 fp 是指向要定位文件的文件类型指针。

（1）将文件位置标记移动到文件开始位置之后 50 字节处。

（2）将文件位置标记移动到文件位置标记当前位置之后 100 字节处。

（3）将文件位置标记移动到文件尾之前 10 字节处。

（3）分析问题：该题主要是要确定 fseek 函数形式里的第 2、3 个参数的写法。第 2 个参数通过题目描述的字节数即可得到，要注意 long 型常数后应加上字母 "L"，基准之后（文件尾方向）的参数为正数，基准之前（文件头方向）的参数为负数；第 3 个参数通过题目描述中的 "起始点" 来得到，（1）到（3）中的基准分别是 SEEK_SET（0）、SEEK_CUR（1）和 SEEK_END（2）。

解答：具体答案如下：

（1）fseek(fp , 50L , SEEK_SET)或 fseek(fp , 50L , 0)

（2）fseek(fp , 100L , SEEK_CUR)或 fseek(fp , 100L , 1)

（3）fseek(fp , -10L , SEEK_END)或 fseek(fp , -10L , 2)

随着对文件的频繁读写操作，文件读写位置标记也来回移动。在某些情况，编程者需要知道某一时刻文件位置标记确切的位置，这时可以使用 ftell 函数获得该位置值，该函数详情如表 11.5.3 所示。

表 11.5.3　ftell 函数说明

头 文 件	#include<stdio.h>
函数原型	long ftell （ FILE *fp);
功　　能	获取 fp 指定文件当前读写位置相对于文件开头的偏移字节数

参　　数	fp	文件类型指针，指定返回的读写位置所属的文件
返 回 值	返回文件当前读写位置	

【例 11.7】使用 ftell 函数求得某个文件的长度。

解题思路：ftell 函数的功能是获取文件当前读写位置相对于文件开头的偏移字节数，不能直接求得文件的长度。我们可以把该例的问题转化为"什么时候 ftell 函数值是文件长度呢？"。当文件当前读写位置标记位于文件末尾时，ftell 函数值就是文件长度。因此，解答此题的关键是将文件读写位置标记定位至文件末尾。

程序实现：

```
#include<stdio.h>
#include<stdlib.h>
int main()
{
    FILE *fp;
    if((fp = fopen("filelen.c","rb")) == NULL)        //打开文件
    {
        printf("文件打开失败！！\n");
        exit(1);
    }

    fseek(fp,0L,SEEK_END);                            //将文件位置标记定位至文件尾
    printf("filelen.c的长度是%ld字节\n",ftell(fp));   //获取文件当前读写位置
    fclose(fp);                                        //关闭文件
    return 0;
}
```

程序运行结果：

`filelen.c的长度是360字节`

11.6　文件读写的出错检测

C 语言提供了几个用来检测输入输出函数调用时出现错误的函数，主要包括 ferror 和 clearerr 函数。

1．ferror 函数

在调用输入输出函数时，C 程序员一般采取以下两种方法来检测文件读写是否出现了错误。

（1）输入输出函数返回值

例如，fgets 函数的返回值为 NULL，表示从文件中读一个字符串错误；返回值为非 NULL 指针，表示读操作正确。

（2）ferror 函数

ferror 函数说明如表 11.6.1 所示。

表 11.6.1　ferror 函数说明

头 文 件	#include<stdio.h>	
函数原型	int ferror(FILE *fp);	
功　　能	检查在对 fp 所指文件进行输入输出操作时是否出错	
参　　数	fp	文件类型指针，指定要测试的文件
说　　明	（1）每次调用输入输出函数对同一个文件操作时，通常都会产生一个新的出错码，因此，在每次文件操作后应立即调用 ferror 查看此次操作是否成功，否则信息会丢失。 （2）在执行 fopen 函数时，ferror 函数的初始值自动设置为 0	
返　　回	若为 0，表示没有出错；若为非零值，则表示最近一次文件的输入输出操作出错	

2. clearerr 函数

clearerr 函数说明如表 11.6.2 所示。

表 11.6.2 clearerr 函数说明

头 文 件	#include<stdio.h>	
函数原型	void clearerr(FILE *fp);	
功　　能	将 fp 所指文件的错误标志和文件结束标志置为 0	
参　　数	fp	文件类型指针，指定要处理的文件
返 回 值	无	

📖 自主学习：

本书讨论的排序算法都属于"内排序"，即待排数据都是在内存中的，那如何对存储在文件中的数据排序呢？请有兴趣和余力的读者参考数据结构的书籍或上网查阅相关资料，自主学习外排序的概念和归并排序的算法。

11.7　案例——"学生成绩管理系统"中学生数据文件的输入与输出

任务描述

在上一步以线性表为数据结构改写"学生成绩管理系统"的基础上，在程序开始运行时将存储在数据文件中的学生数据输入到学生成绩单中，程序运行结束时将内存中的学生成绩单输出到学生数据文件中。

数据描述

与第 10 章使用的相同，在此不再赘述。

算法描述

1. 学生成绩单的输入操作

学生成绩单输入操作算法步骤如下。：

（1）一级算法

```
Step1 创建空学生成绩单
Step2 if(学生数据文件存在)
        {读取数据文件中的学生数据输入到内存中的学生成绩单}
```

（2）细化 Step1

```
        Step1.1 通过调用malloc函数，动态生成学生成绩单
        Step1.2 设置学生成绩单长度为0
```

2. 学生成绩单的输出操作

学生成绩单输出操作算法步骤如下：

```
 Step1    if(创建数据文件失败)
          {
              printf("\n创建文件失败!!!\n");
```

```
        exit(1);
    }
```

程序实现

1．学生成绩单输入操作代码

使用一个函数封装学生成绩单输入操作的代码。

（1）学生成绩单输入操作函数接口设计。

① 确定函数名。给函数起一个有意义的名字：CreateStudentListFromFile。

② 形参设计。若想从数据文件创建学生成绩单，需要将文件名、学生成绩单传递给函数。文件名是一个字符串，函数首部中与其对应的形参可以使用字符指针变量。学生成绩单是由 main 函数中的局部指针变量指向，而且在调用函数 CreateStudentListFromFile 前，并没有为学生成绩单分配存储空间，换言之，我们要在 CreateStudentListFromFile 函数中修改指向学生成绩单的指针变量，而且要将这种修改体现在 main 函数中指向学生成绩单的指针变量上，要达到这一目的，必须传递指向学生成绩单指针变量的地址，因此应该以指向学生成绩单指针的指针，即二级指针作形参（深层原因参考例 9.2）。

③ 确定函数类型。因为指向学生成绩单的指针由参数带回，所以函数类型定为 void。

按照上面分析设计的函数原型为：

```
void CreateStudentListFromFile(char *dataFileName,STULIST **pStuList);
```

将上面确定的函数原型加入 stulist.h 文件。

（2）学生成绩单输入函数体设计。参考最后给出的代码。

（3）学生成绩单输入函数最终代码。将最终代码加入 stulist.c 文件。

```
1  void CreateStudentListFromFile(char *dataFileName,STULIST **pStuList)
2  {
3      FILE *fp;
4      CreateEmptyStudentList(pStuList);          //创建空学生成绩单
5      if(fp=fopen(dataFileName,"rb"))            //数据文件存在
6      {
7          fread(*pStuList,sizeof(STULIST),1,fp); //读取学生成绩单
8      }
9      return;
10 }
```

第 4 行代码调用了函数 CreateEmptyStudentList 来创建空学生成绩单，其函数形参是指向学生成绩单指针的指针，与 CreateStudentListFromFile 的第二个参数相同。该函数的原型为：

```
void CreateEmptyStudentList(STULIST **pStuList);
```

将其加入 stulist.h 文件中。

该函数具体代码如下：

```
1  void CreateEmptyStudentList(STULIST **pStuList)
2  {
3      *pStuList = (STULIST *)malloc(sizeof(STULIST)); //动态生成学生成绩单
4      (*pStuList)->length=0;                           //初始化空表
5      return;
6  }
```

将以上函数定义加入 stulist.c 文件。

（4）学生成绩单输入函数调用格式。使用文件名字符串常量、指向学生成绩单的指针变量 pStuList 的地址作实参，具体格式如下：

```
CreateStudentListFromFile("StuList.dat",&pStuList);
```

2．学生成绩单输出操作代码

使用一个函数封装学生成绩单输出操作的代码。

（1）学生成绩单输出操作函数接口设计。

① 确定函数名。给函数起一个有意义的名字：SaveStudentListToFile。

② 形参设计。若想将学生成绩单存储到数据文件中，需要将文件名、学生成绩单传递给函数。文件名是一个字符串，函数首部中与其对应的形参可以使用字符指针变量。学生成绩单是由 main 函数中的局部指针变量指向，因此函数首部中与其对应的形参是指向学生成绩单指针变量。

③ 确定函数类型。因为函数不需带回任何数据，所以函数类型定为 void。

按照上面分析设计的函数原型为：

```
void SaveStudentListToFile(char *dataFileName,STULIST *pStuList);
```

将上面确定的函数原型写入 stulist.h 文件。

（2）学生成绩单输出函数体设计。参考最后给出的代码。

（3）学生成绩单输出函数最终代码。将最终代码加入 stulist.c 文件。

```
1    void SaveStudentListToFile(char *dataFileName,STULIST *pStuList)
2    {
3        FILE *fp;
4        if((fp=fopen(dataFileName,"wb"))==NULL) //创建文件失败
5        {
6            printf("\n创建文件失败!!!\n");
7            exit(1);
8        }
9        fwrite(pStuList,sizeof(STULIST),1,fp);  //写入数据文件
10       return;
11   }
```

（4）学生成绩单输出函数调用格式。使用文件名字符串常量、指向学生成绩单的指针变量 pStuList 作实参，具体格式如下：

```
SaveStudentListToFile("StuList.dat", pStuList);
```

3. 修改后 main 函数代码

```
#include<stdio.h>
#include<stdlib.h>
#include<conio.h>
#include<string.h>
#include"stulist.h"

int main(void)
{
    STULIST *pStuList;          //学生成绩单指针
    int statistics[4][5];       //统计结果
    char subject[4][5]={"数学","语文","英语","平均"};   //科目名称
                                        //统计成绩模块使用
    char choice;

    CreateStudentListFromFile("StuList.dat",&pStuList); //由数据文件创建学生成绩单
    do                          //重复选择菜单
    {
        DisplayMenu();              //显示菜单
        choice=getche();            //接收选项
        printf("\n");
        switch(choice)              //实现点菜
        {
        //略去case '1'、'2'、'3'、'4'、'5'、'6'、'7'、'8'分支代码
        case '0':
            SaveStudentListToFile("StuList.dat",pStuList);
            printf("您将退出学生成绩管理系统，谢谢使用！\n");
            break;
        default:
            printf("非法输入\n");
            break;
        }
        system("pause");
    }while(choice!='0');
    return 0;
}
```

本 章 小 结

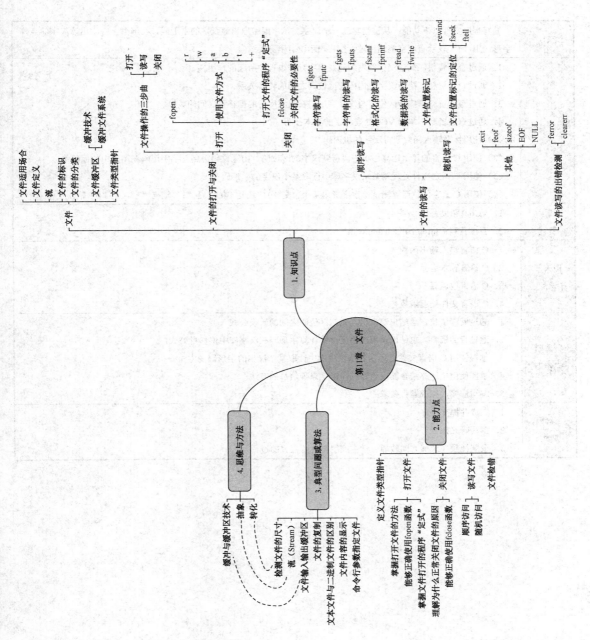

探究性题目：汉字点阵字库中汉字点阵的提取与显示操作初探

题目	编写程序实现以下功能：从键盘输入一个汉字，从字库中取出该汉字的字形码，在屏幕上打印出该汉字的点阵字形（用"*"表示有汉字笔画经过，空格表示没有笔画经过）
引导	1．通过查阅资料，搞清汉字常用编码在汉字处理过程中所起的作用 2．通过查阅资料，搞清汉字机内码与区位码之间的转换关系 3．通过查阅资料，搞清区位码与汉字字形码在汉字库中的偏移量之间的关系 4．通过查阅资料，掌握 VC6 处理汉字的基本技巧 （1）使用标准输入函数获得汉字的机内码 （2）使用 C 语言的算术运算由机内码得到汉字的区位码，由区位码得到汉字字形码在字库中的偏移量 （3）使用 C 语言文件处理函数从汉字库中读取某个汉字的字形码 （4）使用 C 语言的位运算测试汉字字形码某个位是"1"还是"0"，是"1"输出"*"，是"0"输出空格
阅读资料	1．VC6.0 帮助系统 2．百度百科：http://baike.baidu.com/
相关知识点	1．C 语言输入输出函数 2．C 语言算术运算 3．C 语言位运算 4．C 语言文件处理函数
参考研究步骤	1．通过阅读资料，总结出汉字机内码与区位码之间的转换公式 2．通过查阅资料，总结出使用汉字区位码计算字形码在汉字库中偏移量公式 3．掌握使用 C 语言文件处理函数从汉字库中读取某个汉字的字形码的方法 4．掌握使用位运算结合输出函数打印汉字点阵信息的方法 5．编写程序，完成题目要求
具体要求	1．完成并提交程序 2．撰写研究报告 3．录制视频（录屏）向教师、学生或朋友讲解探究的过程

附录 A C 语言中的关键字

asm	auto	break	case	char
const	continue	default	do	double
else	enum	extern	float	for
goto	if	int	long	register
return	short	signed	sizeof	static
struct	switch	typedef	union	unsigned
void	volatile	while		

附录 B C 运算符的优先级与结合性

优先级	运算符	含义	运算类型	结合方向
1	（ ）	圆括号、函数参数表		自左向右
	[ ]	下标运算符		
	->	指向结构体成员运算符		
	.	结构体成员运算符		
2	!	逻辑非运算符	单目运算	自右向左
	~	按位取反运算符		
	++ --	自增、自减运算符		
	-	负号运算符		
	*	指针运算符		
	&	取地址运算符		
	（类型标识符）	类型转换运算符		
	sizeof	计算字节数运算符		
3	* / %	乘、除、求余运算符	双目算术运算	自左向右
4	+ -	加、减运算符	双目算术运算	自左向右
5	<< >>	左移、右移运算符	位运算	自左向右
6	< <= > >=	小于、小于或等于、大于、大于或等于运算符	关系运算	自左向右
7	== !=	等于、不等于运算符	关系运算	自左向右
8	&	按位与运算符	位运算	自左向右
9	^	按位异或运算符	位运算	自左向右
10	|	按位或运算符	位运算	自左向右
11	&&	逻辑与运算符	逻辑运算	自左向右
12	||	逻辑或运算符	逻辑运算	自左向右
13	?:	条件运算符	三目运算	自右向左
14	= += -= *= /= %= &= ^= |= <<= >>=	赋值运算符 复合赋值运算符	双目运算	自右向左
15	,	逗号运算符	顺序求值运算	自左向右

附录 C 常用 ASCII 字符表

ASCII 码值	字符	ASCII 码值	字符	ASCII 码值	字符	ASCII 码值	字符
0	NUL	32	(space)	64	@	96	`
1	SOH	33	!	65	A	97	a
2	STX	34	"	66	B	98	b
3	ETX	35	#	67	C	99	c
4	EOT	36	$	68	D	100	d
5	ENQ	37	%	69	E	101	e
6	ACK	38	&	70	F	102	f
7	BEL	39	'	71	G	103	g
8	BS	40	(	72	H	104	h
9	HT	41	)	73	I	105	I
10	LF	42	*	74	J	106	j
11	VT	43	+	75	K	107	k
12	FF	44	,	76	L	108	l
13	CR	45	−	77	M	109	m
14	SO	46	.	78	N	110	n
15	SI	47	/	79	O	111	o
16	DLE	48	0	80	P	112	p
17	DC1	49	1	81	Q	113	q
18	DC2	50	2	82	R	114	r
19	DC3	51	3	83	S	115	s
20	DC4	52	4	84	T	116	t
21	NAK	53	5	85	U	117	u
22	SYN	54	6	86	V	118	v
23	ETB	55	7	87	W	119	w
24	CAN	56	8	88	X	120	x
25	EM	57	9	89	Y	121	y
26	SUB	58	:	90	Z	122	z
27	ESC	59	;	91	[	123	{
28	FS	60	<	92	\	124		
29	GS	61	=	93	]	125	}
30	RS	62	>	94	^	126	~
31	US	63	?	95	_	127	DEL

附录 D 常用库函数

标准库函数不是 C 语言的一部分，不同的 C 编译系统所提供的标准库函数的数目和函数名及函数功能并不完全相同。限于篇幅，本附录只列出 ANSI C 标准提供的一些常用库函数。读者在编程中若用到其他库函数，请查阅所用系统的手册。

1．数学函数

使用数学函数时，应该在该源文件中包含头文件"math.h"。

函数名	函数原型	功能	返回值	说明
abs	int abs(int n);	求整数 n 的绝对值	计算结果	
acos	double acos(double x);	求 $\cos^{-1}(x)$的值	计算结果	x 应在[-1,1]
asin	double asin(double x);	求 $\sin^{-1}(x)$的值	计算结果	x 应在[-1,1]
atan	double atan(double x);	求 $\tan^{-1}(x)$的值	计算结果	
atan2	double atan2(double y, double x);	求 $\tan^{-1}(y/x)$的值	计算结果	
cos	double cos(double x);	计算 $\cos(x)$的值	计算结果	x 的单位为弧度
cosh	double cosh(double x);	计算 x 的双曲余弦 $\cosh(x)$的值	计算结果	
exp	double exp(double x);	求 e^x 的值	计算结果	
fabs	double fabs(double x);	求 x 的绝对值	计算结果	
floor	double floor(double x);	求出不大于 x 的最大整数	该整数的双精度实数	
fmod	double fmod(double x, double y);	求整除 x/y 的余数	返回余数的双精度数	
frexp	double frexp(double val, int *eptr);	把双精度数 val 分解为数字部分（尾数）x 和以 2 为底的指数 n，即 $val = x \times 2^n$，n 存放在 eptr 指向的变量中	返回尾数部分 x $0.5 \leqslant x < 1$	
log	double log(double x);	求 $\log_e x$，即 lnx	计算结果	x>0
log10	double log10(double x);	求 $\log_{10} x$	计算结果	x>0
modf	double modf(double val, double *iptr);	把双精度数 val 分解为整数部分和小数部分，把整数部分存到 iptr 指向的单元	val 的小数部分	
pow	double pow(double x, double y);	计算 x^y 的值	计算结果	
sin	double sin(double x);	计算 $\sin(x)$的值	计算结果	x 的单位为弧度
sinh	double sinh(double x);	计算 x 的双曲正弦函数 $\sinh(x)$的值	计算结果	
sqrt	double sqrt(double x);	计算 $\sqrt{x}$	计算结果	x≥0
tan	double tan(double x);	计算 $\tan(x)$的值	计算结果	x 的单位为弧度
tanh	double tanh(double x);	计算 x 的双曲正切函数 $\tanh(x)$的值	计算结果	

2. 字符处理函数

ANSI C 标准要求在使用字符处理函数时，要在源程序文件中包含头文件"ctype.h"。

函数名	函数原型	功能	返回值
isalnum	int isalnum(int ch);	检查 ch 是否为字母（alpha）或数字（numeric）	是字母或数字返回 1，否则返回 0
isalpha	int isalpha(int ch);	检查 ch 是否为字母	是，返回 1；不是，返回 0
iscntrl	int iscntrl(int ch);	检查 ch 是否为控制字符(其 ASCII 码在 0 和 0x1F 之间)	是，返回 1；不是，返回 0
isdigit	int isdigit(int ch);	检查 ch 是否为数字（0~9）	是，返回 1；不是，返回 0
isgraph	int isgraph(int ch);	检查 ch 是否为可打印字符（其 ASII 码在 0x21 到 0x7E 之间），不包括空格	是，返回 1；不是，返回 0
islower	int islower(int ch);	检查 ch 是否为小写字母（a~z）	是，返回 1；不是，返回 0
isprint	int isprint(int ch);	检查 ch 是否为可打印字符（包括空格），其 ASCII 码在 0x20 到 0x7E 之间	是，返回 1；不是，返回 0
ispunct	int ispunct(int ch);	检查 ch 是否为标点字符（不包括空格），即除字母、数字和空格以外的所有可打印字符	是，返回 1；不是，返回 0
isspace	int isspace(int ch);	检查 ch 是否为空格、制表符或换行符	是，返回 1；不是，返回 0
isupper	int isupper(int ch);	检查 ch 是否为大写字母（A~Z）	是，返回 1；不是，返回 0
isxdigit	int isxdigit(int ch);	检查 ch 是否为一个十六进制数字字符(即 0~9，或 A~F，或 a~f)	是，返回 1；不是，返回 0
tolower	int tolower(int ch);	将 ch 字符转换为小写字母	与 ch 相应的小写字母
toupper	int toupper(int ch);	将 ch 字符转换成大写字母	与 ch 相应的大写字母

3. 字符串处理函数

ANSI C 标准要求在使用字符串处理函数时，要在源程序文件中包含头文件"string.h"。

函数名	函数原型	功能	返回值
strcat	char *strcat(char *str1, const char *str2);	将字符串 str2 连接到 str1 的后面，str1 原来最后面的'\0'被取消	返回 str1
strcmp	int strcmp(const char *str1, const char *str2);	按字典序比较两个字符串 str1、str2	str1<str2，返回负数 str1=str2，返回 0 str1>str2，返回正数
strcpy	char *strcpy(char *str1, const char *str2);	将 str2 指向的字符串复制到 str1 中	返回 str1
strlen	unsigned strlen(const char *str);	统计字符串 str 中字符的个数（不包括结束符'\0'）	返回字符个数
strncat	char *strncat(char *str1, const char *str2, unsigned count);	把字符串 str2 中不多于 count 个字符连接到 str1 后面，并以'\0'终止该串，原 str1 后面的'\0'被 str2 的第一个字符覆盖	返回 str1
strncmp	int strncmp(const char *str1, const char *str2, unsigned count);	按字典序比较两个字符 str1 和 str2 的不多于 count 个字符	str1<str2，返回负数 str1=str2，返回 0 str1>str2，返回正数
strncpy	char *strncpy(char *str1, const char *str2, unsigned count);	把 str2 指向的字符串中的 count 个字符复制到 str1 中。若 str2 指向的字符串少于 count 个字符，则将'\0'加到 str1 的尾部，直到满足 count 个字符为止。若 str2 所指向的字符串长度大于 count 个字符，则结果串 str1 不用'\0'结尾	返回 str1
strstr	char *strstr(const char *str1, const char *str2);	找出 str2 字符串在 str1 字符串中第一次出现的位置（不包括 str2 的字符串结束符）	返回该位置的指针。若找不到，返回 NULL

4．常见输入输出函数

使用下表所示的函数时，应该在源程序文件中包含头文件"stdio.h"。

函数名	函数原型	功能	返回值
clearerr	void clearerr(FILE *fp);	使 fp 所指文件的错误标志和文件结束标志置为 0	无
fclose	int fclose(FILE *fp);	关闭 fp 所指的文件，释放文件缓冲区	有错则返回非 0，否则返回 0
feof	int feof(FILE *fp);	检查文件是否结束	遇文件结束符返回非 0，否则返回 0
ferror	int ferror(FILE *fp);	检查 fp 所指文件中的错误	无错时，返回 0，有错时返回非 0 值
fflush	int fflush(FILE *fp);	若 fp 所指文件是"写打开"的，则将输出缓冲区中的内容物理地写入文件；若文件是"读打开"的，则清除输入缓冲区中的内容。在这两种情况下，文件维持打开不变	成功，返回 0；出现写错误时，返回 EOF
fgetc	int fgetc(FILE *fp);	从 fp 所指定的文件中取得下一个字符	返回得到的字符，若读入出错，返回 EOF
fgets	char *fgets(char *str, int n, FILE *fp);	从 fp 指向的文件读取一个最长为（n-1）的字符串，存入起始地址为 str 的空间	返回地址 str,若遇文件结束或出错，返回 NULL
fopen	FILE *fopen(const char *filename, const char *mode);	以 mode 指定的方式打开名为 filename 的文件	成功，返回一个文件指针，否则返回 NULL
fprintf	int fprintf(FILE *fp, const char *format , args,…);	把 args 的值以 format 指定的格式输出到 fp 所指定的文件中	实际输出的字符数
fputc	int fputc(int ch, FILE *fp);	将字符 ch 输出到 fp 指向的文件中	成功，则返回该字符，否则返回 EOF
fputs	int fputs(const char *str, FILE *fp);	将 str 指向的字符串输出到 fp 所指定的文件中	成功返回 0；否则返回非 0
fread	unsigned fread(void *pt, unsigned size, unsigned count, FILE *fp);	从 fp 所指定的文件中读取长度为 size 的 count 个数据项，存到 pt 所指向的内存区	返回所读的数据项个数，如遇文件结束符或出错返回 0
fscanf	int fscanf(FILE *fp, const char *format , args , …);	从 fp 所指定的文件中按 format 给定的格式将输入数据送到 args 所指向的内存单元（args 是指针）	已输入的数据个数
fseek	int fseek(FILE *fp, long offset, int base);	将 fp 所指向的文件位置标记移到以 base 所给出的位置为基准，以 offset 为位移量的位置	成功返回 0，否则，返回非 0 值
ftell	long ftell(FILE *fp);	返回 fp 所指向文件的读写位置	返回 fp 所指向文件的读写位置
fwrite	unsigned fwrite(const void *ptr, unsigned size, unsigned count, FILE *fp);	把 ptr 所指向的 count×size 个字节输出到 fp 所指向的文件中	写到 fp 文件中的数据项的个数
getc	int getc(FILE *fp);	从 fp 所指向的文件中读入一个字符	返回所读的字符，若文件结束或出错，返回 EOF
getchar	int getchar(void);	从标准输入设备中读取下一个字符	所读字符。若文件结束或出错，则返回-1

函数名	函数原型	功能	返回值
gets	char *gets(char *str);	从标准输入设备读入字符串，放到 str 指向的字符数组中，一直读到接收换行符或 EOF 为止，换行符不作为读入串的内容，变成'\0'后作为该字符串的结束	成功，返回 str；否则返回 NULL
printf	int printf(const char *format , args , ...);	按 format（可以是一个字符串常量，或字符指针，或字符数组名）指向的格式字符串所规定的格式，将输出表列 args 的值输出到标准输出设备	输出字符的个数，若出错返回负数
putc	int putc(int ch, FILE *fp);	把一个字符 ch 输出到 fp 所指的文件中	输出的字符 ch，若出错，返回 EOF
putchar	int putchar(int ch);	把一个字符 ch 输出到标准输出设备	输出的字符 ch，若出错，返回 EOF
puts	int puts(const char *str);	把 str 指向的字符串输出到标准输出设备，将'\0'转换为回车换行	返回换行符，若失败，返回 EOF
rewind	void rewind(FILE *fp);	将 fp 指定的文件中的读写位置标记置于文件开头位置，并清除文件结束标志和文件错误标志	无
scanf	int scanf(const char *format ,args,...);	从标准输入设备按 format 指向的格式字符串所规定的格式，输入数据给 args 所指向的单元	读入并赋给 args 的数据个数，遇文件结束返回 EOF，出错返回 0

5. 动态内存分配函数

ANSI C 标准建议在"stdlib.h"头文件中包含有关动态内存分配函数的信息，但是许多 C 编译系统要求用"malloc.h"而不是"stdlib.h"头文件来包含。

函数名	函数原型	功能	返回值
calloc	void *calloc(unsigned num, unsigned size);	分配 num 个数据项的连续内存空间，每个数据项的大小为 size 字节	分配内存的起始地址,若不成功，返回 0
free	void free(void *p);	释放 p 所指的内存区	无
malloc	void *malloc(unsigned size);	分配 size 字节的连续内存空间	所分配内存区的起始地址，若内存不够，返回 0
realloc	void *realloc(void *p, unsigned size);	将 p 所指向的已经分配内存区的大小改为 size，size 可以比原来分配的空间大或小	返回指向该内存区的指针

参 考 文 献

[1] Jeri R.Hanly　Elliot B.Koffman 著，朱剑平译. 问题求解与程序设计 C 语言版（第 4 版）.北京：清华大学出版社，2007.

[2] 陈国良，王志强等. 计算思维导论. 北京：高等教育出版社，2012.

[3] 谭浩强. C 语言程序设计（第 4 版）. 北京：清华大学出版社，2010.

[4] 姜可扉，杨俊生，谭志芳. 大学计算机. 北京：电子工业出版社，2014.

[5] 百度百科：http://baike.baidu.com.

[6] 微软公司. 用 Visual Basic.NET 和 Visual C#.NET 开发 Windows 应用程序. 北京：清华大学出版社，2003.

[7] 张基温，朱嘉钢，张景莉. Java 程序开发教程. 北京：清华大学出版社，2002.

[8] 李刚. 疯狂 Java 讲义（第 2 版）. 北京：电子工业出版社，2012.

[9] 苏小红，孙志岗，陈惠鹏等. C 语言大学实用教程（第 3 版）. 北京：电子工业出版社，2012.

[10] 戴艳等. 零基础学算法（第 2 版）. 北京：机械工业出版社，2012.

[11] 张子言等. 常用算法深入学习实录. 北京：电子工业出版社，2013.

[12] 司存瑞，苏秋萍. 程序设计与基本算法. 西安：西安电子科技大学出版社，2007.

[13] 邱桂香，陈颖. 全国青少年信息学竞赛培训教程——C 语言程序设计. 杭州：浙江大学出版社，2010.

[14] 柴田望洋. 明解 C 语言. 北京：人民邮电出版社，2013.

[15] 周幸妮. C 语言程序设计新视角. 西安：西安电子科技大学出版社，2012.

[16] 郭运鸿，李玉梅. C 语言程序设计项目教程. 北京：清华大学出版社，2012.

[17] 薛小龙. 深入体验 C 语言项目开发. 北京：清华大学出版社，2011.

[18] 宋劲杉. 一站式学习 C 编程. 北京：电子工业出版社，2011.

[19] Jeri R.Hanly Elliot B.Koffman. C 语言详解（第 6 版）. 北京：人民邮电出版社，2010.

[20] Samuel P Harbison 等. C 语言参考手册. 北京：机械工业出版社，2011.

[21] AI Kelley 等. C 语言教程 北京：机械工业出版社，2011.

[22] 林锐，韩永泉. 高质量程序设计指南 C++/C 语言. 北京：电子工业出版社，2012.

[23] 裘宗燕. 从问题到程序——程序设计与 C 语言引论. 北京：机械工业出版社，2005.

[24] （美）布莱恩特，奥哈拉伦著，龚奕利，雷迎春译. 深入理解计算机系统. 北京：机械工业出版社，2010.

[25] 严蔚敏，吴伟民. 数据结构（C 语言版）. 北京：清华大学出版社，2011.

[26] [美]Bradley L.Jones，Peter Aitken 著. 21 天学通 C 语言（第 6 版·修订版）. 北京：人民邮电出版社，2012.

[27] 刘志铭，杨丽. C 语言入门经典. 北京：机械工业出版社，2013.

[28] （美）罗伯特著，闪四清译. C 程序设计的抽象思维. 北京：机械工业出版社，2012.

[29] 刘彬等. 学通 C 语言的 24 堂课. 北京：清华大学出版社，2011.

[30] 明日科技. C 语言从入门到精通（第 2 版）. 北京：清华大学出版社，2012.

反侵权盗版声明

电子工业出版社依法对本作品享有专有出版权。任何未经权利人书面许可，复制、销售或通过信息网络传播本作品的行为；歪曲、篡改、剽窃本作品的行为，均违反《中华人民共和国著作权法》，其行为人应承担相应的民事责任和行政责任，构成犯罪的，将被依法追究刑事责任。

为了维护市场秩序，保护权利人的合法权益，我社将依法查处和打击侵权盗版的单位和个人。欢迎社会各界人士积极举报侵权盗版行为，本社将奖励举报有功人员，并保证举报人的信息不被泄露。

举报电话：（010）88254396；（010）88258888

传　　真：（010）88254397

E-mail：　dbqq@phei.com.cn

通信地址：北京市万寿路 173 信箱
　　　　　电子工业出版社总编办公室

邮　　编：100036